算法和高频交易

Algorithmic and High-frequency Trading

〔英〕Álvaro Cartea 〔加拿大〕Sebastian Jaimungal

〔西〕José Penalva 著

陈文斌 程 晋 潘晗霜 译

科 学 出 版 社

北 京

图字：01-2019-5737 号

内 容 简 介

本书将基础经济学、高频数据的经验基础和数学工具以及模型联系在一起，为读者在试图理解和设计成功的交易算法时面对的各种各样的问题，提供足够广阔的视野.

本书分为三个部分. 第一部分给出了交易市场的基本概念、理论以及经验事实. 第 1 章介绍了电子交易市场、市场参与者和订单簿. 第 2 章概述了金融微观结构市场模型. 第 3 章和第 4 章对市场进行了实证和统计分析. 第二部分也就是第 5 章介绍了交易算法分析相关的数学工具. 第三部分深入研究算法交易策略的建模. 第 6–8 章涉及最优执行策略，即代理商必须在预先指定的窗口上清算或收购大头寸，使用市价单或限价单进行持续交易，第 9 章涉及基于交易量日程的执行算法，为希望跟踪市场整体交易量的投资者制定战略. 第 10 章展示了做市商如何在限价订单簿中选择限价单的发布位置，考虑了包括对库存风险的厌恶，逆向选择以及价格动态的短期趋势等因素. 第 11 章专注于统计套利和配对交易. 第 12 章展示如何利用限价订单簿中提供的交易量信息来改善执行算法.

本书适合数学和金融数学专业的研究生、教师以及高频交易和算法交易的从业者参考.

图书在版编目(CIP)数据

算法和高频交易/(英) 阿尔瓦罗·卡蒂亚(Álvaro Cartea)等著；陈文斌，程晋，潘晗霜译. —北京：科学出版社，2021.2

书名原文：Algorithmic and High-frequency Trading

ISBN 978-7-03-067995-6

I. ①算… II. ①阿… ②陈… ③程… ④潘… III. ①算法–应用–金融交易 IV. ①F830.9

中国版本图书馆 CIP 数据核字 (2021) 第 016990 号

责任编辑：王丽平 贾晓瑞／责任校对：郑金红
责任印制：赵 博／封面设计：无极书装

科 学 出 版 社 出版
北京东黄城根北街 16 号
邮政编码：100717
http://www.sciencep.com

北京中科印刷有限公司印刷

科学出版社发行 各地新华书店经销

*

2021 年 2 月第 一 版 开本：720 × 1000 1/16
2025 年 2 月第五次印刷 印张：21 1/4
字数：420 000

定价：188.00 元

(如有印装质量问题，我社负责调换)

译 者 序

翻译本书的动机来自于一个小课题《做市最优化》：2017 年底, 复旦大学大数据学院设立了几个关于金融和统计的前沿课题, 我们也有幸能参与其中. 受刘庆柏先生的委托, 我和学生们一头扎进了高频交易的学习研究中, 还没有搞清楚里面的门道, 项目就结题了, 但我们对算法研究的学习才刚刚开始, 当初我就对刘庆柏先生说, 我们会持续这个方向的探索.

算法交易和高频交易在业界比较冷门, 我们也没有一点实操经验, 也没有专家可以请教, 只能求助于文献和书籍. 在学习过程中, Cartea, Jaimungal 和 Penalva 三位教授写的专著 *Algorithmic and High-frequency Trading* 一书引起了我们很大的兴趣：一方面, 书中有对交易微观结构的刻画; 另一方面, 运用随机最优控制等数学工具揭示了算法交易优美而深刻的内涵. 正是因为这两者完美的结合, 我们觉得有必要给中国的数学界和金融界来介绍此书, 特别是具有数学背景打算日后从事高频交易的硕士生和博士生.

在翻译过程中, 我们遇到了两方面的挑战：一方面是对一些专业术语的把握; 另一方面是对随机最优控制理论和有关算法的解读. 不过上海是中国金融的中心, 而复旦大学数学科学学院是国内随机最优控制的大本营之一, 我们因此得到了很多师生的帮助, 特别是雍炯敏教授、汤善健教授、张奇教授、许明宇副教授、张静副教授、曹栋博士 (现在华泰证券), 还有上海财经大学的徐定华教授、徐承龙教授和江渝副教授; 以及业界的卢申林先生、提云涛先生、庞阳先生、刘宁晖先生、周理先生、王琦先生、方齐荣先生等. 虽然我们没有随机最优控制背景, 但是还是试图用随机最优控制的思想来理解算法交易和高频交易. 本书的作者之一 Sebastian Jaimungal 教授 2018 年 5 月受黄华雄教授和程晋教授的邀请, 在上海财经大学和复旦大学进行学术报告, 他认为这方面的研究是值得在中国开展, 对中国交易规则下的高频交易特别感兴趣. 我们也希望本书能引起中国数学界和金融界的兴趣, 针对中国的情况建立一些新的模型和交易算法.

本书的翻译历时近两年, 中间因为疫情影响中断了一段时间. 初稿主要由以下几位女同学完成：李伟嘉、王淑芬、梁若思、周思敏、潘晗霜等, 她们花费了很多时间, 非常优秀、聪明且勤奋, 同时邵琬琰、史玉全、于慧倩等同学也认真研读了一些重要的论文, 修订时得到任宏博士、许明宇副教授和周星雨同学的帮助. 在再次印刷过程中, 即使周星雨同学进行几十处的修订, 本书肯定还有许多疏漏和翻译不当的地方, 欢迎各位专家和读者指正, 联系方式是 email: wbchen@fudan.edu.cn.

本书的出版离不开学院的支持, 学院分管副院长吕志教授特别从研究生出版经费中给予资助. 也要感谢科学出版社非常严格的、高质量的把关, 尤其要感谢王丽平编辑一直以来的支持和帮助.

我们相信理性的力量, 这个力量能让我们渡过疫情的难关; 我们也坚信数学的价值, 恰当的建模、深入的分析一定可以打造更健康、理性的交易市场. 虽然已经出现了针对高频交易算法博弈出新的算法, 但是本书对于想深入了解算法和高频交易, 设计新的交易算法, 或者发展新的数学理论是很有帮助的.

最后, 正如原书三位教授对他们家人的感谢一样, 我们要特别感谢苏红娟女士和徐婕女士对我们工作的支持.

译　者
于光华楼
2021 年 1 月 21 日

作 者 简 介

交易算法的设计需要复杂的数学模型、对金融数据的扎实分析以及对市场和交易所运作方式的深刻理解. 在本书中, 作者开发了以下环境中的算法交易模型: 执行大订单、做市、锚定 VWAP 计划和其他计划、配对交易或资产集合的交易, 以及在暗池中的执行. 这些模型基于交易所的工作方式、算法是否考虑与知情交易者进行交易 (逆向选择) 以及提供给市场参与者的超高频和低频信息类型.

《算法和高频交易》是一本结合了复杂的数学建模、经验事实和金融经济学的书籍, 带读者从基本概念到研究和实践的前沿. 如果你需要了解现代电子市场的运作方式, 哪些信息可提供交易优势, 以及其他市场参与者如何影响算法的获利能力, 那么这本书就是适合你的.

Álvaro Cartea 是伦敦大学学院金融数学的高级讲师. 在加入 UCL 之前, 他是西班牙马德里卡洛斯三世大学的金融副教授 (2009—2012), 从 2002 年到 2009 年他是伦敦大学伯克贝克分校经济、数学和统计学院的讲师 (正式教职). 他曾是牛津大学埃克塞特学院金融数学系 J P Morgan 讲师.

Sebastian Jaimungal 是多伦多大学统计科学系的副教授兼研究生课程的主席, 在那里他教授博士研究生和硕士研究生的数学金融课程. 他为大型银行和对冲基金提供咨询服务, 专注于实施高级衍生工具估值引擎和算法交易策略. 他还是 *SIAM Journal on Financial Mathematics*, *International Journal of Theoretical and Applied Finance*, *Risk* 杂志和 Argo 新闻通信的副主编. Jaimungal 是 SIAM 金融工程和数学活动小组的副主席, 他的研究成果广泛发表在学术和从业者期刊上. 他最近的研究方向包括高频和算法交易、应用随机控制、均值博弈、实物期权以及商品模型和衍生产品定价.

José Penalva 是马德里卡洛斯三世大学的副教授, 教授博士研究生和硕士研究生金融课程. 他目前正在研究信息模型和市场微观结构, 其研究成果已在 *Econometrica* 和其他顶级学术期刊上发表.

前　言

我们写本书是因为我们认为现有的书不能提供足够广阔的视野来解决在试图理解和设计成功的交易算法时出现的各种各样的问题. 本书将三位作者的不同观点和背景汇集在一起, 将基础经济学、高频数据的经验基础和数学工具以及模型联系在一起, 以创建算法交易和高频交易的均衡视角.

本书从作者对算法和高频金融领域的兴趣以及伦敦大学学院、多伦多大学、马德里卡洛斯三世大学、IMPA 和牛津大学授课的研究生课程中产生. 预设读者对连续时间金融具有基本知识, 但假设他们不知道随机最优控制和停时. 为了保持本书的独立性, 我们在附录中加入了随机微积分工具和所需结果. 对素材的处理应该能使广大的读者对此产生兴趣, 并且它非常适合硕士或博士水平的算法交易研究生课程. 本书也非常适合那些已经在金融领域工作并且希望将他们的行业知识和专业知识与强大的算法交易数学模型结合起来的人. 我们欢迎评论! 请将它们发送到 algo.trading.book@gmail.com.

内容简要指南

本书分为三个部分, 首先将读者从电子交易的运作转移到背后的经济学, 然后转向相关数学工具, 最后是算法交易的模型和问题.

第一部分从描述电子市场的基本要素和人们参与市场的主要方式开始: 作为主要交易者, 利用信息知情的优势从可能短暂的获利机会中谋利, 或者作为做市商, 在有利的价格上同时提供买卖报价.

如果交易策略的发展不是由市场参与者在电子市场中看到的信息驱动的, 算法交易的教科书将是不完整的. 因此, 有必要投入精力来讨论数据和经验含义. 数据为我们呈现了能决定算法最终命运的背景. 通过查看价格、交易量和限价订单簿的详细信息, 读者将获得任意算法都需要考虑的一些关键问题的基本概述, 例如交易中的信息、价格变动的属性、日内的交易量、波动率、利差等的变化规则.

第二部分开发交易算法分析的数学工具. 关于随机最优控制和停时的章节为金融数学教科书中不太标准的材料提供了实用的方法. 这也是为了让读者在没有接触过这些技术的情况下为自己提供必要的工具, 来理解某些算法交易策略背后的数学模型.

第三部分将深入研究算法交易策略的建模. 前两章涉及最优执行策略, 即代理人必须在预先指定的窗口上清算或收购大头寸, 并仅使用市价单进行持续交易. 第 6 章介绍了投资者交易对资产价格冲击时的经典执行问题, 并调整了他希望执行该计划的紧迫程度. 在第 7 章中, 我们开发了三种执行模型, 其中投资者分别为: (i) 只要资产的价格没有突破关键边界就执行计划; (ii) 在他的策略中纳入了订单流, 以便利用市场中买入或卖出方面的单边压力所导致的中间价格趋势; (iii) 同时在明市和暗池中交易.

在第 8 章中, 我们假设投资者的目标是在交易窗口上执行大量头寸, 但只使用限价单, 或同时使用限价单和市价单. 此外, 我们还展示了执行策略, 投资者也将追踪特定日程作为清算程序的一部分.

第 9 章涉及基于交易量日程的执行算法. 我们为希望跟踪市场整体交易量的投资者制定战略, 具体指标是: 交易量占比、累计交易量占比和交易量加权平均价格 (也称为 VWAP).

最后的三章涵盖了算法交易中的各种主题. 第 10 章展示了做市商如何在限价订单簿中选择限价单的发布位置. 所开发的模型着眼于策略如何依赖于不同因素, 包括做市商对库存风险的厌恶、逆向选择以及中期价格动态的短期趋势.

第 11 章专注于配对交易和统计套利策略, 第 12 章展示如何利用限价订单簿中提供的交易量信息来改善执行算法.

本书风格

在选择本书的内容和介绍时, 我们试图使用读者最为熟悉的美国权益市场, 为市场微观结构中的主要基本问题以及电子交易的一些经验主题, 提供一个严格而易于理解的概述. 这些数据为交易执行模型, 为基于交易量的算法、做市、统计套利配对交易以及基于订单流量信息的策略提供了全面的数学分析基础. 第三部分的大多数章节以不同难度的练习结束. 一些练习严格遵循本章所涵盖的内容, 并要求读者: 从不同角度观察它们来解决一些问题; 填补一些推导的空白; 将其视为进一步尝试的邀请. 我们建立了一个网站, http://www.algorithmic-trading.org, 读者可以从中下载数据集和 MATLAB 代码以协助进行此类实验.

本书不包含算法交易的任何信息技术方面知识. 它也没有详细介绍市场质量的某些方面或讨论监管问题.

致 谢

我们感谢那些花时间阅读手稿的部分内容并给予我们非常有用反馈的人们: Ali Al-Aradi, Gene Amromin, Robert Almgren, Ryan Francis Donnelly, Luhui Gan,

John Goodacre, Hui Gong, Tianyi Jia, Hoi Kong, Tim Leung, Siyuan Li, Eddie Ng, Zhen Qin, Jason Ricci, Anton Rubisov, Mark Stevenson, Mikel Tapia and Jamie Walton. 我们还要感谢在伦敦大学学院、多伦多大学、牛津大学、IMPA 和马德里卡洛斯三世大学学习过我们课程的学生.

Álvaro 非常感谢牛津大学 Saïd 商学院金融集团的热情和慷慨, 特别感谢多伦多大学的 Tim Jenkinson 和 Colin Mayer 以及统计科学系, 在那里撰写了书的很大一部分.

Sebastian 对牛津大学数学研究所和伦敦大学学院数学系的热情好客表示感谢, 本书的部分内容就是在这里撰写的.

José 非常感谢伦敦大学学院数学系和卡斯商学院金融系, 在那里撰写了本书的部分内容, 以及他的国内学术机构, 卡洛斯三世大学商业系的热情接待, 允许他进行这些访问. 他还希望感谢 TradingPhysics 的 Artem Novikov 提供的信息, 并帮助作者们获取数据, 解决交易员和技术人员在高频交易环境中遇到的具体问题.

2015 年 5 月

牛津, 伦敦, 多伦多, 马德里, 马略卡岛

怎样阅读本书

本书适用于那些想学习如何开发数学方面算法交易的人. 它非常适合硕士研究生或博士研究生阶段的算法交易研究生课程, 也适合那些希望将行业知识和专业知识与强大的算法交易数学模型相结合的金融行业工作人员.

作为金融数学/工程、计算金融和应用数学研究生课程的一部分, 本书的大部分内容可以涵盖在一学期的密集课程中. 典型地, 学本课程之前, 学生已经在其他课程学习过随机微积分, 但不会学习随机最优控制, 或精通现代电子交易市场的运作方式. 因此, 强烈建议他们阅读本书的第一部分: 如何充分理解电子交易市场的运作方式; 理解微观结构理论的基本概念, 为了解在不同类型风险下市场如何达到均衡价格的打下基础; 并研究现代电子交易市场中股票价格动态的统计问题. 以及强烈建议他们阅读第二部分, 学习随机最优控制工具, 这对第三部分中开发算法和高频交易复杂的数学模型至关重要.

那些对随机演算和最优控制有深刻理解的人可以跳过本书的第二部分, 详细了解第三部分. 然而, 我们仍然鼓励自己理解市场中个性化的统计特征, 并且更好地理解为什么算法模型是专门设计, 或者考虑到特定的目标的. 对于算法交易相关的更短、更紧凑的课程, 学生应该重点学习第 1 章的限价订单簿, 然后是第二部分的最优控制, 最后集中讨论第三部分中的选定章节, 例如第 6 章、第 8 章和第 10 章.

对电子市场有了一定了解的金融业的读者, 可以跳过第 1 章, 但我们仍然鼓励在钻研第三部分的数学的细节之前, 阅读覆盖微观结构理论和股票价格的经验与统计证据的其他章节.

目　录

第一部分　微观结构以及经验事实

第二部分 数 学 工 具

第三部分　算法交易和高频交易

第一部分
微观结构以及经验事实

引　言

在本书的第一部分, 我们会给出基本电子交易市场运作的综述. 第 1 章讲的是交易中的主要实践性问题：什么是主要交易资产和主要参与者类型, 是什么驱动它们去交易的, 以及它们是如何互相影响的. 也会讲电子交易所的基本功能: 限价单、市价单、其他种类订单, 以及限价订单簿和基本费用结构. 并以限价订单簿的构建方式和执行交易的基本经验结尾.

第 2 章提供了交易的理论经济学的综述：推动做市商和其他交易者的竞争优势的经济力量是什么, 它们如何相互作用. 它涵盖了基本的做市模型, 描述了流动性如何受库存风险或知情交易者的影响. 它还着眼于做市商在执行频率和每次交易预期利润之间的权衡, 以及知情交易者如何通过逐步交易来限制信息泄露对订单流的影响, 最优化地利用自己的信息优势.

第 3 章和第 4 章研究权益市场数据, 以提供可以观察到的一些基本经验规律的概述. 第 3 章重点讨论以每日和日内的频率、价格和回报的时间序列特性. 它考虑了诸如延迟和限制对价格变动的影响等问题, 价格变化的动态结构, 美国市场的市场分割以及推动资产配对交易的资产价格协同作用. 第 4 章关注交易量和市场质量. 它着眼于交易量和波动率之间的关系, 以及交易量和价格的已知模式. 接下来给出流动性和市场质量的不同衡量指标：价差、波动率、深度和交易规模以及价格冲击. 本章结尾着眼于与交易相关的其他问题, 例如关于消息、取消订单、执行和隐藏订单的模式.

第 1 章　电子交易市场和限价订单簿

要理解电子交易市场是如何运作的, 我们必须先了解金融市场中交易的背景知识. 在本章中, 1.1 节将会给出电子交易市场运作综述, 其中包括关于股票、优先股、共同基金和对冲基金等的简单讨论. 我们也会讨论不同的市场参与者 (噪声交易者、知情交易者/套利者、做市商), 并且在 1.2 节, 将会谈到他们是如何互相影响的. 接下来, 在 1.3 节, 我们将描述电子交易所是如何被组织的, 什么是限价单和市价单 (以及其他订单种类), 交易所是如何在限价订单簿 (LOB) 中收集订单的, 以及对市场参与者是如何收费的. 最后, 1.4 节介绍了 LOB 是构建的细节以及市价单是如何与它相互影响的.

1.1　电子交易市场及其运作

现今电子交易市场上有许多类型的金融合约在交易, 我们粗略地考虑其中比较主要的一些种类, 其中人们最熟悉的应该是公司的股份或者是股票, 股份是企业所有权的凭证, 这些所有权凭证被公司用来集资. 在美国, 对于这些将要被电子交易所交易的股份, 它们必须被一所交易所“上市”, 这也意味着就股东数、价格等而言, 需要满足某些要求. 上市过程经常与公众股的首次发行挂钩 (首次公开募股, initial public offering, IPO). 这些股份的基本面价值源自其所代表的合约的性质, 其中最简单的形式, 就是所有者对公司所有权的凭证, 声明持有者有权获得公司利润的对等份额 (因此名称为 share), 并有权在公司的年度 (股东) 大会上通过投票权干预公司决策. 这样的股份是所谓的**普通股** (ordinary shares 或者 common stock), 是最常见的类型的股份.

大公司用来融资的另一个主要工具是债券. 债券是一种合约, 其中公司承诺支付给持有者固定 (利息) 收入, 但没有给他们决策权. 股票和债券之间的区别是非常明显的: 股东对股息的多少和频率没有保证, 但是有投票权; 债券持有人有定期的、预先确定的付款保证, 但是没有投票权. 还有其他的工具具有这两个合约的部分特征, 其中最为人所熟悉的是优先股. 优先股是股票和债券的混合体: 它们就像债券一样, 持有人没有投票权, 能收到预先安排好的收入, 但是它们的收入只有更低的保证, 其法定身份是权益而不是债务. 当公司处于财务困境时, 因为债务优先于所有权益, 这个差异会变得尤其显著. 所以在清算时, 债权人的债权将优先获得清算, 股东只有在所有债权人的债权清算后才能得到支付.

根据标的资产的特点, 所有的金融合约被分为不同的资产类别. 股份和优先股都属于权益. 债券自成一个资产类别, 通常与现金类 (以短久期、高担保及低回报为特征, 例如货币市场账户、储蓄存款、短期国债等) 相区别. 还有更少见资产类型, 如外汇 (foreign exchange, FX)、商品、房地产. 投资者会在电子交易所中发现这些不同类型的资产, 通常以特定类型证券的形式, 如共同基金和 ETF 基金 (exchange-traded funds), 来允许投资者在一个熟悉的权益类市场上投资这些资产类别, 这简化了分散投资的过程, 并具有更大的流动性.

共同基金是投资者授权进行投资的投资工具. 也就是说, 当投资者购买共同基金时, 投资者将其资金交给一家资产管理公司, 该公司将根据基金的投资目标使用这些现金来构建投资组合. 投资目标包括基金资产和投资策略, 当然也包括它的有关管理费用. 基金的资产可以涉及很多可能的资产类别, 包括上述的股票、债券、现金、外汇、房地产等. 基金的投资策略是指投资风格, 主要体现在基金是主动地管理还是被动地跟踪一个指数.

通过基金经理的资产配置, 基金的投资者享有基金净值的涨跌. 为了赎回他的投资, 即将其投资转换为现金, 投资者的选择取决于所购买的基金类型. 共同基金有两种主要类型：开放式基金和封闭式基金. 封闭式基金是不可赎回的共同基金：基金一开始就一次性发行固定数量、固定期限的份额, 投资者不能将份额回售给基金. 基金最初通过 IPO 出售份额, 这些基金份额可在指定交易所上市. 开放式基金是具有可变数量股份的基金, 可以新增份额以满足新投资者的需求, 或者在投资者申请赎回时注销 (由基金回购). 申购和赎回可以每天发生一次, 基金的净资产 (净资产值, NAV) 的价值是在市场收盘后确定的. 因此, 封闭式基金无须根据投资者的申赎调整其持有量, 其流动性要求与开放式基金不同, 同时交易时段可在交易所交易的基金可能以不同于其净资产值的价格进行交易.

像封闭式基金一样, 在电子交易所交易还有一种很受欢迎的、可交易的基金是 ETF. 像共同基金一样, 交易所交易基金 ETF 类似于代理投资经理, 但在两个关键方面有所不同. 首先, ETF 倾向于使用非常具体的投资策略, 旨在产生与特定市场指数 (例如标普 500) 相挂钩的投资回报. 其次, 它们没有义务赎回投资者的基金份额. 相反, 如果投资者想赎回股份, 那么基金可以向投资者转移一篮子与 ETF 相关的证券. 这是可能的, 因为 ETF 以非常大的单位 (创建单位 (creation unit)) 交易股票, 然后可在交易所拆分并转售为个人股票. 创建单位可以高达 50 000 股. 总的来说, 人们普遍认为, 寻求降低交易成本和寻求分散化投资的投资者更喜欢交易所买卖 ETF 基金, 而寻找具有选股或类似杰出技能的经理人, 以战胜市场为目的的投资者则更倾向于购买共同资金.

一些投资公司认为, 为了确保履行对投资者的信托义务, 施加在共同基金经理的监管约束性过强. 为此, 他们创建了对冲基金, 追求更激进的交易策略、更少的监管和透明度要求. 由于更宽松的监管监督, 这些投资工具仅限于合格投资者, 而这些投资者被期望对市场更知情, 并更能够与基金经理打交道. 虽然这些基金不在交易所进行交易, 但其管理人员是这些市场的积极参与者.

电子交易所也有其他证券在交易, 尤其是衍生品市场有着大量的电子交易, 特别是其中的期货、互换和期权, 这些合约涵盖了一大批的资产 (债券、外汇、商品、股票、指数). 尽管我们主要关注股票的例子和应用, 但是我们在本书中所提及的概念和技巧适用于上述所有资产类型的交易. 然而在设计算法和策略时, 我们必须始终考虑与交易资产类型相关的具体问题, 以及特定电子交易所的具体情况和可能会在那里遇到的其余投资者的交易目标.

1.2 市场参与者的分类

在设计交易策略和算法时, 重要的是理解可能遇到的不同交易行为. 例如, 我们必须考虑谁在这些交易所交易以及为什么交易. 每个交易者的动机是清楚的, 他们想要赚钱, 但是考虑是什么驱使他们去交易 —— (他们如何赚钱) 是很重要的 —— 因为在很多情况下, 这将与我们的算法设计的选择相互作用, 并影响不同的算法是否能达到交易目标, 以及如何达到期望的交易目标.

我们从刚刚讨论过的交易对象的创建开始, 其中最熟悉的是股份. 我们已经看到, 公司, 或者更确切地说, 公司的管理者, 发行股票或股权以融资. 这些股票是交易的主要对象之一. 它们是公司上市时被创建的, 公司通常通过 IPO 在交易所上市. 一家公司发行股份为各种经济活动融资, 范围从制造电子音乐播放器到偏远地区的采矿业. 重要的是要记住, 这些股份是对公司所有权的声明, 因此受制于公司的决策. 因此, 一类的参与者是企业经理人, 他们创造了部分在交易所交易的上市公司的资产, 有时还会通过增加或减少公司股份的供给来积极参与市场, 例如, 通过二次股份发行 (SSO)、股份回购、股票红利、债转股 (或者反过来) 等.

我们也应看到在交易所中还有其他交易对象. 在权益市场中, 我们可以找到金融管理公司为了商品化它们的服务而创立的基金 (共同基金, ETF). 这些基金管理着大量的金融合约, 是电子交易所可观察的交易中实质性部分的发起者. 这些“供应方”的交易者可以有长期的投资目标 (例如, 专注于“价值投资”的基金, 这类策略代表人是沃伦 • 巴菲特), 或者专注于非常即时的策略 (例如, 复制标普 500 回报的 ETF). 还有一些自营交易者在使用自己的交易优势交易, 这种交易优势有时是真实的, 有时是虚幻的. 从我们之前看到的大型对冲基金, 到在家庭办公的小型个人“日内交易者”. 他们利用其竞争优势进行交易, 其中包括识别从根本上被错误定价的资产、识别价格动量或基于情绪的价格变化、具有处理市场信息和识别模式的特殊技术能力 (技术交易者)、能够根据新闻 (不管是政府经济数据还是处理推特供稿) 把握实时价格变动的时机, 或者识别等价资产之间瞬间的不合理的价格差异 (套利者).

另一组非常重要的市场参与者是“常规投资者”和“基本面交易者”. 这些是直接使用交易资产的投资者. 他们可能是个人购买股票, 希望在公司增加经济价值创造, 并且股票价值升值时能够分享其增长. 或者, 他们可能想要重构投资组合, 以应对突如其来的现金需求, 或者风险偏好和未来预期的变化. 他们可能是使用金融合约来对冲风险的企业, 例如, 生产活动中原材料和产品价格可能变化的风险. 布伦特原油、铜矿或电力期货交易者会担心各种非金融问题, 例如, 正在进行维修的炼油厂的数量, 安全电力输送的新方法的发现, 或者佛罗里达海岸外的热带风暴是否会转变为飓风并在迈阿密或达德附近登陆. 而且, 不能忽视的是, 政府也与市场表现息息相关. 政府可能想管理他们的货币, 发行债券来为公共支出融资, 或者回购资产以增加流动性或维持市场稳定. 所有这些交易者之间相互作用的影响是市场微观结构领域研究的关键问题之一, 我们将在第 2 章中熟悉这些问题, 这有助于我们理解交易方法背后的概念和问题. 我们下面区分三类主要市场参与者 (或交易策略).

(1) 基本面 (或噪声或流动性) 交易者：受交易所之外的经济基本面驱动的交易者.

(2) 知情交易者：利用市场价格未能反映出的信息来预期其升值贬值从而获利的交易者.

(3) 做市商：通过促进某种特定资产的交易和发挥其执行交易技能而获利的专业交易者.

通常, 人们可能会认为套利者是第四种类型的交易者, 但是, 在本书中, 我们将套利者包含在预期价格变动的知情交易者中. 此外, 虽然将噪声和流动性交易者捆绑在一起并不罕见, 但将其与基本面交易者放在一起并不常见. “噪声交易者”一词常用来描述进行与任何推动市场价格事件无关的交易的交易者, 而“流动性交易者”则用于因与市场事件无关的流动性而需要清算或积累流动性头寸的交易者.

另一方面, “基本面交易者”一词通常是为具有中长期投资策略的交易者预留的, 他们基于对交易资产实际业务活动的详细分析来制定策略. 这自然会将他们归类为知情交易者. 然而, 其交易策略的很大一部分来自投资组合管理以及风险收益平衡, 其中短期价格信息基本包含在庞大规模的头寸中. 因此, 从高频交易算法的角度来看, 将他们视为相对于算法范围内特定市场事件的“噪声”交易是合理的. 话虽如此, 只要基本交易者在对短期价格有影响的信息上进行交易 (例如了解仓位的实质变化量), 他们就可以被归入知情交易者类别中.

我们可以将做市商类型视为“被动”或者“反应”交易. 他们通过交易过程的详细信息, 并根据情况变化适应“市场”获利. 而前两种类型则代表更“主动”或

“激进”的交易, 这些交易只是为了利用交易环境噪声外部获得的特定信息优势, 并且基本交易者对短期走势只有短暂的影响, 而知情交易者预计短期价格走势. 尽管两者之间的界限并不总是很清楚, 但是这种区分在制定交易策略时很有用. 专业交易者通常将从交易实践中获得的信息优势转化为他们用于做市的交易策略.

一个常见的错误是将提供流动性的做市与消耗流动性的知情交易等同. 做市活动通常倾向于提供流动性, 但特定的做市策略可能有时提供流动性, 有时需要流动性. 同样, 知情交易并不总是通过主动订单发生的, 有时可以通过增加流动性的被动订单更好地实施. 在第 10 章中, 我们为那些始终向市场提供流动性的做市商开发算法. 这些算法可以被推广, 以显示当做市商从市场中拿走流动性时, 做市如何变化. 此外, 在第 8 章中, 我们制定了最优执行模型, 其中代理商的策略既消耗又提供流动性.

1.3 电子交易市场中的交易

在引入电子交易市场中参与者和其行为以后, 我们看看电子交易市场具体是如何运作的. 运作电子交易市场的方式有很多种, 但是本质上都等同于为人们提供发出交易意愿信号, 并为买家和卖家提供匹配引擎.

1.3.1 订单和交易所

在基本设置中, 电子交易市场有两种类型的交易指令 (交易订单): 市价单 (market order, MO) 和限价单 (limit order, LO). 市价单通常被视为力图立即执行交易的激进订单. 通过发送一个 MO, 交易者表示以当前最佳可执行价格买入或卖出一定数量的股份, 这通常会导致立即交易 (执行). 另一方面, LO 被认为是被动订单, 交易者发送 LO 表明他希望以给定的价格购买或出售一定数量的股票. 由于 LO 中提供的价格通常比当前市场价格差 (高于卖出 LO 的最佳买入价格, 并低于买入 LO 的最佳卖出价格), 因此不会立即交易, 而是要等到或者与它所要求报价匹配的新指令出现 (并执行), 或者被撤销 (取消).

订单由匹配引擎和限价订单簿 (limit order book, LOB) 管理. LOB 记录了进出订单. 匹配引擎使用明确的算法来确定何时可能发生交易, 如果交易发生, 将使用哪些准则来选择要执行的订单. 大多数市场将 MO 优先于 LO, 然后使用价格时间优先级匹配算法, 如果一个买入的 MO 到达, 买入的订单将会与现有的卖出 LO 以以下方式进行匹配: 首先, 进入的订单将与提供最佳价格的 LO 匹配 (对于买入订单, 匹配提供最低价的卖出 LO), 然后如果所需数量少于以最佳价格提供的数量, 则匹配算法选择最老的 LO(即最早发布的 LO), 并按顺序执行, 直到 MO 的数量完全被执行. 如果 MO 要求的数量多于以最佳价格提供的数量, 那么在执行完所有的现有最佳价格的 LO 之后, 匹配算法将执行次优价格的 LO, 然后执行第三最佳价格, 重复这个过程直到整个订单被执行. 价格越来越差的 LO 被称为位于 LOB 中更深的位置, 而进入的 MO 执行 LOB 中更深的现有 LO 的过程被称为"沿 LOB 游走". 1.4 节提供了有关 LOB 如何构建的更详细的介绍, 以及 MO 如何"沿 LOB 游走".

图 1.1 显示了 2013 年 10 月 1 日 NASDAQ 上在两只股票 FARO 和 HPQ 当日第 10 000 个事件之后的 LOB 快照 (关于如何由原始事件数据构建 LOB 快照的说明, 请参见 3.1.1 小节). 这两只股票完全不同. (a) 图对应 HPQ, 这是一种经常交易的流动性资产. HPQ 的 LOB 上 LO 的报价范围最远距中间价格至少达到 20 点, 其中每一点都有相应的 LO. 在 (b) 图中, 展示了 FARO 的 LOB. FARO 是一种很少交易的非流动性资产. 这个资产在 LOB 中有稀疏的买卖报价以及不规则的间隔. 我们在 1.4 节讨论这个例子的更多细节.

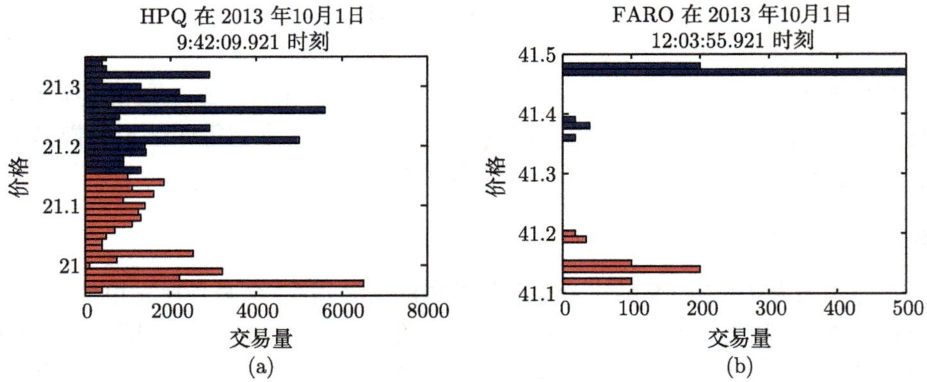

图 1.1　NASDAQ 的 LOB 在当天第 10 000 个事件后的快照. 蓝色条代表可用的卖出 LO, 红色条代表可用的买入 LO

1.3.2　其他交易所结构

上述方法并不是组织交易的唯一可能方式. 例如, 可以使用另外的匹配算法, 如在某些货币市场中使用的按比例分配规则匹配算法 (prorata rule). 根据按比例分配规则, MO 与发布的最佳价格的 LO 相匹配, 且与发布的数量成比例 —— 注意这里没有时间优先规则. 在有些市场中, 例如在期货中, 会将按比例和时间优先两个规则相结合.

除了这个基本设置之外, 交易所组织报价和交易的方式也可以有很多变化. 例如, 一些市场对来自特定类型的交易者 (指定的做市商, 或者在某些市场中指定的供应方交易者) 的订单引入额外的优先权. 许多交易所也在特定时间点使用拍卖. 通常有一个初始和 (或) 结束拍卖, 即在开盘时的拍卖和 (或) 收盘时的拍卖. 此外,交易所将在市场交易中止后 (例如, 在波动率限制被触发后) 使用拍卖, 以平稳过渡回活跃交易.

评价交易所的另一个重要的方面是透明化的程度 (和成本). 在美国, 受监管的交易所 (例如 NASDAQ 和纽约证券交易所) 之间存在明确的 (法律相关的) 区别, 它们有义务发布有关其 LOB 和其他电子交易市场 (电子撮合网络 (electronic crossing network, ECN), 以及暗池和经纪交易商内部化) 的状态. 除了法律定义之外, 我们还根据是否公开提供 LOB 信息, 来区分暗市和明市 (开放订单簿). 在明市中, 在如何以及以何种价格获取信息方面存在许多差异. 例如, NASDAQ 有一个订单簿报告机制, 通过该机制交易所记录每条消息, 并为每个 LO 分配一个订单标识号, 用于将订单与后续事件 (如取消或执行) 进行匹配. 其他市场 (特别是 NYSE 和 NYSE MKT /AMEX) 采用的是层级日志方法, 每收到一次会影响订单的事件, 市场就会收到一条消息, 但不会在发布的订单上留下标签, 因此无法与随后的取消或执行进行匹配. 在本书中, 我们开发的大部分算法是假设代理商在一个可以观察 LOB 的明市进行交易. 在第 7 章中, 我们讨论了暗池, 并且为同时在明市和暗市进行交易的代理商建立了最优化执行的算法.

1.3.3 托管

交易所还可以控制你收到的信息的数量和详略程度 (例如, 你可以以低成本使用统一/公用消息来源, 或者你可以以一个相对较高的费用获得交易所的直接/专有消息来源). 它们还可以通过出租匹配引擎旁边的计算机/服务器空间来把速度的需要变现, 这个过程称为托管 (colocation). 通过托管, 交易所可以以有竞争力的速度为交易客户提供统一的服务. 交易者的交易引擎托管于交易所拥有的位置, 简化了交易所提供统一服务的能力, 因为它可以控制连接每个客户端到交易引擎的硬件、电缆 (所有电缆都是具有相同长度的同种电缆) 和网络. 这确保了托管中的所有交易者具有相同的快速访问权限, 并且不会处于不利地位 (至少在交易所提供的硬件方面). 当然, 这造成了托管交易者和非托管交易者之间有明确的区别. 那些不托管的人总是处于速度的不利条件. 因此, 对监管机构来说, 必须确保交易所能够对保持托管访问权限的充分竞争性, 这成了一个问题.

当今, 特别是在美国权益市场, 与交易引擎的距离问题, 即分割, 将我们带到了交易的另一个关键方面, 我们将在 3.6 节中详细讨论. 一个美国权益市场的交易员必须意识到, 有 13 个明市的电子交易所和 40 多个暗市的电子交易所. 加上这些广泛的交易选项, 还有一些具体的规定 (即所谓的“交易贯通”规则). 如果其他交易所有更好的执行价格, 则这些规定会影响到发送给一个交易所的 MO 的情况. 多个交易场所的相互作用、在这些交易场所之间移动时的延迟以及监管在设计成功的交易策略时带来了额外的难度.

1.3.4 拓展订单类型

时间在通常的价格时间优先级电子交易中扮演了基础性的角色, 在细分市场中, 这个问题变得更加重要. 交易者需要能够快速调整交易头寸以应对或预期市场情况的变化, 这里的市场不仅指当地的交易所, 而且也包含其他市场. 第一个进入或退出某个头寸的竞争是关于"高频交易"收益和成本辩论的焦点之一.

速度的重要性渗透了整个算法设计过程, 从实际代码到编程语言的选择、实现算法的硬件、匹配引擎连接特性、订单在交易所中及交易所间的路径等等. 意识到速度的重要性, 交易所已经适应并且不限于两种基本种类的订单. 每一个交易者都应该对交易所中所涉及的所有种类的订单类型非常熟悉, 包括它们是什么以及它们会被如何使用. 以下是可能的各种订单的一些例子:

(1) 当日委托指令: 在正常交易期间进行交易的订单, 可选择延伸至开盘前或收盘后的时段;

(2) 不可路由: 有很多订单通过选择或设计避免默认重定路由到其他交易所, 如"仅限预订"、"仅限后期"和"中点挂钩"等等;

(3) 钉住, 隐藏不滑移 (pegged, hide-not-slide): 订单随着中间价或全国最佳价格变动;

(4) 隐藏订单: 不显示其数量的订单;

(5) 冰山订单: 部分显示其数量的订单 (提供一些选择, 以便可见部分在耗尽到少于一手时自动补充);

(6) 即时或取消买卖盘: 以最优惠价格执行尽可能多的订单, 其余订单将被取消 (这些订单不会被重新发送到另一个交易所, 也不会沿 LOB 游走);

(7) 全额或取消买卖盘: 发送的订单将以最佳价格全部执行或完全不执行;

(8) 到期前有效买卖盘: 内置固定生命期的订单, 如果其到期时间没有执行, 它们将被取消;

(9) 全权订单盘: 订单显示一个价格 (限定价格), 但可能以更积进 (隐藏) 的价格执行.

而且在经典 MO 和 LO 的基础上还有许多其他变体.

在对算法进行编码时, 应该非常清楚所有可能的订单类型, 范围不限于一个交易所, 而是对该种资产进行交易的所有互相竞争的交易所. 对各种订单类型不了解会导致重大损失. 由于这些订单类型中一部分允许在交易引擎级别进行更改和调整, 因此无论交易者的引擎的延迟如何, 就算你的算法的编码和硬连线效率如何高效, 它们都无法因此被打败. [①]稍后, 在本书第三部分构建数学算法时, 我们假设经

① 订单类型, 它们的使用以及它们记录的透明度的重要性是一个关键问题. 交易员 Haim Bodek 在过去几年中发表了一些公开声明, 由此表明了这点.

纪人使用 MO 和 LO, 并且当 LO 被取消时会被整体取消.

1.3.5 交易费

另一个值得注意的重要问题是, 交易所交易不免费, 但所有交易者的成本并不都相同. 例如, 许多交易所运行的是 maker-taker① 的收费系统, 因此发送 MO (并且因此降低了市场的流动性) 的交易者需要支付交易费用, 而发布的 LO 被 MO 所完成 (即与 MO 相匹配的 LO) 的交易者却只需要支付低很多的交易费, 甚至因为提供流动性而从交易所 (做市) 接收报酬 (返佣). 另一方面, 有些市场有相反的收费机制, 即有相反收费结构的 taker-maker 的收费系统: 那些提供市场流动性的交易者要比那些降低市场流动性的交易者 (甚至可能获得返佣) 支付更多的费用. 交易费用的问题非常重要, 因为它会扭曲可观察的市场价格 (当你进行交易时, 实际价格是公布的价格扣除交易费用后, 你支付/收到的净价格), 以及它们对细分市场的影响仍存在激烈的争议.②

1.4 限价订单簿

我们已经看到了问题的复杂性, 那么让我们从 LOB 的最基本的描述开始, 首先使用人工 LOB 来说明它, 之后举一些实际的例子 (图 1.4), 其中用到的是在 NASDAQ 证券交易所中 HPQ 和 FARO 两种资产的详细消息数据.

将 LO 添加到 LOB 如上所述, 从最基本说, 电子交易是由 LOB 和匹配算法来描述的. 我们讨论了价格时间优先级是如何运作的: 一个到达的 LO 以订单的价格加入 LOB, 并被置于该价格的执行队列的最后, 这一点可以在图 1.2 中的人工 LOB 中看到. 在图 1.2 中, LO 被显示为长度等于其数量的块. 根据从右到左的时间优先顺序排列 LO, 因此当一个新的以 \$23.09 报价的买入 LO (图 1.2(b) 中的紫色块) 到达时, 它将被添加到已有的同价格 LO 序列中. 这个新的 LO 在最接近它们 y 轴的位置加入队列, 成为第三个等待以 \$23.09 执行的 LO.

MO 沿 LOB 游走或重新发送 假设我们正在查看图 1.2(a) 所描述的 LOB 的交易场地. 假设该交易场所的最佳买价是当前的整个市场在所有交易场所间的最佳买入报价. 正如图 1.3(a) 中绿色块总和所示, 一个新的 (要卖出) 250 股的 MO 进入这个市场. 匹配引擎遍历 LOB, 按照匹配算法中的规则把进入的 MO 与现有 (发布的) LO (在买单方) 匹配. 在 LOB 中, 最佳报价 \$23.09 处有两个 LO, 以两个红色块代表, 每个红色块代表 100 个单位, 共计 200 个单位. 这 200 个单位以最佳买价执行.

---

① maker 指挂单，taker 指吃单; maker 提供流动性, taker 提取流动性.

② Colliard 和 Foucault (2012) 对交易费用及其对报价和基础价格之间关系的影响提供了非常清晰的理论概述.

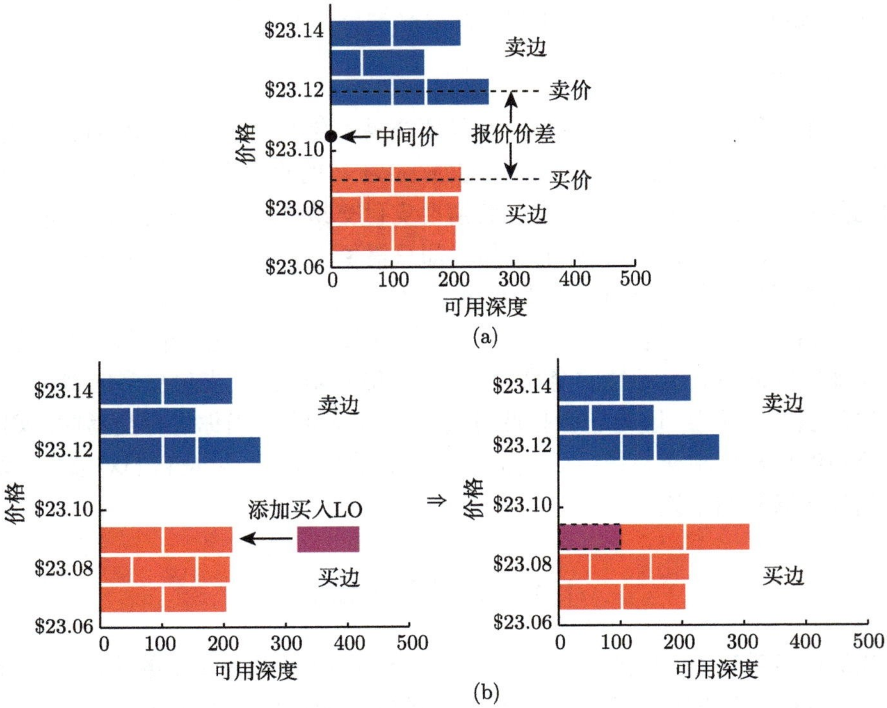

图 1.2　以最佳出价添加到队列中的买入 LO 的 LOB 描述

剩余的 50 个单位如何处理, 取决于订单类型和所处市场. 在一个标准市场中, 剩下的 50 个单位将根据时间优先顺序依次执行 $23.08 价位的 LO (MO 将沿 LOB 游走). 这可以由图 1.3(a) 看出: 左侧子图显示进入的 MO 被分成三个块, 前两块与 $23.09 价位的 LO 相匹配, 最后一个与 $23.08 价位的 LO 匹配. 在 MO 被完全执行后, 剩余的 LOB 显示在图 1.3(a) 的右侧子图.

正如我们在 1.3.3 节提到的那样, 在美国, 有订单保护规则以确保 MO 可以获得最佳执行, 这 (取决于订单类型) 可能要求交易所将剩余的 50 个单位重新发送

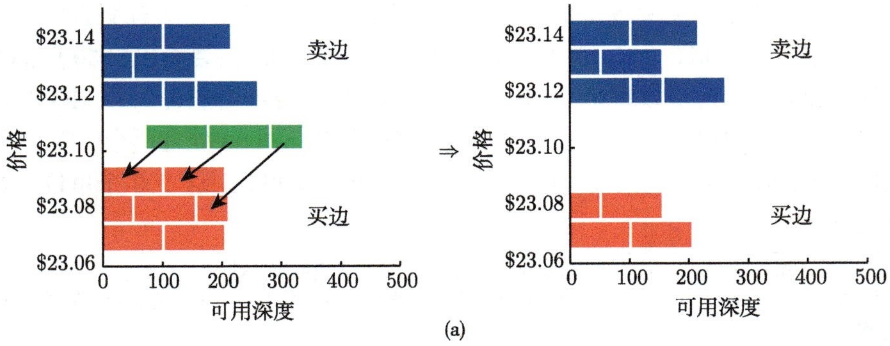

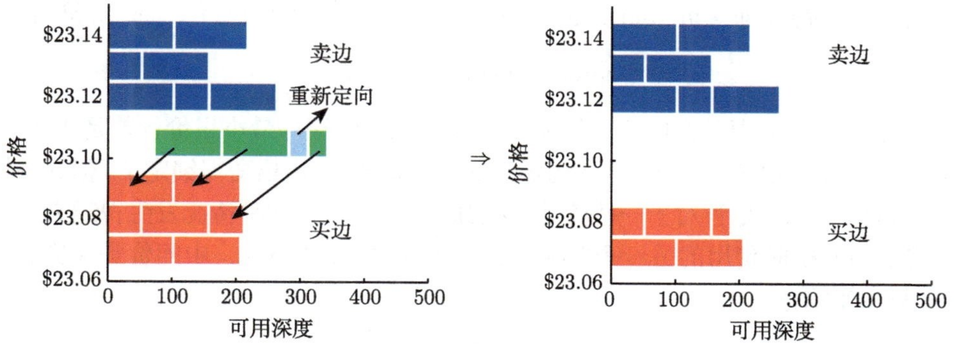

(b)

图 1.3 卖出 MO 在有无重新定向时沿 LOB 游走的情况时的 LOB 描述

到以 \$23.09 为最佳买价的其他交易所. 在这种情况下, 如图 1.3(b) 的左侧子图所示, 剩余 50 个单位中一部分 (浅蓝色块) 被重新发送到有报价 \$23.09 的流动性的交易场所. 只有在耗尽所有交易所 \$23.09 价位流动性之后, MO 的剩余股份才能返回并在此交易场所执行, 与任意以 \$23.08 价位 (更糟糕的价格) 的 LO 相匹配, 在这个例子中, 25 个单元被重新发送到其他交易所, 另外 25 个单元返回到该交易场所并沿 LOB 游走.

MO 原则上可以是立即实时成交或撤销 (immediate-or-cancel, IOC) 订单, 这指定剩余的不能以最佳买价执行 50 股应当被完全撤销.

由于这些订单保护规则 (交易贯通规则 —— 在欧洲市场上没有这样的规则), 在美国极少情况下会观察到 MO 直接沿 LOB 游走. 相反, 你可能会看到一个很大的 MO 被切断, 并在很短的时间内, 在多个市场循序执行. 这也意味着随着深度消失 (如在 2010 年 5 月 6 日的闪电崩盘期间), 位于其他订单的序列末端的 MO 可能以很差的价格执行, 而且在最糟糕的情况下, 它可能会与**无成交意向报价**相匹配 —— 报价非常离谱的 LO, 清楚地表明它们不期望被执行 (这样的交易在闪电崩盘期间以下资产均出现过这种情况：JKE, RSP, Excelon, Accenture, 等等). 因此, LOB 用于跟踪 LO, 并应用算法来匹配新进订单和现有的 LO.

LOB 定义在一个固定的离散价格网格 (价格水平). 该步长的大小 (相邻价格水平之差) 被称为**最小价格单位**(tick), 在美国, 对股价高于 1 美元的所有股票, 其最小价格间距是 1 美分. 在其他市场中, 并存着其他几种不同的最小价格间距. 例如, 在巴黎证券交易所或马德里证券交易所, 最小价格单位的范围为 0.001 欧元到 0.05 欧元之间, 依赖于所交易股票价格.

图 1.1 展示了 2013 年 10 月 1 日 NASDAQ 中 FARO 和 HPQ 两个股票在第 10 000 个事件之后限价订单簿 (LOB) 的样图. 在蓝色部分, 你会发现对于卖出的 LO, 交易者愿意等待一个更高的卖出价格. 最佳卖出价格, 即卖价 (ask), 是 \$21.16,

而最佳买入价格, 即买价 (bid), 是 \$21.15. 卖价与买价之间的差异, 即**报价价差**, 为

$$\text{Quoted Spread}_t = P_t^a - P_t^b,$$

其中 P_t^a 和 P_t^b 分别是最佳的卖价和买价, 在这个例子中, 最小报价价差是 1 美分. 然而, 有时候买价等于卖价, 价差为零. 在这种情况下, 市场变得**锁定**了, 但这种情况不会持久 —— 尽管对于一些流动性很强的资产来说, 这种情况发生得越来越频繁. 描述 LOB 时使用的另一个常见指标是**中间价** (midprice). 中间价是买价和卖价的算术平均值:

$$\text{Midprice}_t = \frac{1}{2}(P_t^a + P_t^b).$$

它通常用于代表资产的真实标的价格 —— 没有显式或隐式的交易成本 (因此不存在价差) 时的资产价格. 正如前面所指出的那样, 图 1.1 中显示的两个 LOB 非常不同. 图 1.1(a) 图中的对应 HPQ, 这是一种经常交易的流动性资产. HPQ 的 LOB 上 LO 的报价范围最远距中间价格至少 20 个最小报价单位, 其中每隔一个最小报价单位都有相应的 LO. 价差是最小价差, 即最小报价单位. 在图 1.1(b) 图中, 我们有 FARO 的 LOB. FARO 是一种很少交易的非流动性资产. 这种资产已经在 LOB 中有稀疏的和不规则的间隔的买价和卖价. 对于一个标价 (约) 为 \$41 的资产, 价差为 20 个最小价格单位 (20 美分). 在当日 FARO 和 HPQ 格子第 10 000 个事件发生之后, 这些资产之间的流动性差异变得很显著. 对于 HPQ, 第 10 000 个事件对应的时间大约是 9:42 a.m. (开盘后不到 15 分钟), 而对于 FARO, 第 10 000 个事件直到 12:04 p.m. 左右才发生 (距开盘已超过两个半小时). 也要注意, 对于 FARO, 买价和卖价最佳两个价格水平, 其深度之后也只有不到 100 个发布的单位, 而对于 HPQ, LOB 的前两个价格水平中提供了超过 1000 股, 因此 HPQ 具有更大的深度. 即使考虑到 FARO 的交易价格是 HPQ 的两倍, 如果以美元价值衡量这些价位上发布的股份的深度, HPQ 仍然更高.

图 1.1 中显示的快照只展示了一个静态的 LOB; 然而, 它的动态是相当有趣和富有信息的. 在图 1.4 中, 我们展示了三种不同的股票 HPQ, NTAP 和 ORCL, LOB 如何随着时间 (超过 5 分钟) 演变. x 轴是以分为单位的时间, y 轴是以美元为单位的价格. 我们在图 1.1 中的静态图片是由阴影的蓝色和红色区域所刻画的 —— 顶部的蓝色区域代表 LOB 的卖价方, 即发布的卖出交易量, 而买方则在下方, 用红色表示, 显示了发布的买入交易量. 在图 1.4 中最佳买价和卖价通过中间浅阴影米色区域的边缘来标识, 这标识了买卖价差. 在图 1.1 中通过水平条来表示每个价格水平的交易量, 而在图 1.4 中这个量是由相应价格水平上/下的阴影区域的大小来表示. 尽管这些区域的高度不再是线性的, 而是单调的非线性变换, 这在视觉上更具陈述力.

另外, 图 1.4 标识了新订单何时执行. 对于一个激进的 MO, 与 LOB 中的 LO 配对执行, 红/蓝圆圈表示其时间、价格和规模 (由圆圈的大小表示). 当一个卖出

MO 对一个买入 LO 执行时, 被称作**买价成交** (hit the bid); 类似地, 当一个买入 MO 对于卖出 LO 执行时, 被称作**卖价成交** (lift the offer). 棕色实线描述了被称为**微观价格** (microprice) 资产的变化, 定义为

$$\text{Microprice}_t = \frac{V_t^b}{V_t^b + V_t^a} P_t^a + \frac{V_t^a}{V_t^b + V_t^a} P_t^b.$$

其中 V_t^b 和 V_t^a 分别对应最佳买价和卖价的交易量, P_t^b 和 P_t^a 是买价和卖价. 微观价格被用作资产的无交易成本价格一个更精细的代表, 因为它通过发布的股票数, 衡量了价格朝买价或卖价移动的趋势, 因此表示市场中买入 (卖出) 压力. 如果有很多买家 (卖家), 那么微观价格就会被推向最佳卖价 (买价), 以反映价格会上涨 (下跌) 的可能性. 在第 12 章中, 设计算法时我们把 LOB 中交易量的不平衡考虑在内, 更深入地探讨了微观价格和相对交易量对买卖双方的影响.

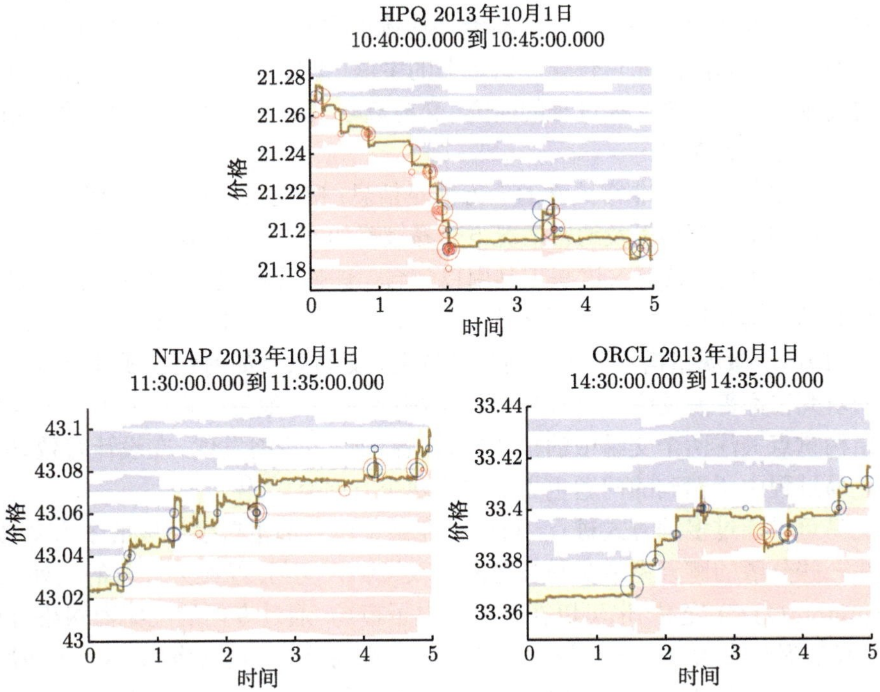

图 1.4 HPQ, NTAP 和 ORCL 三个资产的 LOB 变化时间序列

1.5 参考文献与选读

O'Hara (1995), de Jong & Rindi (2009), Lehalle (2009), Colliard & Foucault (2012), Abergel, Anane, Chakraborti, Jedidi & Toke (2015).

第 2 章　金融市场微观结构概述

为了更好地理解交易策略的设计与实现中所遇到的问题, 我们必须考虑推动这些交易策略的经济因素. 为了达到这一目的, 我们要阅读市场微观结构的相关文献. 2.1 节考虑了基本做市模型, 重点关注库存与库存风险以及交易频率与每单交易利润间的权衡; 也考虑了流动性基本衡量方法的概念基础. 后两节着眼于交易者之间存在信息差异的情况. 2.2 节围绕深度知情交易者进行讨论, 2.3 节的研究对象则是消息不够知情的做市商.

关于交易的经济学, 我们来看市场微观结构, 因为它是关注交易在某些特定环境下是如何发生的金融学分支: “研究在明确的交易规则下资产交换的过程与结果” (O’Hara, 1995). 因此它包含了这本书的主题, 即算法交易与高频交易. 市场微观结构文献中有对资产交换过程的研究: 交易策略, 以及它们的结果 (资产价格、成交量、风险转移等内容).

交易与定价过程中非常关键的一方面是信息: 哪类人群有什么样的信息, 这些信息如何影响交易策略以及通常情况下交易策略如何影响交易结果, 特别是资产价格. 四十年前金融理论引入这些工具用以包含、评估价格效率这个概念, 以及“市场价格是传递信息以达到帕累托最优资源分配的有效途径的观点” (Grossman and Stiglitz, 1976). 微观结构中关于不同交易规则、交易条件如何包含或者阻碍价格有效性的研究也都曾提及这方面内容. 微观结构研究与一般资产定价的不同之处在于微观结构重点关注两个交易中的核心要素: 流动性与价格发现, 在设计有效算法与高频交易过程中所遇到的问题也主要与这两个方面有关. ①

交易可以通过多种方式进行: 可能是在某个俱乐部里握手达成的个人交易; 或者是在一些分散的聊天室中交易员之间的双边私人交易; 经纪人介入的场外 (over-the-counter, OTC) 交易; 也可以在开放的电子市场, 通过专门的经纪商网络进行交易等. 我们聚焦在大型电子市场中的交易以及交易算法, 包括像 NASDAQ 股票市场那样的公开交易所以及一些电子私人交易所 (由经纪商、银行或者是买方投资者财团经营).

① Abergel, Bouchaud, Foucault, Lehalle, and Rosenbaum (2012) 对证券市场中流动性的决定因素和影响因素以及相关的政策问题做了综述.

2.1 做　　市

第 1 章中已经指出“被动的”做市商 (market maker, MM) 是非常重要的一类市场参与者, 他们通过做差价以及一些执行技巧促进交易并获利, 做市商必须快速地适应市场状况的改变. 另一类市场参与者是“主动的”交易者, 他们预测价格波动, 并且必须确定市场干预的最佳时机. 我们先从“被动的”交易者这类市场参与者入手.

这里主要关注的是活跃的交易所中进行的交易, 因此不妨假设有很多做市商相互竞争. 当然, 在由少数做市商主导的市场上进行交易还需要考虑做市商如何行使他们的市场支配力以及它怎样影响整个市场.

做市商在市场中起着至关重要的作用, 他们为市场参与者提供流动性的主要途径是对交易的资产报价, 这些资产可以是股票、金融衍生品、商品、货币等. 做市商提供流动性关键的一点是实时性: 投资者可以在任一指定时刻买入 (卖出) 资产, 而不需要等待具有相匹配持仓的交易对手卖出 (买入) 资产. 做市商通过买卖报价 (或是在订单簿买卖双边发布限价单 (LO)) 来为市场提供流动性, 为了保持业务可持续发展, 做市商给出的买入报价通常会低于卖出报价. 比如说做市商报价以每股 \$99 买入 XYZ 公司的股份, 他们愿意以 \$101 的价格卖出. 通过发布 LO, 应注意到做市商为那些希望快速执行交易的交易者, 如通过市价单 (MO) 进行交易者, 提供流动性. 因此, 我们通常采用二分法, 认为做市商为流动性提供者, 而其他交易者为流动性接受者.

如果做市商提供了最佳报价, 也就是卖价为 \$101, 买价为 \$99, 那么买卖价差为 \$2. 有很多理论力图解释竞争市场中价差的决定因素, 在探讨这些理论之前, 我们先来看看流动性提供者遇到的问题.

2.1.1 Grossman-Miller 做市模型

当提供流动性时, 做市商面临的首要问题是接受单边交易 (如从一个想要卖出的人手中买入) 后, 他们会在一段不确定的时间内持有资产, 等着对流动性有相匹配需求 (想要购买做市商之前买入的资产) 的交易者进入市场. 在此期间, 做市商将面临不利价格波动的风险 (在我们的例子中, 做市商买入资产后, 价格下跌, 做市商不得不在下次交易中亏本出售资产).

前面已经说过, 做市商并不希望有库存, 因此他们只会在预期能卖出 (买入) 的情况下买入 (卖出). Grossman 和 Miller (1988) 就这个问题给出了一个模型, 该模型描述了做市商如何从流动性交易者那里获得流动性溢价, 以弥补做市商将资产转移给下一个流动性交易者前所需要承担的库存的价格风险.

我们先考虑该模型的一个简化情形, 对于某种给定的资产, 考虑 n 个相同的做市商以及三个日期 $t \in \{1,2,3\}$. 简单起见, 假设一定有相匹配订单: 如果在 $t=1$ 时某个流动性交易者, 记为 LT1, 在市场上出售 i 个单位的资产, 那么将 (一定) 会有另一个流动性交易者 (LT2) 会在市场上买入 i 个单位的资产 (更一般地, 交易量为 $-i$ 个单位, 因此 LT1 的交易量 (i 个单位) 可能是负的或正的, 也就是说 LT1 可以买入或卖出). 但是 LT2 不会在 $t=2$ 之前进入市场. 所有代理商初始金额为 W_0, 做市商不持有资产, LT1 持有 i 个单位资产, LT2 持有 $-i$ 个单位资产.

模型不考虑交易成本或者持有库存需要的直接成本. 关注重点是价格变化: $t=3$ 时资产现金价值为 $S_3=\mu+\epsilon_2+\epsilon_3$, 其中 μ 为常数, ϵ_2,ϵ_3 相互独立, 服从均值为 0, 方差为 σ^2 的随机正态分布. 这些数据将在 $t-1$ 到 t 期间公布, 即 ϵ_3 在 $t=2$ 到 $t=3$ 期间公布, ϵ_2 在 $t=1$ 到 $t=2$ 期间公布. 因此, 资产实现的现金价值可能增加或者减少 (忽略 ϵ_2,ϵ_3 的某些取值可能会使得资产价值为负的事实 —— 这个模型只是用来阐述一个观点). 由于对资产价值的冲击平均为 0, 风险中性交易者可以无成本持有资产. 如果假设所有的交易者、做市商和流动性交易者都是风险厌恶的, 该模型会更加有趣. 具体而言, 假设他们对资产 (X_3) 的未来随机现金价值效用函数有如下期望: $\mathbb{E}[U(X_3)]$, 这里 $U(X)=-\exp(-\gamma X)$, 而且 $\gamma>0$ 是承担风险的效用惩罚参数 (风险厌恶参数).

逆向求解该模型可以给出对交易行为与价格的描述. $t=3$ 时资产现金价值为 $S_3=\mu+\epsilon_2+\epsilon_3$. $t=2$ 时 n 个做市商以及 LT1 的资产分别为 q_1^{MM}, q_1^{LT1}. LT2 资产为 $-i$, 而且他们都以 q_2^j 的资产持有量退出, 其中 $j \in \{\mathrm{MM}, \mathrm{LT1}, \mathrm{LT2}\}$. 比如说, $q_t^j=2$ 是指代理商 j 在离开日期 t 时持有两个单位, 因此代理商将是两个单位多头 (即有两个单位的库存). 到目前为止问题可描述为: 在 $t=2$ 时, 已知 ϵ_2, 代理商 j 选择 q_2^j 以最大化他的期望效用

$$\max_{q_2^j} \mathbb{E}[U(X_3^j) \mid \epsilon_2]$$

使得

$$X_3^j = X_2^j + q_2^j S_3, \quad X_2^j + q_2^j S_2 = X_1^j + q_1^j S_2.$$

这两个约束条件描述了:

(i) 当 $t=3$ 时, 代理商资产的现金价值 X_3 等于 $t=3$ 时代理商的现金持有量, 后者等价于 X_2 加上代理商资产库存 q_2^j 的现金价值;

(ii) 当 $t=2$ 时, 代理的资产现金价值 (X_2, 库存 q_2^j) 等于 $t=2$ 时代理商的资产现金价值 (X_1, 库存 q_1^j).

根据正态分布假设以及效用函数期望的性质, 显然可得

$$\mathbb{E}[U(X_3^j) \mid \epsilon_2] = -\exp\left\{-\gamma(X_2^j + q_2^j \mathbb{E}[S_3 \mid \epsilon_2]) + \frac{1}{2}\gamma^2 (q_2^j)^2 \sigma^2\right\}.$$

因此, 这个问题是凹的, 它的解可表示为

$$q_2^{j,*} = \frac{\mathbb{E}[S_3 \mid \epsilon_2] - S_2}{\gamma\sigma^2},$$

上面公式对所有代理商成立: n 个 MM, LT1 和 LT2.

$t=2$ 时资产供需相等, 由此可求出均衡价格 S_2:

$$nq_1^{\mathrm{MM}} + q_1^{\mathrm{LT1}} + q_1^{\mathrm{LT2}} = nq_2^{\mathrm{MM}} + q_2^{\mathrm{LT1}} + q_2^{\mathrm{LT2}}, \tag{2.1}$$

其中 LT2 到达 $t=2$ 时持有的资产 q_1^{LT2} 等于他期望的交易额 $-i$. 根据之前的假设, 所有的 q_2^j 均相等, 因此方程右边部分等价于:

$$nq_2^{\mathrm{MM}} + q_2^{\mathrm{LT1}} + q_2^{\mathrm{LT2}} = (n+2)\frac{\mathbb{E}[S_3 \mid \epsilon_2] - S_2}{\gamma\sigma^2}. \tag{2.2}$$

此外, $t=1$ 时可用资产总量等于 LT1 带入市场的资产量, 因此 (2.1) 式左边为

$$nq_1^{\mathrm{MM}} + q_1^{\mathrm{LT1}} + q_1^{\mathrm{LT2}} = i + q_1^{\mathrm{LT2}} = i - i = 0.$$

代入 (2.2) 式求解, 我们得到了在均衡情况下, $t=2$ 时, $S_2 = \mathbb{E}[S_3] = \mu + \epsilon_2 + \mathbb{E}[\epsilon_3] = \mu + \epsilon_2$, 因此 $q_2^j = 0$. 这是有意义的, 因为 $t=2$ 时资产平衡, 资产价格反映了"基本价值"(有效价格), 没有人愿意持有风险资产. 图 2.1 下半部分刻画了整个分析过程, 从图中可以看出, 三类市场参与者在 $t=2$ 时资产持有量为 $q_1^j, j \in \{\mathrm{MM,LT1,LT2}\}$, 以及在以 S_2 的价格进行交易后他们是如何以 $q_2^j = 0$ 的持有量收尾的.

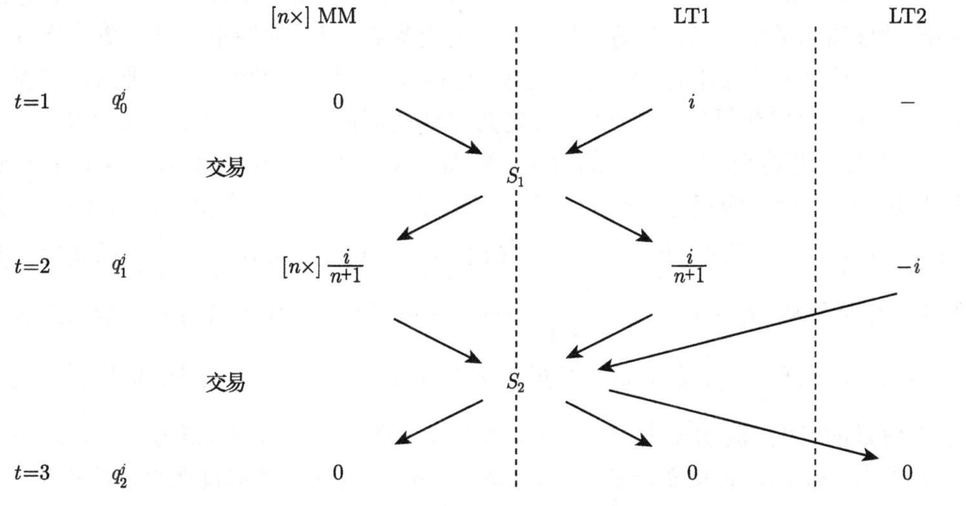

图 2.1 Grossman-Miller 模型中交易与价格设定

现在考虑 $t=1$ 时情况, 参与市场的代理商 (n 个做市商以及 LT1, 在 $t=2$ 前 LT2 不会出现) 期望在任何情况下未来市价都是有效的, 并且他们在离开 $t=2$ 时无库存, 从而 $X_3=X_2$. 因此, 他们的投资组合为

$$\max_q \mathbb{E}[U(X_2^j)],$$

使得

$$X_2^j = X_1^j + q_1^j S_1, \quad X_1^j + q_1^j S_1 = X_0^j + q_0^j S_1.$$

在 $t=1$ 时我们重复上述 $t=2$ 时的分析可得最优投资组合解为

$$q_1^{j,*} = \frac{\mathbb{E}[S_2]-S_1}{\gamma\sigma^2},$$

这对当前所有代理商 j 成立: n 个做市商以及 LT1. 同样地, 在 $t=1$ 时资产供需平衡, 因此

$$nq_0^{\mathrm{MM}} + q_0^{\mathrm{LT1}} = nq_1^{\mathrm{MM}} + q_1^{\mathrm{LT1}},$$

其中 $q_0^{\mathrm{LT1}}=i$ (前面提过, $i>0$ 表示 LT1 持有 i 股想要出售的股份), $q_0^{\mathrm{MM}}=0$. 由此可得下列等式:

$$i=(n+1)\frac{\mu-S_1}{\gamma\sigma^2} \Longleftrightarrow S_1=\mu-\gamma\sigma^2\frac{i}{n+1}.$$

图 2.1 上半部分反映了做市商与 LT1 的交易过程, 他们持有数量为 q_0^j 的资产进入市场, 在日期一以 S_1 的价格交易后离开, 并在日期二以数量 q_1^j 进入.

从这个表达式可以看出市场是如何满足 LT1 的流动性需求的: 交易者 LT1 想要在 $t=1$ 时出售总量为 $i>0$ 个单位的资产, 但当前市场上没有一个具有相匹配的流动性需求的交易者. 市场上虽有一定的交易者, 但是他们不会以有效价格 μ 进行交易, 因为这样意味着他们无偿地承担高风险股票 (他们面临 ϵ_2 带来的价格风险). 但如果他们获得足够的补偿 (称之为流动性折扣, 当 $i>0$ 时, $S_1<\mathbb{E}[S_2]=\mu$), 这 n 个做市商将会买入 LT1 的股份. 然而, LT1 对价格敏感, 因此如果股份要进行折价, 他不会立即卖出所有的 i 份股票. 在平衡状态, n 个做市商与 LT1 各拥有 $q_1^{j,*}=\dfrac{i}{n+1}$ 份资产, 换言之, LT1 卖出 $\dfrac{n}{n+1}i$ 份资产并留有 $\dfrac{i}{n+1}$ 份资产以后出售. 交易价格 $S_1=\mu-\gamma\sigma^2\dfrac{i}{n+1}$ 会低于有效价格. 交易价格与有效价格的价差 $|S_1-\mu|=\left|\gamma\sigma^2\dfrac{i}{n+1}\right|$ 表示做市商买入 LT1 股票的 (流动性) 折价. 折价大小受模型中变量的影响: 流动需求大小 ($|i|$)、参与竞争的做市商数目 (记为 n)、市场风险厌恶参数 (γ) 以及标的资产的风险/波动性 (σ^2). 这些变量都直观地影响折价: 流动性冲击的规模、风险厌恶和波动性都会增大折扣, 而竞争会减少折价. 这种情况在 LT1 想要卖出时发生, 即 $i>0$ 时会产生折价. 如果 LT1 想要买入, $i<0$, 那么

解基本相同, 除了做市商在卖出给 LT1 时, 收到的不是折价而是每股为 $|S_1-\mu|$ 的溢价.

从上述分析可以看出, 随着竞争 (n) 加剧, 流动性溢价趋于零, 价格也趋于有效水平, $S_1=\mu$, 并且 LT1 的最优初始净交易 $q_1^{\mathrm{LT1},*}-q_0^{\mathrm{LT1}}$ 也收敛于其流动性需求 (i).

2.1.2 交易成本

我们已经看到 Grossman 和 Miller (1988) 框架有助于理解持有资产的成本 (在这一例子中指风险厌恶的做市商应承担的资产不确定性成本) 是如何通过交易成本 $(|S_1-\mu|)$ 以及实时性需求 $\left(\text{正如 } t=1 \text{ 时 LT1 仅执行了 } \dfrac{n}{n+1}i \text{ 单位而不是想要交易的 } i \text{ 单位}\right)$ 来影响流动性的. 此外, 做市商之间的竞争对于确定交易成本是至关重要的. 但竞争做市商的数量 (n) 受什么因素影响? 一个自然的答案是做市商应承担的交易成本决定了 n. 在这种情况下, 要注意区分交易成本和参与成本. 参与成本在市场中是必需的, 不依赖于交易活动; 而交易成本则取决于交易活动, 例如交易费用 (之前的分析中忽略了这一点).

Grossman 和 Miller (1988) 将竞争做市商数量 n 与参与成本联系起来. 他们在模型中引入了一个早期阶段, 在这一阶段做市商会决定是否积极参与市场. 这个决定可表示为关于参与成本参数 c 的函数, 该参数代表了在市场上保持持续的、积极的和有竞争力的状态所需的时间和投资, 以及做市商为了留在市场放弃做其他事情的机会成本. 不需要进一步的分析细节, 已经可以得到结论: 竞争激烈程度随着参与成本的增加单调减少. 因此, 成本参数 c 表示的参与成本使得流动性溢价增加 (通过影响竞争做市商数量 n).

参数 c 刻画了参与市场的固定成本, 但是也可以考虑在模型中引入依赖于市场活动水平的交易成本. 特别地, 我们引入了取决于交易量的交易成本, 比如实际的交易所交易费用. 交易所交易费用通常正比于美元 —— 交易量, 但为了简单起见, 认为交易费用与交易股票数量 η 成正比. 假定费用已知, 那么这些费用就充当了流动性交易者的参与成本.

$\eta>0$ 的直接后果是, 流动性交易者期望交易值 $(|i|)$ 单位相对交易费用较小时, 他们会认为交易过于昂贵而避免交易 (感兴趣的读者可以试着计算最小交易规模 $\hat{i}$, 这里 $\hat{i}$ 是 η 的函数). 对于足够大的期望交易 (因此所有的交易者都倾向于进行交易), 该模型有如下解. 假设每个交易者无论买入还是卖出, 每股都支付交易费用 η, 为了简化模型, 假设 $t=2$ 之后的库存在 $t=3$ 时被清算, 并且 LT1 想要出售 $|i|$ 单位资产 $(i>0)$, LT2 想买入同等数量资产 (相反的情况是一样的, 不过交易费用符号相反).

$t=2$ 时, 由于做市商和 LT1 一开始有正的库存 (希望现在或 $t=3$ 时出售),

他们在最终阶段的最优持股量是

$$q_2^j = \frac{\mathbb{E}[S_3 - \eta \mid \epsilon_2] - (S_2 - \eta)}{\gamma\sigma^2}, \quad j \in \{\text{MM,LT1}\},$$

而 LT2 的需求量为

$$q_2^{\text{LT2}} = \frac{\mathbb{E}[S_3 + \eta \mid \epsilon_2] - (S_2 + \eta)}{\gamma\sigma^2}.$$

由于每个人都预期他们交易头寸被清算, 交易费用不会影响 $t = 2$ 时的价格, 由此可得 $S_2 = \mathbb{E}[S_3 \mid \epsilon_2] = \mu + \epsilon_2$ (因为在此之前没有交易费用, $\eta = 0$).

LT1 在 $t = 1$ 时与 $t = 2$ 时有类似的头寸, 因为目前他还未售出的资产需要等到之后再出售, 所以 η 不出现在解中, LT1 相应的供应为

$$q_1^{\text{LT1}} = \frac{\mathbb{E}[S_2 - \eta] - (S_1 - \eta)}{\gamma\sigma^2}.$$

另一方面, 做市商预期不论买进什么, 之后都需要出售, 于是其资产需求函数变为

$$q_1^{\text{MM}} = \frac{\mathbb{E}[S_2 - \eta] - (S_1 + \eta)}{\gamma\sigma^2}.$$

由此产生的市场均衡条件为

$$i = nq_1^{\text{MM}} + q_1^{\text{LT1}} = \frac{\mu - S_1}{\gamma\sigma^2} + n\frac{\mu - S_1 - 2\eta}{\gamma\sigma^2}.$$

整理可得

$$i = (n+1)\frac{\mu - S_1}{\gamma\sigma^2} - \frac{2n\eta}{\gamma\sigma^2} \Longleftrightarrow S_1 = \mu - \gamma\sigma^2\frac{i}{n+1} - 2\left(\frac{n}{n+1}\right)\eta,$$

注意到对于 LT1 有 $i > 0$.

因此, 可以得出结论: 交易费用的存在给初始价格 S_1 带来了额外的流动性折扣. 这个模型说明几乎所有的交易费用都是由发起交易的流动性交易者支付的: 流动性交易者首先支付每股 η 的交易费用, 并通过更低的卖价 (更小的 S_1) 间接支付了做市商的两笔交易费用 (2η) 中很大的一部分 $\left(\frac{n}{n+1}\right)$. 交易费用的存在也会影响交易者从市场获得的实时性, 因为在 $t = 1$ 阶段的最后他的库存不再是 $q_1^{\text{LT1},*} = \frac{i}{n+1}$, 而是

$$q_1^{\text{LT1},*} = \frac{i}{n+1} + 2\left(\frac{n}{n+1}\right)\frac{\eta}{\gamma\sigma^2}.$$

竞争的存在使得参与成本与参与费用的影响有很大不同. 参与成本包含在 c 中, 而交易费用来源于预期的未来收益, 由于做市商需承担部分交易费用, 这部分会更低. 更具体地说, 做市商每单交易支付 2η, 但是通过流动性折扣又将回收 $\frac{2n\eta}{n+1}$. 因此, 由于竞争的关系, 交易费用增加对流动性没有太大影响, 但对实时性以及流动性折扣影响较大.

2.1.3 流动性测量

我们已经在前面看到, 在 Grossman 和 Miller (1988) 的模型中交易成本 (不论是准备成本还是交易费用) 大部分是由流动性交易者直接 (交易者需支付的交易费用) 或间接地 (售出时的流动性折扣以及买入时的溢价) 提供的. 我们现在考虑在电子交易所中如何观察到这些"有效"价格的差异.

Grossman 和 Miller (1988) 的模型避免了考虑交易机制的细节, 而是考虑求解"Walras 拍卖商"类型环境①下均衡价格和需求, 在这种环境下, 所有的交易以单一价格立刻发生. 在电子资产市场, 决策并不在同一时间进行, 但是均衡分析在电子市场的环境下, 可以很容易地被重新解释. 例如, 假设流动性交易者非常渴望进行交易并在交易所发布 MO. 当流动性交易者的订单进入市场时, 就会在限价订单簿 (LOB) 中遇到耐心的做市商们发布的 LO.

然后, Grossman-Miller 模型将完成以下事情: 当 LT1 发布的 MO 进入市场时, 他们会执行进行了相应调整的 LOB 中的 LO, 当执行价格改变后, LT1 的执行策略也相应改变, 最终, 在卖出 $i\dfrac{n}{n+1}$ 股后, 价格变化太大, LT1 便停止交易. 总的来说, LT1 的市价单以 S_1 的平均价格执行, 要么是因为市价单沿着 LOB 作为一个大订单进行交易 (如果订单被发送到多个市场, 则有多个 LOB); 或者是市价单被分为好几个小单, 并在 LOB 的买方从初始点逐渐移动. 那么, LT1 得到的折扣是平均价格 S_1 和第一个 MO 到达市场时的初始中间价 (通常用来代表有效价格, $\mathbb{E}[S_2]$) 之间的差额.

我们将 S_1 表示为交易量 q^{LT1} 的线性函数:

$$S_1 = \mu + \lambda q^{\text{LT1}},$$

所以在 Grossman-Miller 模型中有

$$\lambda = -\frac{1}{n}\gamma\sigma^2, \quad q^{\text{LT1}} = i\frac{n}{n+1}.$$

参数 λ 衡量了市价对 LT1 总订单的价格反应, 即订单的价格冲击 (price impact). 价格冲击这一概念对于交易以及理论研究都很重要, 类似于上面的线性结构的形式非常常见. 特别地, λ 通常用于描述资产在市场中的流动性 —— 市场流动性越好, $|\lambda|$ 越小, 这是竞争 (n) 加剧、风险承受力 (γ) 降低或者波动性 (σ^2) 减弱导致的, 同时这也会使得流动性交易者可获得的流动性折扣/溢价变低.

第二种常用的测量流动性的方法是基于价格的变化, 该模型简单明了. 这一方法主要基于资产收益的自协方差, 不过对于 Grossman-Miller 模型根据资产价格

① Walras 拍卖商的概念是由 Léon Walras 提出的, 他描述了在完全竞争下出现的价格是供求相等情况下同时拍卖的结果. Walras 拍卖商是这次拍卖的抽象经理.

变化的自协方差衡量流动性要比通过资产收益的自协方差更简单. 为了具体了解这个方法是如何构造的, 首先引入日期 $t=0$, 该日期早于 LT1 的订单提交时间 $(t=1)$, 并引入一个随机的公共新闻事件 ϵ_1, 这一事件会影响资产最终清算价格 $S_3=\mu+\epsilon_1+\epsilon_2+\epsilon_3$. 该公共新闻将于 $t=0$ 到 $t=1$ 期间发布. 定义如下常数:

$$\mu_0=\mathbb{E}[S_3],\quad \mu_1=\mathbb{E}[S_3\mid\epsilon_1],\quad \mu_2=\mathbb{E}[S_3\mid\epsilon_1,\epsilon_2],\quad \mu_3=S_3,$$

其中 $\epsilon_t, t=1,2,3$ 相互独立, 均服从均值为零、方差为 σ^2 的正态分布. 离散过程 μ_t 是一个鞅过程, 我们称之为有效市价.

根据上述模型, $t=0$ 时没有流动性交易者也没有交易进行, 于是 $S_0=\mathbb{E}[S_3]=\mu_0$ 达到均衡价格. 并且模型还给出了 $t=1$ 以及 $t=2$ 时的均衡价格:

$$S_1=\mu_1+\lambda q^{\mathrm{LT1}},\quad S_2=\mu_2.$$

为了计算价格变化的自协方差, 令 $\Delta_1=S_1-S_0,\Delta_2=S_2-S_1$, 于是价格变化的自协方差表达式为

$$\begin{aligned}\mathrm{Cov}\,[\Delta_1,\Delta_2]&=\mathrm{Cov}\,[\mu_1+\lambda q^{\mathrm{LT1}}-\mu_0,\mu_2-\mu_1-\lambda q^{\mathrm{LT1}}]\\&=\mathrm{Cov}\,[\epsilon_1+\lambda q^{\mathrm{LT1}},\epsilon_2-\lambda q^{\mathrm{LT1}}]=-\lambda^2\,\mathrm{Var}\,[q^{\mathrm{LT1}}]<0.\end{aligned}$$

在这个简单的 (本质上是静态的) 模型中, 所有的行为都发生在 $t=1$ 时, 利用价格变化的自协方差描述流动性与利用价格冲击类似. 一个有趣的现象是随着流动性的增加以及 λ 趋于零, 价格变化的自协方差也趋于零, 并且价格过程相应地收敛于 (“有效价格”) 鞅过程 μ_t.

价格冲击与价格变化 (或收益) 的自协方差这两种方法在更加丰富的动态环境中有所不同, 呈现了市场对 MO 反应的不同方面. 例如, 在后续章节的连续时间模型中, 有效价格的平均增长受到 MO 到达市场速度的影响, 并且该效应以指数衰减. 资产有效价格的这种永久效应影响所有市场参与者, 这不同于每个交易者在其执行价格中所看到的临时效应, 后者可由参数 λ 表示, 并且不影响有效价格的动态.

2.1.4 利用限价单做市

从 Grossman-Miller 模型中的 Walras 拍卖商环境过渡到价格冲击的测量这个过程中, 我们指出做市商通过发布 LO 参与市场. 现在考虑为什么做市商会这么做以及是如何做到的.

该问题的一般首选参考内容是 Ho 和 Stoll (1981) 的模型, 但是研究原始模型需要掌握求解随机动态规划问题的技巧, 这部分内容在第二部分会有相应讨论. 作为替代, 这里建立了该模型的一个静态版本, 涵盖了做市商碰到的一些基本问题. Grossman-Miller 模型曾指出, 做市商是通过在不同流动性交易者之间进行中介而

获利的专业交易者. 考虑一个风险中性的小型交易者, 其库存管理不需要成本并且有无限的耐心. 该交易者无报酬地提供服务, 并通过在不确定的环境中选择最优的流动性提供方式以获利, 而这个不确定环境是由其他没有对我们的做市商决策做出反应的做市商们提供的.

该模型中不确定性来源于 MO 进入市场的时机与规模, 不存在信息差异: 所有信息都是公开的, 因此每个人都认同资产的当前价格, 以 S_t 表示, 并称为中间价. 我们的交易者是众多做市商之一. 假设其他做市商的行为已知, 这种行为由某个确定的 LOB 表示, 且不受我们的做市商决策的影响. 我们的做市商通过在 LOB 中发布 LO 以及清算库存来赚钱. 由于我们的做市商没有库存成本与交易成本, 并且是风险中性的且有无限耐心, 因此不妨假设做市商零成本地以中间价清算库存.

于是, 做市商要考虑的问题就是在 LOB 的什么位置发布 LO 以最大化每单收益, 当做市商发布的 LO 与中间价差距较大时, 做市商每单盈利增加, 但是交易频率会下降. 形式上, 做市商就是要确定限价单与中间价的差距, 即深度 $\delta^{\pm}$. 然后, 做市商会以 $S_t + \delta^+$ 的价格发布卖出 LO, 以 $S_t - \delta^-$ 的价格发布买入 LO. MO 的不确定性来源于 MO 进入市场的概率 ($p^{\pm}$) 以及进入市场后, 市价单能与订单簿中做市商发布的 LO (距中间价 $\delta^{\pm}$) 匹配的概率, 记作 cdf $P^{\pm}$. 因此, 买入 LO 被完成的概率为 $p^-P^-(\delta^-)$. 如果假设 LOB 中其他 LO 服从参数为 κ^- 的指数分布, 则 $p^-P^-(\delta^-) = p^-e^{-\kappa^-\delta^-}$. 类似地, 卖出 LO 被完成的概率为 $p^+e^{-\kappa^+\delta^+}$. 显然, 做市商如果将 LO 发布在 LOB 更深的位置, 尽管每单获利 ($\delta^{\pm}$) 增加, 其订单成交概率 (当 MO 到达) 会下降.

图 2.2(a) 描述了中间价为 (S_t) 的 LOB 以及两个可能的限价单: 一个卖价为 $S_t + \delta^+$ 的卖出限价单和一个买价为 $S_t - \delta^-$ 的买入限价单. 图 2.2(b) 描述了在一个买入 (卖出) MO 到达市场的条件下, 距中间价 $\delta^+(\delta^-)$ 的订单被执行的概率 $P^+(P^-)$.

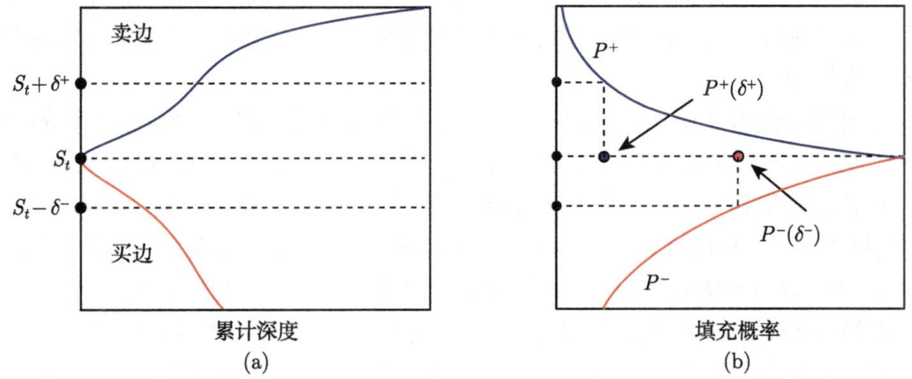

图 2.2　LOB 与填充概率

用 Π 表示做市商每单获利, 那么做市商最优问题可表示为

$$\max_{\delta^+,\delta^-}\mathbb{E}[\Pi(\delta^+,\delta^-)]=\max_{\delta^+,\delta^-}\{p^+e^{-\kappa^+\delta^+}\delta^+ + p^-e^{-\kappa^-\delta^-}\delta^-\}. \tag{2.3}$$

显然, 问题的解将 LO 发布在以下深度:

$$\delta^{\pm,*}=\frac{1}{\kappa^{\pm}}.$$

给定参数 $P^{\pm}$ 的选择, 最优深度等于 LOB 中的平均深度.

该模型简单地描述了执行概率与每单利润的权衡. 但从某些方面来说这个模型是不现实的: 模型中所有随机成分 $(P^{\pm},p^{\pm})$ 的函数形式都是非常特殊的、恒定的和有外源性的, 做市商与其他交易者 ($P(\delta)$ 表示) 各自的决定相互独立, 做市商的目标函数是静态的, 并且非常简单. 但是, 为了处理复杂的情形, 需要更复杂的方法和模型, 因此, 在后续章节中对这些方法加以完善后, 我们将重新讨论其中的一些问题. 例如, 第 10 章中, 将看到做市商在成熟的动态库存模型中如何发布限价单, 以及面对信息优势的交易对手, 如何调整限价单 —— 这是接下来要讨论的主题.

2.2 利用信息优势进行交易

到目前为止, 我们还没有讨论交易中很关键的一点: 信息差异. 许多交易的产生并不是因为某人需要现金而出售资产, 或者有额外的现金并且想要投资, 而是因为他们对于资产的价格走势掌握了更多的信息 (至少他自以为如此). 因此, 建立了公共信息条件下的基本做市模型后, 我们转向另一个基本问题: 如何在考虑到价格冲击的情况下利用信息优势. 本例中主要参考文献 (Kyle, 1985).

Kyle (1985) 考虑了价格“有效”时具有强信息优势的交易者的决策问题 (Kyle (1989) 研究了一些知情交易者相互竞争的情况). Kyle (1985) 的模型指出知情交易者在考虑市场反应的前提下如何最优地调整交易策略, 特别考虑其交易对均衡价格产生的价格冲击.

详细讨论模型之前, 首先需要给出所谓的“强信息优势”以及价格效率的定义. 简单起见, 这里只考虑投资者的静态决策问题. 对于动态问题基本思想是一样的. 正式的静态模型如下: 一种资产市场的交易市场在某个时间点开放, 资产成交价为 S, 交易后, 资产现金价值为 v. 资产未来现金价值 v 未知. 特别地, 假设 v 服从均值为 μ, 方差为 σ^2 的正态分布. 市场中有三类交易者: 一个知情的交易者, 一群对价格不敏感的匿名流动性交易者 (这些交易者不管什么成本都执行交易), 以及大量的观察并竞争订单流的做市商 —— 也就是说, 这些做市商观察并竞争, 由知情交易者以及流动性交易者提供的买卖订单流.

Grossman 和 Miller (1988) 的模型设置相反, 这里做市商都是风险中性的, 于是不需要流动性溢价来补偿持有库存的价格风险. 因此, 所有的流动性溢价都产生自补偿做市商的信息劣势的需求, 而这些都由对价格不敏感的流动性交易者承担. 总的来说, 这些流动性交易者有随机数量 u 表示的净需求, 如果 $u > 0$, 意味着这些交易者想要买入 $|u|$ 单位资产, 反之, $u < 0$ 表示交易者想要出售 $|u|$ 单位资产. 假设 u 服从均值为零, 方差为 σ_u^2 的正态分布, 并且与 v 相互独立. 原则上, 由于流动性交易者对价格不敏感 (u 与 S 无关), 做市商将获得非常大的流动性溢价, 但是做市商对订单流的竞争使得流动性溢价趋于零, 因此 (只有做市商和流动性交易者存在时) $S = \mathbb{E}[v]$.

现在考虑新的交易者进入市场的可能性, 该交易者 ("知情者") 知道 v 的具体值. 知情者是唯一一个知道 v 的取值的交易者并相应地进行交易. 令 $x(v)$ 表示知情者交易的股票数量. 另一方面, 做市商知道市场中知情交易者的存在, 但是不知道具体是谁.

为了使分析更形式化, 模型结构如下: (i) 知情者观察 v; (ii) 知情者根据 v 选择 $x(v)$; (iii) 实现 u; (iv) 做市商观察订单流, $x(v) + u$; (v) 基于净订单流做市商相互竞争, 最后设定资产价格为 S.

为了求解模型, 我们利用 (贝叶斯) 纳什均衡解的概念, 这里不细究所有细节, 这意味着所有代理商基于其他交易者的决策根据自己的信条进行优化 (尽可能地利用贝叶斯法则进行相应更新). 因此在均衡时, 我们要求知情者选取 $x(v)$ 以最大化预期收益. 考虑到博弈的动态性 (即知情者的订单将与流动性交易者订单混在一起), 并且预期做市商将根据对订单流的观察以及对知情交易者决策问题的信息来设定价格, 此外, 要求做市商选择价格时, 应考虑知情者的策略 (特别是他们预测的 $x(v)$ 的函数形式) 以及来自流动性交易者的不知情订单流的特性. 特别地, 做市商将市场价格定为净订单流的函数 $S(x + u)$. 这一点很重要, 因为从中可以看出价格受订单流的影响, 因此交易会自动地产生价格冲击 —— 每单位交易量的平均价格 S, 随着净订单流 $x + u$ 而改变. 研究价格冲击函数具体形式时需要考虑模型的均衡, 然而, 在均衡时, 知情交易者会预测 $S(x + u)$ 的函数形式, 也就是说, 他在选择 $x(v)$ 时会考虑价格冲击.① 均衡点是关于 x 优化问题的一个不动点, 这个优化问题是关于 S 的泛函形式, 而 S 是关于 x 的泛函形式.

考虑知情交易者该做什么. 最自然的对策是: $v < \mathbb{E}[v] = \mu$ 卖出, 而 $v > \mu$ 则买入, 但无论买入还是卖出, 知情交易者都尽可能地利用自己的信息优势. 这看起来很自然, 但还必须考虑到, 做市商会根据他们观察到的订单流来调整价格. 因此, 即便 $v < \mu$, 知情交易者也不能指望 $S = \mu$. 极端情况下, 市场中没有流动性交易

① 形式上, 流动性交易者被执行需求为 u 的 "自然" 交易者代替.

者, 所有人都知道订单全部来自知情交易者, 因此做市商预测需求会是 v 的实现的函数, 将做出最优决策, 并且整合 $x(v)$ 中 v 的信息来设定价格. 对知情交易者来说, 幸运的是, 市场中的流动性交易者对订单流加以干扰, 使得知情交易者能够掩饰交易行为, 进而获得预期利润.

那么, 做市商是如何定价的呢? 首先要注意到, 多个做市商会争夺订单流, 任何利润都将在竞争情况下不复存在. 因此, 不论价格策略如何, (风险中性) 做市商期望收益将为零, 但是他们永远不会亏损, 因为他们可以选择不交易. 零 (期望) 利润条件使得价格表达式更具体: $S=\mathbb{E}[v \mid \mathcal{F}]$, $\mathcal{F}$ 表示做市商所有可利用的信息. 这一特征称为**半–强有效**(semi-strong efficiency): 价格反映了所有公开可用信息 (本例中指订单流, 这是做市商拥有的全部信息).① 这也是为什么可以很容易地确定做市商均衡策略的一个基本性质:

$$S(x+u)=\mathbb{E}[v \mid x+u].$$

为了求解模型, 需要找到最优的 $x(v)$, 也就是在这个定价规则条件下, 最大化知情交易者的预期交易利润. 由于 v 和 u 的正态性, 假设 $S(x+u)$ 关于净订单流是线性的. 特别地, 令

$$S(x+u)=\mu+\lambda(x+u),$$

这里 λ 是一个未知参数, 表示市场价格对订单流的线性敏感性.

取定上述特殊的函数形式, 考虑知情交易者的决策问题:

$$\max_x \mathbb{E}[x(v-S(x+u))].$$

代入 $S(x+u)=\mu+\lambda(x+u)$ 并对 u 取期望, 我们可以得到目标函数是凹的, 且相应的一阶必要性条件:

$$x^*(v)=\beta(v-\mu),$$

其中, $\beta=(2\lambda)^{-1}$.

由于价格函数的表达式是假设得到的, 我们现在要证实该函数形式与最优 $x(v)$ 是一致的, 同时还可以算出 λ 的表达式. 已知 $S=\mathbb{E}[v \mid x+u]$, 由于 x 是最优的, 相应可知

$$x+u=\beta(v-\mu)+u=\beta v-\beta\mu+u.$$

由于 v 和 u 都服从正态分布且相互独立, 因此 $x+u$ 服从均值为 0, 方差为 $\beta^2\sigma^2+\sigma_u^2$ 的正态分布. 现在就可以算出 v 和 $x+u$ 的联合分布, 从中也能得到 $S=\mathbb{E}[v \mid x+u]$, 即 (利用正态随机变量的投影定理并化简)

$$S=\mu+(x+u)\frac{\sigma}{2\sigma_u},$$

① 价格有效性这个概念是由最近的诺贝尔得主 Laureate, Eugene Fama 提出的, 具体见 Fama (1970).

于是线性敏感参数 $\lambda = \dfrac{\sigma}{2\sigma_u}$. 这说明了假设的均衡点确实是均衡点的 (严格证明参见文献 (Kyle, 1985)).

即使在 Kyle 模型的简单静态版本中, 依然可以清楚地看到面对知情交易 (也被称为“有毒订单流”) 时出现的问题. 而在以前的模型中, 做市商只需要流动性溢价 (折扣) 来弥补未来价格不确定性的预期成本, 知情交易者的存在意味着做市商将被逆向选择, 即在知情交易者认为卖出的时机去买入, 并在知情交易者认为买入的时机去卖出. 这种逆向选择需要其他 (更缺乏耐心的流动性) 交易者承担更高的溢价. 在这个模型中, 额外的溢价都体现在价格对订单流的调整 (价格冲击) 中, 并由 Kyle 的 λ (前面得到的参数 λ) 描述. 这个溢价不能解释 2.1.1 小节中的所描述的可能具有随机未来价格变化的风险, 但却说明了做市商面临的逆向选择. 这是因为做市商与市场中更知情的交易者进行交易, 价格在大体上会与做市商的头寸有相反的变化趋势. λ 的符号与 Grossman 和 Miller (1988) 的模型中一致: 价格随着订单流波动, 当买入 MO 进入市场后, 价格上涨, 交易者大举抛售时下跌.

2.3 在信息劣势情况下做市

Kyle 模型着眼于知情交易者, 同时利用竞争来表征做市商的决策. 由于我们对做市商的问题非常感兴趣, 现在转向 Glosten 和 Milgrom (1985) 的模型, 该模型主要考虑做市商与具有信息优势的交易对手进行交易的问题.

仍考虑简化的 (本质的) 静态模型, 这样可以更好地抓住做市商决策问题的本质. 与之前模型一样: 市场中有流动性交易者、知情交易者以及一群相互竞争的做市商. 做市商风险中性并且可以没有直接成本的持有库存.

该简单模型 (图 2.3 所描述的) 中资产未来现金价值为 v, 我们将其取值限制为两种可能: $V_H > V_L$, 即高值与低值. $v = V_H$ 的无条件概率为 p. 所有的订单都是一个单位, 做市商发布 LO, 以价格 a 卖出一单位资产, 并发布一个买入 LO, 以价格 b 买入一单位资产. 假设流动性交易者对价格不敏感, 买入概率为 1/2, 卖出概率为 1/2. 市场中有很多知情交易者, 他们都知道 v 的值, 被限制为只交易一单位资产, 这简化了他们的决策过程: 当 $v = V_H$ 时, 如果 $a < V_H$, 买入一个单位资产, 反之不进行交易; 当 $v = V_L$ 时, 如果 $b > V_L$, 卖出一个单位资产, 否则不进行交易. 流动性交易者与知情交易者的总和规范化为一, 其中知情交易者占比 α, 不知情的流动性交易者占比 $1 - \alpha$.

图 2.3 描述了模型的概率结构: 标的资产随机取值 V_H 和 V_L. 交易者是随机选取的, 与标的资产取值相互独立, 因此该交易者知情概率为 α, 不知情概率为 $1 - \alpha$. 一个知情交易者总会在资产价格为 V_H 时以卖价 (a) 买入资产, 并在资产价格为

V_L 时, 以买价 (b) 卖出, 而不知情的流动性交易者买入与卖出的概率相等, 与资产实际 (未知) 价值无关.

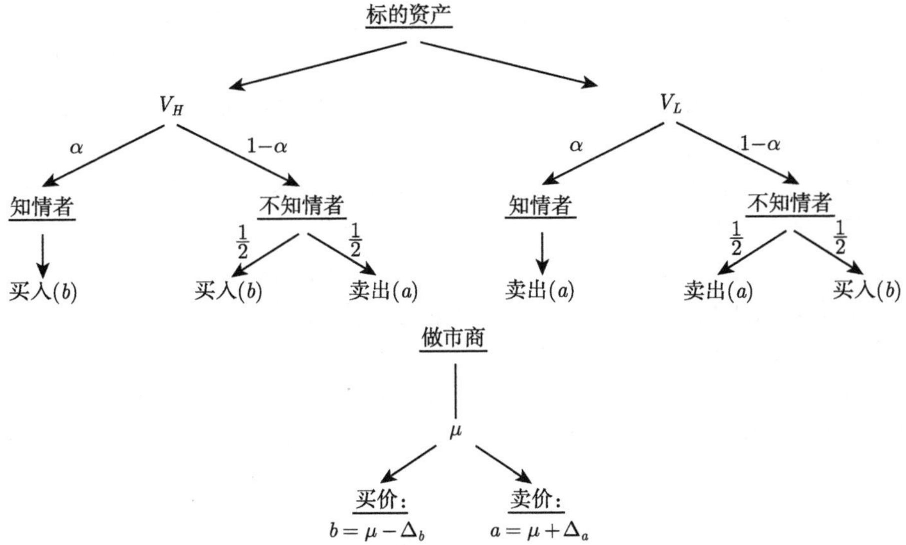

图 2.3　Glosten-Milgrom 模型

做市商所要做的就是确定 a 和 b 的值. 由于流动性交易者对价格不敏感, 最优解是平凡的: 令 $a = V_H, b = V_L$, 但是由于做市商相互竞争, 所以价格将会被设定为 (半–强) 有效的水平 —— 这也是因为做市商只知道公共的信息, 其中包括订单流. 如果做市商除了订单流之外还有私人信息, 那么在这种情况下, 订单流的竞争会将一些信息纳入价格中.

做市商之间的竞争使得期望利润趋于零. 因此, a 和 b 是由无利润条件确定的. 这里不直接求解 a 和 b, 而是定义卖价半差与买价半差, 分别是 Δ_a, Δ_b. 两者的和 $\Delta_a + \Delta_b$ 表示 (报价) 价差. 令资产期望值 $\mu = \mathbb{E}[v \mid \mathcal{F}]$, $\mathcal{F}$ 表示交易前的所有公共信息. 那么, 如图 2.3 底部所描述的, 做市商将最优地选取 $a = \mu + \Delta_a$ 以及 $b = \mu - \Delta_b$. 为了确定 a, b 的选取对期望收益与亏损的影响, 考虑买入订单进入市场的情况:

- 订单来自不知情流动性交易者, 该交易者期望利润为 $a - \mu = \Delta_a$;
- 订单来自知情交易者, 该交易者期望损失为 $a - V_H = \Delta_a - (V_H - \mu)$.

从做市商的角度来看, 流动性交易者买入概率为 1/2, 知情交易者买入概率为 p (因为知情交易者在资产价格 $v = V_H$ 时总会买入, 而这种价格水平发生的概率为 p). 由于知情交易者与流动性交易者所占比例分别为 α, $1-\alpha$, 定价为 $a = \mu + \Delta_a$ 的期望利润为

$$\frac{(1-\alpha)/2}{\alpha p + (1-\alpha)/2}\Delta_a + \frac{p\alpha}{\alpha p + (1-\alpha)/2}(\Delta_a - (V_H - \mu)).$$

令期望利润为零可得

$$\Delta_a = \frac{\alpha p}{\alpha p + (1-\alpha)/2}(V_H - \mu) = \frac{1}{1+\dfrac{1-\alpha}{\alpha}\dfrac{1/2}{p}}(V_H - \mu),$$

同理可得

$$\Delta_b = \frac{1}{1+\dfrac{1-\alpha}{\alpha}\dfrac{1/2}{1-p}}(\mu - V_L).$$

为了解释上述方程, 首先对变量进行分类. 如果将不对称信息看作"毒性", 那么 α 可以视为毒性的流行率, p 以及 $V_H-\mu$ 视为买入毒性的大小, $1-p$ 以及 $\mu-V_L$ 视为卖出毒性的大小. 于是, 上述方程描述了做市商如何调整卖价半差以及买价半差, 并且随着买入毒性与卖出毒性的流行率和量级的增加, 相应地提高买价半差与卖价半差.

后续章节将介绍一些交易算法是如何建立的, 这些算法使得在交易过程中可以利用信息优势, 或者调整 LO 的深度以便从交易代理商处回收损失给知情交易者. 例如, 7.3 节中提出的交易算法利用了订单流信息, 进而以在代理商时调整大头寸收购或清算的利率. 此外, 我们还指出做市商的策略取决于他是否知道当前交易资产的短期偏差的详细高频信息, 参见 10.4.2 小节.

2.3.1 价格动态

这一简单模型可以通过引入时间维度以及让流动性交易者对价格敏感这两种不同的互补方式进行扩展. 前者是直截了当的. 为了避免跟踪利率, 设其为零. 然后, 将所有的变量与时间 t 挂钩, 资产的现金价值确定时间设为 T. 此外, 因为要考虑交易中公共信息的积累, 概率与期望都要进行调整, 用信息流表示. 当做市商观察到不同的订单买卖序列时, 他们会调整对 v 的分布的估计 (利用贝叶斯法则), 特别地, 令 $p_t = \mathbb{P}(v = V_H \mid \mathcal{F}_t)$, $\mu_t = \mathbb{E}[v \mid \mathcal{F}_t]$. 然后, 买卖价格会根据交易历史进行调整, 于是有

$$a_t = \mu_t + \Delta_{a,t} = \mu_t + \frac{1}{1+\dfrac{1-\alpha}{\alpha}\dfrac{1/2}{p_t}}(V_H - \mu_t),$$

以及

$$b_t = \mu_t - \Delta_{b,t} = \mu_t - \frac{1}{1+\dfrac{1-\alpha}{\alpha}\dfrac{1/2}{1-p_t}}(\mu_t - V_L).$$

由此产生的买卖价格动态变化, 反映了那些隐含在订单流中的公共信息. 还要注意的是, 在每次执行中, 执行价格 (执行买入市价单是 a_t 的话, 卖出是 b_t) 等于标的资产关于订单流历史 $\mathcal{F}_t$ 与执行 (买入或卖出) 中信息的条件期望. 因此, 可以看出价格的实现过程 (执行时间点的价格过程) 是一个鞅过程 (相对于客观度量).

2.3.2 对价格敏感的流动性交易者

该静态模型 (可以进一步地扩展到包括我们刚才看到的价格动态) 的一个有趣扩展是, 当价半差 Δ 太高时, 允许流动性交易者不交易. 一种直接的方法是假设流动性交易者从执行期望的交易中获得附加 (外生) 价值, 这样, 如果交易者执行他所期望的交易, 交易者 i 将获得 c_i 的现金等价效用收益. 因此, 如果价半差使得交易成本太高, 高于 c_i, 那么交易者 i 便不会执行交易. 假设参数 c_i 在流动性交易者群体中的分布为累计分布函数 F, 使得 $F(c)$ 为 $c_i \leqslant c$ 的流动性交易者占比. 这里我们用 c_i 表示代理商紧迫性参数.

然后, 将卖价设为 $a = \mu + \Delta_a$, 我们可以像上面那样重新计算做市商期望利润为

$$\frac{(1-F(\Delta_a))(1-\alpha)/2}{\alpha p + (1-F(\Delta_a))(1-\alpha)/2}\Delta_a + \frac{p\alpha}{\alpha p + (1-F(\Delta_a))(1-\alpha)/2}(\Delta_a - (V_H - \mu)).$$

上述表达式, 结合了这样一个事实: 当某个流动性交易者想要买入 $(1-\alpha)/2$ 的资产, 仅有 $1-F(\Delta_a)$ 的流动性交易者迫切地希望以 Δ_a 买价半差执行交易. 该参数的引入使得价半差增加, 这一点蕴含在下面表达式中:

$$\Delta_a = \frac{1}{1 + \dfrac{1-\alpha}{\alpha}\dfrac{(1-F(\Delta_a))/2}{p}}(V_H - \mu),$$

同样地

$$\Delta_b = \frac{1}{1 + \dfrac{1-\alpha}{\alpha}\dfrac{(1-F(\Delta_a))/2}{1-p}}(\mu - V_L).$$

现在问题的关键在于, 当做市商提高价半差时, 流动性交易者人数会减少. 如果流动性交易者中的紧迫性参数很小, 做市商则会发现上面的表达式只有极端解 $\Delta_a = V_H - \mu$ 以及 $\Delta_b = \mu - V_L$.① 这些极端解对应于没有流动性交易者的情况, 意味着市场崩溃. 在这种价差下, 没有交易者可以从交易中获利, 任何交易都将来自那些对交易与否漠不关心的知情交易者 —— 尽管此时任何交易都会立即揭露资产的潜在价值, 价格将是强–有效的.

2.4 参考文献与选读

Grossman (1976), Grossman (1977), Grossman (1978), Ho & Stoll (1981), Grossman & Miller (1988), Glosten & Milgrom (1985), Kyle (1985), Kyle (1989), de Jong

① 很小的紧迫性参数是指, 没有流动性交易者的紧迫性参数会高于资产的期望价值, 也就是说, 存在 $\epsilon > 0$, 使得 $F(\mu - \epsilon) = 1$.

& Rindi (2009), O'Hara (1995), Abergel et al. (2012), Easley, López de Prado & O'Hara (2012), Vayanos & Wang (2009), SEC (2013b), SEC (2013a), O'Hara, Yao & Ye (2014), Foucault, Kadan & Kandel (Winter 2005), Rosu (2009), Easley, Engle, O'Hara & Wu (2008), Easley & O'Hara (1992), Biais, Glosten & Spatt (2005), Cartea & Penalva (2012), Boehmer, Fong & Wu (2014), Pascual & Veredas (2009), Martinez & Rosu (2013), Martinez & Rosu (2014), Hoffmann (2014), Cvitanic & Kirilenko (2010), Vives (1996), Colliard & Foucault (2012), Foucault & Menkveld (2008), Gerig (2008), Farmer, Gerig, Lillo & Waelbroeck (2013), Gerig & Michayluk (2010), Cohen & Szpruch (2012), Jarrow & Li (2013), Moallemi & Saglam (2013).

第 3 章　实证和统计论据: 价格和回报

3.1　引　　言

对交易的不同方面, 接下来的两章包含一些实证分析: 价格、回报、价差、交易量等等, 其中主要是使用毫秒级的数据, 但是我们首先考察每日数据, 从中获得对主要问题的总体概览. 第 3 章集中讨论价格和回报, 第 4 章致力于讨论交易量和市场质量衡量方法, 例如价差、波动率或市场深度.

在这一章, 我们先看毫秒级数据, 然后看一天和更短的时间区间 (一秒) 内的回报性质, 以及价格变动的时间间隔. 在 3.4 节中我们可以看到当面对延迟时, 市场情况如何改变, 以及最小价格变动单位的问题. 接下来讨论的是价格演变. 3.6 节简单介绍了美国市场分割的问题, 最后一节简要地提供了配对交易的实证论据.

除了实证分析之外, 对这一些分析结果, 我们也提供了似乎合理的解释和推测. 这些推测使得本章更加具有吸引力, 并且鼓励读者去思考这些结果. 但是他们只是理论推测, 应该与建立在我们有限样本数据上的实证事实的描述性分析相区分.

3.1.1　数据

我们使用的数据有多个来源. 对于每日和每月数据, 我们使用来自 Yahoo! 财经的公开汇总数据, 以及来自证券价格研究中心 (Center for Research in Security Prices, CRSP) 的数据. 我们也使用毫秒级的 **ITCH** 数据 (公开可用的行业标准数据, 类似于直接数据反馈, 最近时间达到了纳秒级分辨率). 为了更容易处理, 我们的数据已经转化成表格形式, 并且由于速度和存储的原因, 以二进制表示. 为了说明方便, 我们把这些转化为更加可读的形式. 这些数据由以下字段构成 (在这里我们删除了两个与当前讨论范围无关的字段):

(1) 时间戳: 午夜之后的毫秒数.

(2) 订单 ID: 唯一的订单编号.

(3) 消息类型:

- “B”—— 增加买单;
- “S”—— 增加卖单;
- “E”—— 部分执行未完成的订单;
- “C”—— 部分取消未完成的订单;
- “F”—— 完全执行未完成的订单;

- "D"—— 完全删除未完成的订单;
- "X"—— 跨越价差的主要成交量;
- "T"—— 执行未显示的订单.

(4) 股份: 订单数量 (对于"F"和"D"此项为零).

(5) 价格: 对于取消和执行此项为零.

(6) 股票: 与考虑中的资产相关股票.

(7) MPID: 与交易相关的市场参与者 ID①.

(8) 交易所: 当前市场的 ID (NASDAQ = 1).

这些信息记录影响限价订单簿 (LOB) 的事件, 所以本质上它们捕捉了限价单 (LO) 的情况. LO 被发布出来 (B,S), 然后它们被取消 (C,D) 或者执行 (E,F). 所以市价单 (MO) 没有被记录, 但是我们必须通过观察它们与挂着的 LO (或者是未展示/隐藏订单, T) 配对执行的情况来推断.

考虑如下的例子 (为了方便讨论, 我们增加了行编号并且省略了 MPID 列):

```
1:  33219784  4889087  B  1900  345800   TZA  1
2:  33219784  4887036  C   200       0   FMS  1
3:  33219784  4879129  D     0       0  QQQQ  1
4:  33219784  4889088  S  2000  454800  QQQQ  1
5:  33219784  4879130  D     0       0  QQQQ  1
6:  33219784  4889089  S   500  454800  QQQQ  1
7:  33219785  4882599  D     0       0  QQQQ  1
8:  33219785  4888889  F     0       0   STD  1
```

这些信息在距离 2010 年 7 月 13 日的午夜第 33219784ms 到 33219785ms 之间被发送到市场, 即在 09:13:39.784 和 09:13:39.785 之间. 我们可以看到 ETF QQQQ(现为 QQQ, 指 Nasdaq 100ETF) 的几条信息, 以及 ETF TZA(Direxion 每日小盘看空 3 倍股票 ETF), 股票 FMS(费森尤斯 (Fresenius) 医药治疗公司) 和 STD 各一条信息 (STD 已经把它的股票换成了 SAN(桑坦德银行)).

第一行对应于 ETF TZA, 应该作如下解读: 信息在第 33219784ms (09:13:39:784) 被记录, 订单号为 4889087, LO 是以 \$34.58 的价格 (所有的价格单位是美元 ×10 000) 买入(B) 1900股的买入 LO. 最后一列的数字1表示 NASDAQ 的市场代码.

对于 QQQQ, 我们可以观察到一个 LO 被取消 (第 3 行), 紧接着一个卖出的 LO 被发布 (4), 另一个 LO 被取消 (5), 发布第二个卖出 LO (6), 以及第三个 LO 被取消 (7). 发布的卖出订单包括订单的数量和价格 (以 \$45.48 卖了 2000, 以及以 \$45.48 卖了 500), 然而为了确定相应的价格和数量, 取消的订单必须与他们原始发布的订单相符 (ID 4879130 和 ID 4882599). 我们可以针对 STD (8) 的订单 ID

① 这个信息通常在公共反馈中丢失.

4888889 的完全执行中看到相同的模式 —— 没有价格或数量 —— 但对于 FMS(2) 我们可以看到订单 ID 4887036 部分取消了 200 个单位 (价格需要从原来发布的订单中读取).

从这些数据, 人们可以重建任何时间点完整的订单簿, 并且通过不同的变量和方法来研究市场如何随着时间变化. 现在, 我们来简单概述一下观察到的特性.

3.1.2　每日资产价格和回报

在交易时, 第一个感兴趣的变量是价格水平, 如果我们必须收购/清算一个头寸, 我们想知道, 如果激进地执行, 可以得到什么样的价格, 并且如果我们提供流动性, 我们想要了解股份以什么价格被买入或卖出.

正如在 1.2 节讨论的, 每一个投资者在市场上都是为了实现一些目标, 为了追求他的目标, 只要他认为没有失去太多资金, 他都会继续参与 (例如, 如果交易成本不超过期望的价格收益, 或者如果市场根据他的订单调整价格, 消除他想借以获利的原始错误定价 —— 我们将在下面讨论). 观察到的价格过程是这些投资者之间互动的结果. 在电子市场中, 交易者根据市场情况和信息流的改变来调整头寸以实现目标, 我们可以连续地看到这个过程中价格的变化. 市场有效性理论告诉我们作为结果的价格过程是不可预测的, 并且任何你可以预测的正期望收益, 都是承担风险的补偿. 因此, 长期投资者会收到承担风险的补偿, 可以是市场风险, 货币政策变化的风险, 或者补偿未来价格波动和分红的不确定性. 流动性提供者也需要补偿: 因为他们在买价/卖价发布订单, 并在利润丰厚时仍将继续发布订单. 其他交易者寻求能够利用市场有效性偏差的策略, 例如保持相似资产的价格彼此相近.

无论是否相信市场有效性, 价格过程的性质都经得起分析, 在本章中, 我们观察由具体资产的详细信息数据得到的一些方法和结果.

通过选择权益市场的一部分资产, 我们分析其价格过程的性质. 我们主要关注 2013 年 AAPL (苹果公司) 的价格, 它是高流动性、高交易量资产的代表. 为了说明资产之间的差异, 我们观察其他三种资产 ISNS(图像传感公司 (Image Sensing Systems)), FARO(法如科技公司 (Faro Technologies)), MENT(明导公司 (Mentor Graphics)): ISNS(英特尔公司) 是图像传感系统公司 (应用软件); FARO 是 FARO 技术公司 (科学和技术工具); MENT 是明导图形公司 (技术和系统软件). 这些资产都处于技术行业, 并代表了不同交易活动水平 (尽管这取决于你的定义, 你可以争论 AAPL 是一个技术公司还是一个消费品公司).

3.1.3　每日交易活动

在表 3.1 中我们可以看到这些资产交易活动的不同评估方法: NASDAQ 平均每日交易数 (N)、NASDAQ 平均每日总交易股份美元价值 (在 000s 的 $V(\$)$)、

NASDAQ 平均每日股份交易数 (在 000s 的 $V(Q)$)、全市场的总平均股份交易数 (在 000s 的总 $V(Q)$) 以及**股票换手率** (Turnover). 股票换手率代表了在 2013 年中总成交股份数除以**已发行股份数** (outstanding shares) —— 也包括在表 3.1 中 (2012 年 12 月 30 日的 ShrOut 以百万计). 根据交易数一栏 (N) 以及常规市场开放 6.5 小时 (从 9:30 到 16:00) 的事实, 我们可以得出结论, ISNS 是一种很少交易的资产 (2013 年间大约每半小时交易一次), 但是 FARO 和 MENT 是常规的小资产 (2013 年平均每分钟交易一到三次), AAPL 是交易最频繁的股票之一 (大约每秒交易一次 —— 注意我们使用的是 2013 年的数据, 而这些数字并没有重新调节以解释 AAPL 在 2014 年 6 月 2 日以 7:1 比例的拆股).

表 3.1　2013 年选择资产的每日平均成交量

资产	N	$V(\$)(\times 10^3)$	$V(Q)(\times 10^3)$	总 $V(Q)(\times 10^3)$	ShrOut$(\times 10^6)$	股票换手率
ISNS	14	18	3	12	5	0.62
FARO	315	1396	34	137	17	2.04
MENT	908	3964	204	694	112	1.56
AAPL	24 582	1 505 175	3208	14 516	941	3.89

在表 3.1 中, 无论观察哪一种交易量的衡量方式, 也不管考虑的是 NASDAQ 市场还是整个市场, 这种模式都是重复出现的.

3.1.4　每日价格可预测性

我们首先通过考虑回报来观察价格过程的性质, 其中回报由 2013 年每一天从开盘到收盘的价格变化构建. 根据**市场有效性假设**, 每日资产回报应该是几乎不可预测的, 并且反映市场中的信息. 为了研究这个, 我们对四个资产的日内 (从开盘到收盘) 回报进行普通最小二乘回归 (OLS). 我们包含了很多与市场有效性和市场力量相关的变量.

第一个变量是 SPY 的回报: SPY 是一个追踪 S&P500 指数的 ETF. 在 1.1 节我们讨论了在市场上不同资产类别下的 ETF, 并且可以看出 SPY 是一种在交易所交易的资产, 就像 ISNS, FARO, MENT 和 AAPL 一样. 当我们买 SPY 时, 我们买了一个基金 (和共同基金或者养老基金一样), 它的目标是以最低成本追踪 S&P500 指数. 因此, 对那些只想投资标的价值随着“市场”(以 S&P500 代表) 变化的投资者, 他们更愿意购买 SPY 而不是投资于股权式的共同基金. 此外, 交易员会更愿意购买 SPY 而不是持有指数中的 500 个资产, 因为他们这样做更加便宜, 并且消除了一些成本, 这些成本来自于不断地调整自己的投资组合以适应 S&P500 中不同资产权重的变化. 这样调整投资组合的成本已经包含在 SPY 中, 但是效率更高.

第二个变量是波动率指数 (VIX): VIX 是一种是由芝加哥期权交易所 CBOE 连续发布的指数, 用来衡量 S&P500 指数未来短期波动的市场预期, 它是通过对标的为 S&P500 指数的短期期权采取某种加权平均来计算的, 它被用来评估市场不确定性、投资者情绪、市场对风险的偏好 (市场风险厌恶情绪) 以及其他相关方面. 我们有试图追踪 VIX 的 ETF, 有依赖于它的期货, 也有建立在 VIX 上的期权.

第三个重要的变量是**订单流**. 订单流是指大量买入和大量卖出的股份数之差. 当然，在市场中，每笔交易都有买方和卖方. 但是在电子市场，我们可以区分发布的限价单 (LO) 和执行的市价单 (MO). 所以，如果一个交易是一个被动的限价卖 (买) 单和一个激进的市价买 (卖) 单相匹配，我们认为这是一个激进的买 (卖) 单. 一个激进的买 (卖) 单是由一些交易者想要快速买入 (卖出) 的欲望所驱使的，并表明了相较于市场总供需, 他对这一资产股份的需求 (供应). 所以，订单流表示了资产的净需求，就像我们在第 2 章看到的，可以与做市策略和未来价格波动相关的信息结合.

在表 3.2 中，我们展示了以下两个模型的 OLS 回归的回归系数.

$$r_{t,j} = \alpha + \beta_{1,j} r_{t-1,j} + \beta_{2,j}\mathrm{SPY}_t + \beta_{3,j}\mathrm{VIX}_t + \beta_{4,j}\log(1+Q_t) + \beta_{5,j}\mathrm{OF}_t + \epsilon_{t,j}, \tag{3.1}$$

$$\begin{aligned} r_{t,j} = &\alpha + \beta_{1,j} r_{t-1,j} + \beta_{2,j}\mathrm{SPY}_t + \beta_{3,j}\mathrm{VIX}_t + \beta_{4,j}\log(1+Q_t) + \beta_{5,j}\mathrm{OF}_t \\ &+\beta_{6,j}\mathrm{SPY}_t\mathbf{1}_{\mathrm{SPY}_t<0} + \beta_{7,j}\mathrm{VIX}_t\mathbf{1}_{\mathrm{VIX}_t<0} + \epsilon_{t,j}. \end{aligned} \tag{3.2}$$

第一个模型 (3.1)(表 3.2 中的 M1) 是四只股票各自日内回报的 OLS 回归，其中 $r_{t,j}, j \in \{\mathrm{ISNS, FARO, MENT, AAPL}\}$. 回报是由收盘时的股票价格减去市场开盘的股票价格，再除以市场开盘的股票价格计算而来的: $r = \dfrac{P_{\mathrm{close}} - P_{\mathrm{open}}}{P_{\mathrm{open}}}$. 这个模型包含的右端变量为:

(i) α: 刻画平均每日回报的常数，并且应该很接近零;

(ii) $r_{t-1,j}$: 前一天的日内回报 (作为回报应该是不显著的，并且应该是不可预测的);

(iii) SPY_t: SPY 同时期的日内回报 —— 和股票的日内回报计算方式类似;

(iv) VIX_t: VIX 同时期的日内“回报”—— 和股票的日内回报计算方式类似;

(v) $\log(1+Q_t)$: 1 加上当天所有市场股票交易的股份数，再取对数 (我们加了 1, 因此当没有股份交易时, 不会产生 log(0));

(vi) OF_t: NASDAQ 当日股票的订单流.

另外，第二个模型 (3.2)(在表 3.2 中的 M2) 包含了第一个模型 (M1) 中的变量，再加上 SPY 和 VIX 的回报之和乘以一个示性函数，这个示性函数在 VIX 或 NASDAQ 下跌的日期取 1，其他日期取 0. 这两个变量使我们能够验证对于市场上任意的“好”或“坏”消息 (或它的波动率), 资产的回报是否有不对称的反应.

在表 3.2 中的拟合模型代表**稳健 OLS 估计**. 稳健的 OLS 估计非常类似于残差平方和的标准 OLS 最小化，即最小化观察值和拟合值差的平方和. 标准 OLS 和稳健的 OLS 之间的差别是稳健的 OLS 中的误差估计是加权的，在参数估计中可以减少异常值的影响. 为了得到表 3.2 的估计，权重是迭代完成的, 并且运用了 Huber 损失函数，其中大的惩罚项是线性非二次的 —— 更多的关于 OLS 和稳健 OLS 的细节可以在任何一本标准计量经济学书中找到，例如, 见文献 (Greene, 2011; Cameron and Trivedi, 2005).

表 3.2　稳健 OLS 日 (开盘到收盘) 回报的回归 (粗体:5% 的意义)

变量	ISNS		FARO		MENT		AAPL	
	M1	M2	M1	M2	M1	M2	M1	M2
α	0.25	0.27	−2.83	−2.92	−2.97	−3.07	1.09	1.18
$r_{t-1,j}$	−0.10	−0.09	0.06	0.06	0.05	0.05	**−0.12**	**−0.12**
SPY/%	−0.60	**−1.36**	**1.04**	1.03	**1.04**	**1.07**	0.28	0.06
VIX/%	**−0.08**	−0.01	−0.03	−0.05	0.00	0.01	0.03	0.02
$\log(1+Q_t)$	0.01	0.00	0.25	0.27	0.23	0.24	0.08	0.08
订单流	0.03	0.02	**0.05**	**0.05**	**0.03**	**0.03**	**0.06**	**0.05**
Negv SPY	—	1.43	—	0.11	—	−0.08	—	0.52
Negv VIX	—	−0.19	—	0.06	—	−0.01	—	−0.01
Adj R	0.01	0.01	0.17	0.17	0.27	0.27	0.31	0.31

如表 3.2 所示，很少交易的 ISNS 的 OLS 结果反映出很多的噪声 (即 **R-平方**(“Adj R”) 非常接近于零), 并且系数的显著性不是非常可靠. 对于其他的资产, 我们发现 OLS 回归确实能获得一些信息, 并且有一个变量对其他三种资产一直有持续的显著性, 即订单流. 这个系数对于其他三种资产是显著的, 并且为正的, 表明了 NASDAQ 订单流和资产回报是一起变化的，这与我们对订单流的解读相一致, 即订单流反映了市场对资产的净需求, 也与 Glosten, Milgrom 和 Kyle 的流动性模型是一致的. 我们希望常数与前一天的回报是不显著的，而且发现第一个是这样的情况，而对于 FARO 和 MENT 也是成立的. AAPL 在每日回报中呈现负自相关，这表明回报过程中存在显著的均值回归成分，这不符合市场有效性假设，并提供了 (负) 短期动量的证据，尽管在微观结构文献 (Roll, 1984) 中，负自相关的存在也可以用“买卖价格跳跃”来解释 —— 也就是说，交易并不是以“市价”发生的，激进的买单必须跨越非零价差才能与买价相匹配，并执行相应价位的 LO. 最后，我们发现在 2013 年，我们的资产回报并没有受到市场情绪变化 (以 VIX 衡量) 的显著影响. FARO 和 MENT 对市场走势有显著暴露，但似乎 AAPL 并非如此 (这有点意外). 我们也没有发现任何显著的证据表明市场或市场情绪变动的“好”消息和“坏”消息之间存在不对称性.

3.2　资产价格与日内回报

只有中长期投资者对每日市场信息比较感兴趣，但是高频交易策略针对的时间范围很短，所以我们必须更仔细地观察发生了什么. 为此，我们在 NASDAQ 市场上使用毫秒级消息的 ITCH 数据来研究几个采样时间段的价格.

关注 2013 年 7 月 30 日一天的 AAPL，我们每隔一秒建立一次资产收益. 日期的选择是任意的. 选择的这一天有小幅上涨和正的净订单流：在 NASDAQ 市场上有 145 万股被买入，124 万股被卖出，价格从开盘 (\$449.96) 到收盘 (\$453.32), 上涨了 \$3.36 (+74bps).

资产的收益是使用微观价格计算的. **微观价格** (S_t^*) 也称为加权中间价，是最佳买价 (P_t^b) 和最佳卖价 (P_t^a) 的加权平均值, 权重是挂在买价和卖价的相对数量:

$$\boxed{S_t^* = \frac{V_t^b}{V_t^b + V_t^a} P_t^a + \frac{V_t^a}{V_t^b + V_t^a} P_t^b.} \tag{3.3}$$

微观价格与中间价相似，但它包含订单不平衡的信息：例如，买单比卖单有更多数量, 表明了更大的购买压力, 而且“真实”价格更接近卖价而不是买价 (第 1 章末尾讨论了微观价格, 第 12 章也将讨论采用 LOB 中的交易量不平衡作为交易决策的关键变量的交易策略，同样地交易量不平衡会使得微观价格趋向卖价或买价).

采样频率的选择非常重要，因为它对资产收益的经验分布的性质有非常显著的影响. 如果采样频率非常高，那么许多观测值将等于零. 在例子中，我们以一秒的频率进行采样，发现在 2013 年 7 月 30 日 AAPL 33% 的收益都等于零.

我们使用收益进行分析，使用基点 (bps) 作为分析的单位 (即图 3.1 中的值 1

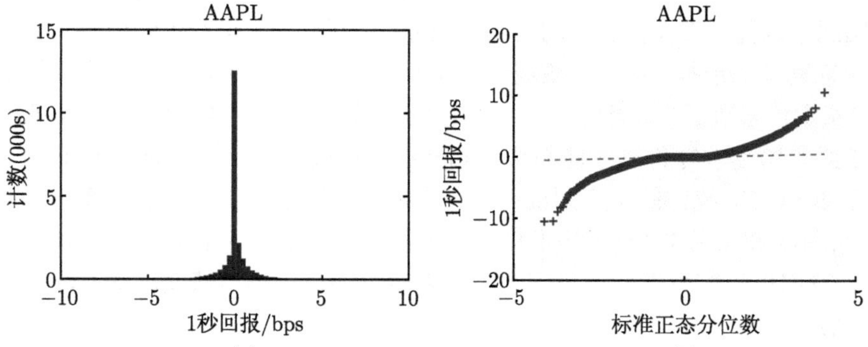

(a)　　(b)

图 3.1　AAPL 在 2013 年 7 月 30 日 1 秒的回报的样本分布和 QQ 图

代表微观价格的万分之一的变化). 在我们的样本中，平均微观价格是 \$454.30，所以 1 个基点的正收益表示 4.5 美分的微观价格上涨，0.22 个基点相当于 1 个最小价格单位, 即 1 美分. 从图 3.1(a) 的 1 秒收益的分布直方图中, 我们发现这个分布是单峰的, 似乎有肥尾效应. 这是由图 3.1(b) 的 QQ 图确保的.

资产收益表现出的肥尾效应以短时间间隔采样经常发生, 但可能会持续到更低的频率. 图 3.2 放大了左右尾部. 特别地, 我们定义尾部为收益中高于 95% (1.94bps) 和低于 5% (−1.94bps). 根据给定的这些截断值，我们假定尾部遵循幂律, 其概率分布函数为 $f(r)$, 其中

$$f(r) = \frac{\alpha - 1}{r_{\min}} \left(\frac{r}{r_{\min}} \right)^{-\alpha},$$

并使用极大似然估计 (MLE) 来估计参数 α. α 的 MLE 为 (参见例如文献 (Clauset, et al., 2009))

$$\hat{\alpha} = 1 + T \left[\sum_{t=1}^{T} \log \left(\frac{r_t}{r_{\min}} \right) \right]^{-1}.$$

利用给定的截断，这些估计量给出 $\hat{\alpha}_{\text{right}} = 3.35$ 以及 $\hat{\alpha}_{\text{left}} = 3.38$. 尾部的模型拟合对应于图 3.2 中的虚线, 并且表明 1 秒收益具有非常强的肥尾性.

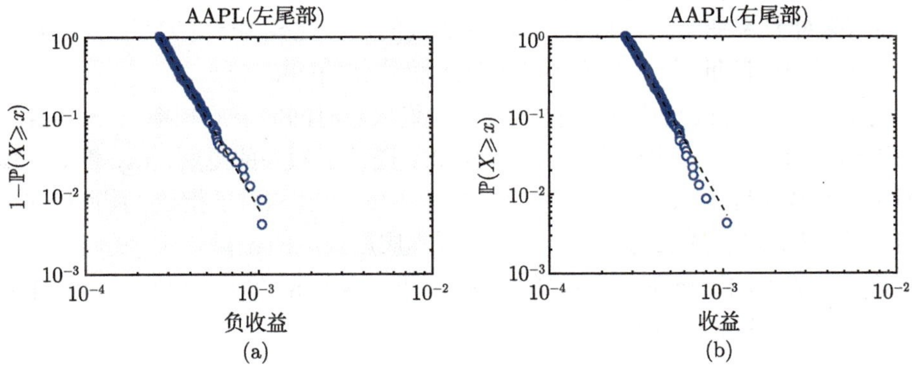

图 3.2 2013 年 7 月 30 日 AAPL 的尾部 (对数刻度) 图

为了了解市场行为是否符合有效市场假说, 我们从收益数据中估计自相关函数 (ACF). 我们知道, 自相关函数 $f(n)$ 由 r_{t-n} 与 r_t 的相关性给出, 并且可以从样本相关性中估计. 图 3.3 的右侧展示了 APPL 在 2013 年 7 月 30 日的样本 ACF. 这给出了第一次延迟的一个负的且显著的自相关性, 这表明微观价格上的一个显著的均值回归分量. 我们还发现第十二个延迟是 (弱) 显著和正的, 而第十四个是负的且显著的. 现在没有强有力的理论推导来观察这些模式, 所以在没有进一步研究的情况下, 我们不能确定这是一个在这一天发生的特殊情况或是有一些特别有意义的东西在里面.

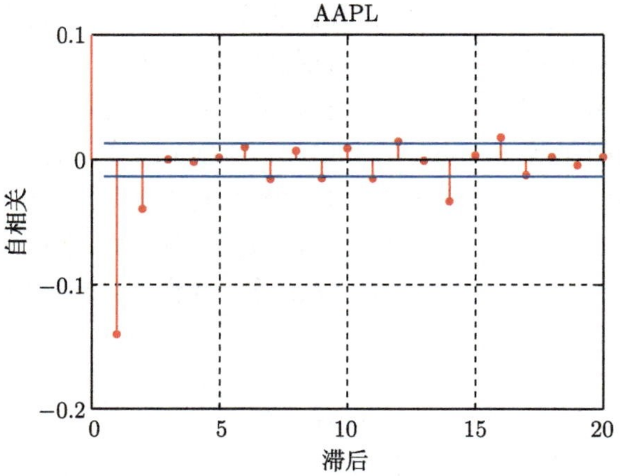

图 3.3 AAPL 在 2013 年 7 月 30 日 1 秒收益的样本 ACF

3.3 间隔时间

我们已经看到, 即使是时间间隔为 1s 的情况下, 也有 33% 时间的价格没有变化. 随着采样频率变小, 越来越难以将观测到的价格建模为一个连续的过程, 所以我们需要考虑离散过程. 首先观察买价或卖价变化的间隔时间.

设 τ_i 表示买价或卖价有变化的时刻, 我们来看时间间隔的频率 $X_i = \tau_{i+1} - \tau_i$. 它的平均值为 10.4ms, 中位数为 3ms. 图 3.4 提供了额外的见解: (a) 和 (b) 描述了绝对和对数尺度下 X_i 的分布直方图, (b) 和 (c) 包含相对于指数 (具有相同平均值) 的 QQ 图. 这些图表明间隔时间具有很强肥尾效应的幂律分布. 我们估计右尾的参数 (就像对上面 1s 的收益所做的那样), 并且使用第 95 百分位 (41ms) 作为截断, 得到了 $\hat{\alpha} = 3.13$ 的 MLE.

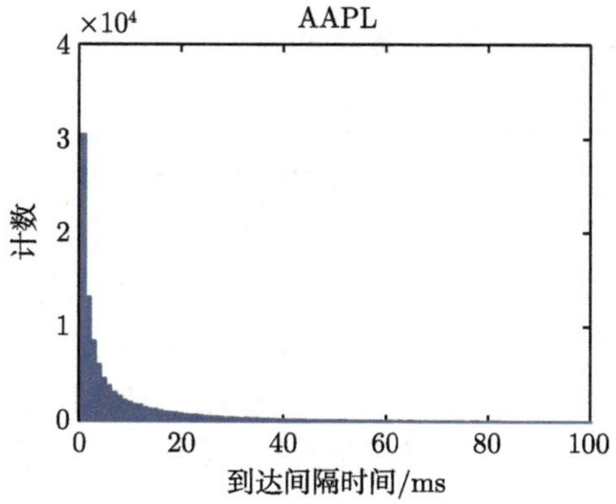

(a)

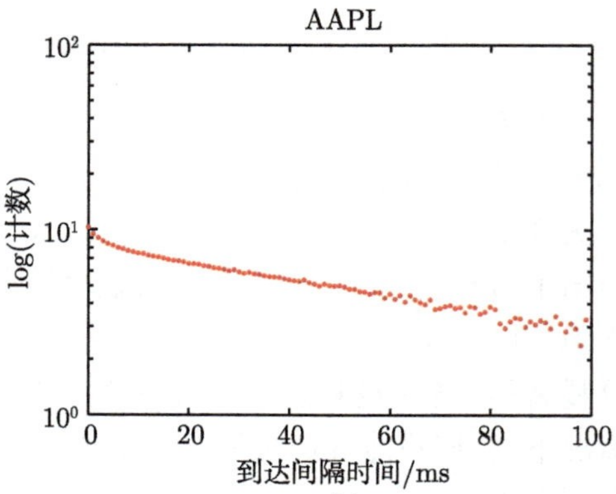

(b)

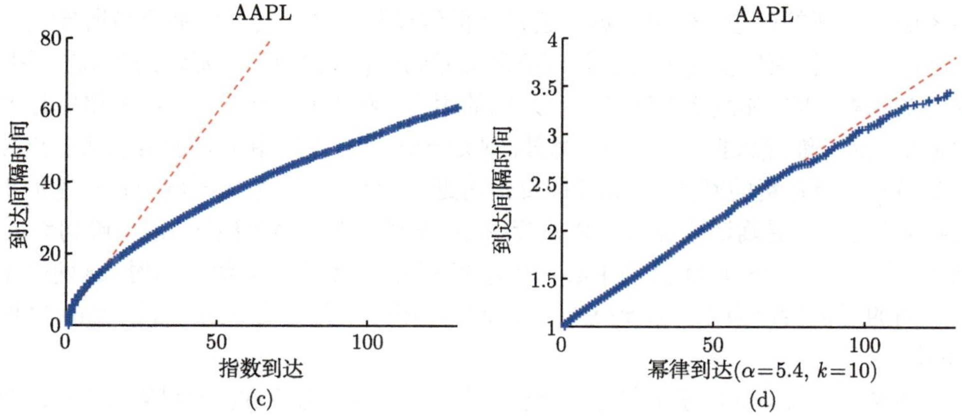

图 3.4 (a) 和 (b) 绘制了 2013 年 7 月 30 日 AAPL 的绝对时间和对数刻度的间隔时间 (X) 的频率曲线. (c) 和 (d) 描述了相对于指数分布和幂律分布的 QQ 图: $\mathbb{P}(X_i \leqslant x) = 1 - (k/x)^{\alpha}$

我们简单地看一下间隔时间过程的动态变化. 图 3.5 描述了 ACF. 如图 3.5 所示, 买价和卖价的变化不是独立的, 而是具有很强的自相关成分. 这表明了这些变化的一个常见的经验事实, 即它们是集中在一起的. 买价/卖价的快速变化之后仍然是快速变化, 而相对较长的平静期后跟着另一个平静期.

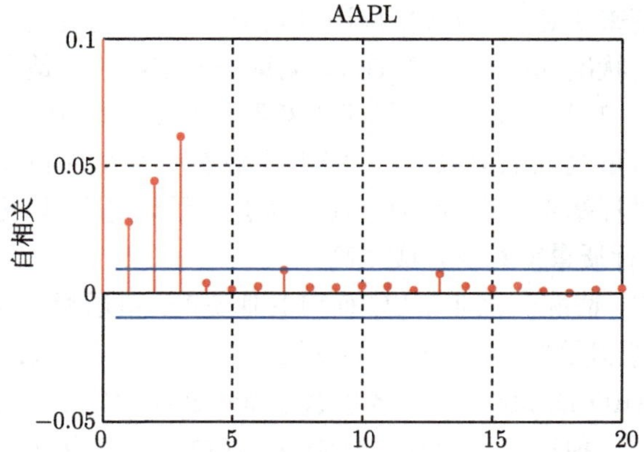

图 3.5 到达间隔时间的自相关函数图 (AAPL, 2013 年 7 月 30 日)

3.4 延迟与最小价格单位的大小

假设我们希望执行一个交易, 例如买入 1000 股 AAPL. 我们第一个要权衡的是实时性与执行成本. 如果关心实时性, 执行交易的最快方式是跨越价差并且尽可能多地通过市价单 (MO) 激进的执行. 但是, 任何一个非常关注实时性的代理商需要考虑一个新的问题：信息**延迟**. 延迟是指信息发送到市场与它被交易所接收处理之间的延迟. 有时交易所确认收到信息的时间也被加入进来. 延迟是随机的并且受许多因素影响, 如发送者和交易所之间的距离、网络的结构和类型、网络中订单的数量 (这可能导致拥塞) 等等. 另外, 延迟一词更一般地用于表示信息从一点传送到另一点所花费的时间, 例如新闻反馈的延迟. 延迟的一个典型例子是从芝加哥期权交易所 (或更确切地说, CME 托管中心) 发送一个信息到纽约 (或更确切地说, 到新泽西州的 NASDAQ 处理中心) 所需的时间. 当用光纤电缆传播时, 这两个中心之间的延迟估计为 7.5ms 到 6.7ms 之间, 或用微波传播为 4.2ms 到 5.2ms 之间 (在晴天).

如果一个代理商在家中通过一个经纪人进行交易, 他必须意识到从他要求经纪人执行订单到订单到达市场之间存在着重大延迟. 在此期间, 市场状况可能已经发生了很大变化. 但是, 如果代理商直接通过经纪人的行情接口进行交易, 或者他根据自己的行情接口进入市场, 则延迟将会缩短很多, 尽管这相对于**托管**的中心的延迟来说仍然是显著的. 被托管 (colocated), 也称为托管 (colocation), 意味着代理商的交易系统位于电子交易所的数据中心, 与交易所匹配引擎直接相连. 原则上, 那些被托管的交易系统有相似的延迟 —— 但是受他们的软件和硬件的配置的影响, 仍然会有一些延迟 (第 1 章也讨论过托管).

延迟对代理商来说是一个问题, 原因有几个. 经常交易并且利润空间狭窄的代理商需要了解市场状况, 并相应调整订单, 无论是发布新的还是取消现有的 LO, 或者提交 MO. 此外, 在执行 MO 时, 代理商需要了解其路由策略与其他交易者将如何对此策略进行反应之间的关系. 一个路由策略较差的大的 MO 将会把自己在几个交易所交易的过程暴露出来, 因为其他交易者会重新定位, 以更有利的价格吸收订单, 从而导致执行质量差和执行成本高.

对于某些资产, 情况变化非常快, 而对其他资产, 市场相当稳定. 我们可以在表 3.3 和表 3.4 中看到这些价格和价差的变化. 前者捕捉到很少被交易的资产的缓慢变化, 如 ISNS, FARO 或 MENT. 后者考虑更频繁交易的股票, 如 AAPL 和 ORCL.

表 3.3 展示了三种资产: ISNS, FARO 和 MENT 一分钟内的买价/卖价/中间价/报价价差的变化. 对交易者来说一分钟的延迟是一个很长的时间, 他们一般也不会遇到这样的延迟, 除非与交易所之间通过非常缓慢的连接来进行交易 (或者订单不直接进入交易所). 我们从表 3.3 的第一栏 (标记为 $\Delta X \neq 0$) 中可以看到买价/卖价/中间价/报价价差的一分钟内变化的百分比是不同的 (不等于零). 对于 ISNS, 只有 4.2% 的情况最后一分钟买价发生了变化. 在相邻列中, 我们可以看到变量发生变化的情况的统计数据. 从中, 我们可以得出结论, ISNS 的买价有一半情况在改变, 变化范围是增长 5 美分 (Q3) 到下降 4 美分 (Q1). 如果我们观察 ISNS 的中间价格, 发现它只有 6.7% 的情况发生了变化, 其中一半的变化是在增加 2 美分和减

少 2 美分之间. 另一方面, 如果考虑到 FARO 或 MENT 这样的资产, 一分钟的延迟将会导致买价 (卖价类似) 一半的情形发生变化, (自然地) 在中间价和报价价差也是如此. 注意这是 2013 年所有分钟数的无条件分析, 并没有考虑市场参与者对订单流的反应. 例如, 如果有人发送一个市场买单, 然后其他代理商会快速调整他们的报价以响应这个新的信息. 因此, 像 ISNS 这样很少有公共信息 (以交易/ MO 的形式) 的资产将比像 FARO 或 MENT 这样的交易频率高的资产的价格变动更少是自然的.

表 3.3 一分钟内买价/卖价/中间价/报价价差的变化

资产	变量	$\Delta X \neq 0$	统计量 ($\Delta X \neq 0$)				
		/%	P01	Q1	Q2	Q3	P99
ISNS	买价	4.2	−43.0	−4.0	1.0	5.0	40.0
	卖价	3.4	−51.0	−4.0	−1.0	3.0	51.0
	中间价	6.7	−25.8	−2.0	0.5	2.0	26.8
	报价价差	6.7	−25.8	−5.0	−1.0	4.0	46.0
FARO	买价	48.6	−21.0	−2.0	1.0	3.0	19.0
	卖价	49.0	−19.0	−3.0	−1.0	3.0	22.0
	中间价	63.4	−16.0	−1.5	0.5	2.0	16.0
	报价价差	60.8	−18.0	−2.0	−1.0	2.0	18.0
MENT	买价	44.2	−5.0	−1.0	1.0	1.0	6.0
	卖价	44.1	−5.0	−1.0	−1.0	1.0	5.0
	中间价	52.8	−5.0	−1.0	0.5	1.0	5.0
	报价价差	31.1	−5.0	−1.0	−1.0	1.0	4.0

这和我们在看最受欢迎的股票时 (在活跃性方面) 的情况不同. 像 AAPL 和 ORCL 这样的资产几乎肯定会在一分钟之内发生价格变化, 但是对于这些资产来说, 一分钟的延迟以任何标准来说都是不合理的长. 表 3.4 反映了与表 3.3 相同的信息, 但是考虑 100ms 的延迟而不是一分钟 (并且是在 2013 年的最后三个月而不是全年). 此外, 我们报告的是每天计算的统计数据的中位数, 而不是报告整个样本的统计数据. 也就是说, 从 2013 年 10 月到 12 月, 在计算 AAPL 每天间隔 100ms 的非零买价变化的百分比之后, 我们得到其中位数为 3.84%. 同样, 在计算了每天非零买价变化的第一个四分位数之后, 我们得到其中位数为 −3 美分, 而第三个四分位数的中位数为增加 3 美分.

注意到, AAPL 和 ORCL 的价格变化的频率和量级存在显著差异. AAPL 比 ORCL 有更频繁的变化和更大量级的变化. 这里有两个重要的因素: (i) AAPL 的成交量 (以美元计) 比 ORCL 大一个数量级; (ii) AAPL 在 2013 年最后一个季度的价格在 \$490 和 \$560 之间, 而 ORCL 的价格在 \$32 和 \$38 之间. 由于这两种资产具有相同的**最小价格单位**(一美分), 这意味着 AAPL 可以经历比 ORCL (1 美分 =

\$40 的 2.5bps) 更小的价格变化百分比 (1 美分 = \$500 的 0.2bps). 所以, 可以期待 AAPL 的价格变动比 ORCL 更频繁 (即使 AAPL 将一股旧股分成七股新股, 在分解之后 AAPL 价格在 \$100 左右, 一美分变化相当于 1bps 变化, 比 ORCL 的 2.5bps 大得多).

表 3.4　100ms 内买价/卖价/中间价/报价价差的变化

资产	变量	$\Delta X \neq 0$ /%	统计量 ($\Delta X \neq 0$)				
			P01	Q1	Q2	Q3	P99
AAPL	买价	3.84	−17.6	−3.0	−1.0	3.0	18.0
	卖价	4.00	−18.3	−3.0	1.0	3.0	17.0
	中间价	6.75	−11.5	−1.5	0.5	1.5	11.0
	报价价差	6.69	−16.0	−3.0	−1.0	3.0	18.0
ORCL	买价	0.41	−2.0	−1.0	−0.5	1.0	2.0
	卖价	0.40	−2.0	−1.0	1.0	1.0	2.0
	中间价	0.47	−2.0	−1.0	0.5	1.0	2.0
	报价价差	0.16	−3.0	−1.0	−1.0	1.0	2.0

3.5　价格变动的非马尔可夫性

在本节中, 我们调查连续的价格变化是如何相互关联的. 为此, 首先来看当前价格变化的方向是否可以预测下一个 (非零) 价格变化的方向. 我们继续使用在 2013 年 7 月 30 日的 AAPL 进行分析, 并记录所发生的每个价格变化. 在表 3.5 中, 我们看到价格 (买价或卖价) 的上涨更容易紧跟着价格逆转, 价格下跌也是如此.

表 3.5　经验转换率: 单一价格变化

$t/t+1$	卖价			买价	
	上涨 (⇑)	下跌 (⇓)		上涨 (⇑)	下跌 (⇓)
上涨 (⇑)	43.0	57.0	上涨 (⇑)	36.5	63.5
下跌 (⇓)	61.8	38.2	下跌 (⇓)	55.3	44.7

在表 3.5 中, 我们看到, 卖价的增加 (上涨) 后有 57% 的情况跟着下降, 而卖价的下降后有 61.8% 跟着是增加. 对于买价的情况, 这两个比例分别是 63.5% 和 55.3%. 在表 3.4 中, 我们看到 100ms 的延迟在 96% 的情况对买价不会造成影响 (至少是观察期的一半). 但是, 在 3.3 节中, 我们看到买价或卖价变化的间隔时间的中位数为 3ms (买价为 8ms). 表 3.5 中的数字有助于调和这两个看似矛盾的陈述: 尽管经过 100ms 的延迟后, 人们可能不会观察到买价的净变化, 但这种零净变化产生的原因是既可能是 100ms 期间内没有变化, 也可能是几个变化的相互抵消. 因此, 对于超过 8ms 的延迟, 如果你提交了 MO, 当它到达市场时, 价格可能已经变

化, 但也可能已经回到 MO 提交时的价格. 因此, 延迟会尤其对未托管的交易者带来执行风险.

表 3.5 也说明了这一天在价格逆转的相对频率的不对称性. 这种不对称表明报价价差下降 (卖价下降或买价上涨) 比报价价差上升 (卖价上涨或买价下降) 更可能发生逆转.

基于上述描述, 我们用表 3.6 来呈现研究当前价格变化的方向是否能够预测未来两个时期价格变化的方向. 表 3.6 描述了在当前价格变动是上升 $\Uparrow$ 或者下降 $\Downarrow$ 的条件下, 价格逆转 (“逆转”, $\Uparrow\Downarrow$ 或 $\Downarrow\Uparrow$) 相对于同一方向 (“上涨”($\Uparrow\Uparrow$) 和“下跌”($\Downarrow\Downarrow$)) 连续走势的频率. 卖价和买价中大约 60% 的连续变化是相反的. 表 3.6 不仅显示了未来两次价格变动的条件概率, 还显示了无条件概率. 比较这些转变, 我们可以得出结论, 条件转换和无条件转换之间似乎没有什么区别. 所以, 尽管价格变化倾向于被逆转, 但目前价格变化的方向 (无论是上涨还是下跌) 并未提供有关未来价格变化的额外信息.

表 3.6 经验转换率: 成对价格变化

	卖价		
	上涨 $(t+1,t+2)$ ($\Uparrow\Uparrow$)	逆转 $(t+1,t+2)$ ($\Uparrow\Downarrow,\Downarrow\Uparrow$)	下跌 $(t+1,t+2)$ ($\Downarrow\Downarrow$)
上涨 (t)($\Uparrow$)	17.1	59.5	23.4
下跌 (t)($\Downarrow$)	19.6	59.1	21.3
无条件的	18.3	59.3	22.4
	买价		
	上涨 $(t+1,t+2)$ ($\Uparrow\Uparrow$)	逆转 $(t+1,t+2)$ ($\Uparrow\Downarrow,\Downarrow\Uparrow$)	下跌 $(t+1,t+2)$ ($\Downarrow\Downarrow$)
上涨 (t)($\Uparrow$)	24.0	60.3	15.7
下跌 (t)($\Downarrow$)	23.7	58.1	18.2
无条件的	23.9	59.1	17.0

最后, 我们考虑价格变化的一个更长的序列, 即考虑过去两次价格变化的方向是否能预测下一次价格变化. 为了实现这个目标, 我们定义四种状态, 每个都代表一对可能价格变化的方向: A 是上涨后另一个跟着上涨 ($A=\Uparrow\Uparrow$), B 是上涨后跟着下跌 ($B=\Uparrow\Downarrow$), C 是下跌后跟着上涨 ($C=\Downarrow\Uparrow$), D 是下跌后跟着另一个下跌 ($D=\Downarrow\Downarrow$). 价格变化方向可以用具有重叠观察的 A,B,C,D 的序列来表示, 因此序列 $\Uparrow\Downarrow\Downarrow\Uparrow$ 可以被表示为 BDC. 注意到, 有几个转换不能发生. 例如, B 后面不能跟随 A, 因为如果价格变化是 $B(\Uparrow\Downarrow)$, 则要么 (i) 下一个变化是 $\Uparrow$, 在这种情况下我们转换到状态 $C(\Downarrow\Uparrow)$, 或者 (ii) 下一个变化是 $\Downarrow$, 在这种情况下, 我们转换到状态 $D(\Downarrow\Downarrow)$.

表 3.7 提供了该马尔可夫链的估计转换频率. 转换 AA 应该被解释为 $\Uparrow\Uparrow\Uparrow$, BC

被解释为 ⇑⇓⇑ 等等. 在表 3.7 中, 我们可以看到价格逆转的证实: 转换 BC 和 CB 的概率明显更高, 这表明连续价格变动 (对于买价和卖价) 趋于相反的方向.

表 3.7 经验转换率: 成对价格

$(t+1)$	卖价			
	$A(\Uparrow\Uparrow)$	$B(\Uparrow\Downarrow)$	$C(\Downarrow\Uparrow)$	$D(\Downarrow\Downarrow)$
$A(t)(\Uparrow\Uparrow)$	54.4	45.6	—	—
$B(t)(\Uparrow\Downarrow)$	—	—	70.0	30.0
$C(t)(\Downarrow\Uparrow)$	34.4	65.6	0.0	0.0
$D(t)(\Downarrow\Downarrow)$	—	—	48.6	51.4
$(t+1)$	买价			
	$A(\Uparrow\Uparrow)$	$B(\Uparrow\Downarrow)$	$C(\Downarrow\Uparrow)$	$D(\Downarrow\Downarrow)$
$A(t)(\Uparrow\Uparrow)$	43.0	57.0	—	—
$B(t)(\Uparrow\Downarrow)$	—	—	62.2	37.8
$C(t)(\Downarrow\Uparrow)$	32.8	67.2	—	—
$D(t)(\Downarrow\Downarrow)$	—	—	46.9	53.1

3.6 市场分割

在激进执行交易时需要考虑的另一个问题是市场分割. 我们只是在这里浅显地讨论这个问题, 但这对高频交易者是一个非常关心的问题.

到目前为止, 我们关注的是来自一个交易所 (NASDAQ) 的详细数据. 到 2014 年 10 月, 在美国有 11 个交易所和大约 45 个另类的交易场所, 其中大部分是暗池 —— 暗池是不公开显示报价价格的交易场所, 在 2014 年 NASDAQ 占全市场交易的 20% 左右 (之后, 在 7.4 节中, 我们提供了执行算法, 使得代理商可以访问标准市场, 也可以访问暗池). 因此, 我们不能将"市场"作为单一交易所来讨论, 而是在很多交易场所发生活动的集合. 为了了解市场分割的程度, 即一个资产的市场在不同交易所分布的程度, 我们通过使用总记录数据 (consolidated tape data) 考察资产 AAPL 在 2013 年 7 月 30 日市场时段 (9:30—16:00) 所有交易所的交易情况. 这些数据提供了来自所有交易所的全部交易和最佳报价的信息.

在这里我们重建了当天有 AAPL 交易活动的交易所的买价和卖价. 利用重建买价和卖价, 计算出每个交易所最佳价格 (买价或卖价) 与所有交易所的最佳价格一致的时间百分比. 表 3.8 记录了以上这些信息. 我们可以看到 NASDAQ 的买价在常规交易时段的 67% 与所有交易所中的最佳买价一致, 在 BATS 为 19%, NYSE-ARCA 为 43%, EDGX 为 35% 以及 EDGA 为 0.

因此, 一个交易的最优执行不仅仅是关于交易时间和一个交易所展示的价格, 也关于: 一个订单 (或多个订单) 如何到达特定交易场所的路径, 交易所处理订单的不同规则以及如何执行, 订单如何路由, 以及哪些订单类型最适合于特定的路由和交易策略, 等等.

表 3.8 交易所的最佳价格是在 NBBO 的时间百分比

交易所	NBBO 时间百分比	
	买价	卖价
NASDAQ	67.8	61.3
BATS	18.8	15.7
NYSE-ARCA	43.4	38.3
NSE	0.0	0.0
FINRA	0.0	0.0
CSE	0.0	0.0
CBOE	1.2	0.7
EDGA	0.0	0.0
EDGX	34.5	41.0
NASDAQ-BX	0.0	0.0
NASDAQ-PSX	0.0	0.0
BATS-Y	4.5	0.0

在美国, 美国全国市场法规 (Reg NMS), 这一特有的管理条例, 是用来促进交易所之间的竞争和保护投资者. 特别地, 它有具体的条款通过阻止穿价交易来保护投资者的订单 (即当有更好的可执行价格时, 订单以较差的价格执行, 特别是当这个较好的价格是来自另一交易场所的"适当"(受保护) 报价). 表 3.9 和表 3.10 观察不同场所的交易执行情况, 并比较交易执行的价格, 相对于报告了该交易的交易所的最佳买/卖价格 (本地), 以及相对于我们由数据重建的所有场所中的最佳价格 (NBBO).

表 3.9 按最优价格执行的股票数量 (本地最优价格不是 NBBO 时, 本地指本地交易所的最佳价格)

交易所	本地			NBBO		
	买价	卖价	总价	买价	卖价	总价
NASDAQ	22 214	8122	30 336	458 994	367 181	824 675
BATS	1854	2200	4054	118 205	108 407	225 512
NYSE-ARCA	9840	5630	15 470	292 933	273 729	566 361
NSE	901	200	1 101	13 244	11 057	24 301
FINRA	0	0	0	534 178	406 346	940 424
CSE	0	0	0	0	0	0
CBOE	0	0	0	5005	1550	6555
EDGA	0	100	100	31 357	22 125	53 482
EDGX	9324	2300	11 624	230 187	207 005	436 392
NASDAQ-BX	1016	1100	2116	60 971	48 365	109 336
NASDAQ-PSX	0	100	100	600	1525	2125
BATS-Y	100	1 000	1100	16 519	16 178	32 497

表 3.10　按执行质量执行股份的百分比

交易所	NBBO	本地最佳	价差之内最佳	价差之外最佳	股票数 (合计)
NASDAQ	39.8	1.5	57.5	1.3	2 073 946
BATS	34.8	0.6	64.2	0.4	648 137
NYSE-ARCA	43.3	1.2	54.4	1.2	1 308 771
NSE	33.1	1.5	64.3	1.1	73 486
FINRA	22.2	0.0	71.5	6.4	4 238 247
CSE	0.0	0.0	0.0	100.0	122 250
CBOE	63.3	0.0	36.7	0.0	10 350
EDGA	27.8	0.1	71.6	0.5	192 202
EDGX	30.6	0.8	67.4	1.1	1 425 145
NASDAQ-BX	41.1	0.8	55.5	3.4	266 166
NASDAQ-PSX	52.1	2.5	40.5	4.9	4075
BATS-Y	26.0	0.9	73.2	0.0	125 220

表 3.9 比较了每个交易场所的执行情况: 当该交易场所的最优价格不是所有场所中最优时, 比较了以所有交易场所最优价格 (NBBO) 执行的交易, 与以该场所最优价格 (本地) 执行的交易. 我们可以看到, 当以最优价格进行交易时, 大部分情况是以 NBBO 执行的. 在表 3.10 中, 我们允许更多类型的执行, 而不是以最优价格执行, 而且还包括 (本地) 价差内 (在本地最佳买价和卖价之间, 而不是 NBBO) 和价差外 (对于 FINRA 和 CSE 我们使用 NBBO 作为参考, 因为没有记录本地买价/卖价报价). 这些数字清楚地表明几乎所有的交易都发生在计算的 NBBO 或者 (本地) 价差内: NASDAQ 分别为 40% 和 58%, NYSE-ARCA 为 43% 和 54%, BATS 为 35% 和 64%, EDGX 为 30% 和 67%. 用 NBBO 作为参考价格, 对于 FINRA, 这两个百分比为 22% 和 72%. 尽管价差内的交易占比不寻常的高, 如果考虑到一个常规市场订单应该以最优价格执行的话, 这些数字表明相当高的执行质量. 一个可能的解释是, 这些交易中的很多是针对在价差内发布的隐藏订单和/或通过允许在价差内激进发布的另类订单类型执行的.

3.7　配对交易的实证

大多数交易者不是一次只看一种资产, 而是考虑不同资产之间的相互作用. 当你可以从不同资产之间的相互作用中提取信息时, 这是有道理的. 这对有共同冲击的资产组合最有效, 并且对于同一行业中的资产而言是自然的.

在本节中, 我们将重点讨论 2013 年 11 月 1 日一只科技股票 (Intel, INTC) 和一只科技 ETF (美林半导体 ETF, SMH) 之间的相互作用. 这两种资产共同变化的主要原因有两个. 首先是结构的原因: ETF 大约 20% 的持股是 INTC. 其次是经济的原因: ETF 旨在代表半导体行业, 因此它的价格将随着影响该行业的新闻而发生变化, 同样的消息也会对 INTC 的价格产生类似的影响. 在第 11 章中, 我们将重点关注配对交易和统计套利, 基于这里介绍的一些想法来展示如何利用一组资产提供的信息. 特别地, 我们基于股票价格水平的协整或基于以下实证分析构建的资产集合的漂移分量, 提供不同的交易算法.

我们的分析基于以下理论模型: 假设 INTC 和 SMH 是动态具有短暂 (均值回归) 分量和永久 (布朗) 分量的股票. 我们把这个动态的过程用向量形式表示如下:

$$d\boldsymbol{S}_t = \boldsymbol{\kappa}(\boldsymbol{\theta} - \boldsymbol{S}_t)dt + \boldsymbol{\sigma}d\boldsymbol{W}_t, \tag{3.4}$$

其中 $\boldsymbol{\Sigma} = \boldsymbol{\sigma}\boldsymbol{\sigma}'$, 且$\boldsymbol{W}_t$ 是布朗运动.

均值回归要素 (与 dt 成比例的术语) 的存在提供了利用该要素的预测性进行交易以获得正的期望收益的机会. 在这种情况下, 通过构建两个资产的线性组合, 这两个资产大部分是由均值回归部分强烈驱动的 (并且这是第 11 章的一些算法的基础), 我们使用这两个过程的联合信息来创建更强的交易信号.

做法是把方程 (3.4) 中的系统 (其中包含一般矩阵 $\boldsymbol{\kappa}$) 转化为下面的等价系统

$$d\tilde{\boldsymbol{S}}_t = \tilde{\boldsymbol{\kappa}}(\tilde{\boldsymbol{\theta}} - \tilde{\boldsymbol{S}}_t)dt + \tilde{\boldsymbol{\sigma}}d\boldsymbol{W}_t, \tag{3.5}$$

其中 $\tilde{\boldsymbol{\kappa}}$ 是对角矩阵, 即我们寻找常数 $\{\alpha_{11}, \alpha_{12}, \alpha_{21}, \alpha_{22}\}$ 使得

$$\tilde{S}_{t,1} = \alpha_{11}S_{t,1} + \alpha_{12}S_{t,2},$$

$$\tilde{S}_{t,2} = \alpha_{21}S_{t,1} + \alpha_{22}S_{t,2}$$

和

$$\tilde{\boldsymbol{\kappa}} = \begin{bmatrix} \tilde{\kappa}_1 & 0 \\ 0 & \tilde{\kappa}_2 \end{bmatrix}.$$

这样得到的 $\tilde{\boldsymbol{\kappa}}$ 矩阵中的 $\{\tilde{\kappa}_1, \tilde{\kappa}_2\}$ 等于 $\boldsymbol{\kappa}$ 的特征值, 对应于其中的最大值 (绝对值) $\max\{|\tilde{\kappa}_1|, |\tilde{\kappa}_2|\}$ 的过程 $\tilde{S}_{t,j}$, 对均值回归有最大的暴露, 因此应包含最多交易相关的信息 —— 它将产生最佳交易信号 (参见第 11 章中的算法).

我们通过对 2013 年 11 月 1 日 INTC 和 SMH 之间关系的简单估计来说明这一点. 使用中间价进行采样并定期 (每 5 秒) 估计一次过程. 将 (3.4) 中的模型的离散版本进行拟合, 并使用它来计算 (3.5) 中变换模型的值以建立交易信号.

为了估计模型 (3.4) 的离散版本, 我们估计了向量自回归过程 (VAR)

$$\Delta\boldsymbol{S}_t = \boldsymbol{A} + \boldsymbol{B}\Delta\boldsymbol{S}_{t-1} + \boldsymbol{\varepsilon}_t,$$

其中 $\boldsymbol{S}_t = [S_{t,\text{INTC}},\ S_{t,\text{SMH}}]'$ 是资产价格, $\Delta S_{t,j}$ 是资产 j 的变化; $\boldsymbol{A}$ 是常数向量, $\boldsymbol{B}$ 是常数矩阵, $\boldsymbol{\varepsilon}_t$ 是白噪声向量. 表 3.11 描述了得出的估计值. 从这些估计值我们

可以得到模型 (3.4) 的参数:

$$\boldsymbol{\kappa} = \frac{\mathbb{I} - \boldsymbol{B}}{\Delta t} = \begin{bmatrix} 0.003 & -0.002 \\ -0.003 & 0.002 \end{bmatrix}, \quad \boldsymbol{\theta} = \boldsymbol{\kappa}^{-1}\boldsymbol{A}\Delta t = \begin{bmatrix} 24.30691 \\ 40.91387 \end{bmatrix},$$

以及对角化 $\boldsymbol{\kappa}$ 来得到 $\tilde{\boldsymbol{\kappa}}$ 和 $\tilde{\boldsymbol{S}}_t$:

$$\boldsymbol{\kappa} = \boldsymbol{U} \cdot \boldsymbol{\Lambda} \cdot \boldsymbol{U}^{-1}, \quad \tilde{\boldsymbol{\kappa}} = \boldsymbol{\Lambda} = \begin{bmatrix} 0.0047 & 0 \\ 0 & 0.0007 \end{bmatrix},$$

$$\tilde{\boldsymbol{S}}_t = \boldsymbol{U}^{-1}\boldsymbol{S}_t = \begin{bmatrix} 0.682 & 0.547 \\ -0.731 & 0.837 \end{bmatrix}\boldsymbol{S}_t.$$

表 3.11 VAR 的估计参数 (* 显著水平为 1%)**

	$\boldsymbol{A}$	$\boldsymbol{B}$			
		$\Delta S_{t-1,\text{INTC}}$		$\Delta S_{t-1,\text{SMH}}$	
$\Delta S_{t,\text{INTC}}$	0.011	0.997	***	0.002	
$\Delta S_{t,\text{SMH}}$	0.035	0.003		0.998	***

在图 3.6 中, (a) 图中展示两个资产的价格过程, (b) 图中展示 $\tilde{S}_1$ 的价格过程, 称为协整因子. 直观地看 (这里没有包括), $\tilde{S}_1$ 比 $\tilde{S}_2$ 有更强烈的均值回归 (自回归分量). 我们通过在所有四个价格过程的回报上运行自回归来验证这一点: r_{INTC}, $r_{\text{SMH}}, r_{\tilde{S}_1}$ 和 $r_{\tilde{S}_2}$. 可以在表 3.12 中看到结果. 对于资产, INTC 和 SMH, 滞后回报系数仅对 SMH 这个 ETF 很显著. 估计模型并对 $\boldsymbol{\kappa}$ 进行对角化后, 其中一个产出组合的回报 $\tilde{S}_1$(协整因子)的滞后收益率系数几乎比 SMH 上的系数大四倍 (包括两个时期之前的收益的额外显著系数).

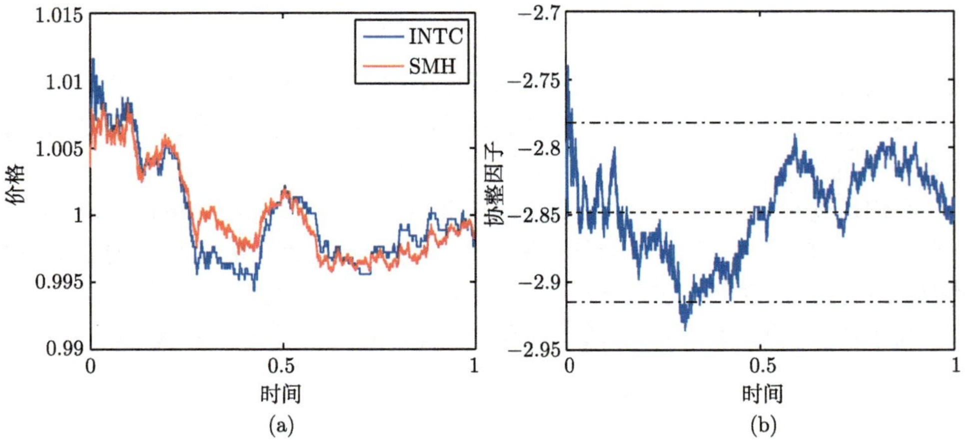

图 3.6 INTC 和 SMH 于 2013 年 11 月 1 日: (a) 中间价格相对平均中间价格; (b) 协整因子. x 轴是交易日的几分之一的时间. 虚线表示均值回归水平; 点画线表示 2 个标准差带

表 3.12 单个 AR(n) 的估计参数 (*** 显著水平为 1%)

	常数	r_{t-1}		r_{t-2}	
$r_{t,\text{INTC}}$	−0.000	−0.011		0.025	
$r_{t,\text{SMH}}$	−0.000	−0.057	***	0.014	
$r_{\tilde{S}_{t,1}}$	0.000	−0.0195	***	−0.0079	***
$r_{\tilde{S}_{t,2}}$	−0.000	0.0013		0.044	***

3.8 参考文献与选读

Hasbrouck (1991), Aït-Sahalia, Mykland & Zhang (2005), Bandi & Russell (2008), Barndorff-Nielsen & Shephard (2004), Engle (2000), Hansen & Lunde (2006), Mykland & Zhang (2012), Cartea & Karyampas (2012), Corsi & Renò (2012), Bandi & Renò (2012), Barndorff Nielsen & Shephard (2006a), Barndorff Nielsen & Shephard (2006b), Barndorff-Nielsen & Shephard (2004), Corsi (2009), Corsi, Pirino & Renò (2010), Aït-Sahalia et al. (2005), Cartea & Karyampas (2014), Hasbrouck (1995), Hasbrouck (1993), Bauwens & Hautsch (2006), Bauwens & Hautsch (2009), Cameron & Trivedi (2005), Ding, Hanna & Hendershott (2014).

第 4 章　实证和统计证据: 交易活动和市场质量

本章通过关注交易量和市场质量延续我们对实证问题的概述. 如同第 3 章一样, 首先观察日均交易量, 但是只关注它和波动率的关系. 然后, 研究数据“周期性的”特征, 这一点在交易量以及价格上均有体现. 4.3 节考察市场质量. 这些变量影响交易的执行, 例如价差、波动率、深度, 以及价格冲击. 4.4 节考虑信息活动, 以及撤销、执行、距中间价偏差三者间的关系. 在本章的最后, 我们会介绍一下隐藏订单.

4.1　日交易量和波动率

到目前为止, 我们已经看到一整天的价格水平 (以及资产回报) 是难以预测的, 且随市场力量变动. 短的期限内, 这些价格有肥尾效应, 易迅速变化 (价格水平变化的速度依赖于资产交易的频率), 这些变化倾向于在某段时间集中发生, 而且更容易回归到原来的价格水平.

但是, 交易活动通常由交易量 (股份的数目或者所交易股份的价值) 度量, 它有一个不同的动态结构, 这对我们考虑市场数据的方式造成了重要的影响. Andersen and Bondarenko (2014) 很好地捕捉到了这个想法:

> 由于交易量和波动率高度相关且展示了强的时间序列持续性, 任何与波动率相关的变量都将不可避免地拥有对未来波动率的非平凡的预测能力. 以下变量均是如此: 买卖价差、报价强度、交易笔数、(归一化的) 交易量 …….

接下来将从实证方面考虑一些与波动率相关的变量.

首先, 我们考虑交易量和波动率的关系, 做法是对四种主要资产 (ISNS, FARO, MENT 以及 AAPL) 以日交易量为因变量作稳健回归分析. 正如 3.1.4 小节, 我们用稳健的 OLS 估计两个模型. 左边的变量是 2013 年每个交易日所交易股份数的对数 $\log(1+Q_t)$ (注意到对某些资产我们必须对 Q_t 加 1, 特别是 ISNS, 因为有不进行交易和零交易量的交易日).

右边的变量为日内回报模型中用到的变量. 特别地, 第一个模型 (M1) 包含一个常数、左边变量 (滞后交易量) 的滞后值、VIX 和 SPY 的日内回报、资产同时期的日内回报, 以及 NASDAQ 上的日净订单流 OF, 这里 OF 定义为买入的交易量减去卖出的交易量.

因此, 模型一 (M1) 为

$$\begin{aligned}\log(1+Q_{t,j}) = \alpha + \beta_{1,j}\log(1+Q_{t-1,j}) + \beta_{2,j}\mathrm{SPY}_t + \beta_{3,j}\mathrm{VIX}_t \\ + \beta_{4,j}r_{t,j} + \beta_{5,j}\mathrm{OF}_t + \epsilon_j,\end{aligned}$$

而模型二 (M2) 为

$$\begin{aligned}&\log(1+Q_{t,j}) \\ &= \alpha + \beta_{1,j}\log(1+Q_{t-1,j}) + \beta_{2,j}\mathrm{SPY}_t + \beta_{3,j}\mathrm{VIX}_t + \beta_{4,j}r_{t,j} + \beta_{5,j}\mathrm{OF}_t \\ &\quad + \beta_{6,j}(\mathrm{SPY}_t)^2 + \beta_{7,j}(\mathrm{VIX}_t)^2 + \beta_{8,j}\mathrm{HL}_t + \beta_{9,j}(r_t)^2 + \epsilon_j.\end{aligned}$$

除去在 M1 中出现过的变量, M2 还包括

(1) $(\mathrm{SPY}_t)^2$: SPY ETF 的日内回报的平方值, 用以代表整个市场的波动率.

(2) $(\mathrm{VIX}_t)^2$: VIX 的日内"回报"的平方值, 代表波动率的波动率, 或者市场情绪日内变化的波动.

(3) HL_t(HL-volat): 资产一天内的价格范围 $(\max P_t - \min P_t)$, 作为对当天价格波动率的衡量.

(4) r_t^2: 资产日内回报的平方值, 作为另一个不同的对日内波动率的衡量.

表 4.1 中的结果并未说明市场变量 (VIX 或 SPY) 或者订单流对交易量的显著影响. 我们也没有发现当天日内回报的影响 —— FARO 在 M1 中有正显著的影响, 但是, 当我们引入对日内波动率更好的估计时它的影响就消失了. 表中数据支持了 Andersen 和 Bondarenko 的理论: 交易量似乎有显著的时间序列持续性. 下面两点可以作为证明: 上阶段 (所有资产的 M1 和 M2) 的交易量的显著的正系数, 以及显著的与波动率 (由 M2 中的所有资产的 HL-波动率代表) 的正相关性. 由日内回报平方衡量的波动率, 相比于 HL-波动率, 在统计上似乎不显著.

表 4.1 日内交易量的稳健 OLS 回归 (加粗部分: 5% 显著性)

变量	ISNS		FARO		MENT		AAPL	
	M1	M2	M1	M2	M1	M2	M1	M2
常数	**6.47**	**5.40**	**4.88**	**5.22**	**7.77**	**7.70**	**5.46**	**9.66**
$\log(1+Q_{t-1})$	**0.22**	**0.22**	**0.58**	**0.52**	**0.41**	**0.39**	**0.67**	**0.38**
SPY/%	0.04	0.19	−0.17	**−0.21**	0.03	0.07	0.00	0.03
VIX/%	0.02	0.02	0.00	−0.01	0.01	0.02	0.00	−0.00
r_t	−0.01	−0.03	**0.05**	0.04	0.06	0.01	0.01	−0.01
订单流	0.02	0.04	0.00	−0.00	−0.01	−0.00	−0.00	0.00
SPY^2	—	−0.01	—	0.09	—	−0.11	—	−0.03
VIX^2	—	0.00	—	−0.00	—	0.00	—	0.00
HL- 波动率	—	**0.32**	—	**0.10**	—	**0.20**	—	**0.28**
r_t^2	—	−0.01	—	0.01	—	−0.02	—	−0.02
Adj R	0.03	0.18	0.30	0.50	0.17	0.24	0.38	0.65

4.2 日内活动

日内交易量有其他众所周知的经验模式. 图 4.1 展示了在三个不同的时间尺度上 AAPL 在一个交易日的交易量 (特指在 NASDAQ 交易所交易的股份数). 图 4.1(a) 展示了每分钟交易量在一整天的变化 (开始和结束部分的几分钟超出了范围). 一个显著的特点就是在开盘和收盘时的峰值. 在大约正午时有第三个峰值, 但是 (正如我们后面会看到的那样) 它是特定于这一天的模式, 并非此种资产交易的一般特征.

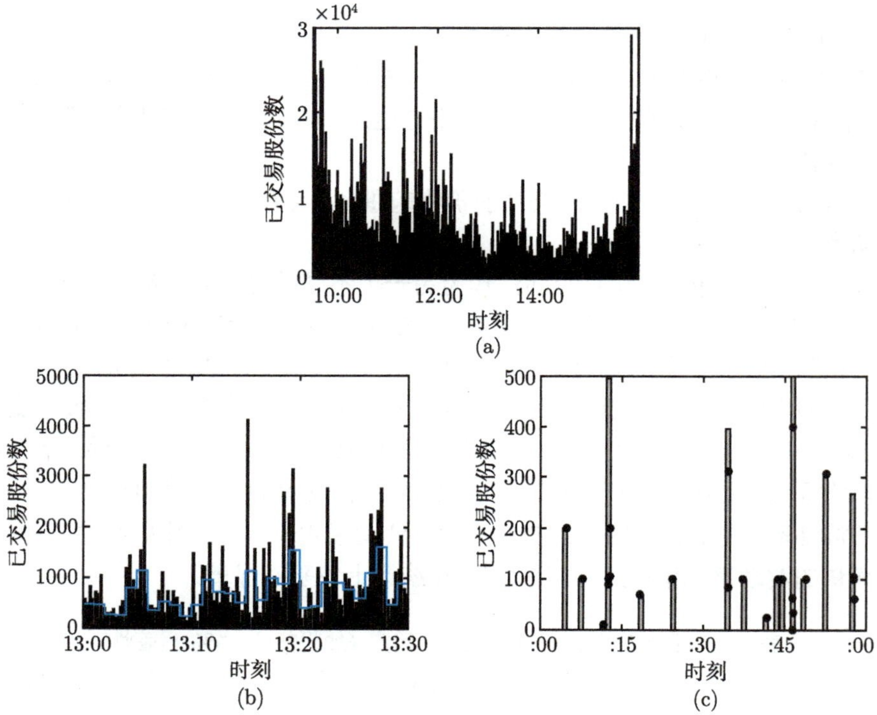

图 4.1　2013 年 7 月 30 日 AAPL 在三个不同尺度下的日内交易量

第二个显著的特征就是交易量的强波动性. 通过计算交易量的描述性统计量, 可以得到平均值为 6898 股, 标准差为 7014, 四分点为 Q1: 3299, 中位数: 5349, Q3: 8039. 通过计算三阶矩和四阶矩得到了偏度为 6.14 和峰度为 60.83. 这些值证实了日内交易量有很大的交易峰值.

交易量在特定分钟段的可观测到的峰值构成了一个模式, 对此我们在缩放到更小的时间间隔时, 该模式重复出现. 图 4.1(b) 和 (c) 分别观察了交易量在交易日中间的一个 30 分钟和 1 分钟时间段的模式. (b) 比较了每 10 秒时间段的累计交易量与相应的每分钟平均交易量 (粗线). 我们可以看到交易峰值与相对平静的时间段交织, 有很强的波动性. 再缩放一些, (c) 中的模式更加显著. 在一分钟内, 灰色的列为每一秒的累计交易量, 大的点代表每 20 毫秒的累计交易量 (几乎等同于画出单笔交易). 交易似乎在一分钟内随机分布, 而且我们并不清楚之前看到的 (在 3.3 节) 价格的变化的群聚特征是否在这个时间尺度上也有体现. 交易也似乎是成百份的发生.

交易以约整数发生是一个制度特征. 市场设计者和管理者们区分“奇数”,“偶数”,“混合”, 以及“整批”交易单位. 一个整批交易单位是包含几份偶数交易单位 (一个偶数交易单位是 100 股) 的一条信息或一笔交易. 奇数交易单位是比偶数交易单位小的交易, 而且可能更昂贵 (以交易费用和佣金来看), 而混合交易单位为同时包含整批和奇数交易单位的交易. 奇数交易单位有时汇总在一起, 有时甚至不在证券买卖汇总记录带 (包含来自所有交易商的“所有”交易的公共自动收报机) 上出现. 而且, 以奇数交易单位进行交易要服从特别的规则, 这些规则不断改变 (详见 SEC 发布的 No.34-71057 SEC(2013b), 内容是关于奇数交易单位和“市场”订单定义的变化).

目前有许多算法建立在交易量基础上, 或与之相关. 举个例子, 一些执行算法 (详见第 6—8 章) 可能要求发到交易所的 MO 不能超过在那个时刻的交易量的某个占比. 同样地, 一些算法被设计为, 在以某个市场占比为目标的同时, 沿指定方向交易, 买入或卖出资产. 这些被称为 POV 或者交易量占比算法. 除此之外, 交易量在决定执行成本基准时扮演了重要的角色. 其中最重要的一个就是 VWAP, 它指的是交易量加权平均价格. 第 9 章以 POV 和 VWAP 为目标, 继续我们对日内交易量的讨论.

4.2.1 日内交易量模式

为了深入了解日内交易量模式, 在图 4.2 中展示 AAPL 和 MENT 在 2013 年的日交易量的热图 ((a) 和 (c)). 这些热图的绘制过程为, 首先将一年内的交易量按五分钟的时间段分组, 然后对每个五分钟段, 我们计算交易量的分布. 热图就是对

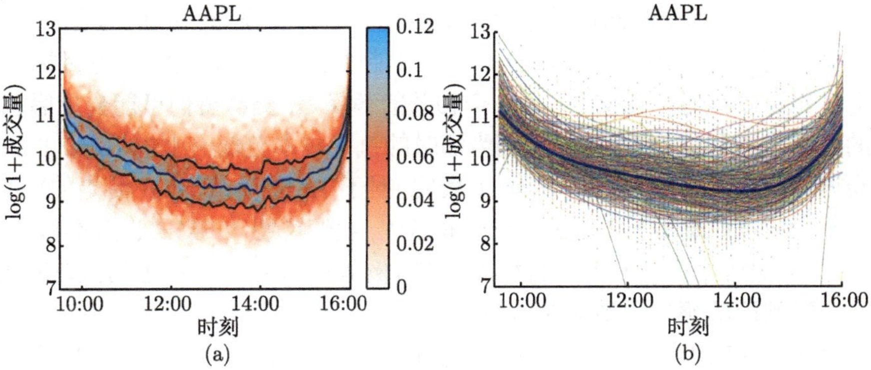

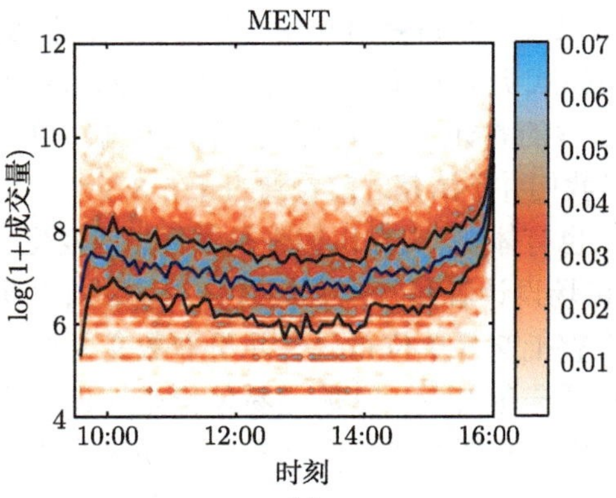

(c)

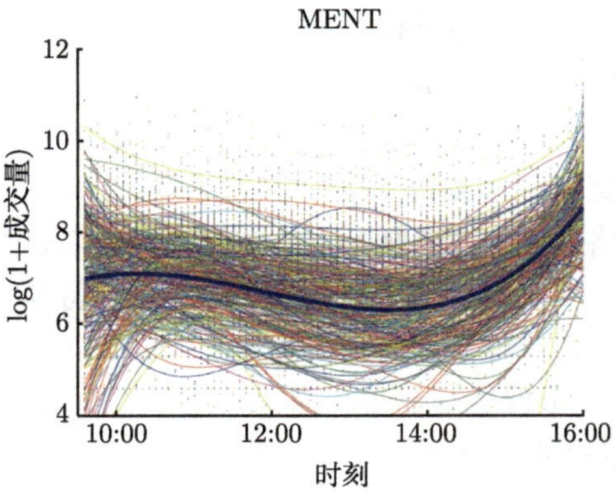

(d)

图 4.2　交易量作为关于时间的函数

所有五分钟时间段内的交易量分布的同时可视化. 在图中我们用彩色的线条代表第一个和第三个四分点, 以及中位数.

我们看到, AAPL 的交易量在一天的开始时刻非常大, 之后逐渐减慢, 直到大约 14:00 有一个小幅度飙升. 14:00 的激增逐渐变大, 并在当个交易日的最后半小时加速, 在收盘时达到顶峰.

对 14:00 的激增的一个合理的假设就是, 在这个时刻有比通常情况更多的公告, 而这些公告引起了更大规模的交易. 打个比方, 每月的财政预算都在这个时刻宣布. 在图 4.1 我们看到了这个图在 7 月 30 号的情形, 在那张图里我们看到了通常的开盘和收盘时的峰值, 以及一天正午时的交易高峰, 而后者我们现在知道对于这种资产是非典型的情况.

为了解释在开盘和收盘时的峰值, 我们需要对驱动交易的因素提出假设. 在文献中的一个常见假设就是, 新的信息会产生更大的交易量. 除了在 14:00 出现的交易量飙升, 这个假设还能解释为什么在一开盘会有这么大的交易量 —— 正是因为隔夜的信息在这段时间内逐渐并入价格中. 但是, 这种假设不能解释在收盘时庞大的交易量, 因为在那个时间段并不会有更多的公告进行发布. 然而, 在第 7 章我们将看到关于对收盘时的交易高峰的另一种可能的解释: 没有达到清算目标的交易员们会在将要收盘时加速交易. 另一个相关的解释是, 交易员们可能会更愿意把不紧急的交易推迟到临收盘时执行, 因为那时的执行成本更低 (例如, 在 4.3.5 小节中我们会讨论价格冲击, 特别地, 图 4.11 表明, 对于 INTC, (沿 LOB 游走的) 订单的冲击在临近收盘时会低一些. 而且在第 6 章中, 我们说明了 SMH 也有类似的表现, 详见图 6.1). 最后, 以交易量为目标的策略 (例如在第 9 章中提出的策略) 自然会加剧这个时间段的预期交易量的增长.

图 4.2(b) 和 (d) 可以进一步推广我们的分析. 它们展示了用函数型数据分析

(FDA) 来考察数据的方法. 在这两张图里, 我们对每个交易日的每五分钟的交易量用 Legendre 多项式回归, 并用细线在图中绘出结果. 这样就得到了这一年每一天的一条光滑的交易量曲线. 然后我们画出这些曲线的中间值 (蓝色实线) 以代表相应自动收报机这一天的期望 (或平均) 交易量. 绘出的结果显示了交易量的行为, 而且给我们提供了新的见解.

在图 4.2(b) 中我们还可以观察到 AAPL 四个大的异常值, 即一度低于图下界的四条曲线. 它们对应于 2013 年中四个特殊日期. 其中的三天是可预测的, 只有一天是预料之外的. 可预测的三天依次是 6 月 3 日 (独立日)、11 月 29 日 (感恩节), 以及 12 月 24 日 (圣诞节), 而 NASDAQ 在这些节假日会早收盘 (13:00). 这些日期被排除在 MENT 的计算之外. 第四条异常曲线对应于 2013 年 8 月 22 日, 在这一天 NASDAQ 出现了重大的问题, 导致市场关闭了 3 小时. 因此, 除了确认日内交易模式的规律, FDA 曲线也帮助我们确认数据中的异常值. 而异常值在应用历史数据进行分析回测或设计算法时很重要. 不论是利用历史数据进行回测还是市场实测, 异常值常常对算法的盈利能力有着不成比例的影响. 因此, 记录这些异常值并在设计和评估算法时把它们考虑在内非常重要. 在对日内交易量模式的历史数据分析中, 如果没有把四条异常曲线考虑在内, AAPL 的平均每日交易量会比图中展示的值更高.

为了将 AAPL 的日内行为与一个不那么活跃的资产进行比较, 图 4.2(d) 也对 MENT 进行了同样的分析. 我们观察到, 尽管交易单位的离散造成了少许修正和变形, 每日开盘和收盘时的交易高峰仍然存在. 对于 MENT, 开盘时交易的爆发不如 AAPL 那么频繁. 正如从 (d) 中看到的那样, 在很多个交易日里交易开始的异乎寻常得慢. 这样的交易日与交易喷薄的交易日相抵消, 使得平均水平上, 开盘时的交易量与其他时段没有实质性差别. 在收盘时我们才看到 MENT 显著的交易量.

在这部分的分析中, 我们没有考虑 ISNS 和 FARO, 这是因为这两者的交易频率比 MENT 还要低, 因此会有更多的零交易量数据. 相应的交易量图像定性相似, 除了估计中会有更多的噪声和更大数目的零交易时间段.

4.2.2 一秒内交易量形态

当考虑比一秒短得多的时间间隔时, 一个自然要问的问题就是, 我们是否能在如此小的时间间隔内观察到跟一天的交易相同的交易模式. 现在只对 AAPL 考察其毫秒交易模式, 即我们观察每笔交易发生的毫秒刻度. 在图 4.3 中, 我们展示了 2013 年每个交易日的每一毫秒的平均交易数, 以及每毫秒交易数的每日平均值的四分位数 (即 Q1, 中位数和 Q3. 四分位数已用移动平均进行光滑). ①

① 为了增强图像效果我们删去了一年中 10 个最大的数据点.

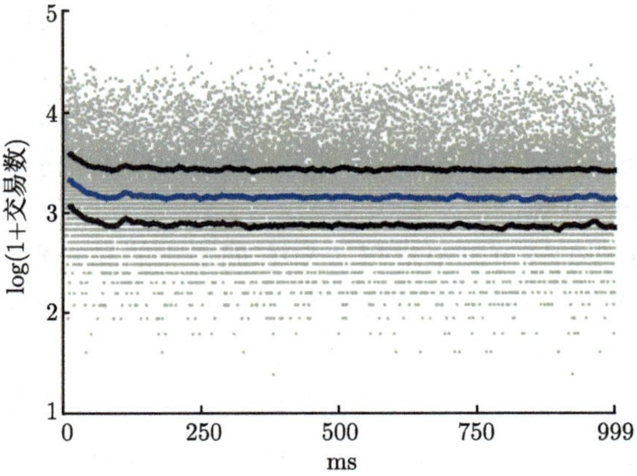

图 4.3　一秒内的交易数模式

我们观察到, 在毫秒水平上几乎没有一个持续的模式. 然而, 在 000—020 ms 区间仍有一个初始的激增, 接着是直到大约 100ms 的微弱的低谷. 为了更深入的探索, 在图 4.4 中我们确定了在 6 个不同毫秒数结束的交易数的经验累计分布函数: 三个位于开始处 (在 4, 5, 6 ms), 以及三个点位于后面的位置 (在 104, 105, 106 ms). 从这张图中我们能够看到开始三个时间点的交易数处于支配地位. (104—106 三个毫秒数的选择是任意的. 如果我们选择其他的数值与 4—6 ms 发生情形进行比较, 仍能观察到相同的模式 —— 有时对比甚至更突出.)

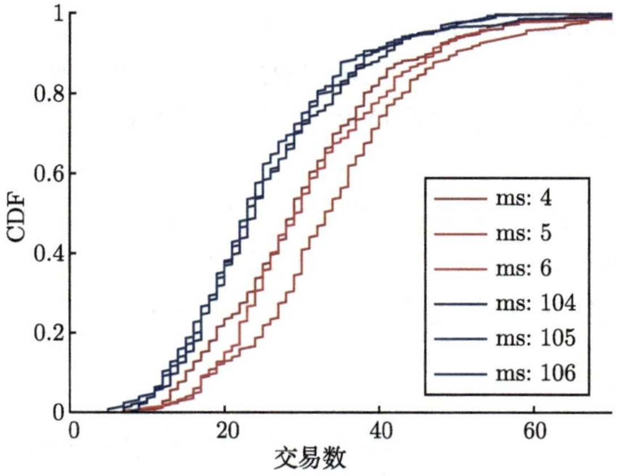

图 4.4　在特殊毫秒处交易数的累计分布函数

这个模式表明了有相当的交易是开盘时刻那一秒刚开始就被记录的. 一个可信的解释是可能有相当笔数的交易是在开盘/收盘时刻的那一秒钟开始 (自动) 入场的, 而我们所观察到的是这些订单 (或机器) 的延迟或者时间异步性.

4.2.3 价格模式

观察交易量模式是很标准的做法, 但价格模式并不是. 在这一节里, 我们提出问题: 那些以 5 美分倍数 (取整值) 的价格执行的交易与其他情形是否有所不同? 理论上一种资产的价格代表了股东获得的公司盈利的一部分, 并不存在什么根本性原因使得它要取整, 例如 \$450.25 或者 \$21.00. 然而, 如果去观察不同美分的价格区间里交易发生的频率, 我们就得到了图 4.5 中的模式.① 这张图还用实线展示了 Q1, 中位数, Q3 三个四分位点.

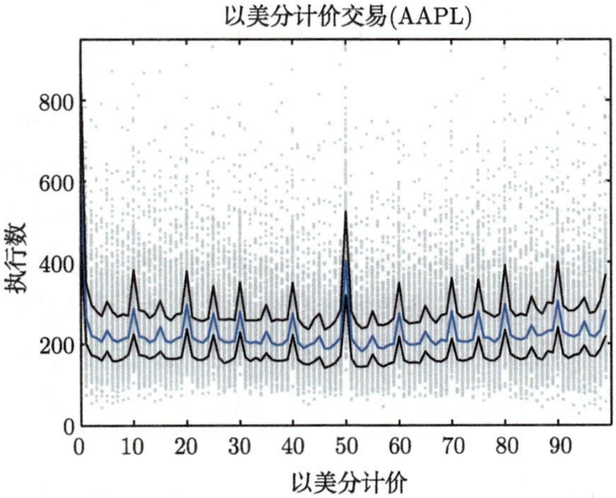

图 4.5 价格模式: 不同价格处的执行频率

价格模式是很明显的. 有很大量的交易落在精确的美元位价格, 有大量交易落在 50 美分位的价格, 还有比一般情况要多的交易落在 10 美分位甚至 5 美分位的价格上 (这些差别的绝大多数在统计学上是显著的).

对这个现象有直截了当的解释, 即由于某些原因 (理性或非理性), 存在为末位为取整美分值的价格提供流动性的偏好. 我们在这里使用了 "提供流动性的偏好" 这个表述, 因为交易价格 (通常) 是由一个与 LO 配对的激进的 MO 决定的. 因此, 是流动性提供者决定了执行很多笔某个特殊价格水平的交易.

为什么代理商要这样提供流动性呢? 我们可以假设现在有一些止损订单和动量订单正待作为 MO 以取整价格执行. 这些订单可能是潜在的, 已经由代理商决定好了, 只要价格越过了某个障碍水平点就进入/退出, 而障碍水平点出于心理学或者方便性被设置成了整数. 这种推理与 "价格支持" 和 "价格上限" 相一致. 如果上面的推理是正确的, 那么在那些特殊价格点的执行的聚集就是由基于心理学对流动性的需要所触发, 然后由未抱有这种倾向的代理商很乐意提供的, 他们期望, 大量

① 为了增强图像效果我们从图中和四分位点估计中删去了 10 个最大值 (98 280 的 10 个).

落在这些价格水平点的需求可以被经济/市场微观结构基础证明为非合理的 (从而成为利润来源).

4.3 交易和市场质量

金融市场在帮助市场经济对资源进行跨时间和不确定性的配置上起到了关键性作用. 金融市场为公司提供了融资平台, 并帮助投资者参与到总体经济进程中. 在这个方面, 股市提供了一个平台, 使得每一个权益持有人能够以合理价格迅速地把权益转换成现金 (反之亦然). 本节我们从"市场质量"的角度考察衡量市场有效性的不同方法.

在 4.2.1 小节我们以两个基本论点去说明日内模式: 一是新的信息会增加交易量; 二是增加的交易意向 (比如由交易员交易紧迫性的增强造成) 与市场质量相互作用, 反馈激励进一步的交易. 市场质量直接成为第二个论点的一部分: 交易量的预期增长会产生对更高的市场质量的期望, 即市场能够更有效地促进交易, 比如更低的执行成本 (价差)、更高的价格效率 (价格水平更少的均值回归或更低的短期波动性) 等等. 在第一个论点中市场质量也有直接参与, 因为它调节了新信息的外源力和交易员执行交易的意向间的关系. 不管怎样, 如果市场质量发生了变化, 交易活动会随之变化.

那么什么决定了市场质量, 什么决定了市场促进交易的有效性呢? 自然地, 交易的直接成本很重要: 人们需要花多少钱买到想要的股份, 人们依据其对市场价值的看法愿意花的钱是多少, 人们有多看重从市场获得的信息, 以及完成一笔交易有多容易? 考虑一个中世纪的牲畜市场. 假设一个人住在一个农场, 距农场同样的距离有两个城镇, 城镇在每周同样日期都有牲畜市场. 那么这个人要如何在这两个市场中进行选择呢? 他可能会看哪个市场提供了更优惠的价格, 或者有最简便的交易过程, 又或者哪个市场更能保证交易的敲定, 使得他能顺利拿到钱回家. 在金融市场中代理商们买入或卖出, 伴随这些活动去衡量市场质量的要素是: 能够提供充分的信息以衡量资产的真实市场价格, 能够以充分接近资产价值的价格买入/卖出任意数量的资产, 以及对完成的交易可以承兑有充分信心. 当然, 人们对是否存在资产"真实市场价格"可能存在疑虑, 但不论如何, 这是一个能辅助我们研究的有用概念, 而且是大部分现有文献的基础. 即便一个人不相信存在可称为真实市场价格的量, 这个概念仍是市场微观结构研究中的一个有用的概念, 正如理想气体是物理学中一个有用的概念一样.

在我们列出的市场质量的几个方面中, 最后一点 (交易承兑) 通常被当做理所当然, 然而当价格经历大的波动时我们的确见过一些交易被交易所取消 (通常由于它们以"荒谬"的价格执行). 另外两点可由市场质量的一些度量方法刻画, 诸如价差、**价格冲击**、波动率、**修复力**、深度、知情交易概率 (probability of informed trading, PIN) 等等. 价差衡量了激进执行交易的直接成本; 价格冲击通过考察对价格的影响, 衡量了执行更大笔交易的成本; 波动率衡量了价格传递资产的市场价值信息的有效性; 修复力与市场冲击相联系, 衡量了市场在交易后恢复到均衡的能力; 深度衡量了市场上可见的流动性的数目; PIN 衡量了市场上信息的不对称性, 进而像波动率一样, 衡量市场传递资产的市场价值信息的能力. 我们下面看一下价差、波动率、深度和价格冲击.

4.3.1 价差

价差通过测量交易价格有多接近市价来衡量小交易的执行成本. 自然地, 第一个问题就是要给定"真实市场价格". 最简单常见的方法就是取中间价

$$S_t = \frac{1}{2}(a_t + b_t), \tag{4.1}$$

即取买价 (b_t) 和卖价 (a_t) 的平均值. 这个做法基于一个经济学概念, 即市价为供需平衡的均衡价格, 而当市场存在摩擦力使得最佳买价 (the bid) 和最佳卖价 (the ask) 间有差距时, 均衡价格应位于这两个价格之间. 尽管中间价是最简单的估计市价的方法, 但就像我们在第 2 章里看到的那样, 出于种种原因 (库存风险的补偿, 或者交易对更知情的交易员的逆向选择) 可能会产生价差, 而在一些情况下"真实价格"会更靠近买价或卖价.

我们也在前面看到了对市价的另一种估计, 即 (3.3) 中定义的微观价格. 这个价格似乎在经济学上 (以及在算法设计上) 更有意义, 因为它包含了买价/卖价相应的交易数目, 用以权衡买价和卖价, 从而能更好地反映上面提到的微观结构. 对于估计均衡价格, 还有一些更复杂的模型. 比如把落在中间价格的交易行为区分为暂时的和永久的组成部分 (永久的组成部分即为均衡价格), 但是在这里不考虑.

最常见的两个价差衡量方法为**报价价差**以及**有效价差**, 两者都用中间价作为市价. 报价价差, 记为 QS, 为卖价和买价的差

$$\mathrm{QS}_t = a_t - b_t,$$

而且代表了潜在的即时成本: 以最佳价格发布 LO 和在任意时间激进地执行一个 MO (进而"跨越价差") 间的价格差别. 如果我们用中间价作为参考, 这也反映了与市场价格间的距离. 一个市场卖出订单的直接交易成本为 $S_t - b_t = \mathrm{QS}_t/2$, 而对于一个市场买入订单这一成本为 $a_t - S_t = \mathrm{QS}_t/2$ (报价半价差).

作为对比, 有效 (半) 价差 ES, 衡量了支付的价格与中间价间的差别. 对于一个市场买入订单, 这一差别为

$$\mathrm{ES}_t = a_t - S_t,$$

而对于一个市场卖出订单, 这一差别为

$$\mathrm{ES}_t = S_t - b_t.$$

对一个在交易所完全执行的 MO, 有效价差等于报价半价差 (如果没有沿 LOB 游走). 如果沿 LOB 游走, 这个价差会大一些, 如果匹配了价差内的**隐藏订单**则会小一些. 而当有激进发布的隐藏订单时, 有效价差甚至会出现负数的情况. (我们在 1.3.4 小节中讨论不同订单类型时提过隐藏订单, 还会在 4.5 节进一步讨论这个概念. 一个隐藏订单就是一个发布 LOB 上的 LO, 但它对于市场参与者是不可见的.) 一个负有效价差反映了一个人以低于"市价"(由中间价代表) 的价格买入或者以高于"市价"的价格卖出. 在实证分析中, 这些价差通常被归一化并以相对于中间价的基点数 (bps) 表示.

在表 4.2 中我们考虑四种资产 (按交易频率由低到高排序) 在 2013 年的报价价差. 关于每种资产我们对一天内的每一分钟计算时间加权的平均报价价差 tQS. 计算方法如下: 对开盘时间 (从 9:30 到 16:00) 的每一分钟 $t = 1 : 390$,

$$\mathrm{tQS}_t = \sum_{i=1}^{n-1} (\tau_{i+1} - \tau_i) \mathrm{QS}_{t_i},$$

其中 $i \in \{1, \cdots, n\}$ 对时间 (按分钟计) 编号, 报价价差在第 t 个时间 τ_i 上变化. 表 4.2 描述了每种资产在 2013 年每一天 (252 个交易日) 的每一分钟的统计数据.

表 4.2 时间平均的报价价差 (以美分数表示)

资产	平均值	标准差	P01	Q1	中位数	Q3	P99
ISNS	33.2	270.8	2.0	11.0	22.0	40.0	129.2
FARO	23.9	192.0	2.4	8.9	12.0	16.6	71.0
MENT	3.5	27.4	1.0	1.0	1.1	2.0	13.9
AAPL	13.6	54.7	5.4	11.0	13.8	16.9	29.3

所得样本的描述统计量展示在表 4.2 中. 第一个要注意的地方就是, 表中数据表明, 越频繁交易的资产会以越低价差进行交易. 交易量和市场质量之间的这一正关系可从两个方向理解: 交易量吸引了流动性并提高了市场质量, 或者更高的市场质量促进了交易并产生了更大的交易量.

尽管如此, AAPL 似乎有巨大的价差. 回顾我们之前对最小报价单位的讨论, AAPL 的大价差其实是一个由于我们没有调整相对最小报价单位导致的错觉. 四种资产的平均中间价 (在每分钟的末尾) 是: ISNS \$5.25, FARO \$40.62, MENT \$19.93, 以及 AAPL \$473.00. 这表明了报价价差中位数依次是: ISNS 为 419bps, FARO 29.5bps, MENT 5.5bps, 以及 AAPL 2.9bps. 通过相对于中间价评估价差, 我们重现了预期的报价价差和交易量间的关系.

从表 4.2 中我们还能计算四分位间距 (中位数的百分比). 从这些计算中发现, 越频繁交易的资产有越稳定的报价价差 (具体数字为: ISNS 1.32bps, FARO 0.64bps, MENT 0.91bps, AAPL 0.42bps).

表中 MENT 的数据阐明了最小报价单位在另一个人们 (特别是监管者们) 感兴趣的方面的重要性. 在美国, (对价格高于一美元的资产) 最低最小报价单位在法律上被固定为一美分. 有一些方法能以小于一美分的单位进行交易, 但大部分情况符合最低值一美分的约束. 对最低最小报价单位施加一美分的约束可能影响一些资产的交易, 比如 MENT. 从表 4.2 中, 我们可以看到在大约 50% 的情况中, MENT 的报价价差被约束在一美分的最小单位. 这可以转化成相当数量的相对最小报价价差值 (对 MENT 来说大约 5bps), 并影响这种资产的市场质量.

对表 4.2 最后需要注意的一点: 表中的数据都受到了 4.2.1 小节中提到的一个事件的影响, 即数据没有对交易停止做校正, 特别是在 8 月 22 号的交易中断. 我们没有给出校正后的表格, 不是因为数据相似不必要, 而是因为我们的数据集包含了 2013 年所有的交易分钟, 对每种资产约有 100 000 个观测量, 因此对统计总量的影响非常小. 然而, 我们想用这个机会指出, 掌握数据集的细节很重要. 在 ITCH 的数据集中, 所有信息都被记录并被时间标记, *即便市场中断没有交易*. 我们之前提过, 在 8 月 22 号 NASDAQ 有三小时停止交易. 在那段时间里, 信息仍持续进入交易所并被时间标记. 特别地, 许多订单被取消, 买价和卖价发生了戏剧性的变化. 由于交易终止, 这些波动导致了巨大的负面的*人为*价差, 而且它们污染了表 4.2 中的数据 (主要是平均值和标准差, 尽管影响很小). 如果我们想把我们的分析用于交易或设计算法, 特别是当它们包含无监督/深度学习时, 未过滤的数据可能造成显著的失真.

我们也计算了有效 (半) 价差. 为了获得与表 4.2 可比的数据, 我们把有效价差加倍, 如表 4.3 所示. 仍对四种资产计算每分钟数量加权有效价差 qES:

$$\mathrm{qES}_t = \sum_{j=1}^{m} \frac{q_j}{\sum_{s=1}^{m} q_s} \mathrm{ES}_j,$$

其中 $j \in \{1, \cdots, m\}$ 为对发生在 t 分钟的交易编号, q_j 为交易 j 涉及的股份数, 而 ES_j 是交易 j 的有效价差.

表 4.3 加权有效价差 (以美分数表示)

资产	平均值	标准差	P01	Q1	中位数	Q3	P99
ISNS	12.56	45.00	−42.00	3.50	9.23	19.00	65.00
FARO	7.63	8.61	−10.00	3.33	6.50	10.76	32.84
MENT	1.23	1.57	0.00	1.00	1.00	1.03	5.38
AAPL	9.32	3.85	2.67	6.61	8.83	11.47	20.20

有效价差与报价价差有许多方面的不同. 早些时候我们看到, 当交易执行一个可见 LO 且不沿着 LOB 游走时, 有效价差和报价半价差相同. 在我们的数据集中, 交易通过执行发布的 LO 被记录, 因此我们没有掌握发送到市场的 MO 的信息. 这说明了没有一次执行沿着 LOB 游走. 这使我们对 ES 的测量造成了向下的偏差, 但是偏差很小, 这点可以从几乎没有 LO 的执行价格远离前面毫秒的买价/卖价 (这是 NASDAQ 中 MO 沿 LOB 游走的必要条件, 其余的量需要在所有市场路由搜索最佳执行价) 看出来. 另一个偏差小的原因是, 在分割的美国市场, 当一个超出买价/卖价深度的 MO 到达市场时, 没有执行的部分通常会路由到其他市场, 只有在非常特别的情况会沿着 LOB 游走. 注意到, 在通常情况下, 这种路由使得在没有 MO 发送方的具体信息时, 重构一个到达的大 MO 的量是基本不可能的.

因此, 我们测量的 ES 会小于等于 (当前的) 报价价差. 一个可见的交易会生成 ES = QS/2. 由于并非所有 LO 都可见, 所以有的交易会以比买价/卖价更好的价格执行. 这会生成比 QS 更小的 ES, 甚至会得到一个负的 ES. 当进来的市场买入 (卖出) 订单遇到一个低于 (高于) 中间价的隐藏卖出 (买入) 订单时, 就会产生负的有效价差. 这可以通过观察 ES 的经验分布的第一百分位数 (表 4.3 中的 P01) 看到.

ES 和 QS 间还有另一个区别, 即 ES 只能在有交易时测量, 而报价价差是随时能观察到的. 因此, 当市场条件在交易和没有交易的时段有巨大差别时, 报价价差可能与有效价差不同. 通过观察表 4.2 和表 4.3 中 ES 和 QS 的四分位数间距以及标准差, 我们发现 ES 比 QS 更平稳. 这种情况会在执行倾向于集中在较小报价价差的时间段时发生, 我们会在 4.4 节进一步讨论这种情况.

我们已经看到有更高交易频率的资产会有更高的市场质量, 这体现在对小交易的执行成本 (报价价差) 更低. 如果观察日内交易模式, 我们会发现更多的证据, 即当交易量高的时候执行成本更低 (正如第 2 章中的理论讨论所预测的那样. 在那里我们看到, 如果知情交易者的数目保持一个常数而非知情交易者的数目增加时, 价差会减小). 在图 4.6 中, 我们绘出 2013 年 AAPL 的时间平均的一分钟报价价差, 以及前三个四分位点. 由图可知, 报价价差一开始很高, 在半小时内迅速下降, 在之后的一天间几乎保持不变, 直到最后的半小时迅速下降. 报价价差的这种模式在有效价差中也可见到. 回忆图 4.2, 下午交易量增加, 因此我们发现, 正如假设, 在有恒定信息流的时间段内, 更多的交易与更小的价差会一起发生.

交易量和价差间的这种联系在早上完全相反: 下降的交易量与下降的价差同时发生. 这可用之前提过的另一个影响交易量的因素解释, 即信息. 开盘时, 以及在接下来的一小时内, 市场会吸收所有自前一日收盘后就开始累计的信息. 这就能解释大的交易量了. 但是大量的新信息也意味着大的不确定性. 理论上, 正如第 2 章中见到的, 在有大不确定性时最佳选择是发布更广的买–卖价差, 而且在第 10 章的做市算法中, 我们会说明更大的价格不确定性会增加一个风险厌恶的做市商发送到 LOB 的报价的深度. 因此, 开盘时更多的信息解释了更广的价差与更大的交易量同时发生的巧合.

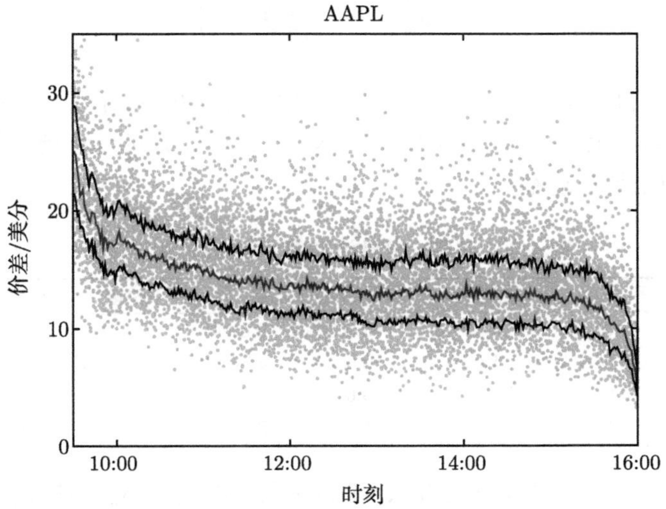

图 4.6 日内价差模式: 一分钟回报的四分位间距

4.3.2 波动率

我们现在考虑市场质量的另一个方面, 也就是波动率. 波动率衡量了价格波动并代表了一种成本 (即低市场质量). 这一点可理解为, 一个迅速变化的价格使得决定资产的真实市价变得很困难. 当然, 人们可能注意到价格的变化是由于资产的真实市场价值发生了变化, 因此文献中区分基本波动率和微观结构噪声. 前者捕捉真实市价的波动, 而微观结构噪声代表了市场运行造成的外部波动. 有许多 (还在增多) 衡量原始波动率 (不区分基本波动率和微观结构噪声的无条件波动率) 和微观结构波动率的办法.

为了简便, 我们用波动率指代原始波动率, 而且测量资产回报而非资产价格的波动率. 在 4.1 节研究交易量和波动率的关系时, 我们已经见过了几个衡量波动率的方法. 最简单的方法就是实际波动率: 样本回报的标准差. 我们已经见过用回报的平方 (或绝对值) 衡量波动率, 这种做法在只有很少的观察值且时间尺度小到平均回报可以假设为 0 的情况很有用. 另一个常用办法是用回报 (或价格) 变化范围: 例如取某个时间间隔的价格最大值和最小值的差, 然后标准化这个差值, 可以是相对于最小值、平均值/中位数、初始值, 或者最值的平均值. 这里我们考察实际波动率、回报的变化范围, 以及买价或卖价变化的次数.

表 4.4 展示了实际波动率的统计性质 σ_t, 即在 15 分钟的时间段 (2013 年的每

一个交易日) 内一分钟回报的标准差. 做法是对每个 15 分钟的时间段 (每个 15 分钟的时间段用 t 编号) 计算

$$\sigma_t^2 = \sum_{j=1}^{15} \left(r_j - \frac{1}{15} \sum_{s=1}^{15} r_s \right)^2 ,$$

其中 $j \in \{1, \cdots, 15\}$ 是 15 分钟时间段 (t) 内每一分钟的编号, 而 r_j 是第 j 分钟在 t 时间段的实际回报. 我们从 AAPL 到 ISNS 观察表 4.4, 可以看到交易频率越高的资产有越高的平均波动率.

表 4.4　实际一分钟波动率 (15 分钟的样本)

资产	平均值	标准差	P01	Q1	中位数	Q3	P99
ISNS	16.6	54.8	0.0	0.0	0.0	14.4	160.3
FARO	8.3	12.7	0.0	3.8	6.6	10.3	31.3
MENT	5.6	6.6	0.0	3.2	4.6	6.5	20.1
AAPL	5.5	4.2	1.0	3.3	4.7	6.7	18.1

表 4.5 展示了另一种观察的方法, 我们现在考察在更小的时间间隔上取样的另一个变量的统计性质. 在表 4.5 中包括了一分钟回报的四分位数统计. 对于 AAPL, 252 个交易日所得一分钟回报的四分位间距的中位数是 5.28bps.

表 4.5　一分钟回报的四分位间距

资产	平均值	标准差	P01	Q1	中位数	Q3	P99
ISNS	0.10	1.37	0.00	0.00	0.00	0.00	0.00
FARO	3.77	2.33	1.10	2.50	2.84	4.26	12.05
MENT	3.00	3.47	0.00	0.00	2.18	5.04	12.84
AAPL	6.23	2.85	3.72	4.72	5.28	6.45	19.47

由于采样方法不同, 我们观察到了一些有趣的区别. ISNS 在大多数交易日的四分位间距为 0. 这是自然的, 因为这种资产几乎不会有价格变化, 这点可由表 4.4 中实际 15 分钟波动率的中位数为 0 得到. 这种采样方法关注每天的四分位间距, 因此忽略了巨大的相对少见的价格波动, 而这些波动导致了表 4.4 中 ISNS 的高波动率数值.

一个不同的影响造成了 MENT 和 FARO 间的区别. 尽管 MENT 与 FARO 有相近的交易活动, 它的波动率更低一些. MENT 有超过 25% 的交易日的四分位间距为 0, 但它也有更低的实际一分钟波动率. MENT 和 FARO 间的区别可能与 MENT 的相对最小报价单位更有关系. 正如上面在考察报价价差时看到的, 一美分最小报价单位是 MENT 大多数时候的约束条件. 这导致了不寻常的价格黏性, 使得许多小的价格变化不足以把买价/卖价从当前价位推离一整个美分 (5bps). 因此, 尽管与 FARO 有相似的交易活动, MENT 的价格有更低的波动率.

在 3.5 节里, 我们观察了价格变化的非马尔可夫性. 我们发现, 价格变化显著倾向于发生反转. 因此, 观察一分钟回报的波动率会忽略掉许多这样的价格变化. 为了把所有价格变化考虑在内, 我们构建另一个波动率的测量方法: 计算一分钟内买价和卖价变化的次数, 然后记录在表 4.6 中.

表 4.6 买价或卖价的变化次数

资产	平均值	标准差	P01	Q1	中位数	Q3	P99
ISNS	2	29	0	0	0	0	16
FARO	11	25	0	0	3	13	100
MENT	6	18	0	0	2	7	75
AAPL	150	149	7	64	109	185	709

我们发现, 越低频率进行交易的资产 (ISNS, FARO 和 MENT) 也有着越稳定的价格 (买价和卖价), 至少 25% 的时间里价格没有任何变化. 对于 ISNS 这一特点更加鲜明, 它至少有 75% 的时间价格没有变化. 然而, 平均值是 2 分钟, 这说明价格变化尽管不经常发生, 但只要发生了, 就会一次发生很多变化. 对于 MENT 和 FARO, 我们看到它们比 ISNS 有更多的价格变化, 这与我们之前的发现结果相符. MENT 比起 FARO 价格变化次数更少, 尽管 MENT 有更频繁的交易, 这一点与上面提到的最小报价单位有关.

表 4.6 中的统计量表明, AAPL 比 MENT 或 FARO 的价格变化次数高两个数量级. 然而, 它的实际波动率比 FARO 要低, 与 MENT 相近 (表 4.4). 这个现象反映了相对最小报价单位和高交易频率间的相互作用. AAPL 每一美分价格变化 (2013 年平均价格大约 500$) 为 0.2bps. 有这样小的相对最小报价单位和这样大的交易活动的资产必定会有非常敏感的价格水平 (并因此产生买价/卖价一分钟内变化许多次), 但大多数的变化会被迅速的逆转 (正如表 3.5 和表 3.6 所示), 造成相对低的实际波动率 (表 4.4).

作为对波动率的讨论的收尾, 在图 4.7 中我们观察波动率 (根据一分钟回报的四分位间距) 在一个交易日内是如何变化的. 图中的散点展示了用 2013 年所有交易日数据 (390 个观察量, 每一个对应一分钟) 得到的一天内每一分钟的四分位间距. 实线为拟合的四次曲线. 蓝色的线根据标准 OLS 拟合得到, 红色的线是由稳健的 OLS 拟合得到, 其中减小了开盘和收盘时的极端值的权重, 以控制异常值.

比较图 4.7 中的日内波动率模式和图 4.2 中的日内交易量模式, 我们可以发现一个共同模式: 开盘时很高, 之后下降, 在正午和 15:00 间维持一个稳定水平, 然后上升直到收盘. 图 4.7 展示了一个左偏的波动率微笑图形, 而图 4.2 展示了一个更对称的右偏的交易量微笑图形. 这一点符合交易模式, 即交易在开盘时有更多的不确定性, 更强的信息驱动, 收盘时则不那么由信息驱动, 更多的是受交易员急于平仓的影响.

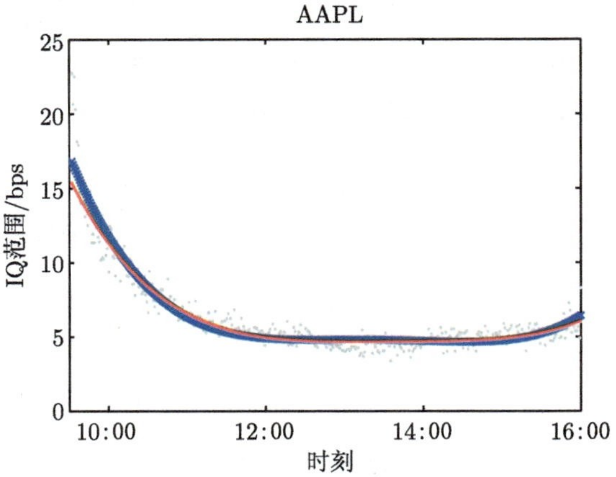

图 4.7 日内波动率: 一分钟回报的四分位间距

4.3.3 市场深度和交易规模

市场质量并不仅仅是关于价格的信息成分或执行小订单的成本, 它也与深度有关. 我们用深度表示在 LOB 中发布并可供立即执行的交易量. 本节主要关注触发式成交的 (at-the-touch) 交易量, 即处于买价和卖价价格水平的交易. 共同基金和养老基金管理了人们财富的一大部分, 它们需要市场来调整头寸, 给投资者分红, 并评估他们的表现. 这些基金会买卖大笔的股份. 在任意的一天里, 一个基金可能想要买或者卖某个公司的上千份, 上万份, 甚至更多的股份. 表 4.7 说明, 以为市场会以公开的买/卖价执行这些交易的想法是多么的不理智. 这个表展示了 2013 年 NASDAQ 每个交易日处于公开买/卖价位的股权数的一分钟时间加权平均. 这个量对四种资产 (即便是 AAPL) 在 75% 的情况里都不超过 1000 股. 我们提到过 (表 3.1), 在 2013 年 NASDAQ 日内交易代表了大约 22% 的总交易量.

表 4.7 买价和卖价处的平均深度 (股份数)

资产	平均值	标准差	P01	Q1	中位数	Q3	P99
ISNS	619	787	51	150	300	750	3250
FARO	142	125	14	86	122	171	484
MENT	661	694	117	351	527	784	2852
AAPL	189	169	64	127	161	210	662

深度和交易规模并不是互相独立的: 交易多少的决定依赖于对 LO 上可立即执行的股份供应量的预期. 类似地, 供给多少的决定依赖于对进入的 MO 订单流的

预期. 如果深度很浅 (几乎没有订单停留在 LOB), MO 就会很小. 这说明了在交易清淡的市场, 沿着 LOB 游走的相对紧急的大订单需要被拆分成小的 MO, 然后在一段时间内依次执行.

在过去的 15 年里, 制度上、法律上、技术上和经济上的变化造成了平均交易规模 (单笔交易的股份数) 的稳定下降. 这一点可在图 4.8 中看到. 图中展示了由 CRSP 数据得到的 AAPL 每月平均交易规模. 图中的散点为每月的平均值, 实线为光滑后的表示 (一个不断变化的平均值). 它展示了 21 世纪前几年交易规模有一个急剧的上升, 峰值大约每笔交易 1300 股. 之后到 2013 年底有一个稳定的下降, 谷值大约每笔交易 200 股. (现在, 7:1 的股票分拆之后, 这个数字应该有所不同, 但对大多数股票仍有类似的模式.) 表 4.8 给出了对 2013 年 NASDAQ 交易规模 (总交易的股份数 Q 除以交易次数 n) 的统计. 从中可以看出, AAPL 的交易规模比另外三种资产略低.

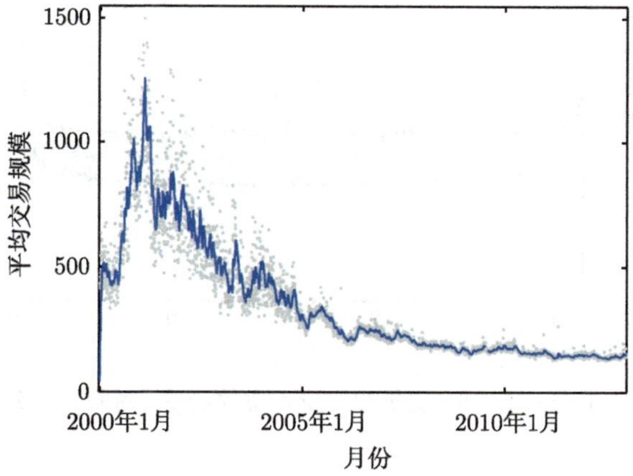

图 4.8 2000—2013 AAPL 平均月度交易规模

表 4.8 交易的平均规模 (Q/n)

资产	平均值	标准差	P01	Q1	中位数	Q3	P99
ISNS	206.2	348.7	1.0	100.0	100.0	200.0	1600.0
FARO	99.8	76.4	1.0	64.0	100.0	100.3	374.8
MENT	199.9	172.9	6.0	100.0	150.0	240.3	867.1
AAPL	121.1	40.5	52.2	95.7	115.4	139.0	252.8

当设计为市场提供流动性的算法时, 可由 LOB 的形态捕捉的深度很重要, 因为它指示了交易员应该在哪里发布 LO. 我们已经在 2.1.4 小节中讨论了一个简单的做市模型, 而且在后续章节我们也会在优化做市和最优执行算法的范围内进一步发展这些想法. 举个例子, 第 8 章考虑当代理商使用 LO 以及 MO 时的最优执行

(买/卖大头寸). 在第 10 章, LOB 的形状为做市商最优化流动性供给起到了关键作用, 我们还会考虑不同的订单簿形状假设会如何影响最优发布策略.

最后, 我们看一下图 4.9 中深度的日内模式. 这张图展示了 2013 年开盘时间内每一分钟处于买价和卖价价位的平均股权数的日内模式. 如同预期, 在交易日临近收盘时会有一个急速的上升. 这与更高的市场质量相符合, 体现为更低的价差 (图 4.6) 以及交易员在收盘前更强烈的平仓的需要. 多少令人惊奇的是, 深度在开盘时也更高, 对这段时间我们假设过高的价格不确定性会导致更大的价差. 一方面是对更多的涌入订单做市带来的回报, 一方面是更高的不确定性带来的成本, 这张图说明了在实际中可以提供更大的流动性来解决这两者间的平衡.

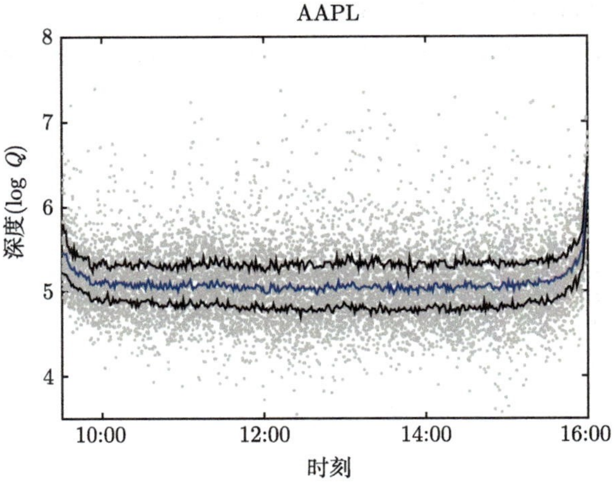

图 4.9　日内深度: 买价和卖价价位的股份 (对数) 平均值

4.3.4　价格冲击

对想要执行一个大订单的参与者来说, 一个主要的考虑因素就是订单会产生一个不利的价格冲击: 激进买入时会使价格增高, 卖出时会使价格下跌. 有几个变量可以用来衡量一个订单的价格冲击. 正如 4.3.3 小节所做的, 测量深度给了我们一个价格冲击的衡量方法. 这是因为买/卖价位的深度说明了一个零价格冲击 (即没有沿 LOB 游走) 的市场订单可以多大.

但在一个单一市场里, 一个大的订单会消耗掉最佳报价的所有交易量, 然后移到下一个报价点, 直到订单完成. 因此, 每当 MO 沿着 LOB 游走时, 每股平均报价会比 MO 到达 LOB 时刻的最佳报价要差. 在第 6 章我们会充分讨论如何设计最优策略以最小化大订单的市场冲击.

到目前为止, 我们只考虑了当 MO 到达 LOB 时会发生什么, 而一个 (相对大的) 订单的执行可以相当复杂. 美国有 11 个公开交易所, 监管者已经意识到需要管理大订单造成的影响以保护投资者, 鉴于一个大订单就可能消耗掉一个交易所最佳买/卖价位的所有流动性. 这种管理和交易所的非单一产生了不同交易场所间的时间延迟. 因此, 当发送一个 MO 时需要很小心地设计路由策略: 到哪个交易所、在什么时刻发布订单, 以及如果订单消耗掉某个价位所有流动性会发生什么. 所以, 交易商需要了解订单执行时的影响, 也要知道订单执行造成的冲击. 我们现在看一下 NASDAQ 订单执行后造成的影响. 表 4.9 考察了 AAPL 于 2013 年 7 月 30 日在 NASDAQ 上的执行. 正如第 3 章中提到的, 我们不观察 MO 本身, 而是观察其对现有订单造成的影响. 为了进行下面的分析, 假设所有在同时刻 (相同毫秒) 同价位执行的订单都是一个 MO 的一部分, 且被相应地合计起来.

表 4.9 MO 执行造成的市场冲击 (AAPL 2013 年 7 月 30 日)

事件	n	买入市价单				卖出市价单			
		$n=0$	Q1	Q2	Q3	$n=0$	Q1	Q2	Q3
基准	2 340 000	99.6	1	1	2	99.7	1	1	2
买单	6852	70.7	1	2	3	94.3	1	1	2
买单 (n-o)	5707	71.5	1	2	3	94.4	1	1	2
大买单	532	57.5	1	2	5	92.1	1	1	2
卖单	7358	94.5	1	1	2	74.9	1	2	3
卖单 (n-o)	6269	94.7	1	1	2	75.7	1	2	3
大卖单	347	92.2	1	1	2	62.2	1	2	4

表 4.9 考察了不同类型的买/卖订单执行时会发生什么, 即我们考察不同情况下 MO 的到达. "基准"一行记录了把一个交易日按 10ms 分组 (234 万个观测量) 后的平均情况. 这一行作为基准, 和在 MO 到达之后的 10ms 时间间隔的情况进行比较. 我们把基准数据与以下六个事件发生之后的数据进行比较:

• 买 (卖) 单: 执行了订单簿上发布的卖/买单的订单;

• 买 (卖) 单 (n-o): 基本与买 (卖) 单相同, 但是会忽略上一个买 (卖) 单的 10ms 内的买 (卖) 单;

• 大买 (卖) 单: 严格大于 300 股的买 (卖) 单.

表 4.9 包括了一个订单在基准情形以及上面六个事件发生后到达的统计数据. "$n=0$"一列描述了在一次执行后没有观察到卖出/买入 MO 情况的百分比. 对于基准情形, 我们看到, 尽管 AAPL 有高交易活动水平, 我们观察的时间间隔也小到有大约 99.6% 的情况观察不到订单到达. 在任一类型的执行之后, 这一比例在订单簿的两个方向都有所下降. 可以观察到, 一个买入 MO 之后, 有 30% 的情况至少有第二个 MO 到达, 有 5% 的情况至少有一个卖出 MO 到达. 在一个卖出 MO 之后, 可以观察到类似的模式: 在至少 25% 的情况里一个卖出 MO 之后至少有一个 MO, 而在 5% 的情况里一个卖出 MO 之后有一个买入 MO. 如果排除掉紧跟着其

他 MO 之后到达的 MO, 仍可以看到很类似的模式. 然而, 到达数在大订单后有显著增长: 一个大的买入 (卖出) 订单后有 43% (38%) 的情形紧跟着其他买入订单, 有 8% (8%) 的情形紧跟着其他卖出订单. 如果我们观察有至少一个 MO 的情况下的四分位数 ("Q1", "Q2" 和 "Q3" 列), 一个市场买 (卖) 单的到达似乎对到达的卖 (买) 单的分布没有明显的影响, 但我们的确能看到证据表明同一交易方向到达的订单会更频繁. 因此, 我们初步且有限的分析表明了, 订单到达之后会有两个交易方向的订单跟着到达, 并更经常的是同一交易方向的订单到达.

在表 4.10 中我们进行了类似的分析, 但是考虑了不同的影响买价和卖价的事件. 在这个表里我们遵循惯例, +1 表示从最佳报价偏离一美分, 即如果卖价为 \$453.02, 一个卖价的 +1 为从 \$453.02 变到 \$453.03. 而在买方, 如果买价为 \$452.96, 一个买价的 +1 为价格下降一美分, 从 \$452.96 变到 \$452.95. 按这种惯例, 正价格变化代表偏离中间价, 负价格变化表示偏向中间价, 这使得我们更有效地的表示买入/卖出 MO 的不同影响.

表 4.10　最佳价格执行的市场冲击 —— 同一方向 (AAPL 2013 年 7 月 30 日)

计价单位	卖价变化				买价变化			
	卖价	买入	$\Delta \neq 0$	$\Delta > 3c$	买价	卖出	$\Delta \neq 0$	$\Delta > 3c$
订单		6852	3259	1165		7385	4052	1910
0	99.5	28.2	10.7	9.7	99.5	22.7	7.2	6.1
$\geqslant -5$	12.8	0.1	0.0	0.0	17.2	0.3	0.4	0.2
−4	4.5	0.1	0.1	0.3	4.5	0.0	0.0	0.0
−3	5.6	0.1	0.1	0.0	5.6	0.1	0.1	0.0
−2	8.6	0.1	0.1	0.1	7.0	0.1	0.1	0.1
−1	22.6	1.1	0.4	0.7	17.9	0.8	0.4	0.5
1	14.2	19.5	20.5	0.9	13.3	15.7	14.3	0.9
2	7.4	13.6	13.6	0.9	7.1	11.8	11.3	0.9
3	5.6	12.3	11.9	1.9	5.5	10.4	10.2	0.9
4	4.4	9.8	9.2	15.3	4.3	9.5	9.4	12.2
$\leqslant 5$	14.3	43.4	44.2	80.0	17.5	51.3	53.9	84.4

回到表 4.10, 我们观察不同订单如何影响 LOB 同边的最佳价格, 即表格的左边描述了卖价如何对一个激进买入 MO 作出反馈, 右边描述了买价如何反馈一个激进的卖出 MO.

我们考虑两种基准情形: "卖价" ("买价") 列考虑的是卖价 (买价) 每 10 毫秒时间间隔的平均变化. 第一行告诉我们买价没有变化的情况占比 (99.5%) 和卖价没有变化的情况占比 (99.5%). 我们也观察在一个 "买入" ("卖出") 订单到达后, 卖价 (买价) 发生了什么变化, 而卖价 (买价) 保持不变的情形占比下降到了 28% (23%). 如果只看扫架订单簿的执行 ($\Delta \neq 0$), 即在一个造成卖价 (买价) 的立即变

化的买入 (卖出) 订单之后, 这个比率甚至会进一步下降. 这样的“大”执行余波更长久, 即在这样的变化的 10ms 之后, 卖价 (买价) 恢复到订单前水平的概率降到 11% (7%). “$\Delta > 3c$”一列观察扫架订单簿的执行的一个子集, 我们也观察到了卖价 (买价) 相应的大变化 (大于三美分). 变化得到恢复的可能性比所有扫架订单的情形更低, 但差别不大.

表 4.10 的行 (除了“订单”和“0”行) 反映了在不同非零价格变化的条件下, 价格变化的分布. 买价和卖价变化的基准分布对称且非常相似, 这一点对于 MO 到达后的分布不成立. 在一个买入 (卖出) 订单之后, 卖价 (买价) 的分布会显然得偏离之前的价格水平, 而且几乎不会比 MO 到达 10ms 之前的价格水平更好 (更接近中间价). 我们对扫架订单观察到的区别似乎集中在回归到订单到达前价格水平的概率, 但对非零的价格变化的分布似乎没有太多影响. 然而, 大的价格变化之后, 买价/卖价价格变化的分布也会有变化, 而且几乎没有证据表明这些大的价格变化可以在 10ms 内逆转.

在表 4.11 中我们重复这个分析, 只不过考虑的是订单的到达对订单簿的另一方向的影响, 即一个买入 (卖出) 订单的到达如何影响买价 (卖价). 我们保持符号不变, 使得表 4.10 中一个正变化也是表 4.11 中订单簿另一交易方向的一个正变化. 假设卖价为 \$453.02, 买价为 \$452.96. 在一个买入订单之后, 一个卖价的 +1 美分变化是从 \$453.02 增加到 \$453.03 (表 4.10), 一个买价的 +1 美分变化是从 \$452.96 增加到 \$452.97 (表 4.11). 然而, 在一个卖出订单之后, 一个买价的 +1 美分变化是从 \$452.96 下降到 \$452.95 (表 4.10), 一个卖价的 +1 美分变化是从 \$453.02 下降到 \$453.01 (表 4.11).

表 4.11 最佳价格执行的市场影响 —— 另一交易方向 (AAPL 2013 年 7 月 30 日)

计价单位	买价变化				卖价变化			
	买价	买入	$\Delta \neq 0$	$\Delta > 3c$	卖价	卖出	$\Delta \neq 0$	$\Delta > 3c$
订单		6852	3259	1165		7385	4052	1910
0	99.5	81.6	78.7	75.4	99.5	82.2	80.3	79.1
$\geqslant -5$	17.5	6.9	6.5	7.7	14.3	6.0	6.0	8.3
-4	4.3	1.8	1.7	2.8	4.4	1.7	1.8	2.0
-3	5.5	1.8	1.9	3.1	5.6	2.1	2.1	2.8
-2	7.1	3.2	3.9	3.1	7.4	3.4	3.3	4.3
-1	13.3	8.7	8.2	9.1	14.2	8.0	8.1	8.5
1	17.9	29.5	28.7	34.8	22.6	29.2	27.7	28.8
2	7.0	10.8	11.8	11.8	8.6	11.6	12.9	13.5
3	5.6	7.0	6.3	7.3	5.6	6.5	6.4	6.0
4	4.5	6.1	5.0	2.4	4.5	6.8	5.6	4.5
$\leqslant 5$	17.2	24.2	25.9	17.8	12.8	24.7	26.1	21.3

我们看到, 一个订单到达对 LOB 上同一交易方向订单造成的影响后, 也对另一交易方向有类似但弱一些的影响. 在一个买入订单和卖出订单到达后, 买价和卖价的价格不变/恢复为订单到达前水平的概率从 99.5% 下降到 82%. 这个概率对(跨市场) **扫架订单** (**国际扫架订单**) 来说会略小一些. 我们也看到订单簿另一交易方向订单非零价格变化的分布的平移, 后面跟着同一交易方向的订单分布也会有变化. 因此我们看到一个买入订单的到达之后跟着一个 (非零) 买价价格变化偏离中间价的改变, 从而使买入订单后买价相较于订单前水平发生一美分变化的相对概率从 17.9% 增加到 29.5%, 而卖出订单后卖价相较于订单前水平发生一美分变化的相对概率从 22.6% 增加到 29.2%. 一个买入 (卖出) 订单之后, 一个扫架买入 (卖出) 订单之后, 或一个造成大价格变化的扫架买入 (卖出) 订单之后, 都有很相似的模式. 把这个观察与表 4.10 中的价格变化相结合, 我们发现了证据表明报价价差在买入订单或卖出订单之后会增加, 而且在大扫架订单后的增加会很显著.

作为对 MO 冲击的讨论的结尾, 在表 4.12 中我们考察 10ms 期限内观察到的变化, 考虑更长的 (30ms, 100ms 和 1000ms) 期限. 表 4.12 按行分成三节: 第一部分为基准情况, 考察买价和卖价在所有时间间隔的变化, 底下两节考察了买入订单和卖出订单的到达分别对买价和卖价造成的影响. 对这个表, 我们仍沿用前面的符号. 但为了避免混乱, 对于基准情形和买入订单或者卖出订单到达后三种情形, 我们令买价 (卖价) 变化的符号都相同. 也就是说, 对符号的解释不依赖于这个价格变化是在买入还是卖出 MO 之后, 只依赖于它是关于订单簿的哪一边. 因此, 假设卖价为 \$453.02, 买价为 \$452.96. 在一个买入订单之后, 一个卖价的 +1 美分变化是

表 4.12　中间价执行的市场冲击随着时间的变化 (AAPL 2013 年 7 月 30 日)

	计价单位	卖价变化				买价变化			
		10	30	100	1 000	10	30	100	1 000
基准	$\leqslant -3$	0.1	0.3	1.0	7.7	0.1	0.4	1.2	8.9
	$\{-1, -2\}$	0.2	0.4	1.2	7.7	0.1	0.3	0.7	4.0
	0	99.5	98.7	96.0	72.9	99.5	98.6	95.7	70.3
	$\{1, 2\}$	0.1	0.3	0.7	3.9	0.1	0.4	1.1	6.9
	$\geqslant 3$	0.1	0.3	1.0	7.7	0.1	0.4	1.3	9.9
买入	$\leqslant -3$	0.2	0.3	0.4	1.3	6.9	9.8	13.2	26.2
	$\{-1, -2\}$	0.8	1.0	1.4	3.1	7.4	7.8	8.3	11.3
	0	28.2	26.7	24.3	16.0	81.6	77.8	72.4	49.2
	$\{1, 2\}$	23.8	22.4	21.8	18.4	2.2	2.4	2.6	4.1
	$\geqslant 3$	47.0	49.6	52.1	61.3	1.9	2.2	3.5	9.2
卖出	$\leqslant -3$	6.8	8.3	12.0	24.0	4.1	4.2	4.6	6.8
	$\{-1, -2\}$	7.3	8.3	9.3	13.3	4.1	4.0	4.3	6.2
	0	82.2	78.8	73.4	52.3	47.3	44.6	41.1	28.1
	$\{1, 2\}$	2.0	2.1	2.6	4.0	15.9	15.7	15.0	14.5
	$\geqslant 3$	1.8	2.4	2.7	6.4	28.5	31.4	35.0	44.4

从 \$453.02 增加到 \$453.03, 一个买价的 +1 美分变化是从 \$452.96 下降到 \$452.95 (偏离中间价 1 美分). 同样地, 在一个卖出订单之后 (以及在基准情形), 一个卖价的 +1 美分变化是从 \$453.02 增加到 \$453.03, 一个买价的 +1 美分变化是从 \$452.96 下降到 \$452.95 (偏离中间价 1 美分). 还要注意到, 所有的百分率反映了概率 (这个表没有限制在非零的价格变化).

在表 4.12 中第一个要注意的就是时间对所有价格的自然影响: 随着期限的延长, 价格倾向于变化更多, 分布变得更加分散. 我们也看到初始价格变化后续并没有快速逆转, 甚至在买入订单的一秒 (1000ms) 之后, 相对执行前水平买价和卖价仍有一个显著的偏移, 有更差的价格以及少许的对未来执行的延迟价格冲击和更大的价差.

所有这些结果必需联系上下文进行解读, 不能随便解释. 正如我们接下来要看到的, MO 不是在随机时间到达的. 它们倾向于在价差小的时候到达, 并适时以接近中间价的订单配对. 因此, 在执行后观察到更大的价差是很自然的.

4.3.5 沿 LOB 游走和永久性价格冲击

我们已经看到交易订单的关键要素之一是, 投资者个人行为和其他市场参与者的订单流如何影响所交易的资产价格. 在第三部分提出的算法中, 我们展示策略如何依赖于交易的市场冲击. 例如在第 6 章中, 我们展示当投资者自己的交易沿 LOB 游走时如何交易大的头寸, 以及在投资者买入 (卖出) 时, 如何通过对中间价的偏移施以向上 (向下) 的压力以反过来影响中间价. 在第 7 章我们研究如何在其他交易员的订单流影响了中间价的情况下代理商清算大头寸的问题. 在这种情形, 如果代理商的执行计划与净订单流相符或相背, 策略会相应地最大化清算头寸的回报.

现在我们打算经验地评估一笔交易对价格可以产生不同影响的参数值: 永久性价格冲击和暂时性价格冲击. 我们利用 2013 年 NASDAQ 数据考察五种股票的冲击. 第一种方法是把它们分开来估计. 首先由观察五分钟时间间隔的订单流对价格变化的冲击, 来估计永久性价格冲击. 令 $\Delta S_n = S_{n\tau} - S_{(n-1)\tau}$ 为中间价在时间间隔 $[(n-1)\tau, n\tau]$ 的变化, 其中 $\tau = 5\text{min}$. 记 μ_n 为净订单流, 定义为在相同时间间隔里, 买入 MO 和卖出 MO 交易量的差. 之后我们以下面的稳健线性回归中的参数 b 来衡量永久性价格冲击:

$$\Delta S_n = b\mu_n + \varepsilon_n, \tag{4.2}$$

其中 ε_n 为误差项 (假设已标准化). 模型 (4.2) 在每天进行评估, 使用平尾数据, 除掉头部和尾部的 0.5%. 表 4.13 的第一行展示了永久性价格冲击的估计参数的平均值, 第二行展示了其标准差.

在表的第三行和第四行我们展示了暂时的价格冲击的参数以及其标准差. 为了估计这个参数, 记为 k, 我们假设暂时的价格冲击是交易量的线性函数. 具体地说, 投资者收到的执行价格以及最佳报价间的差别为 kQ, 其中 Q 为交易的总交易量. 为了进行估计, 我们每秒取 LOB 的快照, 对不同交易量 $\{Q_1, Q_2, \cdots, Q_N\}$ 决定每股的价格 $S_t^{\text{exec}}(Q_i)$ (通过沿着 LOB 游走), 计算当时的每股执行价和最佳报价间的差, 并进行线性回归, 即回归

$$S_{i,t}^{\text{exec,bid}} = S_t^{\text{bid}} - k^{\text{bid}} Q_i + \varepsilon_{i,t}^{\text{bid}}, \quad S_{i,t}^{\text{exec,ask}} = S_t^{\text{ask}} - k^{\text{ask}} Q_i + \varepsilon_{i,t}^{\text{ask}},$$

其中 $\varepsilon_{i,t}$ 为时间标记 t 第 i 个交易量的估计误差.

表 4.13 2013 年 NASDAQ 股市的永久性和暂时的价格冲击. 在每个参数估计下面展示相应的标准差

	FARO	SMH	NTAP	ORCL	INTC
$\hat{b}$	1.41×10^{-4}	5.45×10^{-6}	5.93×10^{-6}	1.82×10^{-6}	6.15×10^{-7}
	(9.61×10^{-5})	(4.20×10^{-6})	(2.31×10^{-6})	(7.19×10^{-7})	(2.16×10^{-7})
$\hat{k}$	1.86×10^{-4}	8.49×10^{-7}	3.09×10^{-6}	8.23×10^{-7}	2.50×10^{-7}
	(2.56×10^{-4})	(8.22×10^{-7})	(1.75×10^{-6})	(3.78×10^{-7})	(1.25×10^{-7})
$\widehat{b/k}$	1.02	7.43	2.04	2.28	2.55
	(0.83)	(6.24)	(0.77)	(0.74)	(0.70)

线性回归斜率 $\hat{k}$ 的参数是对当时每股暂时价格冲击的估计. 我们在每个交易日的每一秒重复这样的做法, 去掉交易日头尾半小时数据, 并且进行了缩尾处理, 然后在表 4.13 中展示这些每日估计 (对买方) 的均值和标准差. 除此之外, 第五行展示了每日比率的均值 $\widehat{b/k}$, 第六行展示了标准差. 我们注意到 FARO 比率最小为 1.02, SMH 比率最大为 7.43, 在本节末尾我们会更仔细地讨论这个比率.

此外, 为了展现永久性价格冲击参数的可变性, 图 4.10(a) 描绘了 2013 年每一个交易日对 b 的估计, 其中虚线为平均值 $\hat{b}$. (b) 用 2013 年全部数据画出了五分钟净订单流的分布直方图. 最后, (c) 展示了观察到给定价格变化条件下的预期净订单流 (以及误差项).① 正如前面的线性回归结果所展示的, 净订单流和价格变化间存在着正相关. 这张图进一步说明了这一点, 当净订单流为正 (负) 时, 有更多 (少) 的卖出 MO, 中间价倾向于升高 (下降). 除此之外可以看到, 价格变化与净订单流间的线性关系似乎对大范围的中间价变化都成立. 只在两个极端值 (极高/极低的价格变化) 的情形中, 这一线性关系不成立, 然而我们要注意到尾部有更少的观察量, 这一点由分布直方图和置信区间可见.

图 4.11 探索了 INTC 的暂时性价格冲击. (a) 为 INTC 的 LOB 在 2013 年 11 月 1 日 11:00 a.m. 的快照. (b) 捕捉了经验暂时价格冲击曲线, 是由假设的不同数量的 MO 沿着 LOB 买方游走生成的. 每条曲线代表了 11:00 a.m. 到 11:01 a.m. 间每一秒. 虚线为线性回归曲线, 其中截距为半价差, 对应于估计参数 k 的模型. 注意到, 冲击函数在一分钟内有波动, 不同规模的交易产生的冲击也随之波动. 线性

① 对 2013 年, INTC 的五分钟价格变化有 99% 的情况落在 $[-0.1, 0.1]$ 的范围内.

回归提供了一分钟内暂时性价格冲击的估计.

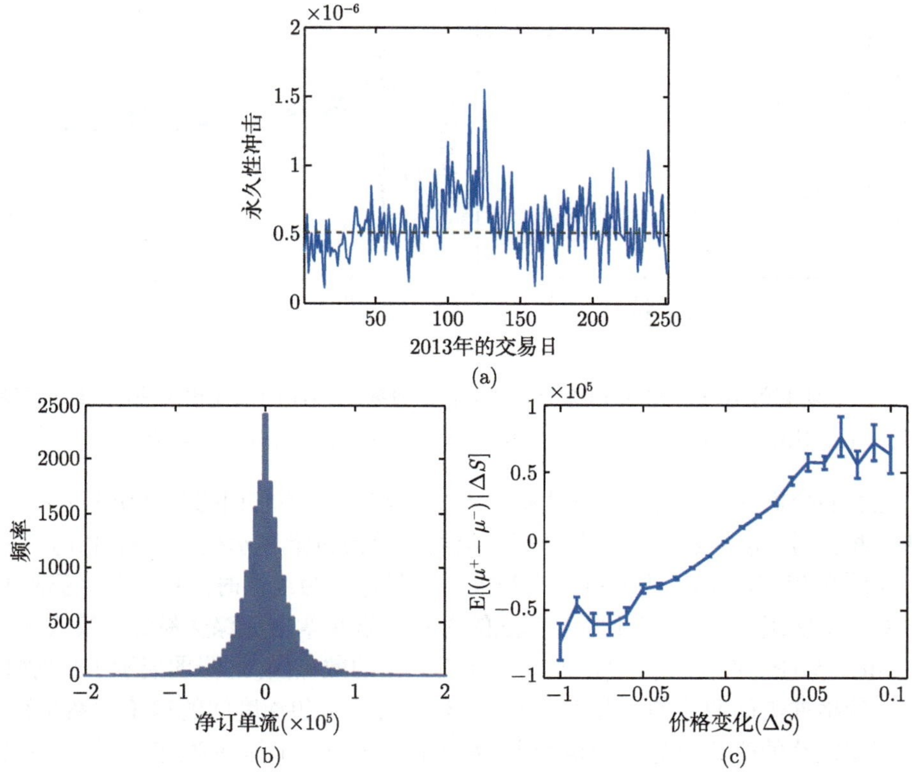

图 4.10 INTC 订单流以及对中间价漂移的影响

图 4.11(c) 展示了线性冲击模型的斜率是在一天内如何波动的. 我们看到最大的冲击倾向于在早晨发生, 然后冲击曲线在一整天间保持平坦, 直到临收盘冲击减小. 这样的模式对许多资产都可以看到, 且与我们之前证明的价差的降低和深度的增加相一致.

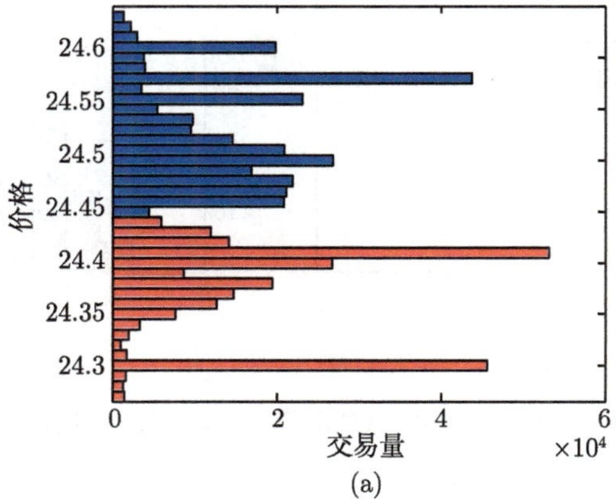

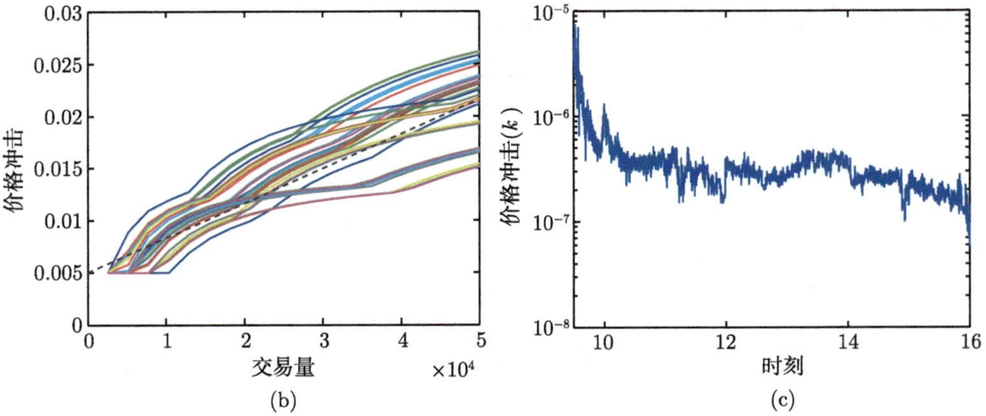

图 4.11　说明利用 INTC 在 2013 年 11 月 1 日的数据, 如何由 LOB 快照估计暂时性影响. (a) 对应 11:00 a.m., (b) 为 11:00 a.m. 到 11:01 a.m., (c) 为一整个交易日

上面的分析分别考察了暂时性和永久性价格冲击, 但它们的联合动态也是执行算法的相关量. 清算和收购策略考虑了沿着订单簿游走和永久性价格冲击产生的成本间的平衡. 特别地, 当两种冲击都关于交易速度为线性时, 这一平衡可部分地由比率 b/k 实现 (见 7.3 节中清算算法的内容和第 9 章中追踪交易量的策略, 例如 POV 和 VWAP). 图 4.12(a) 为 INTC 每日 (b, k) 的散点图, 这张图展示了暂时性和永久性价格冲击间明显的正相关. 这一点与价格冲击和深度间的理论关系相符合, 因此深度很浅的交易日与高价格冲击 (暂时性和永久性) 相联系, 而一个交易兴旺的市场与更低的价格冲击相联系. 最后, 在 (b) 中, 我们看到 b/k 的分布直方图, 范围是从 1 到 4, 大约关于 2.5 对称.

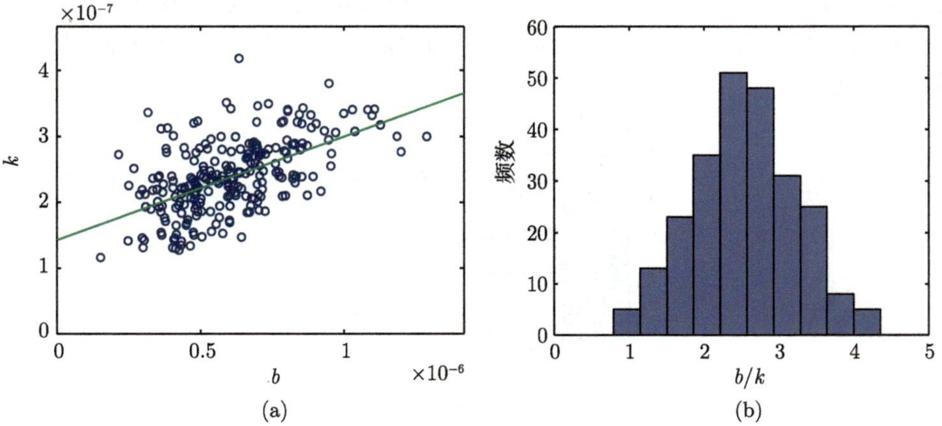

图 4.12　由 2013 年每日观测量得到的 INTC 的价格冲击

4.4 信息和撤销活动

交易所一个重要的特征就是有能力撤销没有完成的 LO. 提供流动性的交易员必须能够改变对市场的观点并能因此撤销或者根据新信息重新定价 LO. 之后, 当我们考察对市场提供流动性的算法 (第 7 章, 第 8 章和第 10 章) 时, 我们将看到它们依赖于在 LOB 中重新定价 LO 的能力. 举个例子, 当我们设计有低延迟性的做市算法时, 代理商会不断地随着新信息到来以及对中间价短期偏差的观点, 撤销或者重新定位 LO.

这里我们应用详尽的 ITCH 数据, 由交易所记录的信息数衡量交易活动, 这里一条"信息"是我们在本章开始时见过的 ITCH 中数据集中的一条数据. 信息的总数会略大于提交的订单的两倍, 因为大多数订单会整体地被撤销或执行.

表 4.14 包含了四种资产每日信息的描述性统计量 (以千记; P01 和 P99 分别对应于 1% 和 99%). 我们可以看到, 就像交易活动一样, 每种资产的信息量为不同量级 (除了 MENT, 它的信息数是 FARO 的大约 2.5 倍). 为了调整以适合交易活动, 一个常见的步骤就是用交易数 (表 4.15) 或者交易量进行标准化. 表 4.15 中的结果说明了一个有趣的现象: 越频繁进行交易的资产每次交易"需要"越少的信息.

表 4.14 每日信息数 (在 000s)

资产	平均值	标准差	P01	Q1	中位数	Q3	P99
ISNS	1711	6078	173	450	760	1745	8943
FARO	24038	10871	8524	16277	22347	29232	71445
MENT	59661	21755	23157	43477	53972	72639	131715
AAPL	531728	166652	280242	417576	500680	614437	1067248

表 4.15 关于交易数标准化的信息数

资产	平均值	标准差	P01	Q1	中位数	Q3	P99
ISNS	226.7	749.1	10.8	44.4	80.7	159.1	2885.1
FARO	88.2	55.8	20.7	57.8	79.4	106.1	223.5
MENT	70.0	21.8	29.8	54.2	66.5	83.2	134.2
AAPL	22.6	4.9	12.6	19.3	22.3	25.3	39.4

这个现象的反转展示在表 4.16 中, 这张表观察了交易撤销 (在所有信息中: 提交、撤销和执行) 的比例. 只有 AAPL 在大多数情况有少于 45% 的订单被取消.

对于日内交易, 理解发布和撤销的动力学很重要, 特别是在买价和卖价附近. 表 4.17 依报价距中间价距离考察了 2013 年 6 月 30 日提交的 AAPL 订单. 为了说明表格的内容, 考虑图 4.13. 表中第二列 (“订单发布”) 计算了距中间价 k 最小报价单位 (美分) 的信息数. 在图 4.13 中我们形象化地展示这一数值. 假设中间价为 \$101.05, 并在买价和卖价间进行均分. 例如, 对于报价距中间价 (3053 单位) 两个最小报价单位的总量, \$101.07 为 1527 单位, \$101.03 为 1527 单位 (各直方总长). 第三列 (“% 执行”) 考察了提交的信息中被执行的比例, 即发布的订单与到达的 MO 配对. 在图 4.13 中这种情形由浅色段表示. 例如, 在以 \$101.07 报价的 1527 单位中, 64.7% (988 单位) 被执行. 最后, 第四列 (“执行数”) 描述了以该报价水平被执行的订单占所有被执行订单总数的百分比. 例如, 988 个以 \$101.07 执行的订单和 988 个以 \$101.03 执行的订单合起来占当日总执行订单数的 9.2%.

表 4.16　撤销活动在信息数中占比

资产	平均值	标准差	P01	Q1	中位数	Q3	P99
ISNS	45.8	3.2	36.3	44.2	46.4	48.3	49.9
FARO	48.1	1.0	44.4	47.6	48.3	48.7	49.5
MENT	47.2	1.0	44.1	46.7	47.4	48.0	48.9
AAPL	43.1	1.9	37.8	41.8	43.3	44.3	47.1

表 4.17　依报价距中间价距离排序的提交和撤销信息 (AAPL 2013 年 7 月 30 日)

距中间价距离	订单发布			订单撤销		
	发布数	% 执行	执行数	发布数	% 执行	执行数
<2	905	78.6	3.3	988	88.4	4.1
2	3053	64.7	9.2	3508	76.4	12.5
3	5193	55.4	13.5	6236	67.5	19.7
4	5617	44.4	11.7	6448	51.5	15.6
5	6374	34.9	10.4	7557	45.5	16.1
6	7626	27.6	9.8	7586	29.9	10.6
7	7996	20.2	7.6	7624	20.4	7.3
8	7826	15.9	5.8	8062	14.2	5.4
9	7675	12.3	4.4	7946	7.5	2.8
10	7967	8.6	3.2	7487	6.1	2.1
>10	195 415	2.3	21	192 205	0.4	3.8

如果我们把当日 (一分钟时间间隔的时间平均) 报价价差平均为 10.3 美分 (Q1: 8.5, 中位数: 10.2, Q3: 11.7) 考虑在内, 在大多数情况距中间价 (报价价差的一半) 的距离在 4 到 6 美分之间. 利用表 4.17 中的信息可计算得, 26% 的执行订单最初报价距中间价 1 到 3 美分, 只有 32% 的被执行订单距中间价 4 到 6 美分, 剩余 42% 的执行订单初始报价距中间价相对较远 (7+ 美分).

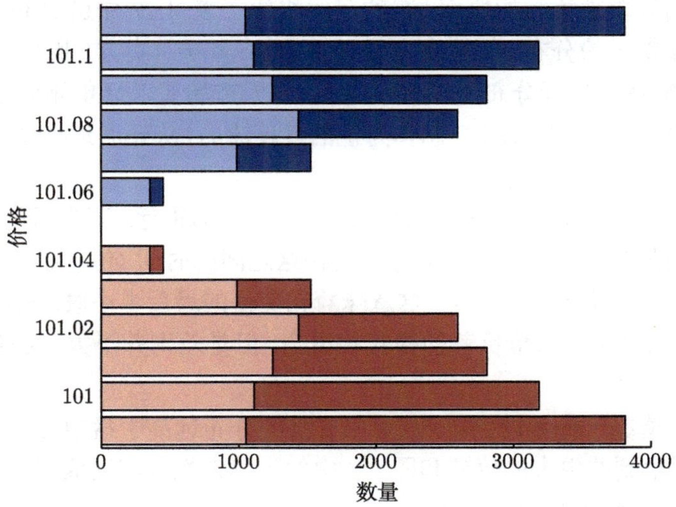

图 4.13 表 4.17 中提交和执行的订单的图解

从另一方面来看, 如果考虑交易执行时刻距中间价的距离, 而非发布时刻, 即表 4.17, 我们发现距中间价距离 (自然地) 更近. 由计算得, 有 36% 的订单以距中间价 1 到 3 美分报价执行, 42% 的订单距中间价 4 到 6 美分, 只有 22% 的执行距中间价相对较远 (7+ 美分). 这阐明了我们之前提到的 (在比较有效和报价价差的波动率时) 论点, 即执行在价差小的时候更经常发生, 因此有效价差自然的比报价价差更稳定.

在图 4.14 中我们展示了全部执行订单的生存函数 $S(x)(1-\text{CDF}:S(x)=\Pr(X>x)=1-F(x))$, 自变量为距 LO 最初报价的距离. 这代表对“订单完成概率”的近似,

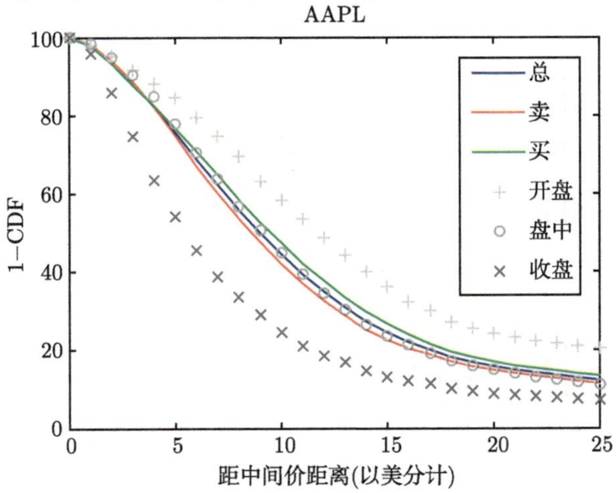

图 4.14 关于距中间价距离的执行生存函数

即一个发布的订单被执行的概率. 粗的蓝线描述了表 4.17 中的分布. 我们也写出了区分买方和卖方的分布, 而且令人感兴趣的是, 买方 (卖方) 执行的分布系统地低于 (高于) 整体的执行分布. 这说明了在这一天市场买入订单倾向于比卖出订单更贴近中间价, 这一天里 AAPL 总体为正的订单流, 且从开盘到收盘价格有微小的上升.

在图 4.14 中, 我们也包括了根据时间划分的全部执行: 开盘后的半小时 (Mkt Start), 收盘前的半小时 (Mkt Close), 以及在这之间的时间 (Intraday). 我们注意到收盘的曲线倾向于位于盘中之下, 这意味着在交易的最后半小时, 执行倾向于接近中间价, 这与图 4.6 中报价价差的模式相符合. 但是差别并不大, 可能在统计上不显著.

在开盘时情况十分不同, 这一点可由开盘的分布远高于盘中可见. 似乎是我们在图 4.6 中观察到的更大的价差和图 4.7 中的不确定性共同造成了这种执行, 即提交价距中间价很远的订单的执行.

图 4.15 对同样的数据从一个不同的角度进行了考察. 在图中我们考虑以距中间价某个距离的价格发布且被执行的订单占总订单的比例 (的对数). 把这个比率解读为概率, 这张图展示了距中间价距离和订单被执行概率的负相关. 我们对以下订单类型画出了相应曲线: 所有的执行、激进的买入卖出, 以及不同时段的执行 (开盘、收盘, 以及一个交易日内剩余时间). 所有结果都很相似, 只有一个例外: 即对一个交易日开盘的半个小时 (Mkt Start). 我们观察到 (通过观察基础数据) 在开盘, 对于以距中间价 6 美分的价格发布的订单, 有极其高比例的订单被执行, 而这造成了图 4.15 中 CDF 的漂移. 通过观察这个时段的报价价差, 我们发现平均值为 15.2

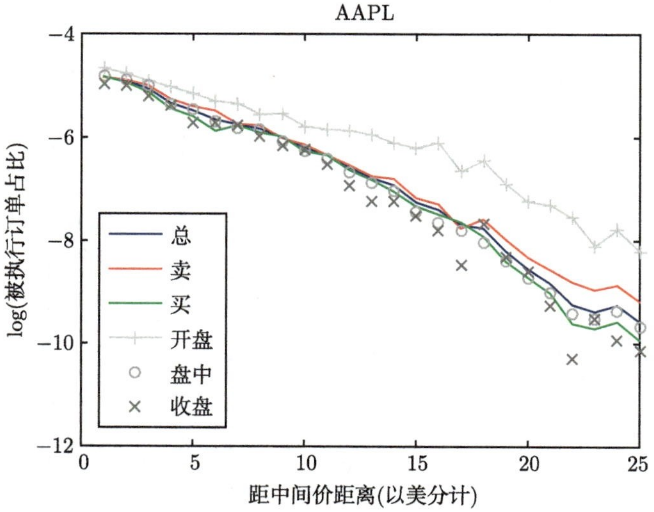

图 4.15 被执行订单的占比的对数, 作为关于距中间价距离的函数

美分 (Q1: 12.5, 中位数: 14.2, Q3: 19.0), 这意味着随着早上关于“真实市场”的不确定性下降, 报价价差反应很慢, 同时相对多的执行发生, 直到报价价差降至约 12 美分时情况一直如此.

4.5 隐藏订单

在前面讨论市场质量 (4.3 节), 特别是价差时, 我们看到报价价差通常比有效价差大的原因之一是有些订单对市场参与者不可见, 但会先于可见订单与到达的 MO 配对. 这样的订单被称为**隐藏订单**. 表 4.18 分成两部分. 表的上部分描述了 NASDAQ 在 2013 年每分钟对隐藏订单的执行量. 可以看到, 对于较少进行交易的资产, ISNS, FARO 和 MENT, 几乎没有隐藏订单的执行. 但是, 只要有隐藏订单执行就很显著. 对于 AAPL, 情况很不一样. 我们发现有多于 75% 的情况有关于隐藏订单的交易, 而且涉及相当多的股份 (每分钟多于 1000 单位). 注意到这些大的量并不意味着大的交易, 相反, 只能说明交易的频繁: 一个执行了隐藏订单的 MO 的平均规模的分布, 其均值 127, Q1 为 94, Q3 为 148.

表 4.18 隐藏订单的执行 (交易量 (Q) 和百分比)

资产	平均值	标准差	P01	Q1	中位数	Q3	P99
ISNS	4	59	0	0	0	0	100
FARO	31	154	0	0	0	0	600
MENT	117	568	0	0	0	0	2 150
AAPL	3849	5905	0	1052	2220	4504	26 547
ISNS	1.2	10.7	0.0	0.0	0.0	0.0	99.6
FARO	9.9	27.1	0.0	0.0	0.0	0.0	100.0
MENT	9.4	24.1	0.0	0.0	0.0	0.0	100.0
AAPL	44.6	16.9	0.0	33.5	44.9	56.0	83.7

表的下半部分考虑了相同的变量, 即执行隐藏订单的股份数, 但比起绝对值, 我们考虑它占执行总股份数的比例 (在当前分钟). 对于 ISNS, FARO 和 MENT, 执行相对不频繁, 而且执行隐藏订单时的交易倾向于孤立发生. 在那些情形, 隐藏订单在当前分钟的总交易股份中占很大比例. 对于 AAPL, 执行隐藏订单是一个常见情况, 而且在一半的情况里它们占所有交易的 33% 到 56%. 一个以买价和卖价提交可见 AAPL 订单的代理商经常会发现他的订单被更激进的隐藏订单打败.

4.6 参考文献与选读

Boehmer, Fong & Wu (2012), Chaboud, Hjalmarsson, Vega & Chiquoine (2009), Moallemi & Saglam (2013), SEC (2010), CFTC & SEC (2010), Hendershott, Jones

& Menkveld (2011), Biais, Bisiere & Spatt (2010), Biais et al. (2005), Hagströmer & Norden (2013), Andersen & Bondarenko (2014), Pascual & Veredas (2009), Hirschey (2013), Martínet, Nieto, Rubio & Tapia (2005), Hasbrouck (2013), Hasbrouck & Saar (2013), Cartea & Meyer-Brandis (2010), Cartea (2013), Brogaard, Hendershott & Riordan (2014), Menkveld (2013), Riordan & Storkenmaier (2012), Hendershott & Riordan (2013), Foucault, Kadan & Kandel (2013), Moro, Vicente, Moyano, Gerig, Farmer, Vaglica, Lillo & Mantegna (2009), Gerig (2012), Hall & Hautsch (2007), Gould, Porter, Williams, McDonald, Fenn & Howison (2013).

第二部分
数 学 工 具

引　　言

在本书的这一部分, 我们发展了用于分析交易算法的数学工具: 随机最优控制和停止. 写作是为了让之前没有接触过这些技术的读者具备一些必要工具, 这些工具是用于理解隐藏在算法交易策略后的数学模型的. 我们认为读者已经有了连续时间金融的基础知识; 不过, 我们这里考虑的是实用方法, 并不会钻研更巧妙的数学问题. 反而是把重点放在能即时应用于高频和低频算法交易问题的机制上. 为了方便读者回顾和保证本书的独立完整性, 我们在附录 A 中简要回顾了随机分析中用于研究随机控制和停止问题的主要工具与结果.

第 5 章　随机最优控制和停时

5.1　介　　绍

随机控制问题出现在金融建模的许多方面. 最经典的例子就是参考文献 (Merton, 1971) 在连续时间中引入并解决了的最优投资问题. 当然, 还有很多其他的应用, 例如最优分红设置、最优进出问题和效用无差别定价等等. 总的来说, 随机控制问题的总体目标是通过调整其自身会对标定随机系统变化造成影响的策略, 来最大化 (或者最小化) 一些预期的收益 (成本) 函数, 以及找寻能够使其达到最大 (最小) 的策略. 例如, 在 Merton 问题的最简形式中, 代理商尝试通过交易风险资产和无风险的银行存款, 来最大化未来财富的预期效用. 尽管代理商的行为只影响他自身的财富, 但与此同时, 交易资产中的不确定变化以随机的方式调整代理商的财富. 由此得到的最优策略与资产的变化紧密相连, 或许还与代理商的财富有关. 让人惊叹的是, 在很多情况中, 在标定状态变量的条件下, 最优策略是马尔可夫的, 即便代理商考虑的是非马尔可夫控制 (可能依赖于系统的整个历史).

在解决随机控制问题时, 有一个工具一直走在前沿: **动态规划原理** (DPP) 以及与之相关的非线性偏微分方程 (PDE), 即 **Hamilton-Jacobi-Bellman** (HJB) 方程, 也称为**动态规划方程** (DPE). DPP 允许随机控制问题由终端日回溯解决, 并且 HJB 方程/DPE 可以被视为它的无穷小版本.

在这里, 并不会讨论巧妙的数学问题, 反而重点放在能即时应用于高频和低频算法交易问题的机制上. 感兴趣的读者可以参考许多优秀的文献, 它们在随机控制的理论方面重点关注这一主题的深入的研究 (Yong and Zhou, 1999; Fleming and Soner, 2006; Øksendal and Sulem, 2007; Pham, 2010; Touzi, 2013).

5.2　金融学中控制问题的例子

本节提供了一些具有金融动机的随机控制问题的例子. 第一个例子是金融学领域的经典案例, 与长期最优投资问题有关. 第二个例子是早期算法交易控制问题中的一个, 与资产的最优清算问题有关. 第三个例子与限价订单簿中限价单最优出价相关. 所有的这些例子本质上都是玩具模型, 且最后两个将和后面章节的重点讨论内容有关.

5.2.1 Merton 问题

作为第一个例子, 我们先考虑文献 (Merton, 1971) 中经典的证券投资组合优化问题, 在其中代理商通过风险投资和无风险银行存款的交易, 以谋求最大化期望 (贴现) 财富 (见文献 (Merton, 1992) 更多案例和推广). 具体地说, 在 t 时刻, 他投入总财富 X_t 中的 π_t 美元到风险资产 S_t 中, 试图获得所谓的**价值函数**

$$H(S,x) = \sup_{\pi \in \mathcal{A}_{0,T}} \mathbb{E}_{S,x}\left[U(X_T^\pi)\right], \tag{5.1}$$

取决于当前财富 x、资产价格 S 和生成的**最优交易策略** π, 其中

$$dS_t = (\mu - r)S_t dt + \sigma S_t dW_t, \qquad S_0 = S, \qquad \text{风险资产}, \tag{5.2a}$$

$$dX_t^\pi = (\pi_t(\mu - r) + rX_t^\pi)dt + \pi_t \sigma dW_t, \qquad X_0^\pi = x, \qquad \text{代理商的财富}. \tag{5.2b}$$

以上, μ 是交易资产的 (期望) 复合连续增长率, r 是无风险银行存款的连续复利,

- $W = (W_t)_{\{0 \leqslant t \leqslant T\}}$ 是布朗运动;
- $S = (S_t)_{\{0 \leqslant t \leqslant T\}}$ 是交易资产的贴现价格过程;
- $\pi = (\pi_t)_{\{0 \leqslant t \leqslant T\}}$ 是一种与在 t 时刻有 π_t 的风险投资 (剩余资金存在无风险银行存款中) 相应的自融资资金交易策略;
- $X^\pi = (X_t^\pi)_{\{0 \leqslant t \leqslant T\}}$ 是代理商按照自融资资金交易策略得到的 π 的贴现财富过程;
- $U(x)$ 是代理商的效用函数 (例如, 幂函数 x^γ, 指数函数 $-e^{-\gamma x}$ 和 HARA $\frac{1}{\gamma}(x-x_0)^\gamma$);
- $\mathcal{A}_{t,T}$ 是一个策略集合, 被称为**容许集**, 对应于所有满足条件 $\int_t^T \pi_s^2 ds < +\infty$ 的 $\mathcal{F}$-可料的自筹资金策略, 这个限制条件排除了重复的策略, 并且使得 (5.2b) 有强解.

在这个典型案例中, 代理商的交易决策只影响他自身的财富过程, 不影响他正在交易的资产的动态. 在长期投资中, 如果代理商的策略没有变化“太快”, 这就是一个合理的假设. 然而, 如果代理商试图在短时间内获取 (或者卖出) 大量股份, 除了影响他的财富过程之外, 必定还会影响价格自身的动态. 这一主题在 Merton 问题中被忽略了, 但是这是算法交易和我们接下来将要介绍的最优执行问题的核心.

5.2.2 最优清算问题

正如上面所提到的, 假设代理商在其资产中有价格为 S_t 的大量股份 $\mathfrak{N}$. 此外, 假设他对于资产的基本面分析显示持有资产不再具有持有价值. 因此他希望在一天

结束的时刻 T 之前清算股份. 市场在最优价格处只有有限的流动性 (以吸收一个大的卖单) 的事实表明, 如果代理商企图马上全部清算, 就会接受一个差一些的价格. 相反, 他应该延长这个清算期限, 并通过求解一个随机控制问题进而解决该问题. 他可能对于抛售股份也有紧迫感, 这代表着在整个策略中, 对持有的库存不为零进行惩罚. 如果 ν_t 表示在 t 时刻代理商的股份抛售速度, 那么代理商寻求如下的价值函数

$$H(x,S,q)=\sup_{\nu\in\mathcal{A}_{0,T}}\mathbb{E}\left[X_T^\nu+Q_T^\nu\left(S_T^\nu-\alpha Q_T^\nu\right)-\phi\int_0^T(Q_s^\nu)^2ds\right], \tag{5.3}$$

以及得到的最优清算交易策略 ν^*, 其中

$$dQ_t^\nu=-\nu_t dt,\qquad Q_0^\nu=q,\qquad \text{代理商的库存}, \tag{5.4a}$$

$$dS_t^\nu=-g(\nu_t)dt+\sigma dW_t,\qquad S_0^\nu=S,\qquad \text{基本资产价格}, \tag{5.4b}$$

$$\hat{S}_t^\nu=S_t^\nu-h(\nu_t),\qquad \hat{S}_0^\nu=S,\qquad \text{执行价格}, \tag{5.4c}$$

$$dX_t^\nu=\nu_t\hat{S}_t^\nu dt,\qquad X_0^\nu=x,\qquad \text{代理商的现金}. \tag{5.4d}$$

在上式中,

- $\nu=(\nu_t)_{\{0\leqslant t\leqslant T\}}$ 表示代理商交易的 (正) 比率 (清算率), 这是代理商能控制的;
- $Q^\nu=(Q_t^\nu)_{\{0\leqslant t\leqslant T\}}$ 表示代理商的库存;
- $W=(W_t)_{\{0\leqslant t\leqslant T\}}$ 表示布朗运动;
- $S^\nu=(S_t^\nu)_{\{0\leqslant t\leqslant T\}}$ 表示基本价格过程;
- $g:\mathbb{R}_+\to\mathbb{R}_+$ 表示代理商交易活动对基本价格产生的永久性 (负) 冲击;
- $\hat{S}^\nu=(\hat{S}_t^\nu)_{\{0\leqslant t\leqslant T\}}$ 表示对应于代理商能卖出资产的执行价格过程;
- $h:\mathbb{R}_+\to\mathbb{R}_+$ 表示代理商的交易活动对可执行交易的价格产生的暂时性 (负) 冲击;
- $X^\nu=(X_t^\nu)_{\{0\leqslant t\leqslant T\}}$ 表示代理商的现金过程;
- $\mathcal{A}_{t,T}$ 表示容许策略集合, 即所有 $\mathcal{F}$-可料的非负有界策略, 这个限制条件排除了股份的再次购买, 并且保证清算率有限.

5.2.3 限价单最优出价

在上述的最优清算问题中, 我们假定代理商在一定时间内持续地发布市价单来清算他的股份. 由于他为了出售自己的股份会持续地跨越价差, 以及潜在地沿订单簿游走, 所以这样一个策略在直观上是次优的. 由于他可能也会发布限价单, 那么他至少可以省下在跨越价差上的成本, 甚至可能通过在限价订单簿上 LOB 上更深的位置 (相对于中间价格 S_t 的深度 δ_t) 发布, 以达到更好的表现. 这么做的风险在

于他可能无法售出股份. 在有市价卖单到达的条件下, 代理商以 $S_t+\delta_t$ 价位发布的订单被匹配的概率可以被建模为 δ_t 函数, 我们称为填充概率, 并表示为 $P(\delta_t)$. 代理商因此可以提出一个控制问题以决定要在 LOB 的什么深度, 跨越价差发布订单, 使在交易期限到达时, 最优化清算股份的价值.

在这种情形下, 代理商的价值函数为

$$H(x,S,q)=\sup_{\delta\in\mathcal{A}_{[0,T]}}\mathbb{E}\left[X_T^\delta+Q_T^\delta\left(S_T^\delta-\alpha Q_T^\delta\right)-\phi\int_0^T(Q_s^\delta)^2ds\right],$$

其中

$$
\begin{aligned}
&M_t && &&\text{市价卖单,} &&(5.5\text{a})\\
&S_t=S_0+\sigma W_t, && &&\text{资产中间价,} &&(5.5\text{b})\\
&dX_t^\delta=(S_t+\delta_t)(-dQ_t^\delta), && X_0^\delta=x, &&\text{代理商现金,} &&(5.5\text{c})\\
&dQ_t^\delta=-\mathbb{1}_{\left\{U_{M_{t^-}^{-1}+1}>P(\delta_t)\right\}}dM_t, && Q_0^\delta=q, &&\text{代理商库存,} &&(5.5\text{d})
\end{aligned}
$$

其中 $U_1,U_2,\cdots$ 是独立同分布 (i.i.d.) 的均匀分布随机变量.

5.3　扩散过程的控制

在这一节中, 控制问题有如下的一般形式

$$H(\boldsymbol{x})=\sup_{\boldsymbol{u}\in\mathcal{A}_{0,T}}\mathbb{E}\left[G(\boldsymbol{X}_T^{\boldsymbol{u}})+\int_0^T F(s,\boldsymbol{X}_s^{\boldsymbol{u}},\boldsymbol{u}_s)ds\right],\tag{5.6}$$

其中 $\boldsymbol{u}=(\boldsymbol{u}_t)_{0\leqslant t\leqslant T}$ 是 (p 维) 向量值控制过程, $\boldsymbol{X}^{\boldsymbol{u}}=(\boldsymbol{X}_t)_{0\leqslant t\leqslant T}$ 是 (n 维) 向量值被控制过程, 假设 (在这一节中) $\boldsymbol{X}^{\boldsymbol{u}}$ 是如下 Itô 扩散:

$$d\boldsymbol{X}_t^{\boldsymbol{u}}=\boldsymbol{\mu}(t,\boldsymbol{X}_t^{\boldsymbol{u}},\boldsymbol{u}_t)dt+\boldsymbol{\sigma}(t,\boldsymbol{X}_t^{\boldsymbol{u}},\boldsymbol{u}_t)d\boldsymbol{W}_t,\qquad \boldsymbol{X}_0^{\boldsymbol{u}}=\boldsymbol{x},\tag{5.7}$$

其中 $(\boldsymbol{W}_t)_{0\leqslant t\leqslant T}$ 是一个独立布朗运动向量, $\mathcal{A}$ 是一个 $\mathcal{F}$-可料过程的集合 (被称作**容许集**), 使得 (5.7) 有强解 (还可能包含其他的约束, 例如这个过程有界), $G:\mathbb{R}^n\mapsto\mathbb{R}$ 是终端奖励, $F:\mathbb{R}_+\times\mathbb{R}^{n+p}\mapsto\mathbb{R}$ 是运行惩罚/奖励. 一般说来, 运行惩罚/奖励可能依赖时间 t, 被控制过程 $\boldsymbol{X}_t^{\boldsymbol{u}}$ 的当前位置, 以及控制本身 $\boldsymbol{u}_t$, 而终端奖励仅依赖被控制过程的终端值. 为简单起见, 假定函数 G 和 F 一致有界并且漂移向量 $\boldsymbol{\mu}_t$ 和波动率 $\boldsymbol{\sigma}_t$ 都是 Lipschitz 连续的. 对控制、漂移和波动率的可积性假设, 是保证下文概述的步骤可以被严格执行的必要假设. 对控制的可料性假设是必要的, 否则, 代理商可以窥视未来以优化他的策略, 但这些能窥探未来的策略并不能在实际中被实现.

价值函数 (5.6) 有这样的解释, 代理商希望通过实行最优方法最大化终端奖励函数 G 和运行奖励/惩罚的总和. 他的行为 u 在一些由 (5.7) 给出的一般形式上影响标定系统的演变. 因此, 他过去的行为影响了未来的演变, 他必须因此适应和调整自己的行为来考虑到这些反馈影响.

对任意容许控制 u, 定义所谓的**性能指标** (performance criteria) $H^{\boldsymbol{u}}(\boldsymbol{x})$

$$H^{\boldsymbol{u}}(\boldsymbol{x})=\mathbb{E}\left[G(\boldsymbol{X}_T^{\boldsymbol{u}})+\int_0^T F(s,\boldsymbol{X}_s^{\boldsymbol{u}},\boldsymbol{u}_s)ds\right]. \tag{5.8}$$

因此代理商试图最大化性能指标, 自然而然有

$$H(\boldsymbol{x})=\sup_{\boldsymbol{u}\in\mathcal{A}_{0,T}} H^{\boldsymbol{u}}(\boldsymbol{x}). \tag{5.9}$$

正如引言中所提到的, 相比于直接最优化 $H^{\boldsymbol{u}}(\boldsymbol{x})$, 更方便 (有力) 的做法是引入一簇带时间索引的优化问题, 在此之上我们可以得出动态规划原理 (DPP). 无穷小形式的 DPP 导出 DPE——Hamilton-Jacobi-Bellman 方程 (HJB)——一个非线性 PDE, 且它的解是原始方程的试探解. 如果 DPE 的经典解①存在, 通过检验论证能够证明这是原始控制的解. 接下来的三个小节将讨论这个方案.

5.3.1 动态规划原理

常用的求解随机 (和确定性) 控制问题的方法② 是将原始问题嵌入一类更大的与时间 $t\in[0,T]$ 挂钩的问题, 并使得在时间 $t=0$ 时等价于原始问题. 为此, 首先定义 (有少量的记号泛用)

$$H(t,\boldsymbol{x}):=\sup_{\boldsymbol{u}\in\mathcal{A}_{t,T}} H^{\boldsymbol{u}}(\boldsymbol{x},t), \tag{5.10a}$$

$$H^{\boldsymbol{u}}(t,\boldsymbol{x}):=\mathbb{E}_{t,\boldsymbol{x}}\left[G(\boldsymbol{X}_T^{\boldsymbol{u}})+\int_t^T F(s,\boldsymbol{X}_s^{\boldsymbol{u}},\boldsymbol{u}_s)ds\right], \tag{5.10b}$$

其中记号 $\mathbb{E}_{t,\boldsymbol{x}}[\cdot]$ 表示在 $\boldsymbol{X}_t^{\boldsymbol{u}}=x$ 条件下的期望. 两个优化目标由时间索引, 类似于原始控制问题和性能指标. 特别地, $H(0,\boldsymbol{x})$ 相容于原始控制问题 (5.6), $H^{\boldsymbol{u}}(0,\boldsymbol{x})$ 相容于性能指标 (5.8).

① 这里, 经典解的意思是该解在时间上是一阶可微, 关于所有 (扩散) 状态变量是二阶可微的, 所以无穷小生成元可以被应用到这上面.

② 还有另一种运用 Pontryagin 最大值原理的方法可以控制确定和随机系统. 见文献 (Yong and Zhou, 1999), 关于对随机系统最大值原理的应用和它与 DPP 之间联系进行了精彩的阐述.

接下来取一个任意容许策略 $\boldsymbol{u}$, 设想 $\boldsymbol{X}$ 过程从时间 t 向前演化到一个任意停时 $\tau \leqslant T$. 然后在 $\boldsymbol{X}_\tau^{\boldsymbol{u}}$ 的条件下, 从 τ 到 T 的运行奖励/惩罚以及终端奖励的贡献可以被视作开始于 $\boldsymbol{X}_\tau^{\boldsymbol{u}}$ 新值的性能指标 (图 5.1). 这使得价值函数被改写为关于 τ 时刻未来价值期望以及现在到 τ 时刻奖励的函数.

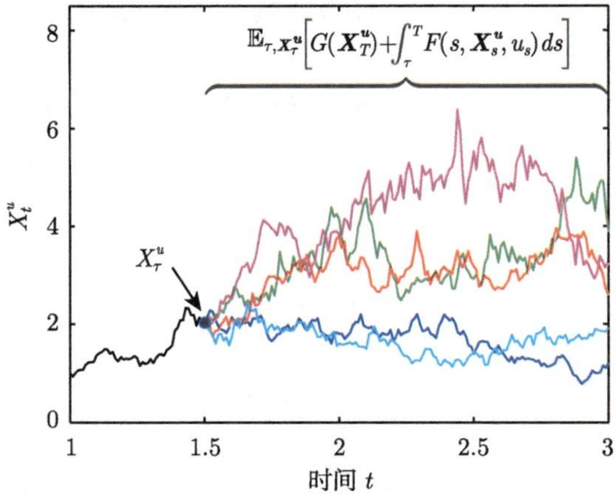

图 5.1　DPP 允许价值函数被写为未来价值函数的期望. 关键想法是令控制过程从 t 向 τ 演变, 然后重写余下的期望作为未来性能指标

更准确地来说, 通过重复取期望, 时间索引的性能指标变为

$$
\begin{aligned}
H^{\boldsymbol{u}}(t,\boldsymbol{x}) &= \mathbb{E}_{t,\boldsymbol{x}}\left[G(\boldsymbol{X}_T^{\boldsymbol{u}}) + \int_\tau^T F(s,\boldsymbol{X}_s^{\boldsymbol{u}},\boldsymbol{u}_s)ds + \int_t^\tau F(s,\boldsymbol{X}_s^{\boldsymbol{u}},\boldsymbol{u}_s)ds\right] \\
&= \mathbb{E}_{t,\boldsymbol{x}}\left[\mathbb{E}_{\tau,\boldsymbol{X}_\tau^{\boldsymbol{u}}}\left[G(\boldsymbol{X}_T^{\boldsymbol{u}}) + \int_\tau^T F(s,\boldsymbol{X}_s^{\boldsymbol{u}},\boldsymbol{u}_s)ds\right] + \int_t^\tau F(s,\boldsymbol{X}_s^{\boldsymbol{u}},\boldsymbol{u}_s)ds\right] \\
&= \mathbb{E}_{t,\boldsymbol{x}}\left[H^{\boldsymbol{u}}(\tau,\boldsymbol{X}_\tau^{\boldsymbol{u}}) + \int_t^\tau F(s,\boldsymbol{X}_s^{\boldsymbol{u}},\boldsymbol{u}_s)ds\right]. \qquad (5.11)
\end{aligned}
$$

现在, 对于任意容许控制 $\boldsymbol{u}$ 和任意的 $\boldsymbol{x}$ 有 $H(t,\boldsymbol{x}) \geqslant H^{\boldsymbol{u}}(t,\boldsymbol{x})$ (如果 $\boldsymbol{u}$ 是最优控制 $\boldsymbol{u}^*$ 等号成立——假设 $\boldsymbol{u}^* \in \mathcal{A}_{t,T}$, 即上确界可以在一个容许策略处取到[①]). 因此, 在 (5.11) 的右边, 停时 τ 处的性能指标 $H^{\boldsymbol{u}}(\tau,\boldsymbol{X}_\tau^{\boldsymbol{u}})$ 的上界被价值函数 $H(\tau,\boldsymbol{X}_\tau^{\boldsymbol{u}})$ 控制. 这个等式在期望意义下可以由一个关于价值函数 (而不是性能指标) 的不等式代替:

$$
\begin{aligned}
H^{\boldsymbol{u}}(t,\boldsymbol{x}) &\leqslant \mathbb{E}_{t,\boldsymbol{x}}\left[H(\tau,\boldsymbol{X}_{\boldsymbol{\tau}}^{\boldsymbol{u}}) + \int_t^\tau F(s,\boldsymbol{X}_{\boldsymbol{s}}^{\boldsymbol{u}},\boldsymbol{u}_s)ds\right] \\
&\leqslant \sup_{\boldsymbol{u}\in\mathcal{A}} \mathbb{E}_{t,\boldsymbol{x}}\left[H(\tau,\boldsymbol{X}_\tau^{\boldsymbol{u}}) + \int_t^\tau F(s,\boldsymbol{X}_s^{\boldsymbol{u}},\boldsymbol{u}_s)ds\right].
\end{aligned}
$$

① 可能存在这种情况, 上确界是一系列有限容许策略的极限, 而极限策略不在容许集中.

注意上式的右边, 任意控制 $\boldsymbol{u}$ 只在区间 $[t,\tau]$ 上起作用, 且最优控制是隐含在了价值函数 $H(\tau,\boldsymbol{X}_\tau^{\boldsymbol{u}})$ 中, 注意到 $H(\tau,\boldsymbol{X}_\tau^{\boldsymbol{u}})$ 中起始点为被 $\boldsymbol{u}$ 控制的过程 $\boldsymbol{X}$ 在 τ 处的值 $\boldsymbol{X}_\tau^{\boldsymbol{u}}$.

在上式左侧取容许策略的上确界, 以至于左侧也简化为价值函数, 我们有

$$\boxed{H(t,\boldsymbol{x}) \leqslant \sup_{\boldsymbol{u}\in\mathcal{A}} \mathbb{E}_{t,\boldsymbol{x}}\left[H(\tau,\boldsymbol{X}_\tau^{\boldsymbol{u}}) + \int_t^\tau F(s,\boldsymbol{X}_s^{\boldsymbol{u}},\boldsymbol{u}_s)ds\right].} \tag{5.12}$$

这为我们提供了第一个不等式.

接下来, 我们旨在于证明上面的不等式是可逆的. 取任意容许策略控制 $\boldsymbol{u}\in\mathcal{A}$, 由 $\boldsymbol{v}^\varepsilon\in\mathcal{A}$ 表示 ε-最优控制, 将其定义为比 $H(t,\boldsymbol{x})-\varepsilon$ 好但不及 $H(t,x)$ 的控制, 也就是说, 这是一个满足下式的控制

$$H(t,\boldsymbol{x}) \geqslant H^{\boldsymbol{v}^\varepsilon}(t,\boldsymbol{x}) \geqslant H(t,\boldsymbol{x}) - \varepsilon. \tag{5.13}$$

假设价值函数在控制空间上是连续的, 那么这样的控制是存在的. 接下来考虑 ε-最优控制的修改

$$\tilde{\boldsymbol{v}}^\varepsilon = \boldsymbol{u}_t\mathbb{1}_{t\leqslant\tau} + \boldsymbol{v}^\varepsilon\mathbb{1}_{t>\tau}, \tag{5.14}$$

也就是说, 这样在停时 τ 之后的修改是 ε-最优的, 但是在区间 $[t,\tau]$ 上可能是次优的. 然后我们有

$$\begin{aligned}
H(t,\boldsymbol{x}) &\geqslant H^{\tilde{\boldsymbol{v}}^\varepsilon}(t,\boldsymbol{x}) \\
&= \mathbb{E}_{t,\boldsymbol{x}}\left[H^{\tilde{\boldsymbol{v}}^\varepsilon}(\tau,\boldsymbol{X}_\tau^{\tilde{\boldsymbol{v}}^\varepsilon}) + \int_t^\tau F(s,\boldsymbol{X}_s^{\tilde{\boldsymbol{v}}^\varepsilon},\tilde{\boldsymbol{v}}_s^\varepsilon)ds\right] && (\text{由}(5.11)) \\
&= \mathbb{E}_{t,\boldsymbol{x}}\left[H^{\tilde{\boldsymbol{v}}}(\tau,\boldsymbol{X}_\tau^{\boldsymbol{u}}) + \int_t^\tau F(s,\boldsymbol{X}_s^{\boldsymbol{u}},\boldsymbol{u}_s)ds\right] && (\text{利用}(5.14)) \\
&\geqslant \mathbb{E}_{t,\boldsymbol{x}}\left[H(\tau,\boldsymbol{X}_\tau^{\boldsymbol{u}}) + \int_t^\tau F(s,\boldsymbol{X}_s^{\boldsymbol{u}},\boldsymbol{u}_s)ds\right] - \varepsilon && (\text{通过}(5.13)).
\end{aligned}$$

取极限 $\varepsilon\searrow 0$, 我们有

$$H(t,\boldsymbol{x}) \geqslant \mathbb{E}_{t,\boldsymbol{x}}\left[H(\tau,\boldsymbol{X}_\tau^{\boldsymbol{u}}) + \int_t^\tau F(s,\boldsymbol{X}_s^{\boldsymbol{u}},\boldsymbol{u}_s)ds\right].$$

此外, 由于对于任意 $\boldsymbol{u}\in\mathcal{A}$ 上式成立, 我们有

$$\boxed{H(t,\boldsymbol{x}) \geqslant \sup_{\boldsymbol{u}\in\mathcal{A}} \mathbb{E}_{t,\boldsymbol{x}}\left[H(\tau,\boldsymbol{X}_\tau^{\boldsymbol{u}}) + \int_t^\tau F(s,\boldsymbol{X}_s^{\boldsymbol{u}},\boldsymbol{u}_s)ds\right].} \tag{5.15}$$

上界 (5.12) 和下界 (5.15) 构成动态规划不等式. 将两者联立, 我们得到以下定理.

定理 5.1 (扩散过程的动态规划原理)　*价值函数 (5.10a) 满足 DPP*

$$\boxed{H(t,\boldsymbol{x}) = \sup_{\boldsymbol{u}\in\mathcal{A}} \mathbb{E}_{t,\boldsymbol{x}}\left[H(\tau,\boldsymbol{X}_\tau^{\boldsymbol{u}}) + \int_t^\tau F(s,\boldsymbol{X}_s^{\boldsymbol{u}},\boldsymbol{u}_s)ds\right],} \tag{5.16}$$

这里所有 $(t,\boldsymbol{x})\in[0,T]\times\mathbb{R}^n$, *所有停时* $\tau\leqslant T$.

这个方程是把价值函数和未来预期价值, 以及运行奖励/惩罚相关联的一系列方程. 由于它是一系列方程, 通过着眼于无穷小版本可以找到一个更加有力的方程——即所谓的 DPE.

5.3.2 动态规划方程/Hamiltion-Jacobi-Bellman 方程

DPE 是动态规划原理 (DPP)(5.16) 的无穷小版本. 涉及的两个关键思想是:

(i) 在 DPP 中设置停时 τ 使其为 (a) 和 (b) 之间的最小值: (a) 过程 $\boldsymbol{X}_t^u$ 离开以起始点为球心、ϵ 为半径的球所需要的时间; (b) 一个固定 (小的) 时间 h. 两种选择都以 T 为界这可以在图 5.2 中观察到, 且可以准确地表示为

$$\tau = T\wedge\inf\left\{s>t:(s-t,|\boldsymbol{X}_s^{\boldsymbol{u}}-\boldsymbol{x}|)\notin[0,h)\times[0,\epsilon)\right\}.$$

注意到当 $h\searrow 0$, $\tau\searrow t$, a.s. 对充分小的 h 有 $\tau=t+h$——因为当时间跨度 h 收缩时, $\boldsymbol{X}$ 越来越不可能在 h 前离开这个球.

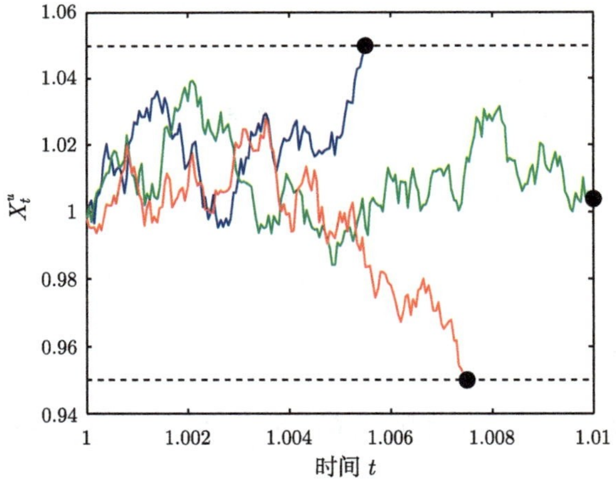

图 5.2　DPE 是 DPP 的无穷小量版本, 其中停时 τ 是半径为 ϵ 球的首次退出时间和一个固定的时间 h 两者中较小的一方. 图中画出了三条路径, 对应的值 X_τ^u 和停时 τ 由黑点表示, 这里 $\epsilon=0.05$ 和 $h=0.01$

(ii) 对时间 t 的价值函数应用 Itô 引理, 写出在停时 τ 的价值函数 (关于任意容许控制 $\boldsymbol{u}$). 具体地说, 假设价值函数有足够的正则性, 我们有

$$
\begin{aligned}
&H(\tau, \boldsymbol{X}_\tau^{\boldsymbol{u}}) \\
&= H(t, \boldsymbol{x}) + \int_t^\tau (\partial_t + \mathcal{L}_s^{\boldsymbol{u}}) H(s, \boldsymbol{X}_s^{\boldsymbol{u}}) ds + \int_t^\tau \boldsymbol{\mathcal{D}}_x H(s, \boldsymbol{X}_s^{\boldsymbol{u}})' \boldsymbol{\sigma}_s^{\boldsymbol{u}} d\boldsymbol{W}_s, \qquad (5.17)
\end{aligned}
$$

其中 $\boldsymbol{\sigma}_t^{\boldsymbol{u}} := \sigma(t, \boldsymbol{X}_t^{\boldsymbol{u}}, \boldsymbol{u}_t)$ 表示紧致性, $\mathcal{L}_t^{\boldsymbol{u}}$ 表示 $\boldsymbol{X}_t^{\boldsymbol{u}}$ 的无穷小生成元, $\boldsymbol{\mathcal{D}}_x H(\cdot)$ 表示偏导数向量, 其构成为 $[\boldsymbol{\mathcal{D}}_x H(\cdot)]_i = \partial_{x^i} H(\cdot)$. 例如, 在一维情况中

$$
\begin{aligned}
\mathcal{L}_t^u &= \mu_t^u \partial_x + \frac{1}{2} (\sigma_t^u)^2 \partial_{xx} \\
&= \mu(t, x, u) \partial_x + \frac{1}{2} \sigma^2(t, x, u) \partial_{xx}.
\end{aligned}
$$

跟之前一样, 我们通过获取两个不等式导出两个阶段的 DPE.

首先, 取 $\boldsymbol{v} \in \mathcal{A}$ 为区间 $[t, \tau]$ 中的常数, 应用下界 (5.15), 并将 (5.17) 代入右边有

$$
\begin{aligned}
H(t, \boldsymbol{x}) &\geqslant \sup_{\boldsymbol{u} \in \mathcal{A}} \mathbb{E}_{t, \boldsymbol{x}} \left[H(\tau, \boldsymbol{X}_\tau^{\boldsymbol{u}}) + \int_t^\tau F(s, \boldsymbol{X}_s^{\boldsymbol{u}}, \boldsymbol{u}_s) ds \right] \\
&\geqslant \mathbb{E}_{t, \boldsymbol{x}} \left[H(\tau, \boldsymbol{X}_\tau^{\boldsymbol{v}}) + \int_t^\tau F(s, \boldsymbol{X}_s^{\boldsymbol{v}}, \boldsymbol{v}) ds \right] \\
&= \mathbb{E}_{t, \boldsymbol{x}} \left[H(t, \boldsymbol{x}) + \int_t^\tau (\partial_t + \mathcal{L}_s^{\boldsymbol{v}}) H(s, \boldsymbol{X}_s^{\boldsymbol{v}}) ds \right. \\
&\qquad \left. + \int_t^\tau \boldsymbol{\mathcal{D}}_x H(s, \boldsymbol{X}_s^{\boldsymbol{v}})' \boldsymbol{\sigma}_s^{\boldsymbol{v}} dW_s + \int_t^\tau F(s, \boldsymbol{X}_s^{\boldsymbol{v}}, \boldsymbol{v}) ds \right].
\end{aligned}
$$

我们保证在区间上 $|\boldsymbol{X}_t^{\boldsymbol{v}} - \boldsymbol{x}| \leqslant \epsilon$, 所以上述的随机积分中的被积函数即 $\boldsymbol{D}_x H(s, \boldsymbol{X}_s^{\boldsymbol{v}})' \boldsymbol{\sigma}_s^{\boldsymbol{v}}$ 在区间 $[t, \tau]$ 上有界. 因此, 这个随机积分是一个鞅的增量, 我们能确定它的期望是 0. 因此

$$
H(t, \boldsymbol{x}) \geqslant \mathbb{E}_{t, \boldsymbol{x}} \left[H(t, \boldsymbol{x}) + \int_t^\tau \left\{ (\partial_t + \mathcal{L}_s^{\boldsymbol{v}}) H(s, \boldsymbol{X}_s^{\boldsymbol{v}}) + F(s, \boldsymbol{X}_s^{\boldsymbol{v}}, \boldsymbol{v}) \right\} ds \right],
$$

回顾之前有 $\tau = t + h$.

把左边的 $H(t, \boldsymbol{x})$ 移到右边, 除以 h, 取极限 $h \searrow 0$ 得到

$$
\begin{aligned}
0 &\geqslant \lim_{h \downarrow 0} \mathbb{E}_{t, \boldsymbol{x}} \left[\frac{1}{h} \int_t^\tau \left\{ (\partial_t + \mathcal{L}_s^{\boldsymbol{v}}) H(s, \boldsymbol{X}_s^{\boldsymbol{v}}) + F(s, \boldsymbol{X}_s^{\boldsymbol{v}}, \boldsymbol{v}) \right\} ds \right] \\
&= (\partial_t + \mathcal{L}_t^{\boldsymbol{v}}) H(t, \boldsymbol{x}) + F(t, \boldsymbol{x}, \boldsymbol{v}).
\end{aligned}
$$

第二行由以下四条得出:

(i) 当 $h \searrow 0$ 时基本确定有 $\tau = t + h$, 因为这个过程将不会在极短的时间内达到半径 ϵ 处;

(ii) 条件 $|\boldsymbol{X}_\tau^{\boldsymbol{u}} - \boldsymbol{x}| \leqslant \epsilon$, 这意味着如果过程碰到了 ϵ 处, 则它是有界的;

(iii) 由均值定理, 我们可得到 $\lim_{h\downarrow 0}\dfrac{1}{h}\displaystyle\int_t^{t+h}\omega_s ds = \omega_t$;

(iv) 过程开始于 $\boldsymbol{X}_t^{\boldsymbol{v}} = \boldsymbol{x}$.

由于以上不等式对于任意的 $\boldsymbol{v} \in \mathcal{A}$ 成立, 可以得到

$$\partial_t H(t,\boldsymbol{x}) + \sup_{\boldsymbol{u}\in\mathcal{A}} \left(\mathcal{L}_t^{\boldsymbol{u}} H(t,\boldsymbol{x}) + F(t,\boldsymbol{x},\boldsymbol{u})\right) \leqslant 0. \tag{5.18}$$

接下来, 我们证明这个不等式实际上是一个等式. 为了证明这一点, 假设 $\boldsymbol{u}^*$ 是最优控制, 根据 (5.16), 我们有

$$H(t,\boldsymbol{x}) = \mathbb{E}_{t,\boldsymbol{x}}\left[H(\tau,\boldsymbol{X}_\tau^{\boldsymbol{u}^*}) + \int_t^\tau F(s,\boldsymbol{X}_s^{\boldsymbol{u}^*},\boldsymbol{u}^*)ds\right].$$

和上面一样, 由 Itô 引理把 $H(\tau,\boldsymbol{X}_\tau^{\boldsymbol{u}^*})$ 用 $H(t,\boldsymbol{x})$ 和增量的积分表示, 取期望, 令极限 $h \searrow 0$, 我们有

$$\partial_t H(t,\boldsymbol{x}) + \mathcal{L}_t^{\boldsymbol{u}^*} H(t,\boldsymbol{x}) + F(t,\boldsymbol{x},\boldsymbol{u}^*) = 0.$$

联合 (5.18), 我们最终得到 DPE (在本书中也被称为 **Hamilton-Jacobi-Bellman** 方程)

$$\boxed{\begin{aligned}\partial_t H(t,\boldsymbol{x}) + \sup_{\boldsymbol{u}\in\mathcal{A}} \left(\mathcal{L}_t^{\boldsymbol{u}} H(t,\boldsymbol{x}) + F(t,\boldsymbol{x},\boldsymbol{u})\right) = 0,\\ H(T,\boldsymbol{x}) = G(\boldsymbol{x}).\end{aligned}} \tag{5.19}$$

以上的终端条件来自 (5.10a) 中价值函数的定义, 从中我们可以看出没有运行奖励/惩罚, 以及 $G(\boldsymbol{X}_T^{\boldsymbol{u}})$ 是 $\mathcal{F}_T$ 可测的.

注意到 (5.19) 中对控制函数的优化只是关于它时间 t 的值, 而不是控制函数的整个控制路径. 因此, 最优控制函数似乎可以逐点得到. 将价值函数看作已知的, 最优控制通常可以在关于价值函数本身的**反馈控制**形式中得到. 将反馈控制代回 (5.19) 得到非线性 PDE. 实际上该函数

$$\mathfrak{H}\left(t,x,\boldsymbol{\mathcal{D}}_x H,\boldsymbol{\mathcal{D}}_x^2 H\right) = \sup_{\boldsymbol{u}\in\mathcal{A}} \left(\mathcal{L}_t^u H(t,x) + F(t,x,u)\right)$$

称为相关随机控制问题的 **Hamilton 量**. 这里 $\boldsymbol{\mathcal{D}}_x H$ 和 $\boldsymbol{\mathcal{D}}_x^2 H$ 分别表示价值函数 H 的一阶和二阶导数 (回顾一下, 通常 X 是向量), 详细地说

$$[\boldsymbol{\mathcal{D}}_x H]_k = \partial_{x^k} H \quad 和 \quad \left[\boldsymbol{\mathcal{D}}_x^2 H\right]_{jk} = \partial_{x^j x^k} H.$$

这些量出现在无穷小生成元中.

举例: Merton 问题

现在考虑在 5.2.1 小节中描述过的 Merton 优化问题. 优化问题由 (5.1) 给出, 并且它有与时间依赖的性能指标

$$H^\pi(t,x,S) = \mathbb{E}_{t,x,S}\left[U(X_T^\pi)\right], \tag{5.20}$$

其中 X^π (投资者财富) 和 S (风险资产价格) 满足 SDE (5.2), 以及 π 表示投资于风险资产 S 的美元价值. 由 (5.2b), 随机过程对 $(X_t^\pi, S_t)_{0\leqslant t\leqslant T}$ 的无穷小生成元有

$$\mathcal{L}_t^\pi = (rx + (\mu - r)\pi)\partial_x + \frac{1}{2}\sigma^2\pi\partial_{xx} + (\mu - r)S\partial_S + \frac{1}{2}\sigma^2 S^2\partial_{SS} + \sigma^2\pi S\partial_{xS}.$$

根据 (5.19), 价值函数 $H(t,x,S) = \sup_{\pi\in\mathcal{A}_{[t,T]}} H^\pi(t,x,S)$ 应该满足方程

$$\begin{aligned} 0 = &\left(\partial_t + rx\partial_x + \frac{1}{2}\sigma^2 S^2\partial_{SS}\right)H \\ &+ \sup_\pi\left\{\pi((\mu - r)\,\partial_x + \sigma^2 S\partial_{xS})H + \frac{1}{2}\sigma^2\pi^2\partial_{xx}H\right\}, \end{aligned}$$

并满足终端条件 $H(T,x,S) = U(x)$. 注意取上确界的量关于 π 是二次的, 且只要 $\partial_{xx}H(t,x,S) < 0$, 上确界可达最大. 配方得

$$\begin{aligned} &\pi((\mu - r)\partial_x + \sigma^2 S\partial_{xS})H + \frac{1}{2}\sigma^2\pi^2\partial_{xx}H \\ =&\frac{1}{2}\sigma^2\partial_{xx}H\left((\pi - \pi^*)^2 - (\pi^*)^2\right), \end{aligned}$$

其中

$$\boxed{\pi^* = -\frac{(\mu - r)\partial_x H + \sigma^2 S\partial_{xS}H}{\sigma^2\partial_{xx}H}}$$

是反馈形式的最优控制——即已知的价值函数 $H(t,x,S)$ 时的最优控制. 将最优值代回 DPE 得到关于价值函数的非线性 PDE

$$0 = \left(\partial_t + rx\partial_x + \frac{1}{2}\sigma^2 S^2\partial_{SS}\right)H - \frac{((\mu - r)\partial_x H + \sigma^2 S\partial_{xS}H)^2}{2\sigma^2\partial_{xx}H}.$$

观察到终端条件 $H(T,x,S) = U(x)$ 与 S 无关, 这个方程还可以再简化. 因此使用拟设 $H(t,x,S) = h(t,x)$, 则我们可以获得关于 $h(t,x)$ 的一个更简洁但仍然是非线性的方程

$$0 = (\partial_t + rx\partial_x)h(t,x) - \frac{\lambda^2}{2}\frac{(\partial_x h(t,x))^2}{\partial_{xx}h(t,x)},$$

并满足终端条件 $h(T,x)=U(x)$, 其中 $\lambda=\dfrac{\mu-r}{\sigma}$ 是风险市场价格, 也称为夏普比率. 此外, 最优控制简化为

$$\pi^*=-\frac{\lambda}{\sigma}\left(\frac{\partial_x h}{\partial_{xx}h}\right).$$

非线性 PDE 的显式解依赖于效用函数 $U(x)$ 的精确形式. 两个经典的例子为:

(i) 指数效用

$$U(x)=-e^{-\gamma x},\quad \gamma>0,$$

这里 $x\in\mathbb{R}$;

(ii) 双曲绝对风险厌恶 (HARA) 效用

$$U(x)=\frac{1-\gamma}{\gamma}\left(a+\frac{b}{1-\gamma}x\right)^{\gamma},\quad \gamma>1,\ b>0, x\in\left(-(1-\gamma)\frac{a}{b},+\infty\right).$$

在这种情况下, 容许财富有较小的界, 且投资者是非常不愿意跌到这个水平以下的.

关于指数效用, 价值函数有一个仿射解, 我们可以写出一个拟设

$$h(t,x)=-\alpha(t)e^{-\gamma x\beta(t)},$$

其中 $\alpha(t)$ 和 $\beta(t)$ 是待确定的只依赖于时间的函数. 根据终端条件 $h(T,X)=-e^{-\gamma x}$, 我们有 $\alpha(T)=\beta(T)=1$, 并将其代回上面的非线性 PDE, 我们发现

$$\left(\partial_t\alpha-\frac{\lambda}{2\sigma}\alpha\right)-\gamma\left(\partial_t\beta+r\beta\right)\alpha x=0.$$

由于该方程对于任意的 x 和 t 都必须成立, 括号中的项必须均为 0. 这两个方程 $\partial_t\alpha-\dfrac{\lambda}{2\sigma}\alpha=0$ 和 $\partial_t\beta+r\beta=0$, 加上终端条件, 很容易求解得到

$$\alpha(t)=e^{-\frac{\lambda}{2\sigma}(T-t)},\quad \beta(t)=e^{r(T-t)}.$$

在回代过程中, 我们发现风险资产的最优投资量是一个关于时间的确定性函数

$$\pi^*(t)=\frac{\lambda}{\gamma\sigma}e^{-r(T-t)}.$$

随着风险厌恶增长, 投资者会减少风险投资. 投资额与财富无关的事实来自代理商的**绝对风险厌恶**, 将其定义为 $-U''(x)/U'(x)=\gamma$, 由于他使用指数效用, 所以这是一个常数. 对于 HARA 效用, 例如, 无论是绝对风险厌恶还是定义为 $R(x)=-xU''(x)/U'(x)$ 的**相对风险厌恶**, 这都不是常数. 在 HARA 的情况下, 代理商的风险投资是一个关于财富和时间的非平凡函数.

5.3.3 验证

在上一节中的 DPE (5.19) 的推导给出了价值函数的一个必要的条件. 然而, 一个相关的问题是 DPE 的解是否确实为原始控制问题的解. 当相关 DPE 的经典解存在时, 主要的工作就是说明前面这一点, 即所谓的**验证定理**. 我们在下面给出这一结果, 对于这个定理的证明, 读者可以查阅一些在最优控制证明上经典文献 (Yong and Zhou, 1999; Fleming and Soner, 2006; Øksendal and Sulem, 2007; Pham, 2010).

定理 5.2 (验证定理) *令 $\psi \in \mathcal{C}^{1,2}([0,T]\times\mathbb{R}^n)$ 且满足: 对于所有的 $\boldsymbol{u}\in\mathcal{A}$,*

$$\partial_t\psi(t,\boldsymbol{x}) + (\mathcal{L}_t^{\boldsymbol{u}}\psi(t,\boldsymbol{x}) + F(t,\boldsymbol{x},\boldsymbol{u})) \leqslant 0, \quad \forall (t,\boldsymbol{x})\in[0,T]\times\mathbb{R}^n,$$
$$G(\boldsymbol{x}) - \psi(T,\boldsymbol{x}) \leqslant 0.$$

那么对于所有的马尔可夫控制 $\boldsymbol{u}\in\mathcal{A}$,

$$\psi(t,\boldsymbol{x}) \geqslant H^{\boldsymbol{u}}(t,\boldsymbol{x}), \quad \forall (t,\boldsymbol{x})\in[0,T]\times\mathbb{R}^n.$$

此外, 如果对于每一个 $(t,\boldsymbol{x})\in[0,T]\times\mathbb{R}^n$, 存在一个可测 $\boldsymbol{u}^*(t,\boldsymbol{x})$ 满足

$$\begin{aligned} 0 &= \partial_t\psi(t,\boldsymbol{x}) + \left(\mathcal{L}_t^{\boldsymbol{u}^*(t,\boldsymbol{x})}\psi(t,\boldsymbol{x}) + F(t,\boldsymbol{x},\boldsymbol{u}^*(t,\boldsymbol{x}))\right) \\ &= \partial_t\psi(t,\boldsymbol{x}) + \sup_{\boldsymbol{u}\in\mathcal{A}}\left(\mathcal{L}_t^{\boldsymbol{u}}\psi(t,\boldsymbol{x}) + F(t,\boldsymbol{x},\boldsymbol{u})\right), \quad \forall (t,\boldsymbol{x})\in[0,T]\times\mathbb{R}^n \end{aligned}$$

和 $\psi(T,\boldsymbol{x}) = G(\boldsymbol{x})$, 以及 SDE

$$d\boldsymbol{X}_s^* = \mu(t,\boldsymbol{X}_s^*,\boldsymbol{u}^*(t,\boldsymbol{X}_s^*))dt + \boldsymbol{\sigma}(t,\boldsymbol{X}_s^*,\boldsymbol{u}^*(t,\boldsymbol{X}_s^*))d\boldsymbol{W}_s, \quad \boldsymbol{X}_t^* = \boldsymbol{x}$$

有唯一解, 那么 $\{\boldsymbol{u}^*(s,\boldsymbol{X}_s^*)\}_{t\leqslant s\leqslant T}\in\mathcal{A}$, 然后

$$H(t,\boldsymbol{x}) = \psi(t,\boldsymbol{x}), \quad \forall (t,\boldsymbol{x})\in[0,T]\times\mathbb{R}^n,$$

且 $\boldsymbol{u}^*$ 是最优马尔可夫控制.

这个定理说明了如果我们能找到 DPE 的一个解, 且证明它是经典解, 也就是说关于时间的一阶可微和状态变量的二阶可微, 并且得到的控制是容许控制, 那么这个 DPE 的解就是我们要找的价值函数, 且得到的控制就是最优的控制——至少是最优马尔可夫控制. 另一个关键结果是在更多的技术假设之下, 最优控制是马尔可夫的, 即便我们是在一般的 $\mathcal{F}$-可料控制上搜索, 见文献 (Øksendal, 2010) 中定理 11.2.3.

5.4 计数过程的控制

在前面, 扩散过程是控制问题中的不确定性的来源. 在许多情况下, 尤其是与算法和高频交易相关的问题, 计数过程会用于产生不确定性. 这里有很多特征可以纳入分析中, 但是大体的方法仍然是一样的, 因此只需要研究具有控制强度的单一计数过程的情况. 这相当于处理重随机泊松过程, 或者 Cox 过程, 这些都是具有控制强度的计数过程, 它们本身是一个随机过程, 且在这种情况下至少可以部分控制.

考虑这样一个情形, 在一个计数过程 N 中, 代理商可以控制跳跃频率并以此可以最大化某个目标. 在这种情况下, 控制问题具有一般的形式

$$H(n) = \sup_{u\in\mathcal{A}_{0,T}} \mathbb{E}\left[G(N_T^u) + \int_0^T F(s, N_s^u, u_s)ds\right], \tag{5.21}$$

其中 $u = (u_t)_{0\leqslant t\leqslant T}$ 是控制过程, $(N_t^u)_{0\leqslant t\leqslant T}$ 是被控制的强度为 $\lambda_t^u = \lambda(t, N_{t-}^u, u_t)$的重随机泊松过程 (开始于 $N_{0-} = n$), 并使得下面定义的 $(\widehat{N}_t^u)_{0\leqslant t\leqslant T}$ 是一个鞅, 其中

$$\widehat{N}_t^u = N_t - \int_0^t \lambda_s^u ds,$$

这里 $\mathcal{A}$ 是使得 $\widehat{N}$ 是真正的鞅的 $\mathcal{F}$-可料过程的集合, $G : \mathbb{R} \mapsto \mathbb{R}$ 是终端奖励以及 $F : \mathbb{R}_+ \times \mathbb{R}^2 \mapsto R$ 是运行奖励/惩罚. 跟之前一样, 我们假设 G 和 F 一致有界.

对于任意的容许控制 u, 性能指标 $H^u(n)$ 由下式给出

$$H^u(n) = \mathbb{E}\left[G(N_T^u) + \int_0^T F(s, N_s^u)ds\right], \tag{5.22}$$

并且代理商寻求最大化性能指标, 也就是

$$H(n) = \sup_{u\in\mathcal{A}_{0,T}} H^u(n). \tag{5.23}$$

在下面两小节, 我们简洁地给出 DPP 以及相关的 DPE.

5.4.1　动态规划原理

跟之前一样, 原始问题嵌入更大的一类时间索引 $t \in [0, T]$ 问题中, 首先定义

$$H(t, n) := \sup_{u\in\mathcal{A}_{t,T}} H^u(t, n), \tag{5.24a}$$

$$H^u(t, n) := \mathbb{E}_{t,n}\left[G(N_T^u) + \int_t^T F(s, N_s^u, u_s)ds\right], \tag{5.24b}$$

其中, 记号 $\mathbb{E}_{t,n}[\cdot]$ 表示在 $N_{t-} = n$ 条件下的期望. 接下来取任意容许策略 u, 令 N 过程从时间 t 向前流动至任意停时 $\tau \leqslant T$. 然后基于 N_τ^u 的条件, 从 τ 到 T 的运行奖励/惩罚以及终端奖励的贡献可以被视作开始于 N_τ^u 新值的性能指标. 这使得价值函数被改写为关于 τ 时刻未来价值期望以及现在到 τ 时刻奖励的函数.

更准确地说, 通过重复取期望, 时间索引性能指标变为

$$\begin{aligned}H^u(t,n) &= \mathbb{E}_{t,n}\left[G(N_T^u) + \int_\tau^T F(s,N_s^u,u_s)ds + \int_t^\tau F(s,N_s^u,u_s)ds\right] \\ &= \mathbb{E}_{t,n}\left[\mathbb{E}_{\tau,N_\tau^u}\left[G(N_T^u) + \int_\tau^T F(s,N_s^u,u_s)ds\right] + \int_t^\tau F(s,N_s^u,u_s)ds\right] \\ &= \mathbb{E}_{t,n}\left[H^u(\tau,N_\tau^u) + \int_t^\tau F(s,N_s^u,u_s)ds\right]. \qquad (5.25)\end{aligned}$$

现在, 对于任意容许控制 u 和任意的 n 有 $H(t,n) \geqslant H^u(t,n)$ (如果 u 是最优控制 u^* 则等号成立). 因此, 在 (5.25) 停时 τ 处的性能指标 $H^u(\tau,N_\tau^u)$ 被价值函数 $H(\tau,N_\tau^u)$ 控制. 且这个等式可以由一个包含价值函数 (非性能指标) 的期望不等式代替:

$$\begin{aligned}H^u(t,n) &\leqslant \mathbb{E}_{t,n}\left[H(\tau,N_\tau^u) + \int_t^\tau F(s,N_s^u,u_s)ds\right] \\ &\leqslant \sup_{u\in\mathcal{A}} \mathbb{E}_{t,n}\left[H(\tau,N_\tau^u) + \int_t^\tau F(s,N_s^u,u_s)ds\right]. \qquad (5.26)\end{aligned}$$

注意上式的右边, 任意控制 u 只在区间 $[t,\tau]$ 上起作用, 且最优值隐含在了价值函数 $H(\tau,N_\tau^u)$ 中, 但是状态变量 N 的起始点为 N_τ^u. 接下来, 取右边的最优控制也必须能控制住左边, 因为任意的控制都是如此. 那么, 右边不再依赖于随机控制. 最后, 左边关于所有容许控制取上确界使得我们用价值函数代替左边, 并且得到第一个不等式

$$H(t,n) \leqslant \sup_{u\in\mathcal{A}} \mathbb{E}_{t,n}\left[H(\tau,N_\tau^u) + \int_t^\tau F(s,N_s^u,u_s)ds\right]. \qquad (5.27)$$

为了获得逆不等式, 记为 $v^\epsilon \in \mathcal{A}$ 的 ϵ-最优控制, 使得

$$H(t,x) \geqslant H^{v^\epsilon}(t,x) \geqslant H(t,x) - \epsilon. \qquad (5.28)$$

如果价值函数在控制空间上是连续的话, 这样的控制是存在的. 考虑直到时间 τ 的修改:

$$\tilde{v}^\epsilon = u_t \mathbb{1}_{t\leqslant\tau} + v^\epsilon \mathbb{1}_{t>\tau}, \qquad (5.29)$$

其中 $u \in \mathcal{A}$ 是任意容许控制. 那么我们有

$$\begin{aligned}
H(t,n) &\geqslant H^{\tilde{v}^\epsilon}(t,n) \\
&= \mathbb{E}_{t,n}\left[H^{\tilde{v}^\epsilon}(\tau, N_\tau^{\tilde{v}^\epsilon}) + \int_t^\tau F(s, N_s^{\tilde{v}^\epsilon}, \tilde{v}_s^\epsilon)ds\right] \qquad (\text{由}(5.25)) \\
&= \mathbb{E}_{t,n}\left[H^{\tilde{v}^\epsilon}(\tau, N_\tau^{u}) + \int_t^\tau F(s, N_s^{u}, u_s)ds\right] \qquad (\text{利用}(5.29)) \\
&\geqslant \mathbb{E}_{t,n}\left[H(\tau, N_\tau^{u}) + \int_t^\tau F(s, N_s^{u}, u_s)ds\right] - \epsilon \qquad (\text{通过}(5.28)).
\end{aligned}$$

由于上式对于任何的 u 和 ϵ 都成立, 对上确界也成立, 则我们取极限 $\epsilon \searrow 0$ 得到不等式

$$H(t,n) \geqslant \sup_{u\in\mathcal{A}} \mathbb{E}_{t,n}\left[H(\tau, N_\tau^{u}) + \int_t^\tau F(s, N_s^{u}, u_s)ds\right]. \tag{5.30}$$

联合 (5.30) 与 (5.27), 我们得到下面的定理.

定理 5.3 (计数过程的动态规划原理)　价值函数 (5.23) 满足 DPP

$$\boxed{H(t,n) = \sup_{u\in\mathcal{A}} \mathbb{E}_{t,n}\left[H(\tau, N_\tau^{u}) + \int_t^\tau F(s, N_s^{u}, u_s)ds\right],} \tag{5.31}$$

这里 $(t,n) \in [0,T] \times Z_+$ 且停时 $\tau \leqslant T$.

5.4.2　动态规划方程/Hamiltion-Jacobi-Bellman 方程

这一节导出了满足价值函数的 DPE, 方法是通过观察在无穷小时间范围的 DPP. 类比扩散情形, 在 DPP 中设置停时 τ 使其为 (i) 和 (ii) 之间的最小值: (i) 过程 N_t^u 离开以起始点为球心、ϵ 为半径的球所需要的时间; (ii) 一个固定 (小的) 时间 h. 两种选择都以 T 为界

$$\tau = T \wedge \inf\left\{s > t : (s-t, |N_s^u - n|) \notin [0,h) \times [0,\epsilon)\right\}.$$

根据 Itô 引理在时间 t 的价值函数写出在停时 τ 的价值函数 (关于任意容许控制 u). 具体地说

$$\begin{aligned}
H(\tau, N_\tau^u) = H(t,n) &+ \int_t^\tau (\partial_t + \mathcal{L}_s^u) H(s, N_s^u) ds \\
&+ \int_t^\tau [H(s, N_{s^-}^u + 1) - H(s, N_{s^-}^u)] d\widehat{N}_s^u,
\end{aligned} \tag{5.32}$$

其中 $\mathcal{L}_t^u$ 表示 N_t^u 的无穷小生成元, 作用在函数上 $h : \mathbb{R}_+ \times \mathbb{Z}_+ \mapsto \mathbb{R}$ 如下:

$$\mathcal{L}_t^u h(t,n) = \lambda(t,n,u)[h(t,n+1) - h(t,n)].$$

取 $v \in \mathcal{A}$ 为区间 $[t,\tau]$ 上的常数, 应用下界 (5.30), 将 (5.32) 代入右边得到

$$
\begin{aligned}
H(t,n) &\geqslant \sup_{u\in\mathcal{A}} \mathbb{E}_{t,n}\left[H(\tau, N_\tau^u) + \int_t^\tau F(s, N_s^u, u_s)ds\right] \\
&\geqslant \mathbb{E}_{t,n}\left[H(\tau, N_\tau^v) + \int_t^\tau F(s, N_s^v, v)ds\right] \\
&= \mathbb{E}_{t,n}\left[H(t,n) + \int_t^\tau (\partial_t + \mathcal{L}_s^v)H(s, N_s^v)ds\right. \\
&\quad \left. + \int_t^\tau (H(s, N_{s-}^v + 1) - H(s, N_{s-}^v))\, d\widehat{N}_s^v + \int_t^\tau F(s, N_s^v, v)ds\right] \\
&= \mathbb{E}_{t,n}\left[H(t,n) + \int_t^\tau ((\partial_t + \mathcal{L}_s^v)H(s, N_s^v) + F(s, N_s^v, v))\, ds\right].
\end{aligned}
$$

由于 $\widehat{N}_t$ 是鞅, 所以 $\widehat{N}_t$ 的随机积分是零, 由此我们可以得到第三个等式. 由于 $|N_t^v - n| \leqslant \epsilon$, 鞅的性质是可以保证的, 进一步有 $\mathcal{L}_t^v H(t, N_t^v)$ 是有界的. 上式两边减去 $H(t,n)$, 除以 h, 取极限 $h \searrow 0$ 有

$$
\begin{aligned}
0 &\geqslant \lim_{h\downarrow 0} \mathbb{E}_{t,n}\left[\frac{1}{h}\int_t^\tau ((\partial_t + \mathcal{L}_s^v)H(s, N_s^v) + F(s, N_s^v, v))\, ds\right] \\
&= (\partial_t + \mathcal{L}_s^v)H(t,n) + F(t,n,v).
\end{aligned} \tag{5.33}
$$

在上式中, 这个控制在区间 $[t,\tau]$ 是等于 v 的一个常数. 正如前面的一样, 第二行成立的原因是:

(i) 当 $h \searrow 0$ 时, $\tau = t + h$ a.s., 这是因为这个过程不会在极短的时间内到达 ϵ 处;

(ii) 条件 $|N_\tau^v - n| \leqslant \epsilon$, 这意味着如果过程达到 ϵ 处, 那它是有界的;

(iii) 微积分基本定理: $\lim_{h\downarrow 0} \dfrac{1}{h}\displaystyle\int_t^{t+h} \omega_s ds = w_t$;

(iv) $N_{t-}^v = n$.

由于上面的不等式对于任意的 $v \in \mathcal{A}$ 都成立, 可以得到

$$
\partial_t H(t,n) + \sup_{u\in\mathcal{A}}(\mathcal{L}_t^u H(t,n) + F(t,n,u)) \leqslant 0. \tag{5.34}
$$

接下来, 我们证明这个不等式实际上是个等式. 为此, 假设 $u^* \in \mathcal{A}$ 是最优控制, 由 DPP (5.31), 我们有

$$
H(t,n) = \mathbb{E}_{t,n}\left[H(\tau, N_\tau^{u^*}) + \int_t^\tau F(s, N_s^{u^*}, u_s^*)ds\right].
$$

重复上面的步骤 (也就是运用 Itô 引理, 取期望, 令极限 $h \searrow 0$), 我们发现

$$
\partial_t H(t,n) + \mathcal{L}_t^{u^*} H(t,n) + F(t,n,u^*) = 0.
$$

把该结果与 (5.34) 结合起来, 我们得出 DPE (在本书中即为 **Hamilton-Jacobi-Bellman** 方程)

$$\boxed{\begin{cases} \partial_t H(t,n) + \sup_{u\in\mathcal{A}_t} \left(\mathcal{L}_t^u H(t,n) + F(t,n,u)\right) = 0, \\ H(T,n) = G(n). \end{cases}} \tag{5.35}$$

注意到在优化问题 (5.24) 中的积分在 $t \nearrow T$ 为零, 因此终端条件满足. 回顾控制过程的生成元 $\mathcal{L}_t^u$ 作用如下

$$\mathcal{L}_t^u H(t,n) = \lambda(t,n,u)\left[H(t,n+1) - H(t,n)\right].$$

正如扩散情形下, 在 (5.35) 中对控制函数的优化只是关于它时间 t 的值, 而不是控制函数的整个控制路径. 因此, 最优控制函数可以逐点得到. 将价值函数看作已知, 最优控制通常可以在关于价值函数本身的**反馈控制**形式中得到. 将反馈控制代回 (5.35) 一般得到非线性 PDE. 在这个泊松情形中, (5.35) 的上确界有一个非常简洁形式,

$$\begin{aligned} &\sup_{u\in\mathcal{A}_t}\left(\mathcal{L}_t^u H(t,n) + F(t,n,u)\right) \\ =&\sup_{u\in\mathcal{A}_t}\left\{\lambda(s,n,u)[H(t,n+1) - H(t,n)] + F(t,n,u)\right\}, \end{aligned}$$

因此, 如果 $F=0$, 控制函数的最优选择是如果 $H(t,n+1) - H(t,n) > 0$, 则令 $\lambda(s,n,u)$ 尽可能大, 如果 $H(t,n+1) - H(t,n) < 0$, 则令 $\lambda(s,n,u)$ 尽可能小. 因为被控制的量 (在这个情形下是强度) 达到了极值点, 所以这样的控制叫做 **bang-bang 控制**. 为了使这个问题更加有趣, 我们要么 (i) 引入一个运行奖励/惩罚 (也就是 $F\neq 0$); 要么, 更加有趣 (和相关) 的是, (ii) 引入另一个由计数过程驱动的并被间接控制的随机过程, 并且让该随机过程影响代理商的终端和运行奖励.

利用泊松过程驱动二次控制过程

一种方法是 (会作为算法交易中优化问题的结果展现在后面的章节中), 令 $(X_t^u)_{0\leqslant t\leqslant T}$ 表示一个满足 SDE 的被控制过程

$$dX_t^u = \mu(t, X_t^u, N_t^u, u_t)dt + \sigma(t, X_{t-}^u, N_{t-}^u, u_t)dN_t^u. \tag{5.36}$$

在这种方法中, 计数过程 N^u 充当 X^u 中跳跃源, 且控制 u 除了跳跃本身的到达率之外, 还可能调节跳跃的规模和 X 过程的漂移量.

在更一般的环境下, 性能指标可以依赖于 N 和 X. 具体地说, 令

$$H(t,x,n) := \sup_{u\in\mathcal{A}} H^u(t,x,n), \tag{5.37a}$$

$$H^u(t,x,n) := \mathbb{E}_{t,x,n}\left[G(X_T^u, N_T^u) + \int_t^T F(s, X_s^u, N_s^u, u_s)ds\right], \tag{5.37b}$$

其中, $\mathbb{E}_{t,x,n}[\cdot]$ 表示在 $N_{t^-}=n$ 和 $X_{t^-}=x$ 的期望. 和前面章节一样, DPP 可以写作

$$H(t,x,n) = \sup_{u\in\mathcal{A}} \mathbb{E}_{t,x,n}\left[H(\tau, X_T^u, N_T^u) + \int_t^T F(s, X_s^u, N_s^u, u_s)ds\right], \tag{5.38}$$

而且可以导出 DPE

$$\begin{cases} \partial_t H(t,x,n) + \sup\limits_{u\in\mathcal{A}}(\mathcal{L}_t^u H(t,x,n) + F(t,x,n)) = 0, \\ H(T,x,n) = G(x,n). \end{cases} \tag{5.39}$$

这里, 无穷小生成元 $\mathcal{L}_t^u$ 表达式为

$$\begin{aligned} \mathcal{L}_t^u H(t,x,n) =& \mu(t,x,n,u)\partial_x H(t,x,n) \\ &+ \lambda(t,x,n,u)[H(t,x+\sigma(t,x,n,u),n+1) - H(t,x,n)]. \end{aligned}$$

注意到控制函数同时出现在强度因子和微分算子中, 这里有关于状态变量 x 的偏导数. 这代表了在控制中增长/下降的强度对过程 X_t^u 造成的影响, 以及对漂移项造成的影响三者间的权衡.

举例: 用来回交易 (round-trip trades) 最大化期望财富

在这里, 我们提供一个例子, 代理商用市价单 (MO) 以最优价格来购买股份, 然后寻求通过以中间价格加上他所控制的深度 u 发布限价单来减轻他所处位置的压力. 他一次又一次地重复操作直到某一天 T. 他获取股份的成本为 $S_t+\Delta/2$, 其中差价 Δ 假设是最优出价和最优卖价之间的一个常数, 因为 S_t 是中间价, 在 LOB 中最优卖价为 $S_t+\Delta/2$. 出售的收入 (如果他的 LO 被 MO 挂起) 是 S_t+u_t. 因此, 归于代理商的由来回交易得到的财富是 $u_t-\Delta/2$.

然而, 不能保证卖出 LO 将会被填充, 且在这种情况下代理商的财富 X 满足 (5.36), 其中 $\mu=0$, $\sigma_t^u=\left(u_t-\dfrac{\Delta}{2}\right)$ 满足

$$dX_t^u = \left(u_t - \frac{\Delta}{2}\right)dN_t^u.$$

这里 N_t^u 是代理商在时刻 t 之前完成的来回交易的次数的总计. 代理商控制计数过程的强度, 因为他选择的 u 越大, LO 被填充的可能性就越低.

这里有很多方法让我们可以模拟 LO 被填充的可能性, 这个可能性由在 LOB 中代理商发布的订单深度给出. 我们需要两个因素. 首先, 需要假设购买 MO 的到达率是由其他市场参与者传递的. 为了简单起见, 这里我们假设到达率 $\Lambda > 0$. 其次是 MO 达到的条件下 LO 被填充的可能性. 在文献中一种流行的选择是假设当发布的 $u \geqslant 0$ 远离中间价格时, 这个由 MO 到达给出的被填充的可能性是 $P(u) = e^{-\kappa u_t}$, 另一个是 $P(u) = (1 + \kappa u_t)^{-\gamma}$, 其中 κ 和 γ 是正常数. 把两个因素一起并入我们的选择, 来模拟被填充可能性: $\lambda_t^u = e^{-\kappa u_t}\Lambda$ 和 $\lambda_t^u = (1 + \kappa u_t)^{-\gamma}\Lambda$.

为了解决代理商的优化问题, 我们使用性能指标和 (5.37a) 的价值函数且 $F = 0$ 和 $G(x, n) = x$. 如果我们假设被填充率是 $\lambda_t^u = e^{-\kappa u_t}\Lambda$, 则 DPE 变成

$$\partial_t H + \sup_{u \geqslant 0} \Lambda e^{-\kappa u} \left(H\left(t, x + \left(u - \frac{1}{2}\Delta\right), n + 1\right) - H(t, x, n) \right) = 0,$$

并要求 $H(T, x, n) = x$. 由于这里没有明确依赖于 n 本身, 我们可以假设 $H(t, x, n) = h(t, x)$, 所以价值函数仅依赖财富和时间. 此外, 由于问题的线性性质, 我们可以进一步将 $h(t, x) = x + g(t)$ 写成带有终端条件 $g(T) = 0$ 的确定函数 $g(t)$. 因此, 上式简化为

$$\partial_t g + \sup_{u \geqslant 0} \Lambda e^{-\kappa u} \left(u - \frac{1}{2}\Delta \right) = 0. \tag{5.40}$$

这里说明了最优控制是与 t, x, n 无关的. 详细地说

$$u^* = \operatorname{argmax}_{u \geqslant 0} \left\{ e^{-\kappa u} \left(u - \frac{1}{2}\Delta \right) \right\},$$

可以直接得到

$$u^* = \frac{1}{2}\Delta + \frac{1}{\kappa}.$$

不难看出, 这确实是一个最大值, 而不是最小值, 并将其代回反馈控制 (在此情形下是常数)(5.40), 我们得到 g 满足

$$\partial_t g + \frac{\Lambda}{\kappa} e^{-\kappa\left(\frac{1}{2}\Delta + \frac{1}{\kappa}\right)} = 0.$$

因此价值函数由这个十分紧凑的表达式给出

$$H(t, x, n) = x + \frac{\Lambda}{\kappa} e^{-\kappa\left(\frac{1}{2}\Delta + \frac{1}{\kappa}\right)}(T - t).$$

这里最优发布策略 $H(t,x,n)$ 有一个简单的说明. 当代理商使用 MO 来获取资产时, 必须弥补产生的半价差成本, 由在最优发布 $H(t,x,n)$ 中的 $\frac{1}{2}\Delta$ 给出. 除此之外, 他通过考虑到被填充的概率 $\frac{1}{\kappa}$、最大化在 LOB 中的发布深度, 使发布的订单更远离中间价.

由此导出的策略是最优的, 但也是稚嫩的, 因为这是在我们模拟状态变量的方法上, 做了简化猜想的结果, 以及简单地被代理商使用的性能指标. 例如, 这个策略没有根据重要的量和成本, 比如, 积累的库存、财富、交易的剩余时间, 以及逆向选择成本. 支撑重要的量与成本之间的联系的经济原理已在第 2 章中讨论了. 在本书后面的部分我们将把这些问题纳入在交易策略中, 在开发代理商采用来回交易最大化利益的算法的时候, 比起这里已经开发了的算法会考虑更加现实和普遍的场景.

5.4.3 扩散与跳跃的组合

正如上面已经提示过的, 在很多情况下, 代理商暴露出多个不确定源. 典型地, 代理商面临扩散和跳跃都存在的控制问题, 并且他可能可以控制所有或者系统的一部分. 这样的场景将会出现在后几节和本节的一些算法交易问题中, 我们简单地表述相当普遍模型的主要结果.

首先, 令 $\boldsymbol{N}^{\boldsymbol{u}} = (\boldsymbol{N}_t^{\boldsymbol{u}})_{0\leqslant t\leqslant T}$ 表示计数过程的集合 (p 维), 控制强度 $\boldsymbol{\lambda}^{\boldsymbol{u}} = (\boldsymbol{\lambda}_t^{\boldsymbol{u}})_{0\leqslant t\leqslant T}$, 令 $\boldsymbol{u} = (\boldsymbol{u}_t)_{0\leqslant t\leqslant T}$ (m 维) 表示控制过程. 此外, 令 $\boldsymbol{W} = (\boldsymbol{W}_t)_{0\leqslant t\leqslant T}$ 表示一簇独立布朗运动 (m 维). 接下来, 令 $\boldsymbol{X}^{\boldsymbol{u}} = (\boldsymbol{X}_t^{\boldsymbol{u}})_{0\leqslant t\leqslant T}$ (m 维) 表示将会直接显现在代理商的性能指标上的控制过程. 如果计数过程中的一个 (或者更多) N_t^i 应该在性能指标中出现或者与 $\boldsymbol{\mu}_t^{\boldsymbol{u}}, \boldsymbol{\sigma}_t^{\boldsymbol{u}}$ 和/或 $\gamma_t^{\boldsymbol{u}}$ 相关, 那么如下所示, 对于一些 j 取 $X_t^j = N_t^i$, 也就是通过记其为 X 中的一项. 我们接下来假设控制 $\boldsymbol{X}^{\boldsymbol{u}}$ 过程满足 SDE

$$d\boldsymbol{X}_t^{\boldsymbol{u}} = \boldsymbol{\mu}_t^{\boldsymbol{u}} dt + \boldsymbol{\sigma}_t^{\boldsymbol{u}} d\boldsymbol{W}_t + \boldsymbol{\gamma}_t^{\boldsymbol{u}} d\boldsymbol{N}_t^{\boldsymbol{u}}. \tag{5.41a}$$

稍微泛用一下记号, 我们记控制漂移、波动率和跳跃大小为

$$\boldsymbol{\mu}_t^{\boldsymbol{u}} := \boldsymbol{\mu}(t, \boldsymbol{X}_t^{\boldsymbol{u}}, \boldsymbol{u}_t) \qquad (m\times 1 \text{ 向量}), \tag{5.41b}$$

$$\boldsymbol{\sigma}_t^{\boldsymbol{u}} := \boldsymbol{\sigma}(t, \boldsymbol{X}_t^{\boldsymbol{u}}, \boldsymbol{u}_t) \qquad (m\times m \text{ 矩阵}), \tag{5.41c}$$

$$\boldsymbol{\gamma}_t^{\boldsymbol{u}} := \boldsymbol{\gamma}(t, \boldsymbol{X}_t^{\boldsymbol{u}}, \boldsymbol{u}_t) \qquad (m\times p \text{ 矩阵}). \tag{5.41d}$$

此外, 我们假设控制强度的形式为

$$\boldsymbol{\lambda}_t^{\boldsymbol{u}} := \boldsymbol{\lambda}(t, \boldsymbol{X}_t^{\boldsymbol{u}}, \boldsymbol{u}_t). \tag{5.41e}$$

以上的模型方法意味着代理商可以控制漂移、波动率、跳跃大小和跳跃到达. 确切地说, 他能控制多么精确取决于 (5.41b)—(5.41e) 出现的各种函数的具体形式.

代理商的性能指标由下式给出

$$H^{\boldsymbol{u}}(t,\boldsymbol{x}) = \mathbb{E}_{t,\boldsymbol{x}}\left[G(\boldsymbol{X}_T^{\boldsymbol{u}}) + \int_t^T F(s,\boldsymbol{X}_s^{\boldsymbol{u}},\boldsymbol{u}_s)ds\right], \tag{5.42a}$$

价值函数由下面的一般表达式给出

$$H(t,\boldsymbol{x}) = \sup_{\boldsymbol{u}\in\mathcal{A}_{[t,T]}} H^{\boldsymbol{u}}(t,\boldsymbol{x}). \tag{5.42b}$$

重复与前几节相似思路的分析, 我们得到组合问题的 DPP.

定理 5.4 (跳跃–扩散的动态规划原理)　*价值函数* (5.42a) *满足* DPP

$$\boxed{H(t,\boldsymbol{x}) = \sup_{\boldsymbol{u}\in\mathcal{A}_{[t,T]}} \mathbb{E}_{t,\boldsymbol{x}}\left[H(\tau,\boldsymbol{X}_\tau^{\boldsymbol{u}}) + \int_t^\tau F(s,\boldsymbol{X}_s^{\boldsymbol{u}},\boldsymbol{u}_s)ds\right],} \tag{5.43}$$

这里 $(t,\boldsymbol{x})\in[0,T]\times\mathbb{R}^m$ *以及* $\tau\leqslant T$.

另外, 利用前面相似的理论, 可以发展出 DPE

$$\begin{cases} \partial_t H(t,\boldsymbol{x}) + \sup\limits_{\boldsymbol{u}\in\mathcal{A}_t}(\mathcal{L}_t^{\boldsymbol{u}}H(t,\boldsymbol{x}) + F(t,\boldsymbol{x},\boldsymbol{u})) = 0, \\ H(T,\boldsymbol{x}) = G(\boldsymbol{x}), \end{cases} \tag{5.44}$$

其中无穷小生成元 $\mathcal{L}_t^{\boldsymbol{u}}$ 如下:

$$\begin{aligned}\mathcal{L}_t^{\boldsymbol{u}}H(t,\boldsymbol{x}) =& \mu(t,\boldsymbol{x},\boldsymbol{u})\cdot\boldsymbol{D}_x H(t,\boldsymbol{x}) + \frac{1}{2}\boldsymbol{\sigma}(t,\boldsymbol{x},\boldsymbol{u})\boldsymbol{\sigma}(t,\boldsymbol{x},\boldsymbol{u})'\boldsymbol{D}_x^2 H(t,\boldsymbol{x}) \\ &+ \sum_{j=1}^p \lambda_j(t,\boldsymbol{x},\boldsymbol{u})[H(t,\boldsymbol{x}+\gamma_{\cdot j}(t,\boldsymbol{x},\boldsymbol{u})) - H(t,\boldsymbol{x})],\end{aligned}$$

其中 $\gamma_{\cdot j}$ 表示 γ 的第 j 列向量, $\boldsymbol{D}_x H$ 表示关于 x 的偏导数向量, $\boldsymbol{D}_x^2 H$ 表示关于 x 的 (混合) 二阶偏导数矩阵.

生成元中不同的项可以很简单地解释: 在第一行, 第一项代表 $\boldsymbol{X}$ 的 (控制的) 漂移, 第二项代表 $\boldsymbol{X}$ 的 (控制) 波动率; 在第二行, 每一个计数过程的强度都分别被表示出, 总和中的每一项有跳跃构成 λ_j 的到达 (控制的) 率, 不同项的展现是由于跳跃到达和造成 $\boldsymbol{N}$ 的增量, 同时通过 $\gamma_{\cdot j}$ 造成 (潜在的所有构成) $\boldsymbol{X}$ 跳跃.

5.5　最优停时

在大多数情况中, 代理商希望找到最优时机进入或者退出一个给定的策略. 经典的金融案例是“美式看跌期权 (American put option)”, 其中拥有期权的代理商有权利在任何到期日 T 之前时间点, 包括到期日 T, 来执行期权, 收到现金 K 用于换出标的资产. 交易的净资产价值在行使日期 τ 是 $(K-S_\tau)$. 自然地, 当 $S_\tau > K$ 时代理商将不会执行期权, 因此有效回报是 $(K-S_\tau)_+$, 这里 $(\cdot)_+ = \max(\cdot, 0)$. 这一简单的观测只提供了策略的一个平凡部分: 为了确定完整的策略, 代理商需要寻求最大化回报的贴现价值的停时 τ, 也就是说, 他需要寻找可达上确界的停时 (如果可能)

$$\sup_{\tau\in\mathcal{T}} \mathbb{E}\left[e^{-r\tau}(K-S_\tau)_+\right],$$

其中 $\mathcal{T}$ 是以 T 为界的 $\mathcal{F}$-停时. 这只是很多这类问题中的一个, 一般说来, 寻找最优停时的问题被称为**最优停止问题**. 类似于最优控制问题, 最优停止问题有 DPP 且有无穷小版本, 也就是 DPE. 在这一节中我们提供一个简洁的最优停止问题的 DPP 和 DPE 的概述.

在这里我们立刻开始一个有一定普遍性的跳跃–扩散, 而不是首先阐述扩散情形, 然后是跳跃, 接着是跳跃–扩散. 为了这个目的, 令 $\boldsymbol{X} = (\boldsymbol{X}_t)_{0\leqslant t\leqslant T}$ 表示一个满足 SDE 的 m 维向量值过程

$$d\boldsymbol{X}_t = \boldsymbol{\mu}(t,\boldsymbol{X}_t)dt + \boldsymbol{\sigma}(t,\boldsymbol{X}_t)d\boldsymbol{W}_t + \boldsymbol{\gamma}(t,\boldsymbol{X}_t)d\boldsymbol{N}_t,$$

其中 $\boldsymbol{\mu}: [0,T]\times\mathbb{R}^m \mapsto \mathbb{R}^m$, $\boldsymbol{\sigma}: [0,T]\times\mathbb{R}^m \mapsto \mathbb{R}^m\times\mathbb{R}^m, \boldsymbol{\gamma}: [0,T]\times\mathbb{R}^m \mapsto \mathbb{R}^m\times\mathbb{R}^m$, $\boldsymbol{W}$ 是一个 m 维的各分量相互独立的布朗运动, $\boldsymbol{N}$ 是一个具有强度 $\boldsymbol{\lambda}(t,\boldsymbol{X}_t)$ 的 m 维计数过程. 过滤 $\mathcal{F}$ 是由 $\boldsymbol{X}$ 自然产生的. 作用在二阶可微函数上的生成元 $\mathcal{L}_t$ 定义如下

$$\begin{aligned}\mathcal{L}_t h(t,\boldsymbol{x}) = {}&\boldsymbol{\mu}(t,\boldsymbol{x})\cdot \boldsymbol{D}_x h(t,\boldsymbol{x}) + \frac{1}{2}\boldsymbol{Tr}\boldsymbol{\sigma}(t,\boldsymbol{x})\boldsymbol{\sigma}(t,\boldsymbol{x})'\boldsymbol{D}_x^2 h(t,\boldsymbol{x})\\ &+\sum_{j=1}^{p}\lambda_j(t,\boldsymbol{x})[h(t,\boldsymbol{x}+\gamma_{\cdot j}(t,\boldsymbol{x})) - h(t,\boldsymbol{x})].\end{aligned}$$

这里 $\boldsymbol{D}_x h$ 表示关于 x 的偏导数向量, $\boldsymbol{D}_x^2 h$ 表示关于 x 的 (混合) 二阶偏导数矩阵.

对于每一个 $\mathcal{F}$-停时 $\tau\in\mathcal{T}_{[t,T]}$, 代理商有一个如下性能指标

$$H^\tau(t,\boldsymbol{x}) = \mathbb{E}_{t,\boldsymbol{x}}[G(\boldsymbol{X}_\tau)], \tag{5.45a}$$

其中 $G(\boldsymbol{X}_\tau)$ 是基于执行期权的回报, 他希望找到一个价值函数

$$H(t,\boldsymbol{x}) = \sup_{\tau\in\mathcal{T}_{[t,T]}} H^\tau(t,\boldsymbol{x}) \tag{5.45b}$$

和可以达到上确界的停时 τ, 如果存在的话. 粗略一看, 这忽略了当我们研究最优控制时包括进来了的奖励/惩罚 $\int_t^\tau F(s, \boldsymbol{X}_s)ds$. 然而通过选择 $\boldsymbol{X}$ 的项, 记为 X^1, 满足

$$dX_t^1 = F(t, X_t^2, \cdots, X_t^m)dt,$$

记 $G(\boldsymbol{x}) = x^1 + \tilde{G}(x^2, \cdots, x^m)$, 该项能被写成上面的形式. 因此这里不失一般性地, 只需要考虑终端奖励. 在随机控制的情形里, 传统上, 我们保留显式的运行奖励/惩罚. 现在证明将运行奖励/惩罚吸收到 G 中是更为方便的. 类似地, 我们可以通过引入第二个状态过程来纳入贴现, 其在这个时间点上等价于贴现因子, 并相应地修改 G.

由 (5.45) 中的停时问题的提出, 直观地, 我们看到代理商试图在停止"现在"并且接受奖励 G, 或者继续延迟希望在未来获得更大的奖励之间做出决定. 然而, 在进一步的检查中清楚地显示只要价值函数在这里没有获得 $G(\boldsymbol{x})$ 的价值, 他就应该在点 $(t, \boldsymbol{x}) \in [0, T] \times \mathbb{R}^m$ 继续等待. 这成了定义**停域** $\mathcal{S}$ 的动机, 我们定义 $\mathcal{S}$ 为

$$\mathcal{S} = \{(t, \boldsymbol{x}) \in [0, T] \times \mathbb{R}^m : H(t, \boldsymbol{x}) = G(\boldsymbol{x})\}.$$

显然地, 不论何种 $(t, \boldsymbol{x}) \in \mathcal{S}$, 也就是如果系统的状态在 $\mathcal{S}$, 立刻停止是最优的——因为根据 (5.45) 价值函数的定义代理商不能改进以超出 G. 区域的补 $\mathcal{S}^c$ 称为**连续域**. 在这个区域中, 代理商仍然在改进他的价值, 因此会继续等待. 两个区域都能在图 5.3 中可视化.

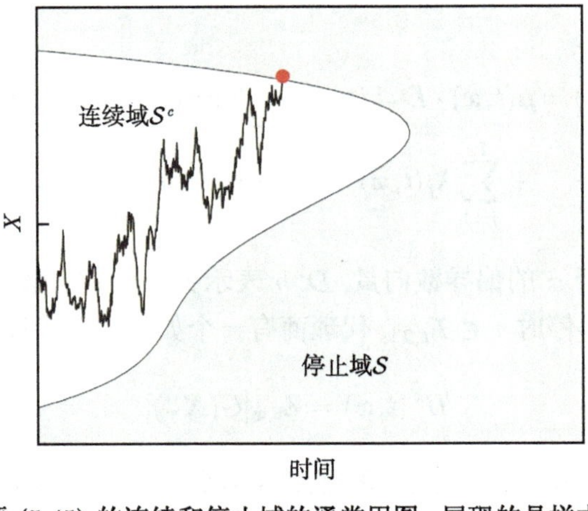

图 5.3　最优停止问题 (5.45) 的连续和停止域的通常用图. 展现的是样本路径, 红色的点应对于停止的最优时间

最优停止问题的难度的提升是由于区域 $\mathcal{S}$ (或者相当的它的边界 $\partial\mathcal{S}$) 一定要

和价值函数本身被同时求解. 因此, DPE 在本书中叫做自由边界问题, 也被称为障碍问题, 或者变分不等式. 这样的 PDE 更加难求解, 因此即使是很简单的典型例子也不一定有精确解——例如当标的资产是几何布朗运动时, 美式看跌期权的求解. 尽管如此, 非线性 PDE 通常足以来刻画解的特性了, 并且存在很多数值格式来求解.

5.5.1 动态规划原理

类似前面的推理, 我们将有下面的 DPP.

定理 5.5 (停时问题的动态规划原理) *价值函数* (5.45) *满足* DPP

$$\boxed{H(t,\boldsymbol{x}) = \sup_{\tau\in\mathcal{T}_{[t,T]}} \mathbb{E}_{t,\boldsymbol{x}}\left[G(\boldsymbol{X}_\tau)\mathbb{1}_{\tau<\theta} + H(\theta,\boldsymbol{X}_\theta)\mathbb{1}_{\tau\geqslant\theta}\right],} \tag{5.46}$$

这里 $(t,\boldsymbol{x})\in[0,T]\times\mathbb{R}^m$ *和* $\theta\leqslant T$.

DPP 的直觉是如果有最优停时 τ^* 发生先于 θ, 那么代理商的价值函数等于在 τ^* 的奖励. 然而, 如果代理商在 θ 没有停止, 那么他会得到由当前系统状态估值的价值函数.

5.5.2 动态规划方程

正如早先研究的最优控制问题, 最优停时的 DPP 可以重新改写为它的无穷小版本——一个更常用于计算的形式——也就是说它可以被用于导出 DPE. 这次, 我们先给出结果, 再提供证明. 我们可以关注文献 (Touzi, 2013) 的证明, 因为它为常用构造提供了一个不错的选择. 它也为读者打开一扇大门, 让他们去研究随机最优控制和最优停时的**粘性解**方法, 这个方法在很大程度上与这里使用的反证法的证明有关.

定理 5.6 (停时问题的动态规划方程) *假设价值函数* $H(t,\boldsymbol{x})$ *在* t *是一阶可微的, 并且在* $\boldsymbol{x}$ *处的所有二阶导数都存在, 也就是说* $H\in C^{1,2}([0,T],\mathbb{R}^m)$, *并且* $G:\mathbb{R}^m\mapsto\mathbb{R}$ *是连续的.* H *是**变分不等式**的解, 该不等式也叫做障碍问题, 或者自由边界问题*

$$\boxed{\max\left\{\partial_t H + \mathcal{L}_t H, G - H\right\} = 0 \text{在 } \mathcal{D} \text{ 上成立},} \tag{5.47}$$

其中, $\mathcal{D}=[0,T]\times\mathbb{R}^m$.

证明 证明分为两步, 通过证明 (在 $\mathcal{D}$ 上)(i) 左边小于或者等于 0; (ii) 通过矛盾得到左边大于或者等于 0. 因此, 等式必须成立.

(i) 首先, 我们建立

$$\max\left\{\partial_t H + \mathcal{L}_t H, G - H\right\} \leqslant 0 \text{ 在 } \mathcal{D} \text{ 上成立},$$

为了说明它, 首先注意常数停止规则 $\tau = t$ 是可允许的. 因此, 在常数停止规则中, 性能指标等于 G, 我们必须有 $H \geqslant G$, 所以 $G - H \leqslant 0$.

接下来, 取任意点 $(t_0, \boldsymbol{x}_0) \in \mathcal{D}$. 我们证明在这点不等式成立. 考虑以 $h > 0$ 为步长的一列停时

$$\theta_h = \inf\{t > t_0 : (t, \|\boldsymbol{X}_t - \boldsymbol{x}_0\|) \notin [t_0, t_0 + h] \times 1\},$$

其中 $\|\cdot\|$ 表示 Euclid 范数. 也就是说, 我们取一个停时, 它等于以下两者中的最小值: $t_0 + h$ 和 X_t 离开以当前位置为球心且半径为 1 的球的时间. 只要 $h < T - t_0$, 这就是一个可接受的停时. 因此, 通过取 $\tau = t_0$, DPP (5.46) 表明

$$H(t_0, \boldsymbol{x}_0) \geqslant \mathbb{E}_{t_0, \boldsymbol{x}_0}[H(\theta_h, \boldsymbol{X}_{\theta_h})].$$

我们用跳跃–扩散过程的 Itô 引理, 在期望下来展开这一项,

$$\begin{aligned}
&H(\theta_h, \boldsymbol{X}_{\theta_h})\\
&= H(t_0, \boldsymbol{x}_0)\\
&\quad + \int_{t_0}^{\theta_h} \{\partial_t H(t, \boldsymbol{X}_t) + \mathcal{L}_t H(t, \boldsymbol{X}_t)\}\, dt + \int_{t_0}^{\theta_h} (\boldsymbol{\sigma}(t, \boldsymbol{X}_t)\boldsymbol{D}_x H(t, \boldsymbol{X}_t))' d\boldsymbol{W}_t\\
&\quad + \sum_{j=1}^{p} \int_{t_0}^{\theta_h} [H(t, \boldsymbol{X}_t + \boldsymbol{\gamma}_{\cdot j}(t, \boldsymbol{X}_t)) - H(t, \boldsymbol{X}_t)] d\widehat{N}_t^j,
\end{aligned}$$

其中 $\widehat{\boldsymbol{N}}_t = \boldsymbol{N} - \int_0^t \boldsymbol{\lambda}(s, \boldsymbol{X}_s) ds$ 是计数过程的补偿版本, $\boldsymbol{\gamma}_{\cdot j}$ 表示 $\boldsymbol{\gamma}$ 的第 j 列.

由于停时 θ_h 的选择是为了保持过程 $\boldsymbol{X}$ 有界, 其界为以 $\boldsymbol{x}_0$ 为球心、1 为半径的球加上跳跃的可能性 (假设有界), 于是关于布朗运动和补偿计数过程的随机积分在期望下为 0. 因此, 我们有

$$0 \geqslant \mathbb{E}_{t_0, \boldsymbol{x}_0}\left[\int_{t_0}^{\theta_h} \{\partial_t H(t, \boldsymbol{X}_t) + \mathcal{L}_t H(t, \boldsymbol{X}_t)\}\, dt\right].$$

上式两边除以 h, 令 $h \searrow 0$, 在这种情况下 $\theta_h \searrow h$ (因为 $\boldsymbol{X}_t$ 将几乎确定地不会碰到有界球的边界), 均值定理蕴含

$$\partial_t H(t, \boldsymbol{x}_0) + \mathcal{L}_t H(t_0, \boldsymbol{x}_0) \leqslant 0 \text{ 在 } \mathcal{D} \text{ 上成立}.$$

这是第一部分完整的证明.

(ii) 接下来通过反证, 我们将证明

$$\max\{\partial_t H + \mathcal{L}_t H, G - H\} \geqslant 0 \text{ 在 } \mathcal{D} \text{ 上成立},$$

如果上面的不等式在 $\mathcal{D}$ 上不成立, 就存在一个点 $(t_0, \boldsymbol{x}_0) \in \mathcal{D}$ 满足

$$G(t_0, \boldsymbol{x}_0) - H(t_0, \boldsymbol{x}_0) < 0 \quad \text{和} \quad (\partial_t + \mathcal{L}_t)H(t_0, \boldsymbol{x}_0) < 0. \tag{5.48}$$

我们证明 (5.48) 和 (5.46) 中的 DPP 是矛盾的. 为此, 引入一个新的函数 φ_ε 来局部控制价值函数, 它在 $(t_0, \boldsymbol{x}_0)$ 附近是价值函数的逼近:

$$\varphi_\varepsilon(t, \boldsymbol{x}) := H(t, \boldsymbol{x}) + \varepsilon\left(\|\boldsymbol{x} - \boldsymbol{x}_0\|^4 + |t - t_0|^2\right), \quad \forall (t, \boldsymbol{x}) \in \mathcal{D}, \quad \varepsilon > 0.$$

在 (5.48) 的假设下, 对于足够小的 $\varepsilon > 0$, 有一个很小的 $(t_0, \boldsymbol{x}_0)$ 的邻域, 在该邻域中价值函数至少比奖励 G 大 δ, 并且算子 $(\partial_t + \mathcal{L}_t)$ 作用在近似 φ_ε 上是负的. 更准确地说, 这里存在 $h > 0$, $\delta > 0$ 满足

$$H \geqslant G + \delta \quad \text{和} \quad (\partial_t + \mathcal{L}_t)\varphi_\varepsilon \leqslant 0 \quad \text{在} \quad \mathcal{D}_h := [t_0, t_0 + h] \times \mathcal{B}_h \text{ 上成立}, \tag{5.49}$$

其中 $\mathcal{B}_h$ 是以 $\boldsymbol{x}_0$ 为球心、h 为半径的球, 也就是说 $\mathcal{B}_h = \{\boldsymbol{x} \in \mathbb{R}^m : \|\boldsymbol{x} - \boldsymbol{x}_0\| \leqslant h\}$, 以及在 $(t_0, \boldsymbol{x}_0)$ 附近, φ_ε 局部大于 H, 因此

$$-\zeta := \max_{\partial \mathcal{D}_h}(H - \varphi_\varepsilon) < 0, \tag{5.50}$$

其中 $\partial \mathcal{D}_h$ 表示集合 $\mathcal{D}_h$ 的边界.

我们现在取停时等于过程第一次退出球的时刻:

$$\theta := \inf\left\{t > t_0 : (t, \boldsymbol{X}_t) \notin \mathcal{D}_h\right\}.$$

取另一个停时规则, 时间是任意的, $\tau \in \mathcal{T}_{[t,T]}$, 令 $\psi = \tau \wedge \theta$. 然后我们有

$$\begin{aligned} &H(\psi, \boldsymbol{X}_\psi) - H(t_0, \boldsymbol{x}_0) \\ &= (H - \varphi_\varepsilon)(\psi, \boldsymbol{X}_\psi) + (\varphi_\varepsilon(\psi, \boldsymbol{X}_\psi) - \varphi_\varepsilon(t_0, \boldsymbol{x}_0)), \end{aligned} \tag{5.51}$$

因为 φ_ε 和 H 在 $(t_0, \boldsymbol{x}_0)$ 是一致的. 根据 Itô 引理, 实际上由于首次停时是 $\boldsymbol{X}$ 离开球 $\mathcal{B}_h$, 所以 $\boldsymbol{X}_\psi$ 是有界的, 我们有

$$\mathbb{E}_{t_0,\boldsymbol{x}_0}\left[\varphi_\varepsilon(\psi, \boldsymbol{X}_\psi) - \varphi_\varepsilon(t_0, \boldsymbol{x}_0)\right] = \mathbb{E}_{t_0,\boldsymbol{x}_0}\left[\int_{t_0}^{\psi} (\partial_t + \mathcal{L}_t)\,\varphi_\varepsilon(t_0, \boldsymbol{X}_t)\right] \leqslant 0.$$

因为扩散和跳跃项是鞅, 所以这两项为 0, 该不等式由 (5.49) 的第二个不等式得到.

因此, 将其与 (5.51) 结合起来, 我们有

$$\mathbb{E}_{t_0,\boldsymbol{x}_0}\left[H(\psi, \boldsymbol{X}_\psi) - H(t_0, \boldsymbol{x}_0)\right] \leqslant \mathbb{E}_{t_0,\boldsymbol{x}_0}\left[(H - \varphi_\epsilon)(\psi, \boldsymbol{X}_\psi)\right] \leqslant -\zeta \mathbb{P}(\tau \geqslant \theta),$$

其中, 第二个不等式来自 (5.50). 通过重排使得 $H(t_0, \boldsymbol{x}_0)$ 独立, 我们有

$$\begin{aligned}H(t_0, \boldsymbol{x}_0) &\geqslant \zeta\mathbb{P}(\tau \geqslant \theta) + \mathbb{E}_{t_0,\boldsymbol{x}_0}\left[H(\psi, \boldsymbol{X}_\psi)\right] \\ &= \zeta\mathbb{P}(\tau \geqslant \theta) + \mathbb{E}_{t_0,\boldsymbol{x}_0}\left[H(\tau, \boldsymbol{X}_\tau)\mathbb{1}_{\tau<\theta} + H(\theta, \boldsymbol{X}_\theta)\mathbb{1}_{\tau\geqslant\theta}\right].\end{aligned}$$

通过 (5.49) 的第一个不等式, 在 $\mathcal{D}_h$ 上 $H \geqslant G + \delta$, 所以

$$H(t_0, \boldsymbol{x}_0) \geqslant \zeta\mathbb{P}(\tau \geqslant \theta) + \mathbb{E}_{t_0,\boldsymbol{x}_0}\left[(G(\boldsymbol{X}_\tau) + \delta)\mathbb{1}_{\tau<\theta} + H(\theta, \boldsymbol{X}_\theta)\mathbb{1}_{\tau<\theta}\right].$$

其中, 在 $\tau < \theta$ 上, 我们用 $H(\tau, \boldsymbol{X}_\tau)$ 在 $\{\tau < \theta\}$ 上的下界 $(G(\boldsymbol{X}_\tau) + \delta)$ 代替它, 因为这样我们依旧在 $\mathcal{D}_h$ 上. 最后, 由于 $\mathbb{E}_{t_0,\boldsymbol{x}_0}[\mathbb{1}_{\tau<\theta}] = \mathbb{P}(\tau < \theta)$, 我们有

$$H(t_0, \boldsymbol{x}_0) \geqslant \zeta\mathbb{P}(\tau \geqslant \theta) + \delta\mathbb{P}(\tau < \theta) + \mathbb{E}_{t_0,\boldsymbol{x}_0}\left[G(\boldsymbol{X}_\tau) + \mathbb{1}_{\tau<\theta} + H(\theta, \boldsymbol{X}_\theta)\mathbb{1}_{\tau\geqslant\theta}\right].$$

由 $\tau \in \mathcal{T}_{[t,T]}$ 的任意性, 以及加到期望上常数是正的这样一个事实, 我们得到与 DPP (5.46) 矛盾, 证毕. □

在上面证明的第二部分中的近似函数 φ_ε 可以看作价值函数的上半连续近似, 当价值函数不够光滑以至于不足以微分时, 黏性解方法充分利用价值函数的上半连续和下半连续的包络函数. 我们在此不会转向讨论这个问题, 推荐有兴趣的读者参考一些优秀的著作 (Touzi, 2013; Pham, 2010; Fleming and Soner, 2006).

出现在上面的变分不等式的解释是值得探索的, 为了方便在这里重复一遍

$$\max\left\{\partial_t H + \mathcal{L}_t H,\ G - H\right\} = 0 \text{ 在 } \mathcal{D} \text{ 上成立.}$$

这实际上是代表了两种可能: 我们可以有

(i) $\partial_t H + \mathcal{L}_t H = 0$ 和 $H < G$;

或者有

(ii) $H = G$ 和 $\partial_t H + \mathcal{L}_t H < 0$.

第一种可能对应于价值函数 H 低于奖励 G, 且在这个区域中价值函数满足一个线性 PDE 的情况. 如果我们引入随机过程 $h_t = H(t, \boldsymbol{X}_t)$, 由于线性 PDE 右端为 0, h_t 是鞅. (i) 中的区域是我们早先确认的连续域 $\mathcal{S}^c$, 因此在这里停止是次最优的.

第二种可能相应于价值函数 H 等于奖励 G, 因此会发生在停止区域 $\mathcal{S}$ 中. 此外, 线性算子 $\partial_t + \mathcal{L}_t$ 使价值函数为负. 在这个区域中, 如果不连接价值函数和奖励, 我们会看到过程 h_t 将会变成上鞅; 然而, 将其与奖励约束连接, 这个过程会变成鞅. 因此, 我们看到与随机过程 h_t 相对应的价值函数的流实际上是在整个 $\mathcal{D}$ 上的鞅.

5.6　停时与控制的组合

这里有很多例子, 代理商希望解决**组合的最优停时和控制**问题——也就是说他

为了最大化奖励希望同时求解最优停时和最优策略. 这样的问题继承了两类问题的特征, 我们将看到由此获得的 DPE 对 HJB 方程和变分不等式的组合会有影响.

在这种情况下, 我们采用 5.4.3 小节中的模型假设和记号, 也将会在这里重复. 首先, 令 $\boldsymbol{N}^{\boldsymbol{u}}=(\boldsymbol{N}^{\boldsymbol{u}}{}_t)_{0\leqslant t\leqslant T}$ 表示有控制强度 $\boldsymbol{\lambda}^{\boldsymbol{u}}=(\boldsymbol{\lambda}_t^{\boldsymbol{u}})_{0\leqslant t\leqslant T}$ (p 维) 的计数过程的集合. 令 $\boldsymbol{u}=(\boldsymbol{u}_t)_{0\leqslant t\leqslant T}$ (m 维) 表示控制过程. 此外, 令 $\boldsymbol{W}=(\boldsymbol{W}_t)_{0\leqslant t\leqslant T}$ (m 维) 表示独立的布朗运动的集合. 接下来, 令 $\boldsymbol{X}^{\boldsymbol{u}}=(\boldsymbol{X}_t^{\boldsymbol{u}})_{0\leqslant t\leqslant T}$ (m 维) 表示将会直接出现在代理商的性能指标中的受控过程的集合. 如果计数过程有一个 (或者更多) N_t^i 应该出现在性能指标中或者在相关量 $\boldsymbol{\mu}_t^{\boldsymbol{u}},\boldsymbol{\sigma}_t^{\boldsymbol{u}}$ 和/或 $\boldsymbol{\gamma}_t^{\boldsymbol{u}}$ 中, 那么如下所示, 对于一些 j 取 $X_t^j=N_t^i$, 也就是通过 X 中的元素来包含它. 我们接下来假设受控过程 $\boldsymbol{X}^{\boldsymbol{u}}$ 满足 SDE

$$d\boldsymbol{X}_t^{\boldsymbol{u}}=\boldsymbol{\mu}_t^{\boldsymbol{u}}dt+\boldsymbol{\sigma}_t^{\boldsymbol{u}}d\boldsymbol{W}_t+\boldsymbol{\gamma}_t^{\boldsymbol{u}}d\boldsymbol{N}_t^{\boldsymbol{u}}. \tag{5.52a}$$

记号有轻度的过度使用, 我们记控制漂移、波动率和跳跃大小为

$$\boldsymbol{\mu}_t^{\boldsymbol{u}}:=\boldsymbol{\mu}(t,\boldsymbol{X}_t^{\boldsymbol{u}},\boldsymbol{u}_t) \qquad (m\times 1\ \text{向量}), \tag{5.52b}$$

$$\boldsymbol{\sigma}_t^{\boldsymbol{u}}:=\boldsymbol{\sigma}(t,\boldsymbol{X}_t^{\boldsymbol{u}},\boldsymbol{u}_t) \qquad (m\times m\ \text{矩阵}), \tag{5.52c}$$

$$\boldsymbol{\gamma}_t^{\boldsymbol{u}}:=\boldsymbol{\gamma}(t,\boldsymbol{X}_t^{\boldsymbol{u}},\boldsymbol{u}_t) \qquad (m\times p\ \text{矩阵}). \tag{5.52d}$$

此外, 我们假设控制强度的形式为

$$\boldsymbol{\lambda}_t^{\boldsymbol{u}}:=\boldsymbol{\lambda}(t,\boldsymbol{X}_t^{\boldsymbol{u}},\boldsymbol{u}_t). \tag{5.52e}$$

以上的模型方法意味着代理商通常可以控制漂移、波动率、跳跃大小和跳跃到达. 他控制得有多精确, 依赖于呈现在 (5.52b)—(5.52e) 中各种不同函数的特定形式.

接下来, 代理商的对于一个给定的容许控制 $\boldsymbol{u}$ 和容许停时 τ 的性能指标由下式给出

$$H^{\boldsymbol{u},\tau}(t,\boldsymbol{x})=\mathbb{E}_{t,\boldsymbol{x}}[G(\boldsymbol{X}_\tau^{\boldsymbol{u}})], \tag{5.53a}$$

他的价值函数为

$$H(t,\boldsymbol{x})=\sup_{\tau\in\mathcal{T}_{[t,T]}}\ \sup_{\boldsymbol{u}\in\mathcal{A}_{[t,T]}} H^{\boldsymbol{u},\tau}(t,\boldsymbol{x}). \tag{5.53b}$$

在这个方法中, 代理商选择一个停止准则, 寻找最优策略, 然后选择能提供全方面最好表现的停止准则. 严格意义说来, 他旨在于决定是否“现在”停止并接受他的策略带给他的在状态空间中这点的奖励, 或者等待并且继续控制这个过程以希望在之后获取更好的奖励.

DPP 依然适用于当前设置, 然而现在我们必须注意最优停时和控制. 和之前小节中相同的理论, 我们得到下面的 DPP.

定理 5.7 (最优停时和控制的动态规划原理)　*价值函数 (5.53a) 满足 DPP*

$$\boxed{H(t,\boldsymbol{x}) = \sup_{\tau\in\mathcal{T}_{[t,T]}} \sup_{\boldsymbol{u}\in\mathcal{A}_{[t,T]}} \mathbb{E}_{t,\boldsymbol{x}}\left[G(X_\tau^{\boldsymbol{u}})\mathbb{1}_{\tau<\theta} + H(\theta,\boldsymbol{X}_\theta^{\boldsymbol{u}})\mathbb{1}_{\tau\geqslant\theta}\right],} \tag{5.54}$$

这里 $(t,\boldsymbol{x})\in[0,T]\times\mathbb{R}^m$ *以及所有的停时* $\theta\leqslant T$.

这里的直觉与之前的 DPP 类似. 如果停止没有发生 $(\tau\geqslant\theta)$, 那么代理商则在状态空间上的这点获得价值函数, 这一点是最优控制驱动的. 如果停止已经发生 $(\tau<\theta)$, 那么代理商已经获得奖励, 且其价值等于支付的那个时刻, 最优控制驱使下的状态空间上的那点的回报.

接下来, 我们阐述在这一类问题中的形成的 DPE.

定理 5.8 (停时和控制问题的动态规划方程)　*假设价值函数* $H(t,\boldsymbol{x})$ *在时间* t *是一阶可微的, 并且在* $\boldsymbol{x}$ *处所有二阶导数都存在, 也就是说* $H\in C^{1,2}([0,T],\mathbb{R}^m)$, *且* $G:\mathbb{R}^m\mapsto\mathbb{R}$ *是连续的.* H *是**拟变分不等式 (QVI)***

$$\boxed{\max\left\{\partial_t H + \sup_{\boldsymbol{u}\in\mathcal{A}_t}\mathcal{L}_t^{\boldsymbol{u}}H\ ,\ G-H\right\} = 0 \text{ 在 } \mathcal{D} \text{ 上成立}} \tag{5.55}$$

的解, 其中 $\mathcal{D}=[0,T]\times\mathbb{R}^m$.

这与最优停止问题的变分不等式 (5.47) 在原理上相似, 但是除此之外还包含了这个控制过程的优化. 优化导致方程变成非线性的, 如 HJB 方程 (5.44), 因此上述方程被称为拟变分不等式而不是变分不等式.

我们又一次用到区域的记号 $\mathcal{S}$ 和连续域 $\mathcal{S}^c$, 其中

$$\mathcal{S} = \{(t,\boldsymbol{x})\in[0,T]\times\mathbb{R}^m : H(t,\boldsymbol{x}) = G(\boldsymbol{x})\}.$$

唯一的不同是在连续域 $\mathcal{S}^c$ 中, 价值函数应该满足一个 HJB 方程

$$\partial_t H + \sup_{\boldsymbol{u}\in\mathcal{A}_t}\mathcal{L}_t^{\boldsymbol{u}}H = 0 \text{ 在 } \mathcal{S}^c \text{ 上成立},$$

而不是如停时问题中的线性 PDE.

5.7　参考文献与选读

Merton (1971), Bertsekas & Shreve (1978), Merton (1992), Yong & Zhou (1999), Chang (2004), Fleming & Soner (2006), Øksendal & Sulem (2007), Øksendal (2010), Pham (2010), Touzi (2013).

第三部分

算法和高频交易

引　　言

在本书的这一部分我们将探究算法交易策略的建模. 第 6 章和第 7 章考虑代理商如何在预先指定窗口, 仅使用市价单来清算或收购巨大头寸的最优执行策略. 第 6 章涵盖了经典执行问题, 此时投资者的交易冲击资产价格, 也同时需要调整其执行程序的紧迫性水平. 在第 7 章, 我们开发了三个执行模型, 其中投资者: (i) 只要资产价格不打破关键的边界就实行执行程序; (ii) 在策略中纳入订单流来利用由市场买边或卖边的单边压力导致的中间价趋势; (iii) 同时在明市和暗池交易.

在第 8 章中, 我们假设投资者的目标是在一个交易窗口执行一个巨大头寸, 但他仅使用限价单, 或者同时使用限价单和市价单. 更进一步, 我们还展示了一个执行策略, 这里投资者跟踪作为清算程序一部分的特定计划.

第 9 章旨在完成锚定成交量计划的执行算法. 我们为想要跟踪市场总交易量的投资者开发策略, 通过瞄准: 交易量占比、累计交易量占比、交易量加权平均价(也被记作 VWAP).

后三章涵盖了各种算法交易的主题. 第 10 章展示了做市商如何选择限价单在 LOB 中的发布位置. 这个模型通过观察策略是如何依赖各种因素来开发的, 这些因素包括做市商的库存风险厌恶、逆向选择和中间价变动中的短期趋势.

最后, 第 11 章致力于统计套利和配对交易的研究, 并且第 12 章展示了由 LOB 提供的交易量信息是如何被用来优化执行算法的.

第 6 章　连续交易的最优执行 I

6.1　引　　言

金融领域的一个经典问题是代理商如何卖出或买入大量股票, 并尽量最小化自身交易带来的不利价格波动. 在这里, “大量”一词意味着代理商感兴趣的买入或卖出的数量大到无法在一笔交易中执行. 考量交易量过大的一种方法是将其与平均交易量或限价订单簿 (LOB) 上最佳出价或最佳报价上的交易量进行比较. 很明显, 如果代理商寻求执行的股票数量远大于交易的平均规模, 那么尝试在一笔交易中执行所有股票可能不是一个好主意.

经常以大订单 (那些是占平均日交易量很大比重的订单) 进入市场的投资者是机构交易者, 如养老基金、对冲基金、共同基金和主权基金. 这些投资者经常将其交易委托给代表他们行事的代理经纪人 (代理商). 代理商将**母单**分成较小的部分 (有时称为**子单**), 并在一段时间内尝试执行每一个子单, 同时考虑在价格冲击 (交易得更快) 和价格风险 (需要更长时间来完成所有交易) 中寻求平衡. 我们所说的这种权衡的含义如下: 想象一下代理商出售股票的情况. 如果他交易得很快, 那么他的订单将沿 LOB 的买方游走, 获得更差的价格. 即使他将每个订单分成小块 (以便每个订单都不沿 LOB 游走), 并将它们迅速发送到市场, 其他交易者也会注意到多出的订单并重新调整他们的报价, 从而再次产生负面的价格冲击. 另一方面, 如果他交易得慢, 为了避免这种价格冲击, 他将面临未来价格的不确定性. 因此, 他必须试图平衡这两个因素.

代理商腾出来执行较小订单的时间至关重要. 短的时间范围内将导致更快的交易 (并因此导致更多的价格冲击) 和更低的价格不确定性, 但对于较长的交易时间, 也有很多其他原因说明其不可取. 例如, 可能会因为价格合理而决定卖出大量股票, 但在代理商执行完所有子单时, 股价可能下降到不太理想的水平. 限制卖出所有股票所需时间的另一个原因是, 这一特定业务是更大业务的一部分, 这个更大的业务是投资组合重新平衡的结果, 它也需要购买另一家公司的大量股票, 并且两种业务需要在大约相同的时间区间内完成.

因此, 代理商必须制定一个模型, 帮助他决定如何最优地清算或收购股票, 目的是最大限度地降低执行交易的成本并平衡其与价格风险. **执行成本**按**基准价格**与交易完成时的实际价格 (以每股平均价格衡量) 之间的差额来计量. 我们的惯例是, 当执行成本的符号是正数时, 这意味着业务中存在价值损失, 因为交易的实际价格比基准价格差.

基准价格表示在没有摩擦的市场中完美执行的价格. 通常使用在订单发出去执行交易时资产的中间价. 该基准被称为**到达价格**, 其通常被认为是最佳买价和最佳卖价的平均值, 即中间价. 此外, 当到达价格为基准时, 执行成本称为**执行落差**(implementation shortfall) 或**滑点**(slippage), 参见文献 (Almgren, 2010).

6.2 模 型

为了提出最优执行问题, 我们需要用符号来描述代理商持有的股票数量(库存)、中间价的动态变化以及代理商的市价单 (MO) 如何影响中间价. 其中关键的随机过程有:

• $\nu = (\nu_t)_{\{0\leqslant t\leqslant T\}}$ 是交易率, 代理商清算或收购股票的速度 (它也是代理商在优化问题中控制的变量);

• $Q^\nu = (Q_t^\nu)_{\{0\leqslant t\leqslant T\}}$ 是代理商的库存, 显然受到他交易速度的影响;

• $S^\nu = (S_t^\nu)_{\{0\leqslant t\leqslant T\}}$ 是中间价过程, 原则上也受到交易速度的影响;

• $\hat{S}^\nu = (\hat{S}_t^\nu)_{\{0\leqslant t\leqslant T\}}$ 对应于代理商可以通过沿 LOB 游走来买卖资产的价格过程, 即执行价格;

• $X^\nu = (X_t^\nu)_{\{0\leqslant t\leqslant T\}}$ 是代理商的执行策略产生的代理商现金过程.

无论是清算还是收购, 代理商控制下的库存流程都是按照他的交易率给出的, 如下所示:

$$dQ_t^\nu = \pm\nu_t dt, \quad Q_0^\nu = q, \tag{6.1a}$$

而中间价被假设为满足以下 SDE

$$dS_t^\nu = \pm g(\nu_t)dt + \sigma dW_t, \quad S_0^\nu = S, \tag{6.1b}$$

其中

• $W = (W_t)_{\{0\leqslant t\leqslant T\}}$ 是一个标准布朗运动;

• $g:\mathbb{R}_+\to\mathbb{R}_+$ 标记的是代理商交易行为对中间价的**永久性价格冲击**.

执行价满足 SDE

$$\hat{S}_t^\nu = S_t^\nu \pm \left(\frac{1}{2}\Delta + f(\nu_t)\right), \quad \hat{S}_0^\nu = \hat{S}, \tag{6.1c}$$

其中

• $f:\mathbb{R}_+\to\mathbb{R}_+$ 标记的是代理商交易行为对他们可执行价格的**暂时性价格冲击**;

• $\Delta\geqslant 0$ 是买卖价差, 这里假设为常数.

公式 (6.1a)—(6.1c) 适用于清算和收购两个问题, 其中标记 ± 取决于问题是清算 (−) 还是收购 (+) 股份.

在权益市场中, 资产的**基本价格** (在文献中也被称为资产的有效价格或真实价格) 是指能反映关于公司价值的基本信息的股价, 并且这被隐含在股份价格中. 在本章中, 我们假定在最优执行交易期间, 基本价格与资产的中间价相同. 因此, 随着关于公司实际和预期业绩的新信息向市场披露, 中间价将发生变化. 这部分在模型 (6.1b) 中被布朗运动 W 的增量所描述.

该模型的一个关键要素是代理商的交易如何影响中间价. 在这里, 代理商的市价单以两种方式影响中间价: 通过 (6.1c) 中的 $f(\nu_t)$ 和 (6.1b) 中的 $g(\nu_t)$. 这些函数描述代理商交易影响中间价的两种不同方式.

在任何一个时候, 市场上以报价/要价 $S_t^\nu \pm \frac{1}{2}\Delta$ 显示并可用的股票数量都是有限的. 一个大的 MO 会沿 LOB 游走, 这样所获得的每股平均价格将会差于当前的买/卖价. 我们的模型中刻画了这一点, 因为大小为 νdt 的订单将获得的每股执行价格 $S_t^\nu \pm \left(\frac{1}{2}\Delta + f(\nu)\right)$ 且 $f(\nu) \geqslant 0$, 但是, 请注意, 由 $f(\nu_t)$ 描述的订单仅限于执行价格, 并不影响资产的中间价.

在图 6.1 中, 我们展示了 2013 年 10 月 1 日上午 11：00SMH 的 LOB (图 (a)) 的快照, 以及不同交易量的 MO 沿买方 LOB 游走时所面对的每股价格冲击 (图 (b)). 图 (c) 描述了 11:00 至 11:01 之间, 每秒的冲击以及这分钟内这些曲线的平均值 (虚点线). 我们放入了一个线性回归 (虚线), 截距设置为价半差; 这将对应于一个线性冲击函数 $f(\nu_t)$, 是我们在本章中采用的简单模型, 也被广泛地使用. 图 6.1 表明, $f(\nu_t)$ 函数似乎更好地被幂律描述, 并且该模型可以扩展到这种情况. 我们在 6.7 节讨论这个扩展.

请注意, 冲击函数在一分钟内波动, 并也受着交易的各种不同大小影响. 线性回归提供了一分钟内暂时性冲击的近似值. 图 (d) 显示该线性冲击模型的斜率在一整天内是如何波动的. 我们看到, 最大的冲击往往发生在上午, 然后这种冲击变平, 并在整天保持平稳, 并在一天的结束减少. 这种模式在许多资产中都可见一斑.

代理商的执行可以影响中间价的第二种方式是通过 $g(\nu_t)$. 我们将此称为交易率的永久性冲击. 如果 (6.1b) 中的 $g(\nu_t) > 0$, 则大小为 $\nu dt > 0$ 的交易使资产的中间价向上移动. 对这种建模假设的解释是, 代理商的交易建立在反映企业价值永久变化的信息上, 市场参与者根据代理商的交易调整报价. 早些时候, 在第 4 章中, 我们讨论了线性市场冲击模型并估计了各种股票的参数, 具体参见 4.3.5 小节.

对该模型也可以进行修改, 以结合代理商的交易对中间价施加压力, 然后在代理商完成其执行目标后压力消退的情形. 但是, 由于我们关注的是代理商执行单个股票块的情况, 因此这一点并不重要, 因为一旦他停止交易, 他就永远不会收到“价格修正”的任何好处, 我们将其排除在分析之外.

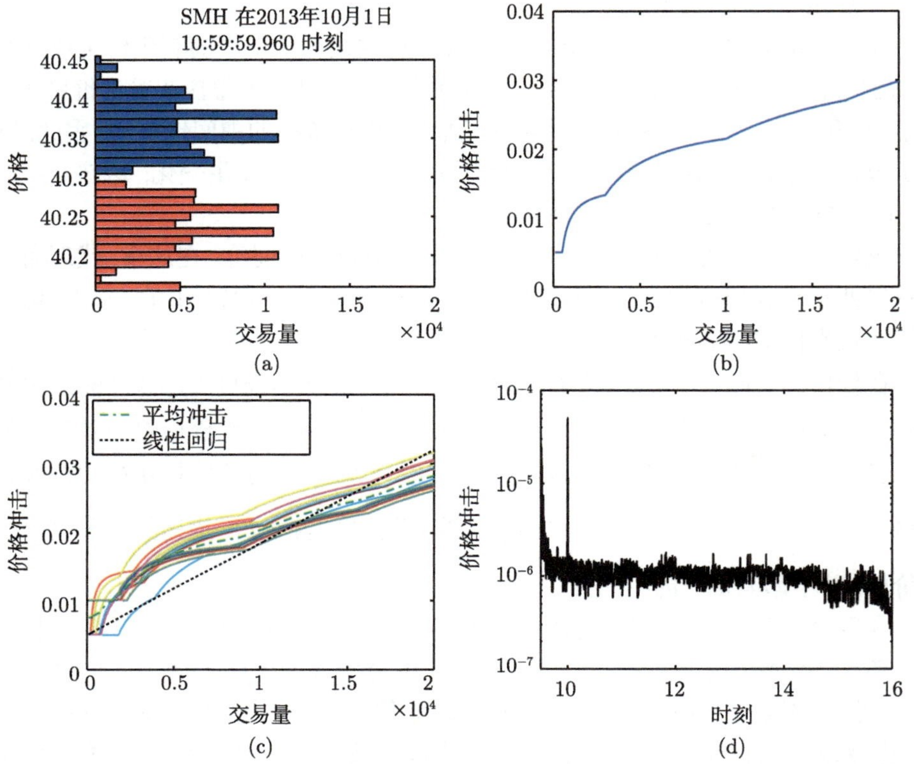

图 6.1 展示如何从 SMH 的 2013 年 10 月 1 日的 LOB 快照中估算暂时性冲击. (a), (b) 是 11:00 的情况. (c) 是从 11:00 到 11:01 的, (d) 是一整天区间内的

为了总结对模型的描述, 我们转向代理商的现金过程 X_t^ν. 这个过程符合 SDE

$$dX_t^\nu = \hat{S}_t^\nu \nu_t dt, \quad X_0^\nu = x, \tag{6.2}$$

并且销售的预期收入是

$$R^\nu = \mathbb{E}[X_T^\nu] = \mathbb{E}\left[\int_0^T \hat{S}_t \nu_t dt\right], \tag{6.3}$$

如果我们查看离散时间步长上的交易过程, 很容易看到这一点. 假设代理商必须在期限 $[0,T]$ 内清算 $Q_0 = \mathfrak{N}$ 股份数量. 现在, 将这个交易期限分成等间隔的时间间隔 $t_0 = 0 < t_1 < t_2 < \cdots < t_N = T$, 其中 $t_n - t_{n-1} = \Delta t$, 对于 $n = 1, 2, \cdots, N$. 接下来, 假设代理商在时间间隔 $[0, t_1)$ 上以价格 $\hat{S}_0$ 出售 $Q_0 - Q_{t_1}$ 数量股份, 并且在时间间隔 $[t_1, t_2)$ 上, 他以价格 $\hat{S}_{t_1}$ 销售 $Q_{t_1} - Q_{t_2}$, 以此类推, 那么出售股票的预期

总收入是

$$R^{\nu}_{\Delta t} = \mathbb{E}[(Q_0 - Q_{t_1})\hat{S}_0 + (Q_{t_1} - Q_{t_2})\hat{S}_{t_1} + \cdots + (Q_{t_{N-1}} - Q_T)\hat{S}_{t_{N-1}}],$$

并注意到交易的速度由 (6.1a) 给出, 让 $\Delta t \to 0$, 我们得到 (6.3).

本章剩余部分研究仅使用 MO 来交易的一组股票的不同最优策略, 其中在每一节中, 控制问题的设置会在代理商如何惩罚和/或控制库存, 并且他的交易率如何影响他的执行价格以及资产的中间价上, 做出不同的假设. 我们也在股份清算和股票收购问题之间进行交替. 在 6.3 节中, 代理商必须清算一批股票, 代理商的交易会影响其执行价格, 但不会影响资产的中间价 ($g(\nu) = 0$) . 问题的初始设置假设了执行策略的设计使所有股票在终止日期之前被清算. 在 6.4 节中, 代理商求解了在终端日期购买任何剩余的未收购的库存, 但是会受到惩罚 (且 $g(\nu) = 0$) 时的最优采购率的问题. 在 6.5 节中, 代理商必须清算一批股票, 代理商的行为对执行价格具有永久性冲击 ($g(\nu) \geqslant 0$) , 并对资产的中间价产生暂时性冲击 ($f(\nu) \geqslant 0$). 另外, 我们通过在整个策略的期限中加入对库存暴露的惩罚, 来纳入一个描述代理商执行交易紧迫性的参数.

6.3 无惩罚仅暂时性冲击的清算

我们首先讨论代理商如何仅使用 MO 在 $t = 0$ 和 T 之间最优地清算 $\mathfrak{N}$ 股份. 假设代理商自己的交易不会影响资产的中间价, 因此股票的中间价如 (6.1b), 有 $g(\nu_t) = 0$. 另一方面, 代理商的交易对他自己的执行价格有暂时的影响, 因为这些 MO 会沿 LOB 游走. 我们假设暂时性冲击在交易速度上是线性的, 所以 (6.1c) 中 $f(\nu_t) = k\nu_t$, $k > 0$, 并且回顾交易的速度 ν_t 是代理商控制的. 为简单起见, 我们假设买卖价差为 $\Delta = 0$, 或等价地, S_t 表示最佳买价. 包含一个非零价差是一件简单的事情, 我们把它作为给有兴趣的读者的练习. 最后, 我们还假设代理商坚持在时间 T 之前清算所有股份 $\mathfrak{N}$.

代理商的目标是选择他清算 $\mathfrak{N}$ 股的速率, 以便从出售中获得最大的收入金额, 而且他的策略必须使所有股票在时间 T 之前都被清算, 即不能在期限到达时还有剩余库存. 换句话说, 代理商希望在所有可接受的清算策略 ν 中找到最小化执行成本的方法

$$EC^{\nu} = \mathfrak{N}S_0 - \mathbb{E}\left[\int_0^T \hat{S}^{\nu}_t \nu_t dt\right],$$

这相当于最大化目标出售 $\mathfrak{N}$ 股的预期收入. 因此代理商的价值函数是

$$H(t, S, q) = \sup_{\nu \in \mathcal{A}} \mathbb{E}_{t,S,q}\left[\int_t^T (S_u - k\nu_u)\nu_u du\right],$$

其中 $\mathbb{E}_{t,S,q}[\cdot]$ 表示以 $S_t = S$ 和 $Q_t = q$ 为条件的期望值, $\mathcal{A}$ 是可接受策略的集合: $\mathcal{F}$-可测的非负有界策略.

为了解决这个最优控制问题, 我们使用了动态规划原理 (DPP), 价值函数需要满足动态规划方程 (DPE)

$$\partial_t H + \frac{1}{2}\sigma^2 \partial_{SS} H + \sup_{\nu}\{(S - k\nu)\nu - \nu\partial_q H\} = 0. \tag{6.4}$$

代理商要求最优策略在时间 T 前清算所有库存, 因此价值函数通过"惩罚"任何非零终端库存来反映这一点, 这样我们要求

$$H(T, S, q) \xrightarrow{t \to T} -\infty, \quad q > 0,$$

以及

$$H(T, S, 0) \xrightarrow{t \to T} 0.$$

DPE (6.4) 的一阶条件表明, 它在

$$\nu^* = \frac{1}{2k}(S - \partial_q H) \tag{6.5}$$

得到一个上确界. 这是反馈控制形式中的最优交易速度. 在代入 DPE 后, 我们获得关于价值函数的非线性偏微分方程

$$\partial_t H + \frac{1}{2}\sigma^2 \partial_{SS} H + \frac{1}{4k}(S - \partial_q H)^2 = 0. \tag{6.6}$$

为了提出上述方程式的拟设, 通过观察边界条件以了解哪些变量与价值函数相关是有用的. 我们知道, 如果策略以非零库存达到终止日期, 那么价值函数必只会是任意大的负数——因为最优策略必须确保所有股票都被清算. 我们假设, 价值函数应根据当前库存的账面价值 (以中间价作为参考的逐日盯市) 加上由于最优清算剩余份额而产生的超额价值来编写, 即

$$H(t, S, q) = qS + h(t, q), \tag{6.7}$$

其中 $h(t, q)$ 仍然有待确定, 尽管我们知道当 t 接近 T 时它必须趋于无穷.

根据问题的设置方式, 代理商最好能做的就是实现中间价. 因此, 账面价值的修正值 $h(t, q)$ 必须是负值, 代理商的目标是最小化这种向下调整. 将这个拟设代入 DPE (6.6), 我们得到 $h(t, q)$ 的下列方程:

$$\partial_t h + \frac{1}{4k}(\partial_q h)^2 = 0.$$

有趣的是, 资产中间价的波动率与问题无关了. 其原因是布朗运动部分是一个鞅, 因此平均上讲, 它对清算股票的贡献价值为零.

着重看 h 的上述非线性偏微分方程, 我们写出变量分离后的 $h(t,q)=q^2h_2(t)$ 形式 (注意, 下标 2 表示该函数是 q^2 的系数), 从中变量分离出 q, 并获得 $h_2(t)$ 的简单非线性 ODE:

$$\partial_t h_2 + \frac{1}{k}h_2^2 = 0, \tag{6.8}$$

我们通过 t 和 T 之间的积分来求解

$$h_2(t) = \left(\frac{1}{h_2(T)} - \frac{1}{k}(T-t)\right)^{-1}.$$

如上所述, 最优策略必须确保最终库存为零, 这相当于要求当 $t\to T$ 时, $h_2(t)\to -\infty$. 通过这种方式, 价值函数对非零最终库存进行了严重的惩罚. 获得这种条件的另一种方法是计算沿着最优策略的库存路径, 并强制终端库存为零. 要看到这个, 使用拟设 (6.7) 把 (6.5) 化简为

$$\nu_t^* = -\frac{1}{k}h_2(t)Q_t^{\nu^*}, \tag{6.9}$$

然后在 $[0,t]$ 对 $dQ_t^{\nu^*} = -\nu_t^* dt$ 积分, 来得到按照最优策略的库存概况:

$$\int_0^t \frac{dQ_t^{\nu^*}}{Q_t^{\nu^*}} = \int_0^t \frac{h_2(s)}{k}ds \Rightarrow Q_t^{\nu^*} = \frac{(T-t)-k/h_2(T)}{T-k/h_2(T)}\mathfrak{N}.$$

为了满足最终库存状况 $Q_T^{\nu^*}=0$, 并且还要确保对需要清算的流通股票账面价值的校正 $h(t,q)$ 是负的, 我们有

$$h_2(t)\to -\infty, \quad t\to T. \tag{6.10}$$

回到解决最优化问题, 我们有

$$h_2(t) = -k(T-t)^{-1},$$

故应持有的最优库存为

$$\boxed{Q_t^{\nu^*} = \left(1-\frac{t}{T}\right)\mathfrak{N},} \tag{6.11}$$

且最优交易速度为

$$\boxed{\nu_t^* = \frac{\mathfrak{N}}{T}.} \tag{6.12}$$

最优交易速度的最终结果非常简单: 股票必须以恒定的价格进行平仓, 并且该策略与**时间加权平均价格** (TWAP) 的策略相同.

6.4　终端惩罚和暂时性冲击的最优收购

现在的问题是从 $Q_0^\nu = 0$ 开始, 在时间 T 之前收购 (不清算) $\mathfrak{N}$ 股股份. 如前一节所述, 代理商的 MO 将沿 LOB 游走, 因此他的执行价格用 (6.1c) 表示为 $f(\nu) = k\nu,\ k > 0$.

尽管代理商的目标是在时间 T 之前完成收购计划, 但他允许达不到此目标的策略, 即 $Q_T < \mathfrak{N}$, 在这种情况下, 他必须执行买入 MO 的剩余数量并获得额外的惩罚. 该终端库存损失由 $\alpha > 0$ 参数化, 其中包括在 T 时刻沿 LOB 游走的成本以及代理商在终端日期为交易执行而必须承担的任何其他额外惩罚.

因此, 代理商的策略 ν_t 的期望成本是

$$EC^\nu = \mathbb{E}\left[\underbrace{\int_t^T \hat{S}_u^\nu \nu_u du}_{\text{终端现金}} + \underbrace{(\mathfrak{N} - Q_T^\nu)S_T}_{\text{中间的终端执行}} + \underbrace{\alpha(\mathfrak{N} - Q_T^\nu)^2}_{\text{终端惩罚}}\right]. \tag{6.13}$$

与上一节中的期望成本相比, 我们有两个附加项. 在上一节的清算问题中, 代理商寻求一种策略, 确保所有股票都在 T 时刻之前被清算, 并且期望成本完全来自连续交易. 现在, 代理商可以在达到 T 时刻时没有完成他的目标, 但这会产生一些附加项, 包含该部分销售额和因为在终端日期收购剩余股份的惩罚.

为了简化标记, 我们引入一个新的随机过程 $Y = (Y_t)_{0\leqslant t\leqslant T}$ 来表示在 t 和交易期限结束 T 之间剩余要收购的股票:

$$Y_t^\nu = \mathfrak{N} - Q_t^\nu, \quad \text{故} \quad dY_t^\nu = -\nu_t dt,$$

并记价值函数为

$$H(t, S, y) = \inf_{\nu\in\mathcal{A}} \mathbb{E}_{t,S,y}\left[\int_t^T \hat{S}_u^\nu \nu_u du + Y_T^\nu S_T + \alpha(Y_T^\nu)^2\right],$$

由此最优策略旨在寻求减少收购股份而需支付的现金. 应用 DPP, 我们期望价值函数应该满足 DPE

$$0 = \partial_t H + \frac{1}{2}\sigma^2 \partial_{SS} H + \inf_\nu\{(S + k\nu)\nu - \nu\partial_y H\}, \tag{6.14}$$

以及终值条件 $H(T, S, y) = yS + \alpha y^2$. 求解一阶条件, 反馈形式的最优交易速度由下式给出

$$\nu^* = \frac{1}{2k}(\partial_y H - S), \tag{6.15}$$

并代入上面的 DPE, 有

$$\partial_t H + \frac{1}{2}\sigma^2 \partial_{SS} H - \frac{1}{4k}(\partial_y H - S)^2 = 0.$$

为了求解这个 DPE, 我们可以根据剩余资产的账面价值和从最优股票收购中有的超额价值函数来写出价值函数. 从终端条件以及 y 进入 DPE 的方式看, 我们假设过超额价值函数可以用 y 中的二次函数来表示. 相关拟设为

$$H(t,S,y) = yS + h_0(t) + h_1(t)y + h_2(t)y^2, \tag{6.16}$$

其中 $h_2(t), h_1(t), h_0(t)$ 待定, 是时间的确定性函数 (注意函数的下标表示, 在整个拟设里与之相乘的 y 的幂次). 回顾在终端日期 T 的价值函数为 $H(T,S,y) = yS + \alpha y^2$, 那么

$$h_2(T) = \alpha \quad 且 \quad h_1(T) = h_0(T) = 0.$$

而且, 将拟设代入上述非线性 PDE 后, 我们发现了

$$0 = \left\{\partial_t h_2 - \frac{1}{k}h_2^2\right\} y^2 + \left\{\partial_t h_1 - \frac{1}{k}h_2 h_1\right\} y + \left\{\partial_t h_0 - \frac{1}{4k}h_1^2\right\}.$$

由于这个方程必须对每个 y 都有效, 因此括号中的每一项都必须单独消失. 这为我们提供了三个函数 h_0, h_1 和 h_2 的三个方程. 由于终端条件 $h_1(T) = 0$, 我们可以看到我们为 h_1 得到的解 (通过将第二项括号中置为零) 为 $h_1(t) = 0$. 类似地由于终端条件 $h_0(T) = 0$, 可以看到我们为 h_0 得到的解 (通过将括号中的第三项置为零, 并知道 $h_1(t) = 0$) 为 $h_0(t) = 0$. 事实上, 我们可以从拟设 $H(t,S,y) = yS + h_2(t)y^2$ 开始, 并对 h_2 得到的相同方程结束. 利用最终的方程 (通过将花括号中第一项置为 0 得到), 我们可以得到 $h_2(t)$, 在这种情况下, 由于 $h_2(T) = \alpha$, 得到非平凡解

$$h_2(t) = \left(\frac{1}{k}(T-t) + \frac{1}{\alpha}\right)^{-1}.$$

把它与价值函数的拟设放在一起, 我们发现最优的交易速度是

$$\nu_t^* = \left((T-t) + \frac{k}{\alpha}\right)^{-1} Y_t^{\nu^*}. \tag{6.17}$$

在这里我们看到, 当终端惩罚参数 $\alpha \to \infty$ 时, 收购率收敛于 TWAP. 类似地, α 的值越小, 其他值相等, 收购速率就越慢. 此外, 在极限情况下 $\alpha \to 0$, 最优策略是在到达终端日期之前不收购任何股票, 且在终端日期, 收购所有 $\mathfrak{N}$ 股. 在这种极限情况下, 在日期 T 没有沿 LOB 游走成本, 因此最好是在最后收购所有库存. 但是, 一般来说, 我们期望有 $\alpha \gg k$.

和之前一样, 我们可以明确地解决最优的库存路径, 通过在 $[0,t]$ 上积分 $dY_t^{\nu^*} = -\nu_t^* dt$, 即解

$$dY_t^{\nu^*} = -\left((T-t)+\frac{k}{\alpha}\right)^{-1} Y_t^{\nu^*} dt$$

来得到 $Y_t^{\nu^*}$. 回顾 $Y_t^{\nu} = \mathfrak{N} - Q_t^{\nu}$, 可以直接获得最优库存路径为

$$\boxed{Q_t^{\nu^*} = \frac{t}{T+\dfrac{k}{\alpha}}\mathfrak{N}.} \tag{6.18}$$

从这个等式中我们可以看出, 对于任何有限的 $\alpha > 0$ 和有限的 $k > 0$, 让一些股票在终端日期被执行, 总是最优的, 在最后执行的剩余股票的比率随着终端日期的相对价格冲击减少 k/α.

为了获得最优的收购速度, 我们用 $Q_t^{\nu^*}$ 代入 ν_t^* 的表达式

$$\boxed{\nu_t^* = \frac{\mathfrak{N}}{T+\dfrac{k}{\alpha}}.} \tag{6.19}$$

将这与前一节的结果 (见 (6.11) 和 (6.12)) 相比较, 我们看到代理商以一个恒定、但相比于严厉惩罚不完全执行的代理商 (即 $\alpha \to \infty$) 更慢的速度收购. 此外, 代理商以恒定速度进行交易, 并且该速度与在终端日期必须执行完所有事务的代理商的速度相同, 但是终端日期 T' 会在未来一个更远的时间 $T' = T + \dfrac{k}{\alpha}$.

6.5 永久性价格冲击清算

在本节中, 我们将从收购转向清算. 该代理商继续仅使用 MO 来清算总共 $\mathfrak{N}$ 股, 但现在他的交易对价格具有暂时性和永久性冲击. 中间价动态地由带漂移项 (6.1b) 给出, 这里 $g(\nu_t) > 0$, 由于代理商的卖出交易产生持续的向下的压力, 因此在等式中该项符号为负号; 执行价格由 (6.1c) 给出, 这里 $f(\nu_t) > 0$, 由于卖出交易具有不利的暂时性冲击, 其以负值进入等式. 在这里, 我们假设如果代理商的策略在达到终端日期 T 时还有库存剩余, 那么他必须执行一个 MO 来达到 $\mathfrak{N}$, 总收入为 $Q_T^{\nu}(S_T^{\nu} - \alpha Q_T^{\nu})$, 其中 $\alpha \geqslant 0$ 是终端清算惩罚参数. 代理商的目标是最小化执行成本

$$EC^{\nu} = \mathfrak{N}S_0 - \mathbb{E}\left[\underbrace{X_T^{\nu}}_{\text{终端现金}} + Q_T^{\nu}(\underbrace{S_T^{\nu}}_{\text{中间价}} - \underbrace{\alpha Q_T^{\nu}}_{\text{每股惩罚}})\right],$$

其中与投资者的财富 X_t^ν 相对应的过程如 (6.2) 所示. 在这里, 我们已经把按执行成本的积分写出现金过程, 换成了直接用现金过程. 这样, 现金过程就成为一个状态变量. 当然, 我们原则上可以继续使用成本积分的表示法; 然而, 当价值函数用 X 作为状态变量写出时, 有时候更容易激发对即将出现的问题的拟设解的选择灵感.

在本节中, 我们还向模型中引入了另一个元素: 以 $\phi\int_t^T(Q_u^\nu)^2du$ 形式的运行库存惩罚, 其中 $\phi \geqslant 0$. 这种正在运行的库存损失不是 (也不应该被视为) 代理商战略的财务成本. 参数 ϕ 允许我们纳入代理商执行交易的紧迫性. ϕ 值越大, 最优策略就会越快地清算股票, 因为它会增加对股票延迟清算的惩罚, 并刺激前期加载库存清算的策略. Cartea, Donnelly 和 Jaimungal (2013) 表明, 运行库存惩罚等同于引入代理商模糊性厌恶, 其中模糊性超过了中间价, 在他们的模型中, 中间价可能具有非零随机漂移.

那么, 代理商的绩效标准是

$$H^\nu(t,x,S,q)=\mathbb{E}_{t,x,S,q}\left[\underbrace{X_T^\nu}_{\text{终端现金}}+\underbrace{Q_T^\nu(S_T^\nu-\alpha Q_T^\nu)}_{\text{终端执行}}-\underbrace{\phi\int_t^T(Q_u^\nu)^2du}_{\text{库存惩罚}}\right], \tag{6.20}$$

以及价值方程是

$$H(t,x,S,q)=\sup_{\nu\in\mathcal{A}}H^\nu(t,x,S,q).$$

由 DPP 可得到价值函数应该满足 HJB 方程

$$0=\left(\partial_t+\frac{1}{2}\sigma^2\partial_{SS}\right)H-\phi q^2+\sup_\nu\{(\nu(S-f(\nu))\partial_x-g(\nu)\partial_S-\nu\partial_q)H\}, \tag{6.21}$$

满足终端条件 $H(T,x,S,q)=x+Sq-\alpha q^2$.

我们使用简化的假设, 即永久性和暂时性价格冲击函数在交易速度上是线性的, 即 $f(\nu)=k\nu$ 和 $g(\nu)=b\nu$, 其中有限常数 $k\geqslant 0$, $b\geqslant 0$. 一阶条件允许我们获得反馈控制形式的最优交易速度

$$\nu^*=\frac{1}{2k}\frac{(S\partial_x-b\partial_S-\partial_q)H}{\partial_xH}. \tag{6.22}$$

再将最优反馈控制代入 DPE 时, 它简化为

$$0=\left(\partial_t+\frac{1}{2}\sigma^2\partial_{SS}\right)H-\phi q^2+\frac{1}{4k}\frac{[(S\partial_x-b\partial_S-\partial_q)H]^2}{\partial_xH}.$$

通过检查终端条件 $H(T,x,S,q)=x+Sq-\alpha q^2$, 拟设解为

$$H(t,x,S,q)=x+Sq+h(t,S,q), \tag{6.23}$$

其中, h 满足终端条件 $h(T,S,q)=-\alpha q^2$, 还未被确定. 拟设解的第一项是策略的累计现金, 第二项是按市值计算 (中间价) 的剩余库存的账面价值, h 是最优清算剩余股份所产生的额外价值.

对于 h, 在上述非线性 PDE 中使用此拟设:

$$0=\left(\partial_t+\frac{1}{2}\sigma\partial_{SS}\right)h-\phi q^2+\frac{1}{4k}[b(q+\partial_S h)+\partial_q h]^2.$$

由于上述 PDE 对 S 没有显式依赖, 并且终端条件和 S 无关, 故 $\partial_S h(t,S,q)=0$, 而且我们可以写出 $h(t,S,q)=h(t,q)$(略有泛用符号). 然后等式进一步简化为

$$0=\partial_t h(t,q)-\phi q^2+\frac{1}{4k}[bq+\partial_q h(t,q)]^2.$$

(6.22) 中反馈形式的最优控制呈现更紧凑的形式

$$\nu^*=-\frac{1}{2k}(\partial_q h(t,q)+bq). \tag{6.24}$$

在这种形式中, 该解似乎满足变量分离 $h(t,q)=h_2(t)q^2$, 其中 $h_2(t)$ 满足以下非线性 ODE (下标的 2 表示那个函数是 q^2 的系数)

$$0=\partial_t h_2-\phi+\frac{1}{k}\left[h_2+\frac{1}{2}b\right]^2, \tag{6.25}$$

满足终端条件 $h_2(T)=-\alpha$. 此 ODE 是 Riccati 类型的, 并且可以被精确积分. 首先, 令 $h_2(t)=-\frac{1}{2}b+\chi(t)$, 重新整理 ODE, 我们有

$$\frac{\partial_t\chi}{k\phi-\chi^2}=\frac{1}{k},$$

满足 $\chi(T)=\frac{1}{2}b-\alpha$. 然后对两边在 $[t,T]$ 积分可得

$$\log\frac{\sqrt{k\phi}+\chi(T)}{\sqrt{k\phi}-\chi(T)}-\log\frac{\sqrt{k\phi}+\chi(t)}{\sqrt{k\phi}-\chi(t)}=2\gamma(T-t),$$

则

$$\chi(t)=\sqrt{k\phi}\frac{1+\zeta e^{2\gamma(T-t)}}{1-\zeta e^{2\gamma(T-t)}},$$

其中

$$\gamma=\sqrt{\frac{\phi}{k}}\quad 和\quad \zeta=\frac{\alpha-\frac{1}{2}b+\sqrt{k\phi}}{\alpha-\frac{1}{2}b-\sqrt{k\phi}}. \tag{6.26}$$

此时, DPE 的解已完全确定, 最优交易速度可被状态变量显式表示, 而不是反馈形式. 特别地, 由 (6.24), 最优交易速度是

$$\boxed{\nu_t^* = \gamma\frac{\zeta e^{\gamma(T-t)} + e^{-\gamma(T-t)}}{\zeta e^{\gamma(T-t)} - e^{-\gamma(T-t)}} Q_t^{\nu^*}.} \tag{6.27}$$

有趣的是, 交易的最优速度仍然与投资者目前的库存水平成正比, 正如我们在前面较简单的模型中发现的那样, 但现在比例因子依赖于时间非线性地变化.

由此公式, 我们可能得到由此策略得到的代理商的库存 $Q_t^{\nu^*}$, 回顾代理商的库存, 满足 $dQ_t^\nu = -\nu_t dt$, 由此

$$dQ_t^{\nu^*} = \frac{\chi(t)}{k} Q_t^{\nu^*} dt, \quad 所以 \quad Q_t^{\nu^*} = \mathfrak{N} \exp\left\{\int_0^t \frac{\chi(s)}{k} ds\right\}.$$

为了得到沿着最优策略的库存, 我们首先计算积分

$$\begin{aligned}
\int_0^t \frac{\chi(s)}{k} ds &= \frac{1}{k}\int_0^t \sqrt{k\phi}\frac{1+\zeta e^{2\gamma(T-s)}}{1-\zeta e^{2\gamma(T-s)}} ds \\
&= \gamma \int_0^t \frac{e^{-2\gamma(T-s)}}{e^{-2\gamma(T-s)} - \zeta} ds + \gamma \int_0^t \frac{\zeta e^{2\gamma(T-s)}}{1-\zeta e^{2\gamma(T-s)}} ds \\
&= \log\left(e^{-\gamma(T-s)} - \zeta e^{\gamma(T-s)}\right)\Big|_0^t \qquad (6.28)\\
&= \log\frac{\zeta e^{\gamma(T-t)} - e^{-\gamma(T-t)}}{\zeta e^{\gamma T} - e^{-\gamma T}}, \qquad (6.29)
\end{aligned}$$

于是

$$\boxed{Q_t^{\nu^*} = \frac{\zeta e^{\gamma(T-t)} - e^{-\gamma(T-t)}}{\zeta e^{\gamma T} - e^{-\gamma T}}\mathfrak{N}.} \tag{6.30}$$

将 (6.27) 代入这个表达式, 我们可以写出最优交易速度, 作为一个简单的确定性时间函数

$$\nu_t^* = \gamma\frac{\zeta e^{\gamma(T-t)} + e^{-\gamma(T-t)}}{\zeta e^{\gamma T} - e^{-\gamma T}}\mathfrak{N}.$$

在二次清算惩罚趋于无限的时候, 即 $\alpha \to +\infty$, 我们得到 $\zeta \to 1$, 那么最优库存和最优交易速度简化为

$$Q_t^{\nu^*} \xrightarrow[\alpha\to+\infty]{} \frac{\sinh(\gamma(T-t))}{\sinh(\gamma T)}\mathfrak{N}$$

和

$$\nu_t^* \xrightarrow[\alpha\to+\infty]{} \frac{\cosh(\gamma(T-t))}{\sinh(\gamma T)}\mathfrak{N}.$$

两个表达式与 b 都无关, 对于 α 取其他值, α 和永久性价格冲击参数 b 之间的关系更加复杂, 我们等考虑数值例子时再看这个关系.

图 6.2 中包含了对两个水平的清算惩罚 α 和几个水平的运行惩罚 ϕ, 在最优策略下库存水平的图. 注意零运行惩罚 $\phi = 0$, 此策略为直线, 特别地, 当 $\alpha \to \infty$ 时, 此策略等价于 TWAP 策略. 当运行惩罚 ϕ 增加时, 交易曲线变得更加凸, 以及最优策略旨在更快地出售更多的财产. 这是个有启发性的结果, 因为 ϕ 代表代理商清算头寸的紧迫性, 并当它增加时, 代理商最初清算地更快. 自然地, 当清算惩罚增加, 最终库存也被逼近到 0.

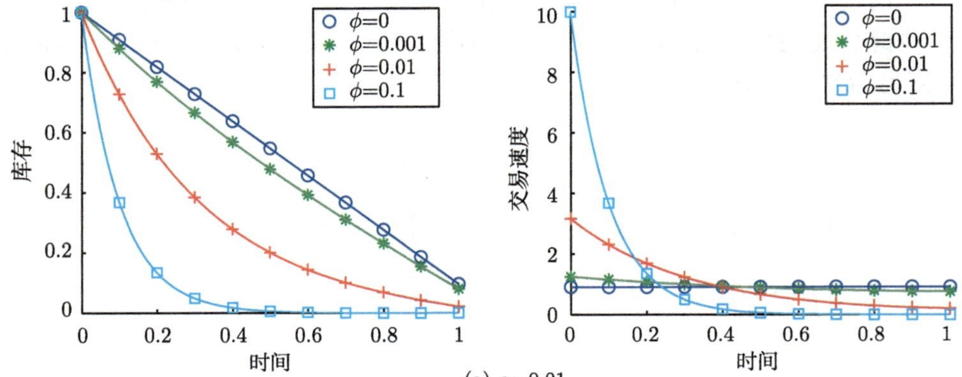

(a) α=0.01

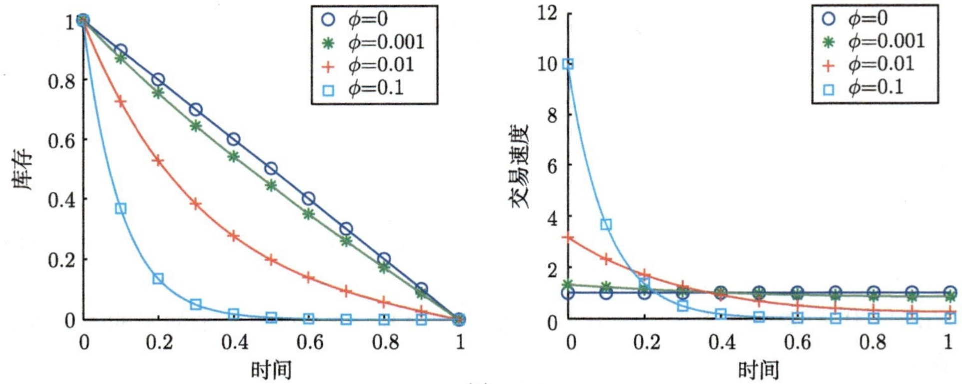

(b) α=+∞

图 6.2　投资者对各种运行惩罚 ϕ 沿着最优路径的库存, 其余的模型参数是 $k = 10^{-3}$, $b = 10^{-3}$

作为一个练习, 你可以检查一下在运行惩罚消失的极限的状态下, 即 $\phi \to 0$, 也可复现与前一节相似的结果, 即

$$Q_t^{\nu^*} \xrightarrow[\phi \to 0]{} \left(1 - \frac{t}{T + \dfrac{k}{\alpha}}\right)\mathfrak{N}.$$

永久性价格冲击和终端清算惩罚的等价性

在前一节, 我们解决了代理商的交易对执行价有暂时性冲击和对中间价有永久性冲击的一般例子. 我们假设两种冲击对于交易速度是线性的, 即 $f(\nu) = k\nu$ 和 $g(\nu) = b\nu$, 其中常数 $k \geqslant 0$ 和 $b \geqslant 0$. 一般我们可以观察到 $b \ll k$. 并且假设清算惩罚参数 $\alpha \gg k$. 在此节, 我们讨论清算惩罚参数 α 和永久性价格冲击参数 b——关于收购问题的讨论是很相似的.

分析的基础来自观察交易最优速度, 于 (6.27) 中描述, 永久性冲击和清算惩罚永远以 $\alpha - \frac{1}{2}b$ 形式出现, 见 (6.26). 这表明在现今的模型, 即永久性冲击对于交易速度呈线性, 且终端惩罚清算是二次的 αQ_T^2, 我们可以定义一个单独的参数 $c = \alpha - \frac{1}{2}b$ (使 $c = -\chi(T)$) 来描述永久性价格冲击和清算惩罚是如何影响最优交易速度的. 显然地, 我们无法对模型中的其他变量做一样的事, 比如由清算股份时获得的现金. 这个值对永久性价格冲击参数的影响与清算惩罚有一定差别.

为了看到这一点, 我们考虑卖出 $\mathfrak{N}$ 股的收益是如何受代理商交易对中间价的永久性冲击影响的. 首先, 当他采取任意策略 ν_t 时, 我们计算代理商的终端现金. 回顾到代理商的现金状况符合 SDE

$$dX_t^\nu = (S_t^\nu - k\nu_t)\nu_t dt,$$

其中

$$dS_t^\nu = -b\nu dt + \sigma dW_t,$$

并且, 为了简单, 假设 $X_0 = 0, k = 0$ 和 $S_0 = 0$, 那么清算其股份所得的收入, 包括对终端库存的清算为

$$\begin{aligned}
R^\nu &= \int_0^T S_t^\nu \nu_t dt + Q_T^\nu(S_T^\nu - \alpha Q_T^\nu) \\
&= \int_0^T \left\{-b\int_0^t \nu_u du + \sigma W_t\right\} \nu_t dt + Q_T^\nu(S_T^\nu - \alpha Q_T^\nu) \\
&= \int_0^T \{-b(\mathfrak{N} - Q_t^\nu) + \sigma W_t\} \nu_t dt + Q_T^\nu(S_T^\nu - \alpha Q_T^\nu) \\
&= \int_0^T \{-b(\mathfrak{N} - Q_t^\nu) + \sigma W_t\} (-dQ_t^\nu) + Q_T^\nu(S_T^\nu - \alpha Q_T^\nu) \\
&= -b\int_0^T (\mathfrak{N} - Q_t^\nu) d(\mathfrak{N} - Q_t^\nu) - \sigma\int_0^T W_t dQ_t^\nu + Q_T^\nu(S_T^\nu - \alpha Q_T^\nu) \\
&= -\frac{1}{2}b(\mathfrak{N} - Q_T^\nu)^2 + Q_T^\nu(S_T^\nu - \alpha Q_T^\nu) - \sigma\int_0^T W_t dQ_t^\nu.
\end{aligned}$$

如此表示 R^ν, 我们可见 α 和 b 都在 $(Q_T^\nu)^2$ 一起出现, 并同时对不为零的库存进行惩罚. 然而, 假如我们分离 R^ν 中的被 α 和 b 影响到的几项, 我们可以得到

$$R^\nu = -\frac{1}{2}b(\mathfrak{N}^2 - 2\mathfrak{N}Q_T^\nu) - \left(\frac{1}{2}b + \alpha\right)(Q_T^\nu)^2 + Q_T^\nu S_T^\nu - \sigma\int_0^T W_t dQ_t^\nu.$$

那么现在可以清楚地看到, 不仅 α 和 b 与影响交易速度完全不同的形式影响收入过程, 而且永久性价格冲击参数的影响不能被吸收到清算惩罚.

的确, b 显式地出现在价值函数, 和 α 分离. 首先注意 α 和 b 确实以 $c = \alpha - \frac{1}{2}b$ (通过 ζ) 的形式一起出现在 $\chi(t)$ 中. 但是, b 还通过 $h_2(t) = \chi(t) - \frac{1}{2}b$ 的关系单独出现. 因为 $\chi(t)$ 决定了最优交易策略, 我们可见为了交易策略, b 可以吸收进 α. 但是这个效果不可以延伸到收入过程. 当代理商在极限情况 $\alpha \to \infty$ 时, 沿着最优策略, 我们可以最清楚地看出这点. 在这个极端的情形, 代理商会在终端日期前完成交易, 因此 $Q_T^{\nu^*} = 0$, 并且应用到终端数量的任何终端惩罚会等于零. 虽然, 代理商交易对中间价的冲击是严格为正的: 损失为 $\frac{1}{2}b\mathfrak{N}^2$.

6.6 指数效用最大化的执行

在之前的几节, 代理商在最大化其期望终端财富 (在最后, 最优地交易和清算任何剩余股份) 意义上, 是被视为风险中性的. 作为 6.3 节的一个例外, 代理商并不是严格意义上的风险中性, 因为他也会惩罚持有库存——而这是风险厌恶的一种形式. 在这一节, 我们将论证若代理商是风险厌恶的, 且在指数效用情况下, 他将和上一节研究过的风险中性但是库存厌恶的代理商有相同的行为.

让我们考虑代理商的偏好，基于对终端财富的期望效用为指数效用 $u(x) = -e^{-\gamma x}$, 其绩效标准为

$$H^\nu(t,x,S,q) = \mathbb{E}_{t,x,S,q}\left[-\exp\left\{-\gamma\left(X_T^\nu + Q_T^\nu(S_T^\nu - \alpha Q_T^\nu)\right)\right\}\right],$$

其价值函数为

$$H(t,x,S,q) = \sup_{\nu\in\mathcal{A}} H^\nu(t,x,S,q),$$

其中 S^ν, Q^ν 和 X^ν 与以往一样满足等式 (6.1) 和 (6.2). 代理商的终端财富由两个组成部分, 交易累计的现金 X_T^ν, 以及清算任何在交易期限最后剩余的资产 $Q_T^\nu(S_T^\nu - \alpha Q_T^\nu)$——这个可由之前的一块交易的影响解释.

应用 DPP, 我们期望 H 满足 DPE

$$0 = \left(\partial_t + \frac{1}{2}\sigma^2\partial_{SS}\right)H + \sup_\nu\{(\nu(S - k\nu)\partial_x - b\nu\partial_S - \nu\partial_q)H\}, \tag{6.31a}$$

以及终端条件

$$H(T,x,S,q) = -\exp\{-\gamma(x+q(S-\alpha q))\}. \tag{6.31b}$$

指数终端条件提示了我们可以使用拟设

$$H(t,x,S,q) = -\exp\{-\gamma(x+qS+h(t,q))\}, \tag{6.32}$$

并且代入 (6.31), 我们发现 h 满足非线性 PDE

$$0 = -\gamma h\partial_t h + \frac{1}{2}\sigma^2\gamma^2 q^2 h + \sup_{\nu}\{-\gamma\nu(S-k\nu)+\gamma qb\nu+\gamma\nu(S+\partial_q h)\}h,$$

终端约束条件为 $h(T,q) = -\alpha q^2$. 因为我们期望 h 是负的, 由终端条件, 我们能变量分离出 $-\gamma h$ 项, 得到更简单的 PDE

$$0 = \partial_t h - \frac{1}{2}\sigma^2\gamma q^2 + \sup_{\nu}\{-k\nu^2-(qb+\partial_q h)\nu\}. \tag{6.33}$$

我们可以直接地得到反馈形式的最优控制 ν^*,

$$\nu^* = -\frac{1}{2k}(qb+\partial_q h), \tag{6.34}$$

并且代入 (6.33), 进一步得到 h 满足

$$0 = \partial_t h - \frac{1}{2}\sigma^2\gamma q^2 + \frac{1}{4k}(qb+\partial_q h)^2.$$

一个进一步的观察是假如我们考虑 h 关于 q 是二次的, 那么这个非线性方程所有项关于 q 都是二次的, 终端条件亦是如此. 于是, 我们期望对于一些确定的函数 $h_2(t)$, $h(t,q) = h_2(t)q^2$, 以及由于 $h(T,q) = -\alpha q^2$, 有终端条件 $h_2(T) = -\alpha$. 代入第二个拟设, 并且分离出 q^2, 我们有 $h_2(t)$ 满足非线性 ODE

$$0 = \partial_t h_2 - \frac{1}{2}\sigma^2\gamma + \frac{1}{k}\left(h_2+\frac{1}{2}b\right)^2. \tag{6.35}$$

比较 (6.35) 和 (6.25), 我们可以看到无论何时, 当 $\phi = \frac{1}{2}\gamma\sigma^2$ 时两个 ODE 相契合, 并且因为终端条件是相同的, 所以两个 PDE 的解也是相同的. 因此, 使用求解 (6.25) 的相同步骤, 我们发现针对具有指数效用偏好的情形, 有

$$h_2(t) = \sqrt{k\gamma\sigma^2}\frac{1+\zeta e^{2\xi(T-t)}}{1-\zeta e^{2\xi(T-t)}} - \frac{1}{2}b,$$

其中常数

$$\xi=\sqrt{\frac{\gamma\sigma^2}{2k}} \quad 和 \quad \zeta=\frac{\alpha-\frac{1}{2}b+\sqrt{\frac{1}{2}k\gamma\sigma^2}}{\alpha-\frac{1}{2}b-\sqrt{\frac{1}{2}k\gamma\sigma^2}}.$$

回顾 $h(t,q)=q^2h_2(t)$, 并且将上述解代入 (6.34), 我们有交易的最优速度是

$$\boxed{\nu_t^*=\xi\frac{\zeta e^{\xi(T-t)}+e^{-\xi(T-t)}}{\zeta e^{\xi(T-t)}-e^{-\xi(T-t)}}Q_t^{\nu^*}.} \tag{6.36}$$

这个策略和 (6.27) 中库存厌恶的风险中性代理商在形式上是相同的. 进一步, 这两个问题的价值函数 (指数效用最大器和库存厌恶的风险中性) 可以互相映射. 从 (6.32), 我们有

$$H^{\text{exp-util}}(t,x,q,S)=-\exp\{-\gamma(x+qS+q^2h_2(t))\},$$

其中上标 exp-util 表明这是指数效用最大值的情形. 相似地, 由 (6.23), 我们有

$$H^{\text{inv-aver}}(t,x,q,S)=x+qS+q^2h_2(t),$$

其中上标 inv-aver 表明这是库存厌恶的情形. 因为当 $\phi=\frac{1}{2}\gamma\sigma^2$ 时 h_2 函数相同, 所以我们可以按如下方式将价值函数写成另外一种形式

$$\boxed{\begin{aligned}&\sup_{\nu\in\mathcal{A}}\mathbb{E}\big[-\exp\big\{-\gamma(X_T^\nu+Q_T^\nu(S_T^\nu-\alpha Q_T^\nu))\big\}\big]\\&=-\exp\left\{-\gamma\sup_{\nu\in\mathcal{A}}\mathbb{E}\left[X_T^\nu+Q_T^\nu(S_T^\nu-\alpha Q_T^\nu)-\frac{\gamma\sigma^2}{2}\int_0^T(Q_u^\nu)^2du\right]\right\}.\end{aligned}}$$

在后面章节中, 我们看到在几种不同的设置中具有指数效用的代理商可以如何映射回风险中性但库存厌恶代理商. 举个例子, 在 8.3 节, 我们研究了当代理商用 LO 进行清算时的映射, 在 9.3 节, 我们看到一个旨在将目标定在百分比的代理商是如何纳入效用的, 在 10.3 节中, 我们将研究风险厌恶如何修正做市商的行为.

6.7　非线性暂时性价格冲击

在 6.2 节中, 我们假设价格冲击函数 $f(\nu)$, 参见 (6.1c), 对于交易速度是线性的. 图 6.1 展示了 LOB 的快照以及不同交易量的订单是如何沿着 LOB 游走的, 我们可以从中看到一个线性模型是一个很好的近似, 但是一些研究表明幂指数小于 1 的幂律能更好地拟合数据. 其他人还认为, 鉴于市场冲击模型的预测精度极低 (一

般来说 $< 5\%R^2$), 远离线性模型而增加的复杂性成本将超过任何更好地描述市场冲击所带来的收益. 尽管如此, 研究在价格非线性冲击的情况下如何修改问题是值得的.

为了关注非线性冲击的影响, 除 6.6 节外, 我们通过运行惩罚来恢复一个风险中性和表达库存厌恶的代理商, 于是一个代理商的绩效标准如 (6.20), 为了方便在这里重复,

$$H^\nu(t,x,S,q) = \mathbb{E}_{t,x,S,q}\left[X_T^\nu + Q_T^\nu(S_T^\nu - \alpha Q_T^\nu) - \phi\int_t^T (Q_u^\nu)^2 du\right],$$

并在此处重写 S^ν, X^ν 和 Q^ν 的动态方程, 并写入适当的显式非线性冲击模型:

$$\begin{aligned} dS_t^\nu &= -b\nu_t dt + \sigma dW_t, \\ dX_t^\nu &= (S_t^\nu - f(\nu_t))\nu_t dt, \\ dQ_t^\nu &= -\nu_t dt. \end{aligned}$$

如以往, DPP 提示了价值方程

$$H(t,x,S,q) = \sup_{\nu\in\mathcal{A}} H^\nu(t,x,S,q),$$

应该满足

$$0 = \left(\partial_t + \frac{1}{2}\sigma^2\partial_{SS}\right)H - \phi q^2 + \sup_\nu\{(\nu(S - f(\nu))\partial_x - b\nu\partial_S - \nu\partial_q)H\},$$

并有终端条件 $H(T,x,S,q) = x + q(S - \alpha q)$. 应用以往的拟设 $H(t,x,S,q) = x + qS + h(t,q)$, 其从最优交易剩余股份的价值分离了手头上现金和库存的账面价值, 我们有以下关于 h 的非线性 PDE:

$$0 = \partial_t h - \phi q^2 + \sup_\nu\{-\nu f(\nu) - (bq + \partial_q h)\nu\},$$

以及其终端条件 $h(T,q) = -\alpha q^2$.

更进一步, 记 $F(\nu) = \nu f(\nu)$, 并假设 $\nu f(\nu)$ 是凸的. 这意味着以 ν 的速度交易的净成本 (而不是单纯的价格冲击) 是凸的. 这对线性价格冲击模型当然是对的, 其中 $f(\nu) = k\nu$, 故 $F(\nu) = k\nu^2$. 这对流行的幂律价格冲击模型 $f(\nu) = k\nu^a$ 也是对的, 其中 $a > 0$. 在凸性的假设下, 求最大值的这项成了

$$\sup_\nu\{-\nu f(\nu) - (bq + \partial_q h)\nu\} = F^*(-(bq + \partial_q h)),$$

其中 F^* 是函数 F 的 **Legendre 变换** (Legendre transform), 定义为

$$F^*(y) = \sup_x(xy - F(x)).$$

Legendre 变换是从函数图形到其切线集合的映射, 可以从图 6.3 中更好地理解. Legendre 变换的 $F^*(y)$ 函数在点的切线处与纵轴相交, 参数 y 是该切点处函数的斜率. 由于斜率是凸的, 因此斜率在增加, 即对于每个斜率 y, 只有一个点相切, 因此映射是一对一的.

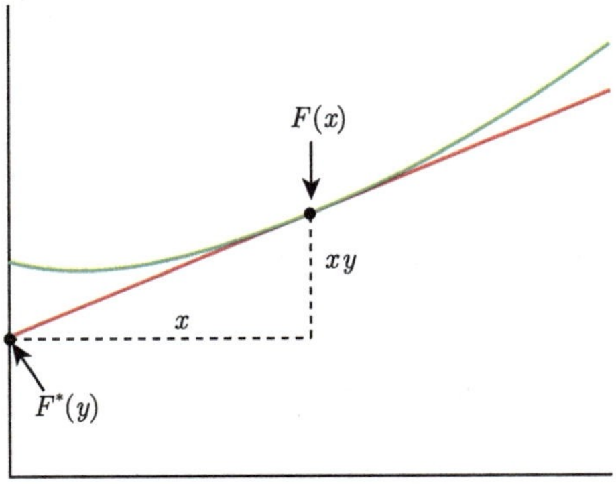

图 6.3　函数 $F(x)$ 的 Legendre 变换 $F^*(y)$ 的图形表示. 切线接触纵轴的点是在切点的斜率处估算的变换值

例如, 在幂律冲击模型中, 我们写成 $f(x) = kx^a$, 所以 $F(x) = kx^{1+a}$, 那么

$$F^*(y) = \sup_x (xy - kx^{1-a}).$$

我们从一阶条件得到最优点 x^*

$$y - k(1+a)(x^*)^a = 0 \Rightarrow x^* = \left(\frac{y}{(1+a)k}\right)^{\frac{1}{a}},$$

所以

$$F^*(y) = \xi y^{1+\frac{1}{a}}, \quad \xi = \frac{ak}{((1+a)k)^{1+a}},$$

并且反馈形式的最优交易速度是

$$\nu^* = \left(-\frac{bq + \partial_q h}{(1+a)k}\right)^{\frac{1}{a}}. \tag{6.37}$$

那么我们可以写出 h 的非线性 PDE 为

$$\boxed{\partial_t h - \phi q^2 + F^*(-(bq + \partial_q h)) = 0, \quad h(T, q) = -\alpha q^2.} \tag{6.38}$$

一般来讲, 等式无法被解析地解决, 我们必须付诸数值 PDE 技巧.

在图 6.4 中, 我们通过遵循最优策略 $Q_t^{\nu^*}$ 来展示幂律参数 a 的强度定律对库存路径的影响. 这些曲线是用有限差分法数值求解 (6.38), 将解代入 (6.37), 然后进

行数值积分 $dQ_t^{\nu^*} = -\nu_t^* dt$, 以及 $Q_0^{\nu^*} = 1$, 来得到 $Q_t^{\nu^*}$. 令人震惊的结果是, 随着幂律参数的减少, 相同规模的订单越来越不受影响, 代理商的清算速度越快. 这里的直觉是, 因为交易对价格的冲击不大, 所以代理商选择尽早清算股份来减少其库存风险, 并且这样做不会由于暂时性市场冲击使他损失很多. 在某种意义上, 代理商表现得好像他有更大的紧迫性参数, 但仍然使用线性冲击模型.

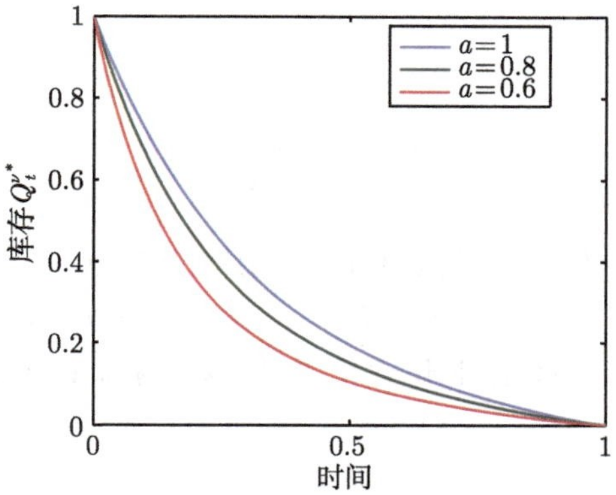

图 6.4　在具有幂参数 a 的幂律暂时性冲击函数情况下, 非线性冲击对最优策略的影响. 模型参数是 $b = k = 10^{-4}, \phi = 10\ k, \alpha = 100\ k$ 和 $T = 1$

6.8　参考文献与选读

Bertsimas & Lo (1998), Large (2007), Obizhaeva & Wang (2013), Bayraktar & Ludkovski (2011), Schied (2013), Almgren (2003), Almgren, Thum, Hauptmann & Li (2005), Almgren & Chriss (2000), Cont, Kukanov, & Stoikov (2013), Lorenz & Almgren (2011), Kharroubi & Pham (2010), Alfonsi, Fruth & Schied (2010), Gatheral (2010), Gatheral, Schied, & Slynko (2012), Alfonsi, Schied, & Slynko (2012), Schied & Schöneborn (2009), Guéant & Lehalle (2013), Bayraktar & Ludkovski (2012), Guo, De Larrard, & Ruan (2013), Gatheral & Schied (2013), Graewe, Horst & Qiu (2013), Graewe, Horst & Séré (2013), Li & Almgren (2014), Almgren (2013), Frei & Westray (2013), Curato, Gatheral & Lillo (2014), Jaimungal & Nourian (2015).

6.9　习　题

E.6.1　代理商希望在 t 和 T 时间之间使用 MO 清算 $\mathfrak{N}$ 股股份. 价值函数是

$$H(t,S,q) = \sup_{\nu\in\mathcal{A}_{t,T}} \mathbb{E}_{t,S,q}\left[\int_t^T (S_u - k\nu_u)\nu_u du + Q_T^\nu(S_T - \alpha(Q_T^\nu))\right],$$

其中 $k > 0$ 是暂时市场冲击, ν_t 是交易速度, $\alpha \geqslant 0$ 是清算惩罚, 并且 $dS_t = \sigma dW_t$.

(a) 证明价值函数 H 满足

$$0 = -(\partial_q H - S)^2 - 4k\partial_t H - 2k\sigma^2 \partial_{SS} H.$$

(b) 给出拟设

$$H(t, S, q) = h_2(t)q^2 + h_1(t)q + h_0(t) + qS, \tag{6.39}$$

并证明最优清算率是

$$\nu_t^* = \frac{Q_t^{\nu^*}}{T - t + \dfrac{k}{\alpha}}. \tag{6.40}$$

(c) 令 $\alpha \to \infty$, 并证明 (6.40) 收敛到 (6.12), 更进一步, 当 $\alpha \to 0$ 时讨论策略的意义.

E.6.2　这个练习与上一个相似, 但是背景设置有些许不同. 代理商想要清算 $\mathfrak{N}$ 股, 并且他的目标是最大化期望终端财富, 记作 X_T^ν (在上个练习我们把终端财富写作了 $\int_t^T (S_u - k\nu_u)\nu_u du$). 价值函数为

$$H(t, x, S, q) = \sup_\nu \mathbb{E}_{t,x,S,q}\left[X_T^\nu + Q_T^\nu(S_T - \alpha(Q_T^\nu))\right], \tag{6.41}$$

其中

$$dX_t^\nu = (S_t - k\nu_t)\nu_t dt. \tag{6.42}$$

(a) 证明价值函数 $H(t, S, q, x)$ 满足 HJB 方程

$$0 = \left(\partial_t + \frac{1}{2}\sigma^2\partial_{SS}\right)H + \sup_\nu\{(-\nu\partial_q + (S - k\nu)\nu\partial_x)H\}, \tag{6.43}$$

并且反馈形式的最优清算是

$$\nu_t^* = \frac{\partial_q H - S\partial_x H}{-2k\partial_x H}. \tag{6.44}$$

(b) 为解决 (6.43), 使用终端条件 $H(T, x, S, q) = x + qS - \alpha q^2$ 来提出拟设

$$H(t, S, x, q) = x + h(t)q^2 + qS, \tag{6.45}$$

其中 $h(t)$ 是时间的确定性方程. 证明

$$h(t) = -\frac{k}{T - t + \dfrac{k}{\alpha}}, \tag{6.46}$$

且

$$\nu_t^* = \frac{Q_t^{\nu^*}}{T - t + \dfrac{k}{\alpha}}. \tag{6.47}$$

E.6.3　令股价动态满足

$$dS_t = \mu dt + \sigma dW_t,$$

其中 $\sigma > 0, \mu$ 是一个参数, 并且 W_t 是标准布朗运动. 代理商希望清算 $\mathfrak{N}$ 股股份, 以及他的交易制造了价格上的暂时性不利波动, 所以他交易时的价格为

$$\hat{S}_t^{\nu} = S_t - k\nu_t,$$

并且 $k > 0$, 库存满足

$$dQ_t^{\nu} = -\nu_t dt,$$

其中 ν_t 是清算率. 在时间 T 的任何未处理的库存都会以中间价清算, 并获得 αQ_T^2 的惩罚, 其中 $\alpha \geqslant 0$ 是常数.

代理商的价值函数是

$$H(t, x, S, q) = \sup_{\nu} \mathbb{E}_{t,S,q}\left[\int_t^T (S_u - k\nu_u)\nu_u du + Q_T^{\nu}(S_T - \alpha(Q_T^{\nu}))\right]. \tag{6.48}$$

(a) 证明反馈形式的最优清算率是

$$\nu_t^* = \frac{\partial_q H - S}{-2k}. \tag{6.49}$$

(b) 使用拟设 $H(t, S, q) = qS + h(t, S, q)$ 来证明最优清算率可由

$$\nu_t^* = \frac{Q_t^{\nu^*}}{(T-t) + \dfrac{k}{\alpha}} - \frac{1}{4k}\mu(T-t)\frac{(T-t) + 2\dfrac{k}{\alpha}}{(T-t) + \dfrac{k}{\alpha}} \tag{6.50}$$

给出. 评论 μ 的量级以及清算率的符号.

(c) 令 $\alpha \to \infty$ 并证明最优策略下的库存可由

$$Q_t^{\nu^*} = (T-t)\left(\frac{\mathfrak{N}}{T} + \frac{\mu}{4k}t\right)$$

给出.

第 7 章　连续交易的最优执行 II

7.1　引　　言

在前面的章节中, 我们研究了在清算/收购股票日均成交量 (ADV) 相当大一部分的股份时, 代理商最优执行问题. 同时展示了代理商如何权衡快速交易带来的价格影响以及缓慢交易将承担/支付的价格不确定性. 对此, 代理商的最优策略是一开始快速交易 (确保他的价格接近到达价格, 当然, 这将带来很大的价格冲击), 然后随着时间的推移放慢交易速度 (降低整体冲击, 却增加了价格不确定性). 令人惊奇的是, 该最优策略是确定性的并且独立于中间价过程——不考虑完成交易的紧迫程度. 针对这一问题, 本章将阐述代理商的最优策略中还可能会考虑的其他重要方面, 并探讨代理商是如何相应地调整交易行为的.

具体来看看最优执行问题的三个不同方面.

i. 价格上限：7.2 节研究代理商在一定价格上限的前提下想要获得大头寸的问题. 在这种情况下, 除了价格突破上限, 代理商停止交易这一明显的变化外, 最优策略与中间价相关.

ii. 订单流信息：7.3 节考虑如果市场中其他交易商的订单流同样会影响中间价, 代理商如何清算大头寸. 代理商此时会改变策略, 如果其他的市场参与者的净效应是朝着他的交易方向进行交易, 那么代理商会加快交易速度, 相反地, 如果其他代理商净效应与他交易方向相反, 代理商会减慢交易速度.

iii. 暗池：在 7.4 节中, 代理商可以进入 (标准) 透明市场, 也可以进入暗池. 暗池交易使他面临执行风险, 但消除了一些价格冲击. 最优策略仍然是确定性的：最初代理商以低于 Almgren 和 Neil (2000)(AC) 提出的速度在透明市场进行交易, 并将整个剩余的订单发布在暗池中, 希望这些订单能在暗池中被完成, 一段时间后, 如果订单在暗池中没有被完成, 代理商在透明市场的交易速度将提高到 AC 速度之上.

本章采用的记号与第 6 章相同.

7.2　限价最优收购

本节解决这样一个问题, 代理商在 T 的交易期限想要获得 $\mathfrak{N}$ 数量的股票, 每股成交价为 $\overline{S}$. 如果中间价在 T 之前达到该限价 (即 $\overline{S}$), 所有剩余的股份立即被购买并且清算程序终止. 假设中间价动态遵循 (6.1b) 式, 其中 $g(\nu_t) = b\nu_t$, $b \geqslant 0$, 执行价格满足 (6.1c) 式, 其中包含线性价格冲击 $f(\nu_t) = k\nu_t$, $k > 0$. 以下任一事件发生代理商将停止交易:

(a) 代理商库存达到目标水平 $\mathfrak{N}$;

(b) 到达终端时间 T;

(c) 中间价达到**价格上限 (limit price)**$\overline{S}$.

这些定义了下面的停时 τ:

$$\tau = T \wedge \inf\{t : S_t = \overline{S}\} \wedge \{t : Q_t = \mathfrak{N}\}.$$

当事件 (b) 或 (c) 发生时, 代理商收购剩余的 $\mathfrak{N} - Q_\tau^\nu$ 证券, 每单位支付 $S_\tau + \alpha(\mathfrak{N} - Q_\tau^\nu)$, 其中 $\alpha > 0$. 简化记号, 令 $Y_t^\nu = \mathfrak{N} - Q_t^\nu$ 表示待收购的剩余股份, 并满足

$$dY_t^\nu = -\nu_t\, dt,$$

ν_t 表示 (正) 交易速度.

为了完成问题的设定, 将代理商性能指标设为

$$H^\nu(t, S, y) = \mathbb{E}_{t,S,y}\left[\int_t^\tau (S_u + k\nu_u)\nu_u\, du + y_\tau(S_\tau + \alpha y_\tau) + \phi\int_t^\tau y_u^2\, du\right], \tag{7.1}$$

其中 $\phi\displaystyle\int_t^\tau y_u^2\, du$, 这里 $\phi \geqslant 0$ 表示待收购股份的库存惩罚 (正如前一章所讨论的, 该惩罚并不是经济惩罚), 其价值函数为

$$H(t, S, y) = \inf_{\nu \in \mathcal{A}} H^\nu(t, S, y),$$

$0 \leqslant t \leqslant T, S \leqslant \overline{S}, 0 \leqslant y \leqslant Q$, $\mathcal{A}$ 表示所有容许的交易策略集合, 其中 ν 非负, 一致上有界.

应用动态规划原理 (DPP), 价值函数应该满足动态规划方程 (DPE)

$$\begin{aligned}&\partial_t H + \frac{1}{2}\sigma^2\partial_{SS}H + \phi y^2\\&+ \min_\nu\{-\nu\partial_y H + b\nu\partial_S H + (S + k\nu)\nu\} = 0,\end{aligned} \tag{7.2a}$$

满足终端与边界条件

$$H(T, S, y) = (S + \alpha y)y, \tag{7.2b}$$

$$H(t, \overline{S}, y) = (\overline{S} + \alpha y)y, \tag{7.2c}$$

$$H(t, S, 0) = 0. \tag{7.2d}$$

终端与边界条件说明代理商在停止时间收购剩余股份. 注意到, 若在 $t < T$ 时代理商库存等于目标值 $\mathfrak{N}$, 代理商将停止收购, 此时无库存惩罚, 因此 $y = 0$ 时价值函数等于零.

根据一阶必要性条件, 最优收购策略反馈形式为

$$\boxed{\nu^*(t,S,y) = -\frac{1}{2k}(b\partial_S H - \partial_y H + S),}$$

再代回上述 DPE, 价值函数满足非线性 PDE

$$\partial_t H + \frac{1}{2}\sigma^2\partial_{SS}H - \frac{1}{4k}(b\partial_S H - \partial_y H + S)^2 + \phi y^2 = 0, \tag{7.3}$$

以及 (7.2) 中终端与边界条件.

无永久性价格冲击的维度降低

一般地, DPE (7.3) 只能求解数值解; 然而, 在实践中, 永久性冲击通常远小于沿 LOB 游走的暂时性冲击, 于是为了降低问题的维度, 令 $b = 0$.

在这种情况下, 根据 DPE (7.3) 的形式及 (7.2) 中终端和边界条件, 由 q 的依赖关系, 通过使用拟设可能求得精确解

$$H(t,S,y) = yS + y^2 h(t,S),$$

其中函数 h 满足 Fisher 型 PDE

$$\partial_t h + \frac{1}{2}\sigma^2\partial_{SS}h - \frac{1}{k}h^2 + \phi = 0, \quad (t,S)\in[0,T)\times(-\infty,\overline{S}), \tag{7.4a}$$

满足终端与边界条件

$$h(T,S) = \alpha, \quad S \leqslant \overline{S}, \tag{7.4b}$$

$$h(t,\overline{S}) = \alpha, \quad t \leqslant T, \tag{7.4c}$$

此外, 最优收购策略 ν^* 为

$$\boxed{\nu^*(t,S,y) = \frac{1}{k}yh(t,S).} \tag{7.5}$$

特别地, 根据 (7.5) 可知, 随着库存 Q 的增加 (于是 Y 减少), 其他条件相同时, 最优收购速度将减慢.

数值解 I: Crank-Nicolson

利用 Crank-Nicolson 格式可以有效地求解 (1+1)-维终端边值问题 (7.4) 的数值解, 对区域 $[0,T]\times[\underline{S},\overline{S}]$ 进行网格划分, 并显式处理平方项 h^2.

通过引入该网格, 可以得到 $\underline{S}$ 处的一个新的边界条件, 并且, 为了保证问题的适定性, 还需要指定沿 $S=\underline{S}\ll\overline{S}$ 处的边界条件. 通常的办法是令 $\partial_{SS}h|_{S=\underline{S}}=0$. 为了评估该边界条件的合理性, 只需确定怎样的条件隐含着下边界处最优策略的行为.

令 $\mathcal{X}(t)=h(t,\underline{S})$. 结合 (7.4) 以及 $\partial_{SS}h(t,\underline{S})=0$ 可知, $\mathcal{X}(t)$ 满足常微分方程 (ODE)

$$\begin{cases}\partial_t\mathcal{X}-\dfrac{1}{k}\mathcal{X}^2+\phi=0, & t\in[0,T),\\ \mathcal{X}(T)=\alpha.\end{cases}$$

由于该方程是一个 Riccati 方程, 利用标准方法求得其解为 (如 6.5 节中概述)

$$\mathcal{X}(t)=\begin{cases}\sqrt{k\phi}\dfrac{\zeta e^{2\gamma(T-t)}+1}{\zeta e^{2\gamma(T-t)}-1}, & \phi>0,\\ \left(\dfrac{1}{\alpha}+\dfrac{T-t}{k}\right)^{-1}, & \phi=0,\end{cases}\tag{7.6}$$

其中常数

$$\gamma=\sqrt{\frac{\phi}{k}},\quad \zeta=\frac{\alpha+\sqrt{k\phi}}{\alpha-\sqrt{k\phi}}.$$

注意到 $0\leqslant\mathcal{X}(t)\leqslant\alpha$ 并且 $\mathcal{X}$ 随着 t 的增加而增加, 并在 $t=T$ 处取到最大值.

此外, 与 6.5 节一样, 令永久性冲击 b 为零, $qS+q^2\mathcal{X}(t)$ 正好是无限价情形的价值函数. 因此边界条件 $\partial_{SS}h(t,\underline{S})=0$ 所对应的解具有等于无限价交易速度的最优交易速度.

于是, 边界条件 $\partial_{SS}h(t,\underline{S})=0$ 的提出将得到合理的边界最优行为. 但是, 如果采用这个边界条件 (因为我们认为边界行为合理), 那么等价地, 更直接地, 我们可以将容许策略限定为那些产生所需边界行为的策略: 当 $S=\underline{S}$ 时 ν 必须等于无限价策略. 因此, 我们认为当中间价与限价相差足够大时, 代理商将忽略限价.

尽管求不出 (7.4) 的显式解, 我们可以利用最大值原理确定函数 $h(t,S)$ 的上下界. 首先, 根据 PDE 的标准理论, (7.4) 存在唯一解, 因此将非线性项 h^2 写成 $h\cdot\overline{h}$, 其中 $\overline{h}$ 是 PDE 的解, 可以采用标准最大值原理.

定理 7.1 (最大值原理) *假设 $\Omega\subset R$ 是有界连通集, $u:\Omega\times[0,\infty)\to R$ 满足*

$$\begin{aligned}\partial_t u+\partial_{xx}u&=0, && x\in\Omega,\ t>0,\\ u(t,x)&=p(t), && x\in\partial\Omega,\ t>0,\\ u(0,x)&=q(x), && x\in\partial\Omega,\ t>0.\end{aligned}$$

于是

$$\max_{\overline{\Omega}\times[0,T]}u\leqslant\max\left(p(t);\max_{\overline{\Omega}}q\right),\quad \min_{\overline{\Omega}\times[0,T]}u\geqslant\min\left(p(t);\min_{\overline{\Omega}}q\right).$$

前面已经提到, $\mathcal{X}(t)$ 随着 t 增加而递增, 并且 $0 \leqslant \mathcal{X} \leqslant \alpha$. 因此对 (7.4) 直接应用最大值原理, 并结合边界条件 $h(t,\underline{S}) = \mathcal{X}(t)$(如前面所讨论, 等价地可以将交易策略限定为 $S = \underline{S}$ 时的无限价交易策略) 可得 h 上下界:

$$\boxed{\mathcal{X}(t) \leqslant h(t,S) \leqslant \alpha.} \tag{7.7}$$

由于最优交易速度 $\nu^*(t,S,y) = \frac{1}{k}yh(t,S)$, 上式意味着在每个库存水平, 具有限价的代理商交易速度不会比无限价代理商慢, 并且最大交易速度为 $\frac{\alpha}{k}y$. 这意味着在任一特定时刻, 受限价约束的代理商将获得比不受限价约束的代理商更高的股份.

最后, 需要指出的是, 代理商在任何特定时间所持有的库存可以通过求解 Y_t 中间价过程的途径来获得, 其中 Y_t 满足 SDE

$$dY_t^* = -\nu_t^*\,dt = -\frac{1}{k}Y_t h(t,S_t)\,dt,$$

因此

$$Q_t^* = \left(1 - \exp\left\{-\frac{1}{k}\int_0^t h(u,S_u)\,du\right\}\right)\mathfrak{N}, \quad t \leqslant \tau.$$

这与无限价情形的形式相同, 但在这里中间价路径对于确定代理商在任一特定时刻的库存至关重要. 下面, 在讨论了另一种数值解法以及 $T \to \infty$ 的情形之后, 我们将给出针对不同中间价路径的最优策略的一些例子.

数值解法 II: 迭代格式

求解非线性终端边值 (TBV) 问题 (7.4) 的另一种方法是使用精确的迭代格式, 而不是有限差分方法. 基本想法是在第 m 次迭代使用近似解, 记为 $h^{(m-1)}(t,S)$, 并用它来线性化 TBV, 通过求解下列线性 TBV 得到更新的近似值 $h^{(m)}(t,S)$

$$\left(\partial_t + \frac{1}{2}\sigma^2\partial_{SS} - \frac{1}{k}h^{(m-1)}(t,S)\right)h^{(m)}(t,S) + \phi = 0, \tag{7.8a}$$

满足

$$h^{(m)}(t,\overline{S}) = \alpha, \quad h^{(m)}(t,\underline{S}) = \mathcal{X}(t), \quad \forall t \in [0,T), \tag{7.8b}$$

以及

$$h^{(m)}(T,S) = \alpha, \quad \forall S \in (\underline{S},\overline{S}). \tag{7.8c}$$

在每次迭代中, 边界条件和终端条件都不变, 因此所改变的只有内部解的行为. 首先引入积分因子, 再利用拉普拉斯变换可得到 PDE (7.8c) 的解析解, 即

$$h^{(m)}(t,S) = e^{\frac{1}{k}\int_0^t h^{(m-1)}(u,S)\,du}g^{(m)}(t,S),$$

于是 $g^{(m)}(t,S)$ 满足线性 PDE

$$\left(\partial_t+\frac{1}{2}\sigma^2\partial_{SS}\right)g^{(m)}(t,S)+\phi\ell^{(m-1)}(t,S)=0, \tag{7.9a}$$

满足

$$g^{(m)}(t,\overline{S})=\alpha\ell^{(m-1)}(t,\overline{S}), \tag{7.9b}$$

以及

$$g^{(m)}(t,\underline{S})=\mathcal{X}(t)\ell^{(m-1)}(t,\underline{S}),\quad \forall t\in[0,T) \tag{7.9c}$$

与

$$h^{(m)}(T,S)=\alpha\ell^{(m-1)}(T,S),\quad \forall S\in(\underline{S},\overline{S}), \tag{7.9d}$$

其中

$$\ell^{(m)}(t,S)=e^{-\frac{1}{k}\int_0^t h^{(m)}(u,S)\,du}.$$

线性偏微分方程组需要初始猜测值来进行迭代. 一种简单的办法是在每个时间点利用 $h(t,\underline{S})=\mathcal{X}(t)$ 与 $h(t,\overline{S})=\alpha$ 之间的线性插值 (在 S 处). 初始猜测值可写成

$$h^{(0)}(t,S)=\frac{S-\underline{S}}{\overline{S}-\underline{S}}\mathcal{X}(t)+\frac{\overline{S}-S}{\overline{S}-\underline{S}}\alpha.$$

有了初始猜测值, 上述线性偏微分方程组原则上可以用拉普拉斯变换技巧来求解. 最后证明映射 $h^{(k-1)}\mapsto h^{(k)}$ 在适当的函数空间中确实是压缩映射, 以及证明解的序列收敛于原来的非线性 PDE 的解.

永久期限情形

如前所述, 限价收购问题总是数值地求解, 例如通过 Crank-Nicolson 格式. 然而, 如果假设代理商的终端日期 $T\to\infty$, 即代理商进行交易直到他获得所有库存或达到限价, 那么问题相应简化, 可解析地求解. 在这种情况下, h 与时间无关, 方程 (7.4) 简化为 ODE 边值问题

$$\frac{1}{2}\sigma^2\partial_{SS}^2 h-\frac{1}{k}h^2+\phi=0,\quad S\in(\underline{S},\overline{S}), \tag{7.10a}$$

相应边值条件

$$h(\overline{S})=\alpha\quad 与\quad h(\underline{S})=\sqrt{k\phi}. \tag{7.10b}$$

边值条件 $h(\underline{S})=\sqrt{k\phi}$ 的提出是因为 $h(\underline{S})=\mathcal{X}(t)$, 而又由 (7.6) 知 $\lim_{T\to\infty}\mathcal{X}(t)=\sqrt{k\phi}$.

上述类型方程的通解是椭圆函数, 可参见文献 (Abramowitz and Stegun, 1972) 中的第 18 章. 具体情况下 ($\phi>0$), 解可表示为 Weierstrass $\wp$ 函数

$$\boxed{h(S)=3k\sigma^2\wp\left(S+C_1;\frac{4}{3}\frac{\phi}{k\sigma^4},C_2\right),}\tag{7.11}$$

分号后面的两个参数 $\frac{4}{3}\frac{\phi}{k\sigma^4}$ 和 C_2 表示椭圆函数的不变量, 常数 C_1 和 C_2 在数值上必须与 (7.10b) 中的边界条件对应.

如果 $\phi=0$ 并且 $\underline{S}\to-\infty$, 利用拟设 $h(S)=\beta_1(S+\beta_2)^{\beta_3}$ 求解 ODE(7.10a), 我们可以将解用基本函数表示, 其中 β_1,β_2,β_3 为待定常数. 两个常数可由边界条件给出, 第三个常数确保拟设可得到 ODE 解析解. 作为练习, 证明解可简化为下列式子

$$\boxed{h(S)=\frac{\sigma^2k}{2}\left(\frac{\overline{S}-S}{\sqrt{6}}+\sqrt{\frac{\sigma^2k}{2\alpha}}\right)^{-2}.}\tag{7.12}$$

回想一下, 最优交易速度 $\nu^*=\frac{1}{k}yh(t,S)$. 因此永久期限解表明, 当价格增加至限价 $\overline{S}$ 时, 代理商的交易速度增加 (对于相同的固定数量的库存). 这是很自然的, 因为代理商观察到价格越来越接近限价, 所以希望在达到价格上限之前尽可能多地购买股份, 而不用支付太大的即时冲击成本. 但是, 随着库存被收购, 交易速度变慢. 这两种对立影响的最终结果将取决于哪一个更强.

限价策略模拟

现在说明当代理商在策略中施加价格限制时最优行为的几个方面.

在整个过程中, 我们使用以下参数

$$T=1\ \text{day},\quad k=10^{-4},\quad b=0,$$

$$\alpha=100k,\quad \phi=10^{-3},\quad \sigma=0.1.$$

将收购目标标准化为 $\mathfrak{N}=1$ (这可以视为日均成交量的百分比, 假设代理商每秒交易一次). 由于比值 α/k 对应于最大交易速度, 因此 α 选取如上. 令限价 $\overline{S}=S_0+\sigma$, 初始价格 $S_0=20$, 波动率 $\sigma=0.1(\text{day})^{-\frac{1}{2}}$ 的选取对应于年化相对波动率 $0.1/20\times\sqrt{255}\sim8\%$.

首先, 图 7.1(a) 描述了最优执行策略 ν^* 与当前库存的比值, 即 ν^*/y. 随着期限的接近, 交易速度加快, 因为对于剩余的固定数量的股份, 代理商必须更快地收购以避免最终惩罚成本. 此外, 随着基本价格接近限价, 交易的速度同样会增加以

避免最终惩罚. 从图中还可以看出最大值原理 (7.7) 所隐含的交易速度界限. 在没有限价的情况下, 代理商的最优策略与资产的波动性无关. 但是, 如图 7.1(b) 所示, 在限价情况下, 代理商的行为确实取决于波动率. 市场波动率越大, 代理商交易越快, 但随着价格远离限价, 波动率的影响就会减小.

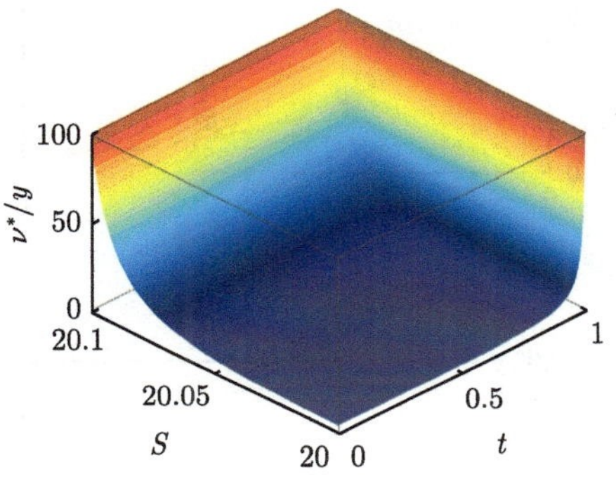

(a)

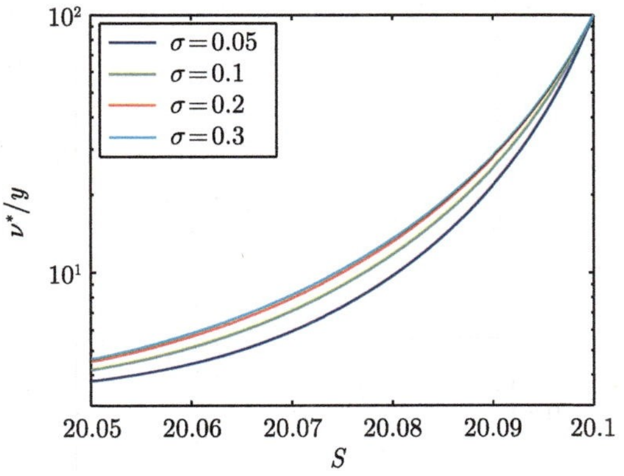

(b)

图 7.1 (a) 收购速度与剩余库存的比值关于时间和基本价格的函数关系. (b) 在不同波动水平下, $t=0$ 时收购速度与剩余库存比值和 S 的函数关系

代理商根据其库存和中间价的变化 (由于他自己的交易) 不断地调整交易策略, 因此图 7.1 中的静态视图并不能说明全部情况. 为了深入了解动态行为, 在图 7.2 中, 我们绘制了基本价格以及收购速度、库存和每股成本的三条样本路径. 在 (c) 图中, 使用虚线表示 (7.7) 中的不等式所描述的库存下限, 即 Almgren-Chriss (AC) 策略.

如图 7.2 所示, 红色路径偏离限价最远, 并且加入一些初始噪声之后, 代理的策略非常接近确定性 AC 策略. 蓝色路径最接近到达价格, 如此交易速度将呈现随机动态. 当中间价接近限价时, 在 $t=0.2$ 和 $t=0.3$ 之间代理商的交易速度增加. 此外, 在 $t=0.6$ 左右, 中间价几乎接近限价, 代理商的交易速度上涨; 然而, 由于之前的激进交易, 到那时, 代理商已经获得了相当大一部分的股份, 而且上涨幅度并不是很大. 绿色路径在早期就达到了限价, 正如图 7.2 所示, 在价格到达边界之前, 代理的交易速度很快 (相对于 AC 策略). 图 7.2(d) 展现了沿着三条路径的每股成本. 注意到, 绿色路径在早期就达到限价, 由于两个相互关联的原因, 它比其他路径更昂贵: (i) 在交易期间, 中间价普遍较高 (并且达到限价); (ii) 由于价格总体呈上行趋势, 代理商交易更迅速, 因此与其他路径相比, 临时冲击较大.

最后, 图 7.3 中显示了代理商的库存热图 ((a) 图) 和交易速度热图 ((b) 图), 这些热图来自 1000 次模拟. 可以看到库存水平为 1 以及交易速度为 0 时对应的热图

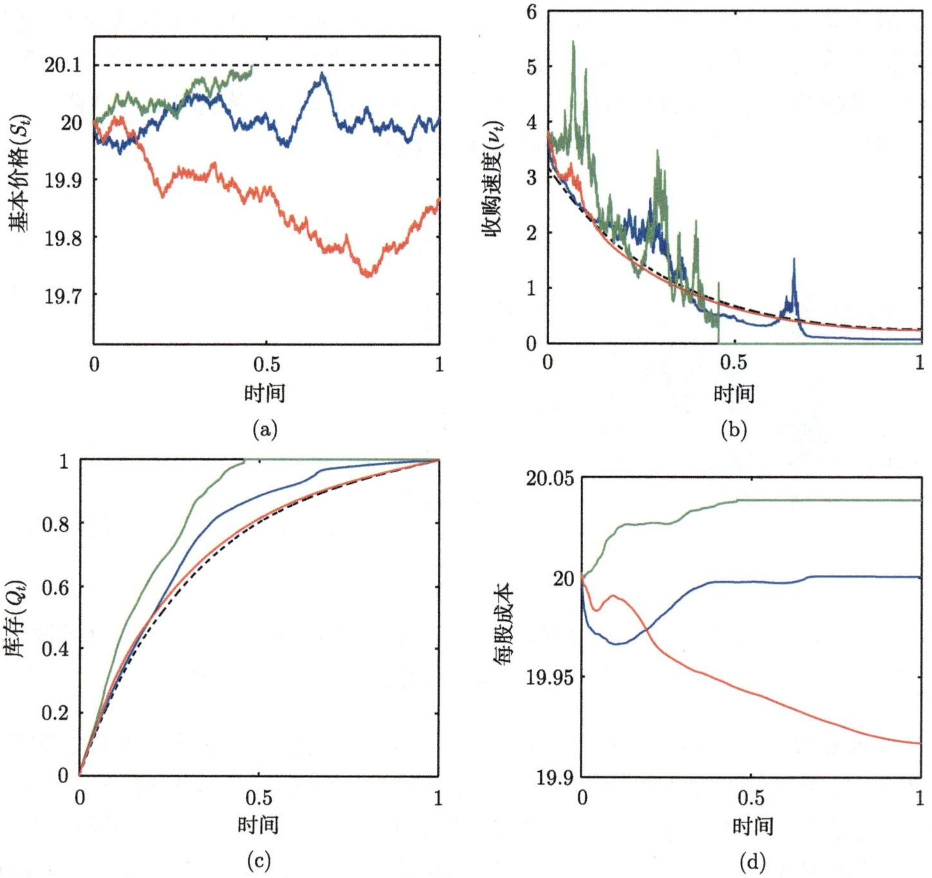

图 7.2　中间价、收购速度和库存的演化路径. (c) 的虚线表示在相应的 AC 策略中库存的变化

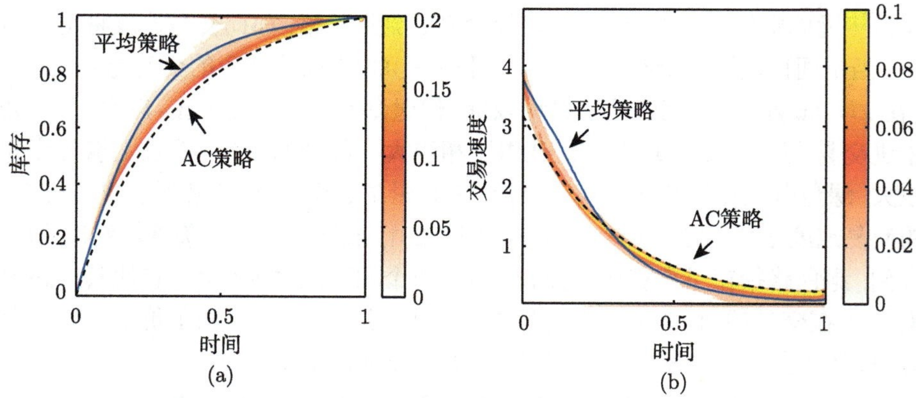

图 7.3　1000 个最优策略模拟的库存和交易速度的热图

都很薄. 这些代表了早期达到限价的路径. 我们还展示了平均库存路径和平均交易速度轨道. 正如预期的那样, 平均库存路径位于 AC 策略之上, 因为相同库存水平, 交易速度必须位于 AC 策略之上, 这是根据最大值原理以及不等式 (7.7) 得到的.

然而, 不等式 (7.7) 并不意味着交易速度总是低于 AC 交易速度. 这是因为库存水平随路径而变化, 通常与 AC 库存不同. 事实上, 如图 7.3(b) 所示, 平均交易速度高于 AC 平均交易速度, 但随着时间的推移, 它最终低于 AC 交易速度. 直观理解, 由于最优策略要求代理商比 AC 交易快, 他的库存通常比根据 AC 策略进行交易时更高 (并且更接近目标库存). 由于代理商最终库存较少, 其交易速度通常会减慢, 从而形成图中所观察到的行为.

7.3 订单流合并

在第 6 章和 7.2 节中, 假设在没有代理商交易的情况下, 中间价过程是一个鞅过程. 此外, 还假设当代理商开始清算 (获得) 股份时, 他的行为会在中间价过程中引起向下 (向上) 的漂移. 换句话说, 代理商卖出 (买入) 股票的行为导致整个市场向下 (向上) 调整价格. 然而与此同时, 我们忽略了其他市场参与者的交易, 相当于假设他们的行为平均而言得到零漂移的净额. 这在总体水平上可能是可以接受的, 但是在短时间期限内, 可能会出现订单流不平衡, 这往往导致价格在短时间内呈向上或向下趋势. 本节将展示如何将订单流从市场的剩余部分并入中间价动态以及代理商如何相应地局部调整最优策略.

模型设置

除了第 6 章介绍的通常的状态变量和随机过程之外, 现在对订单流 $\mu_t^\pm$ 的买入和卖出速度的动态模型进行建模并假设它们满足 SDE

$$d\mu_t^\pm = -\kappa\mu_t^\pm \, dt + \eta \, dL_t^\pm, \tag{7.13}$$

其中 $L_t^\pm$ 是具有相同强度 λ、相互独立的泊松过程 (假设也独立于其他过程). 这个假设意味着买入和卖出的订单流在泊松时间以速度 λ 独立地到达, 导致订单流速增加 η 以及其跳跃以 κ 的速度衰减.

接下来, 将订单流并入中间价过程 S_t, 满足 SDE

$$dS_t^\nu = \sigma \, dW_t + (g(\mu_t^+) - g(\mu_t^- + \nu_t)) \, dt,$$

其中 W_t 是一个独立于泊松过程的布朗运动, g 是冲击函数, 它决定了买/卖订单流是如何影响中间价漂移的. 在这种情况下, 代理商交易和其他交易者的行为视为对

称的. 我们可以定义净订单流 $\mu_t = \mu_t^+ - \mu_t^-$, 简单计算得

$$\begin{aligned} d\mu_t &= -\kappa(\mu_t^+ - \mu_t^-)\,dt + \eta(dL_t^+ - dL_t^-) \\ &= -\kappa\mu_t\,dt + \eta(dL_t^+ - dL_t^-). \end{aligned}$$

因此, 如果永久冲击函数 $g(x) = bx$ 是线性的 (其中 $b \geqslant 0$), 可直接将净订单流看作状态过程, 而不必分别跟踪两个方向上的订单流. 总的来说

$$dS_t^\nu = \sigma\,dW_t + b(\mu_t - \nu_t)\,dt.$$

代理商的最优化问题的其余部分如 6.5 节所述. 简而言之, 代理商的库存 Q^ν 为

$$dQ_t^\nu = -\nu_t\,dt,$$

其现金过程 X^ν 满足 SDE

$$dX_t^\nu = (S_t^\nu - k\nu_t)\nu_t\,dt,$$

其中 $k > 0$ 是临时线性冲击参数. 另外, 代理商的性能指标为

$$H^\nu(t,x,S,\mu,q) = \mathbb{E}_{t,x,S,\mu,q}\left[X_T^\nu + Q_T^\nu(S_T^\nu - \alpha Q_T^\nu) - \phi\int_t^T (Q_\mu^\nu)^2\,du\right], \tag{7.14}$$

其价值函数为

$$H(t,x,S,\mu,q) = \sup_{\nu\in\mathcal{A}} H^\nu(t,x,S,\mu,q).$$

导出的 DPE

价值函数的 DPP 表明价值函数 $H(t,x,S,\mu,q)$ 满足 DPE (这里的价值函数多了一个额外的状态变量 μ)

$$0 = \left(\partial_t + \frac{1}{2}\sigma^2\partial_{SS}\right)H + \mathcal{L}^\mu H - \phi q^2 + \sup_\nu\{(\nu(S-k\nu)\partial_x + b(\mu-\nu)\partial_S - \nu\partial_q)H\},$$

以及终端条件

$$H(T,x,S,\mu,q) = x + qS - \alpha q^2,$$

将净订单流的无穷小算子作用于价值函数:

$$\begin{aligned} \mathcal{L}^\mu H(t,x,S,\mu,q) = &-\kappa\mu\partial_\mu H + \lambda[H(t,x,S,\mu+\eta,q) - H(t,x,S,\mu,q)] \\ &+\lambda[H(t,x,S,\mu-\eta,q) - H(t,x,S,\mu,q)]. \end{aligned} \tag{7.15}$$

代入拟设

$$H(t,x,S,\mu,q)=x+qS+h(t,\mu,q),$$

超额的账面价值函数 $h(t,\mu,q)$ 满足方程

$$\partial_t h+\mathcal{L}^{\mu}h+b\mu q-\phi q^2+\sup_{\nu}\{-k\nu^2-(bq+\partial_q h)\nu\}=0,$$

相应终端条件 $h(T,\mu,q)=-\alpha q^2$. 根据前面的内容知道, $x+qS$ 代表迄今为止出售股票所得的现金加上代理商想要清算的持股的账面价值 (以中间价算).

最优控制的反馈形式与 (6.22) 相同, 但函数 h 所满足的方程不同. 更具体地说, 根据一阶必要性条件可得

$$\nu^*=-\frac{1}{2k}(bq+\partial_q h),$$

将其代回上一个方程知, h 满足如下非线性偏–积分微分方程 (PIDE)

$$(\partial_t+\mathcal{L}^{\mu})h+b\mu q-\phi q^2+\frac{1}{4k}(bq+\partial_q h)^2=0. \tag{7.16}$$

DPE 求解

由于 (7.16) 以及终端条件中包含 q 的线性项与二次项, 我们希望 $h(t,\mu,q)$ 同样是 q 的二次形式, 于是作如下拟设

$$h(t,\mu,q)=h_0(t,\mu)+qh_1(t,\mu)+q^2h_2(t,\mu).$$

将其代入 (7.16), 合并同类项可得如下耦合 PIDE:

$$(\partial_t+\mathcal{L}^{\mu})h_0+\frac{1}{4k}h_1^2=0, \tag{7.17a}$$

$$(\partial_t+\mathcal{L}^{\mu})h_1+b\mu+\frac{1}{2k}h_1(b+2h_2)=0, \tag{7.17b}$$

$$(\partial_t+\mathcal{L}^{\mu})h_2-\phi+\frac{1}{4k}(b+2h_2)^2=0, \tag{7.17c}$$

满足终端条件

$$h_0(T,\mu)=0,\quad h_1(T,\mu)=0,\quad h_2(T,\mu)=-\alpha.$$

注意到, 关于 h_2 的 (7.17c) 式不包含 μ 的源项, 且其终端条件与 μ 无关, 因此解与 μ 无关, 也就是说, h_2 仅是关于时间的函数. 在这种情况下, (7.17c) 简化为 (6.25)——AC 问题中关于 $h_2(t)$ 的方程. 因此

$$h_2(t,\mu)=\mathcal{X}(t)-\frac{1}{2}b,\quad 其中\mathcal{X}(t)=\sqrt{k\phi}\frac{1+\zeta e^{2\gamma(T-t)}}{1-\zeta e^{2\gamma(T-t)}},$$

常数 γ, ζ 与 (6.26) 定义相同, 方便起见再叙述一遍:

$$\gamma = \sqrt{\frac{\phi}{k}}, \quad \zeta = \frac{\alpha - \frac{1}{2}b + \sqrt{k\phi}}{\alpha - \frac{1}{2}b - \sqrt{k\phi}}.$$

下面, 为了求解 (7.17b) 中的 h_1, 利用净订单流模型的仿射结构可得

$$h_1(t, \mu) = \ell_0(t) + \mu \ell_1(t),$$

于是有

$$\mathcal{L}^\mu h_1 = -\kappa\mu\ell_1 + \lambda(\eta\ell_1) + \lambda(-\eta\ell_1) = -\kappa\mu\ell_1,$$

相应终端条件为 $\ell_0(T) = \ell_1(T) = 0$. 因此, (7.17b) 化简为

$$\left\{\partial_t \ell_0 + \frac{1}{k}\mathcal{X}(t)\ell_0\right\} + \left\{\partial_t \ell_1 + \left(\frac{1}{k}\mathcal{X}(t) - \kappa\right) l_1 + b\right\}\mu = 0.$$

上式对于任意的 μ 都成立, 于是大括号中内容均等于零, 由此得到关于 ℓ_0 与 ℓ_1 的两个简单的常微分方程. 又因为 $\ell_0(T) = 0$ 且 ODE 关于 ℓ_0 是线性的, 所以 $\ell_0(t) = 0$. 对于 ℓ_1, 由于源项 b 的存在, 解非平凡, 可表示为

$$\ell_1(t) = b\int_t^T e^{-\kappa(s-t)} e^{\frac{1}{k}\int_t^s \mathcal{X}(u)\,du}\,ds. \tag{7.18}$$

如 (6.29) 一样, 利用积分

$$\int_0^t \frac{\mathcal{X}(s)}{k}\,ds = \log\frac{\zeta e^{\gamma(T-t)} - e^{-\gamma(T-t)}}{\zeta e^{\gamma T} - e^{-\gamma T}}$$

化简 ℓ_1 的表达式为

$$\ell_1(t) = b\bar{\ell}_1(T-t) \geqslant 0, \tag{7.19}$$

其中

$$\bar{\ell}_1(\tau) = \frac{1}{\zeta e^{\gamma\tau} - e^{-\gamma\tau}}\left\{e^{\gamma\tau}\frac{1 - e^{-(\kappa+\gamma)\tau}}{\kappa+\gamma}\zeta - e^{-\gamma\tau}\frac{1 - e^{-(\kappa-\gamma)\tau}}{\kappa-\gamma}\right\},$$

$\tau = T - t$ 表示交易期限结束时的剩余时间.

满足方程 (7.17a) 的 h_0 求解方法类似, 但是最优交易速度并不依赖于 h_0, 因为正如前面所展示的, $\nu^* = -(bq + \partial_q h)/2k$, 而 $\partial_q h(t, \mu) = h_1(t, \mu) + 2qh_2(t, \mu)$. 整理可得最优交易速度为

$$\boxed{\nu_t^* = -\frac{1}{k}\mathcal{X}(t)Q_t^{\nu^*} - \frac{b}{2k}\bar{\ell}_1(t)\mu_t.} \tag{7.20}$$

就 (7.20) 中右边第二项而言, 上述最优交易速度不同于 AC 解, 因为该项表示超额订单流对交易速度的扰动. 当 $\alpha \to \infty$ 时, $\mathcal{X} \leqslant 0$, 并且根据上面的显式方程有 $\overline{\ell}_1 \geqslant 0$, 因此, 当超额订单流向买方倾斜时 ($\mu_t > 0$), 代理商放慢交易, 因为他预计超额买单流会推动价格上涨, 因此, 当他最终加速交易以出售资产时, 将获得更好的价格. 相反, 当订单流向卖方倾斜时 ($\mu_t < 0$), 交易商提高交易速度, 因为其他交易者正在压低价格, 他的目标是现在获得更好的价格, 而不是等待其他交易者进一步压低价格. 另一种解释是, 当订单流向交易商的方向移动时, 他试图通过交易隐藏自己的订单. 最后, $\ell_1(t) \xrightarrow{t\to T} 0$, 随着期限的接近, 订单流对交易商的交易速度影响越来越小, 因为已经没有多少时间可以利用中间价的定向趋势.

令人惊讶的是, 订单流过程 η 的波动并没有显式地体现在最优策略中, 但是它通过影响订单流路径进而影响了代理商的交易方式. 当订单流过程不稳定时, 最优交易速度也会变动. 同样有趣的是, 如果在泊松时间的订单流中的跳跃 η 是随机的并且不是恒定的, 那么所得到的策略将是相同的, 参见习题 E.7.1. 类似地, 如果在订单流过程 μ_t 中添加一个布朗分量, 那么所得到的最优策略中的 μ_t 是相同的, 也就是说, (7.20) 仍然成立. 当然, 订单流的实际路径, 也就是交易的实际路径, 将随着模型的修改而改变.

关于最优交易策略, 最后要说的是 ν_t 并不需要严格大于零. 如果订单流 μ_t 足够大, 代理商可能愿意购买资产以从资产价格的增加中获得收益 (即他的清算率变为负数). 这是因为将订单流引入模型的方式会产生可被利用的价格过程的可预测性, 即使代理商没有执行交易. 事实上, 如果代理商在 $t < T$ 时已经清算了目标 $\mathfrak{N}$, 那么最优策略不是停止, 而是利用订单流的影响继续交易, 我们认为这是因为他的库存在中间时间可能变为负值. 如果有足够的抛售压力 (即 $\mu_t < 0$, 且足够小), 那么通过做空资产, 交易商可能会从价格下跌中受益.

避免这种情况的一种做法是简单地限制交易策略, 令

$$\nu^{\dagger} = \max\left(-\frac{1}{k}\mathcal{X}(t)Q_t^{\nu^{\dagger}} - \frac{b}{2k}\overline{\ell}_t(t)\mu_t; 0\right)\mathbb{1}_{\{Q_t^{\nu^{\dagger}}>0\}}. \tag{7.21}$$

换句话说, 只要交易率为正且代理商存在正的库存量, 就可以遵循无限制的最优解, 否则将停止交易. 交易策略 $\nu^{\dagger}$ 并非最优的, 为了获得真正的最优策略, 还是要从 DPE 入手并在上确界中强加约束 $\nu \geqslant 0$, 并沿 $q = 0$ 附加边界条件. 在这种情况下, DPE 将不存在解析解, 但可以使用数值格式来求解. 尽管如此, 策略 $\nu^{\dagger}$ 提供了一个易于实施的合理近似.

具有订单流的策略模拟

本节将模拟模型中最优策略的行为. 整个过程中, 使用以下参数:

$$T = 1\ \text{day}, \quad k = 10^{-3}, \quad b = 10^{-4}, \quad \phi = 0.01,$$

$$\lambda = 1000, \quad \kappa = 10, \quad \eta \sim \text{Exp}(5), \quad \sigma = 0.1,$$

其中 $\eta \sim \text{Exp}(\eta_0)$ 表示均值为 $\mathbb{E}[\eta] = \eta_0$ 的指数分布.

图 7.4 展示了代理商使用 (7.21) 中增强策略 $\nu^{\dagger}$ 时, 中间价、订单流、最优库存和最优交易速度的三种情况. 如图 7.4 所示, 当订单流为正/负时, 代理商交易比 AC 交易速度更慢/更快. 例如, 绿色路径展示的买入方向 $(\mu_t > 0)$ 的大订单流使得代理商在交易的初始阶段速度变慢. 随着交易期限的结束, 订单流对他的策略影响减少, 但他必须加快交易速度, 因为清算剩余的股票的时间不多了. 红色路径的订单流大多在零附近波动. 如图 7.4 所示, 代理商遵循 AC 策略, 但局部调整其交易路径. 最后, 蓝色的路径偏向于卖出订单流, 而代理商通过在大部分交易期限内更快交易以增加流量, 最终提前清算其股份.

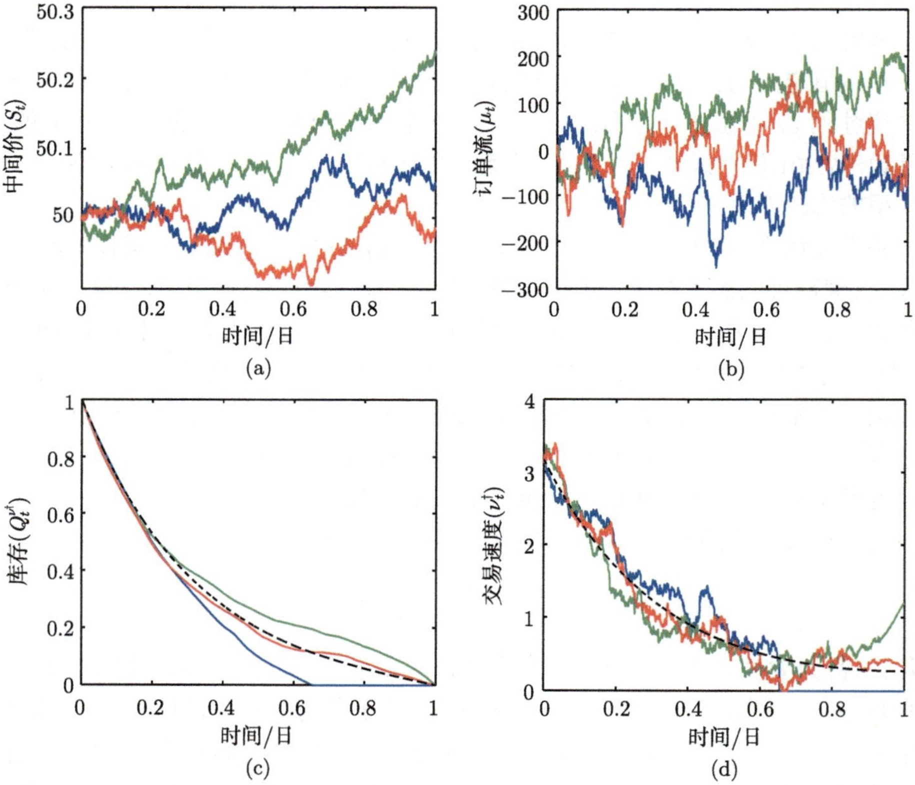

图 7.4　具有订单流的最优交易. 虚线表示经典 AC 解

为了进一步了解该策略, 图 7.5 展示了最优持有库存和最优交易速度的 5000 种情形的热图. 图 (a) 展示了 $\eta \sim \text{Exp}(5)$ 的结果, 与图 7.4 吻合, 图 (b) 表示 $\eta \sim \text{Exp}(10)$ 的情形. 正如预期的那样, (b) 中的最优交易策略比 (a) 更不稳定, 尽管最优策略 (如 (7.21) 所示) 不显式依赖于这种波动性.

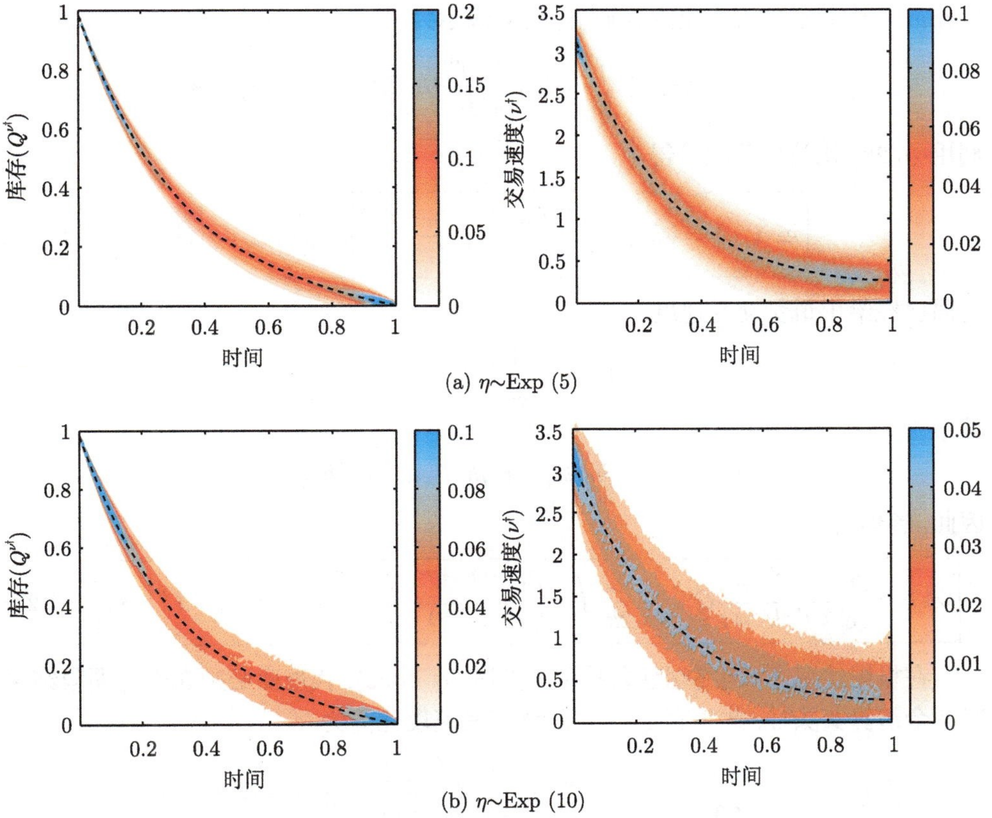

图 7.5 两种波动水平下, 有订单流时的最优交易热图, 虚线表示经典 AC 解

7.3.1 概率解释

前面研究了其他市场参与者的交易速度 μ_t 动态的特定选择. 在这里给出一个通用的求解方法, 不需要假设 μ 的特定模型, 只需要确定算子 $\mathcal{L}^{\mu}$, (7.15) 是一种特殊情形. 在这个一般情形中, 问题的解与上面导出的解非常相似. 首先需要求解 (7.17) 中的耦合 PIDE, 尤其是要求解满足方程 (7.17b) 的 h_1, 方便起见, 将方程再写一遍:

$$(\partial_t + \mathcal{L}^{\mu})h_1 + b\mu + \frac{1}{2k}h_1(b + 2h_2) = 0, \quad h_1(T) = 0,$$

其中

$$h_2(t, \mu) = \sqrt{k\phi}\frac{1 + \zeta e^{2\gamma(T-t)}}{1 - \zeta e^{2\gamma(T-t)}} - \frac{1}{2}b.$$

这是关于 h_1 的线性 PIDE, 其中 $h_2 + \dfrac{1}{2}b$ 为有效贴现率, $b\mu$ 是源项. 利用

Feynman-Kac 定理可求出方程通解, 将其表示为

$$h_1(t,\mu) = b\mathbb{E}_{t,\mu}\left[\int_t^T \exp\left\{\frac{1}{k}\int_t^u (h_2(s) + \frac{1}{2}b)\,ds\right\}\mu_u\,du\right]$$

利用 (6.28) 化简指数项可得

$$\boxed{h_1(t,\mu) = b\mathbb{E}_{t,\mu}\left[\int_t^T \left(\frac{e^{-\gamma(T-u)} - \zeta e^{\gamma(T-u)}}{e^{-\gamma(T-t)} - \zeta e^{\gamma(T-t)}}\right)\mu_u\,du\right].} \tag{7.22}$$

前面已经给出最优交易速度

$$\nu^* = -\frac{1}{2k}(bq + \partial_q h),$$

其中

$$h(t,\mu,q) = h_0(t,\mu) + qh_1(t,\mu) + q^2 h_2(t,\mu).$$

因此, 整理得

$$\boxed{\nu_t^* = \gamma\frac{\zeta e^{2\gamma(T-t)} + 1}{\zeta e^{2\gamma(T-t)} - 1}Q_t^{\nu^*} - \frac{b}{2k}\int_t^T \left(\frac{\zeta e^{\gamma(T-u)} - e^{-\gamma(T-u)}}{\zeta e^{\gamma(T-t)} - e^{-\gamma(T-t)}}\right)\mathbb{E}[\mu_u \mid \mathcal{F}_t^\mu]\,du.} \tag{7.23}$$

在极限情况下, 当终端惩罚趋于无穷时 ($\alpha \to \infty$), 代理商必须在交易期限结束时完全清算其头寸, 此时有 $\zeta \to 1$, 最优交易速度化简为

$$\lim_{\alpha\to\infty}\nu_t^* = \gamma\frac{\cosh(\gamma(T-t))}{\sinh(\gamma(T-t))}Q_t^{\nu^*} - \frac{b}{2k}\int_t^T \frac{\sinh(\gamma(T-u))}{\sinh(\gamma(T-t))}\mathbb{E}[\mu_u \mid \mathcal{F}_t^\mu]\,du.$$

第一项对应于经典 AC 解, 而第二项则表示根据未来预期净订单流的加权平均值修正清算速度. 如果这个加权平均未来订单流是正数 (如果当前的订单流是正的, 即倾向于购买的话, 就会出现这种情况), 那么代理商放慢速度以利用超额正的订单流的价格上涨趋势. 如果订单流为负, 则相反. 随着期限的接近, 订单流的影响变得不那么重要, 代理商则专注于交易执行.

7.4　明市与黑市的最优清算

到目前为止, 代理商一直在透明 (明市) 市场上交易, 所有代理商都可以观察以不同价格出售或购买的数量, 也就是说, LOB 对所有相关方都是可见的. 现在考虑代理商也可以在**暗池** (dark pool) 交易的可能性. 暗池也是交易场所, 与传统 (或透明) 交易所不同的是, 它们不向其客户公开买卖报价. 一旦订单匹配, 交易就可以持续进行, 或者定期合并和清算 (有时称为节流). 这里主要关注一种被称为配对撮合网 (crossing network) 的特定种类的暗池, 美国证券交易委员会 (SEC) 定义如下 (参见 3.6 节)

"…… 允许投资者以未定价的订单购买和出售证券，这些订单在特定时间以另一市场的价格撮合 ……"

一般来说，被撮合交易的价格是某个相应的明市交易场所的中间价. 当一个交易员在一个暗池中发布订单时，他可能要等待一段时间，直到一个匹配的订单到达，这样他的订单才会被执行. 因此，一方面向暗池发送订单的交易员将面临执行风险，但另一方面却不会受到限价单发布的额外临时价格冲击.

这里考虑代理商在透明市场持续交易，同时在暗池中发布订单以清算股份 $\mathfrak{N}$ 的情况.

模型设置

在透明市场上，和以前一样，假设代理商受到市价单的临时市场冲击，所以当在透明市场交易 $\nu_t\,dt$ 时，他获得每股 $\hat{S}_t = S_t - k\nu_t$，其中 $k > 0$，中间价 S_t 是布朗运动. 除了在透明市场进行交易外，代理商还在暗池中发布 $y_t \leqslant q_t$ 的库存单位，其中 $q_t \leqslant \mathfrak{N}$ 是剩余的待清算股份，交易商可能会不断调整这一已发布的订单. 在暗池中匹配的订单没有价格冲击，因为它们与透明市场的中间价挂钩，所以代理商对于在暗池中执行的订单 (这并不一定等于总量 y_t) 将获得每股 S_t.

此外，其他市场参与者将匹配订单发送到暗池，假定在泊松时间到达，并且与订单相关的交易量是相互独立的. 更具体地，令 N_t 表示强度为 λ 的泊松过程并且令 $\{\xi_j : j = 1, 2, \cdots\}$ 是独立同分布的随机变量的集合，表示由其他市场参与者发送到暗池中的各种匹配订单的量. 在时刻 t 之前暗池中的买单总量 (可能与代理商发布的卖单相匹配) 是复合泊松过程

$$V_t = \sum_{n=1}^{N_t} \xi_n.$$

当匹配订单到达时，它可能大于或小于代理商发布的卖单，因此代理商的库存 (同时考虑代理商在透明市场中的连续交易以及在暗池中的发布) 满足 SDE

$$dQ_t^{\nu,y} = -\nu_t\,dt - \min(y_t, \xi_{1+N_{t^-}})\,dN_t,$$

代理商的目标是在终端日期 T 之前清算股份 $\mathfrak{N}$. 上式中，右边第一项表示代理商在透明市场中利用市价单清算的股份，第二项表示发布到暗池中的订单.

假设代理商位于暗池中的出售队列的前端，以便他首先执行任何进入该市场的新订单. 对于代理商不在队列前端的情形，该模型可以相应地修改，这可以通过在代理商前面引入另一个表示订单量的随机变量来完成. 这使得问题复杂化，但是基本方法是一样的，有兴趣的读者可以尝试，参见习题 E.7.2.

因此, 代理商现金过程 $X_t^{\nu,y}$ 满足 SDE

$$dX_t^{\nu,y} = (S_t - k\nu_t)\nu_t\,dt + S_t \min(y_t, \xi_{1+N_{t-}})\,dN_t.$$

其性能指标为

$$H^{\nu,y}(t,x,S,q) = \mathbb{E}_{t,x,S,q}\left[X_\tau + Q_\tau^{\nu,y}(S_\tau - \alpha Q_\tau^{\nu,y}) - \phi\int_t^\tau (Q_u^{\nu,y})^2\,du\right],$$

其中 $\mathbb{E}_{t,x,S,q}[\cdot]$ 表示关于 $X_{t^-} = x, S_t = S, Q_{t^-} = q$ 的条件期望, 停止时间

$$\tau = T \wedge \inf\{t : Q_t = 0\}$$

表示代理商库存清算完毕或者到了终端时间. 价值函数为

$$H(t,x,S,q) = \sup_{\nu,y\in\mathcal{A}} H^{\nu,y}(t,x,S,q),$$

其中容许策略由一些有上界的 $\mathcal{F}$-可料过程组成, 并且代理商发布到暗池中的交易量不超过其剩余库存, 即 $y_t \leqslant Q_t^{\nu,y}$.

导出的 DPE

利用 DPP, 价值函数满足 DPE

$$\begin{aligned}
&\partial_t H + \frac{1}{2}\sigma^2\partial_{SS}H - \phi q^2 \\
&+ \sup_\nu\{(S - k\nu)\nu\partial_x H - \nu\partial_q H\} \\
&+ \sup_{y\leqslant q}\{\lambda\mathbb{E}[H(t, x + S\min(y,\xi), S, q - \min(y,\xi)) - H]\} = 0,
\end{aligned}$$

以及终端条件

$$H(T,x,S,q) = x + q(S - \alpha q).$$

以上, 期望表示随机变量 ξ 的期望, 并且 DPE 中的各种术语解释如下:

- ∂_{SS} 表示中间价的扩散;
- $-\phi q^2$ 表示库存不为零的惩罚;
- $\sup_\nu\{\cdot\}$ 表示透明市场中持续交易的优化;
- $\sup_{y\leqslant q}$ 表示对暗池中所发布的交易量进行优化, 而期望则是考虑到从其他交易者那里进入暗池的数量是随机的.

终端条件仍需引入拟设 $H(t,x,S,q) = x + qS + h(t,q)$. 由前面内容知, $x + qS$ 代表迄今为止在透明市场和暗池中出售股份获得的现金加上代理商待清算的持股

账面价值 (以中间价计算). 因此, h 表示超出现金和资产账面价值的最优交易价值. 关于 h 的 DPE 简化为

$$\begin{aligned}&\partial_t h-\phi q^2+\sup_{\nu}\{-k\nu^2-\nu\partial_q h\}\\&+\lambda\sup_{y\leqslant q}\mathbb{E}[h(t,q-\min(y,\xi))-h(t,q)]=0,\end{aligned}\tag{7.24}$$

满足边界条件 $h(T,q)=-\alpha q^2$. 然后, 根据 ν 的一阶必要性条件知最优交易速度的反馈控制形式为

$$\boxed{\nu^*=-\frac{1}{2k}\partial_q h,}\tag{7.25}$$

于是

$$\sup_{\nu}\{-k\nu^2-\nu\partial_q h\}=\frac{1}{4k}(\partial_q h)^2.$$

为了确定最优的 y 值 (也就是在暗池中发布的最优数量), 需要借助数值方法, 或者给随机变量 ξ 加上更多的结构.

7.4.1 完全暗池执行的显式解

为了求出问题的显式解, 假设代理商的期望执行 (清算订单) 相对于进入暗池的交易量较小, $\xi_i\geqslant\mathfrak{N}$ ($\forall i=1,2,\cdots$). 该假设可以确保当一个匹配的买单到达暗池时, 代理商的订单将完全执行, 因为即将到来的买单数量大于代理商卖单中的数量——代理商在任何时间点的库存不超过 $\mathfrak{N}$ (必须清算的初始量). 由于代理商发布的订单总能及时被完成, 因此 (7.24) 中 $\min(\xi_1,y)=y$.

假设拟设是关于 q 的多项式. 在给出拟设之前, 注意到 DPE 中包含显式的 q^2 惩罚项, 最优 ν 关于 $\partial_q h$ 是二次的, 终端点条件为 $-\alpha q^2$. 因此, 自然地给出 $h(t,q)$ 的拟设:

$$h(t,q)=h_0(t)+h_1(t)q+h_2(t)q^2,$$

相应终端条件为 $h_0(T)=h_1(T)=0,h_2(T)=-\alpha$. y 的上确界为

$$\begin{aligned}&\sup_{y\leqslant q}\mathbb{E}[h(t,q-\min(y,\xi))-h(t,q)]\\=&\sup_{y\leqslant q}[h(t,q-y)-h(t,q)]\\=&\sup_{y\leqslant q}[-yh_1+(y^2-2qy)h_2]\\=&-\frac{1}{4h_2}(h_1-2qh_2)^2,\end{aligned}$$

最优暗池交易量的反馈形式为

$$y^* = q + \frac{1}{2}\frac{h_1}{h_2}.$$

由终端条件知 $h_2(t) < 0$. 仍需验证的是 $h_1(t) \geqslant 0$, 由此满足 $y^* \leqslant q$, 因此是可行的.

此外, 最优交易速度反馈形式简化为

$$\nu^* = -\frac{1}{2k}(h_1 + 2qh_2).$$

由于 y^* 和 ν^* 与 h_0 无关, 因此 h_0 对于价值函数的确定至关重要, 但与最优策略关系不大.

将上述反馈控制代入 DPE (7.24), 合并 q 的相同幂次项并将每项设为零, 可得如下耦合 ODE

$$\partial_t h_2 - \phi - \lambda h_2 + \frac{1}{k}h_2^2 = 0, \tag{7.26a}$$

$$\partial_t h_1 + \left(\lambda + \frac{1}{k}h_2\right)h_1 = 0, \tag{7.26b}$$

$$\partial_t h_0 + \frac{1}{k}h_1^2 - \frac{\lambda}{4}\frac{h_1^2}{h_2} = 0. \tag{7.26c}$$

由于 h_1 在 T 处为零, (7.26b) 中 ODE 关于 h_1 是线性的, 因此解 $h_1(t) = 0$, 同样地 $h_0(t) = 0$. 如果中间价有漂移, 那么这些项均不为零, 参见习题 E.7.3. 于是, 总的来说, 只需要处理 h_2 的方程, 该方程与无暗池情形 (在 (6.25) 中令 $b = 0$) 稍有不同, 多了一项 $-\lambda h_2$. 这项表示由于在暗池中发布的订单被完全执行的可能性而导致的库存“泄露”. 显然, 如果不存在暗池, 即 $\lambda = 0$, 那么问题退化为第 6 章所讨论的最优清算问题. 例如, 当 $\lambda = 0$ 时, ODE (7.26a) 与 (6.25) 相同且边界条件一样.

h_2 的方程是 Riccati 型的, 可以显式求解. 令 $\xi^\pm$ 表示多项式 $\phi + \lambda p - \frac{1}{k}p^2 = 0$ 的根, 于是 (7.26a) 改写为

$$\partial_t h_2 = -\frac{1}{k}(h_2 - \xi^+)(h_2 - \xi^-),$$

其中

$$\xi^\pm = \frac{1}{2}k\lambda \pm \sqrt{\frac{1}{4}k^2\lambda^2 + k\phi}.$$

交叉相乘, 写成有理分式

$$\partial_t h_2\left(\frac{1}{h_2 - \xi^+} - \frac{1}{h_2 - \xi^-}\right) = -\frac{1}{k}(\xi^+ - \xi^-),$$

并从 t 到 T 积分可得

$$\log\left(\frac{h_2-\xi^-}{h_2-\xi^+}\right)-\log\left(\frac{\alpha+\xi^-}{\alpha+\xi^+}\right)=-\frac{1}{k}(\xi^+-\xi^-)(T-t),$$

利用终端条件 $h_2(T)=-\alpha$, 重新整理方程有

$$h_2(t)=\frac{\xi^- -\xi^+\beta e^{-\gamma(T-t)}}{1-\beta e^{-\gamma(T-t)}},$$

相应常数

$$\beta=\frac{\alpha+\xi^-}{\alpha+\xi^+}\quad \text{以及}\quad \gamma=\frac{1}{k}(\xi^+-\xi^-).$$

因此, 最优交易策略为

$$\boxed{\nu_t^*=-\frac{1}{k}h_2(t)Q_t^{\nu^*,y^*}\quad \text{与}\quad y_t^*=Q_t^{\nu^*,y^*}.} \tag{7.27}$$

和之前一样, 我们可以计算匹配订单进入暗池前的最优持仓, 只需要求解方程

$$dQ_t^{\nu^*,y^*}=-\nu_t^*\,dt=\frac{1}{k}h_2(t)Q_t^{\nu^*,y^*}\,dt,$$

即

$$Q_t^{\nu^*,y^*}=Q_0\exp\left\{\frac{1}{k}\int_t^T h_2(u)\,du\right\},$$

直接积分有

$$\boxed{Q_t^{\nu^*,y^*}=e^{(\xi^-/k)t}\left(\frac{1-\beta e^{-\gamma(T-t)}}{1-\beta e^{-\gamma T}}\right)\mathfrak{N}.} \tag{7.28}$$

终端惩罚 α 趋于无穷大时, 即 $\alpha\to\infty$ (以便保证代理商在交易期限结束前完全执行), $\beta\to 1$, 于是

$$Q_t^{\nu^*,y^*}\xrightarrow{\alpha\to\infty} e^{\left(\frac{\zeta^-}{k}+\frac{\gamma}{2}\right)t}\frac{\sinh\left(\frac{\gamma}{2}(T-t)\right)}{\sinh\left(\frac{\gamma}{2}T\right)}\mathfrak{N}.$$

进一步地, 当 $\lambda\to 0$, $\zeta^-\to-\sqrt{k\phi}$ 以及 $\gamma\to 2\sqrt{\phi/k}$ 时,

$$Q_t^{\nu^*,y^*}\xrightarrow{(\alpha,\lambda)\to(\infty,0)}\frac{\sinh\left(\sqrt{\frac{\phi}{k}}(T-t)\right)}{\sinh\left(\sqrt{\frac{\phi}{k}}T\right)}\mathfrak{N},$$

这与无暗池的 AC 情形结果一样.

暗池清算策略

显然, 发布在暗池中的最优交易量始终是要进行清算的. 这是有道理的, 因为在我们的模型中, 暗池中没有市场冲击, 所以代理商以中间价执行暗池中的订单. 清算策略中更有趣的部分是, 代理商可以进入暗池的话, 应该在透明市场中发布多少量. 为了回答这个问题, 可以将 (7.27) 中透明市场清算速度 ν^* 与无暗池 (即 $\lambda = 0$) 最优清算策略进行比较. 而 $\lambda = 0$ 时最优清算速度已经由 AC 解给出, 参见 $b = 0$ 时的 (6.27) 式或者在 (7.27) 中令 $\lambda = 0$. 目前还不清楚代理商在透明市场交易的修正速度与代理商无法进入暗池时的清算速度的大小关系. 另外, 交易速度是否如 AC 情形那样下降还不清楚.

图 7.6 中展示了暗池中匹配订单到达速度水平不同时, 由 (7.27) 给出的透明市场中的最优清算速度. 该图表明交易速度可能会比 AC 情形来的大或小, 并且可能会增加或减少. 此外, 最优库存 (匹配订单到达前) 可能是凹的、凸的或者都不是.

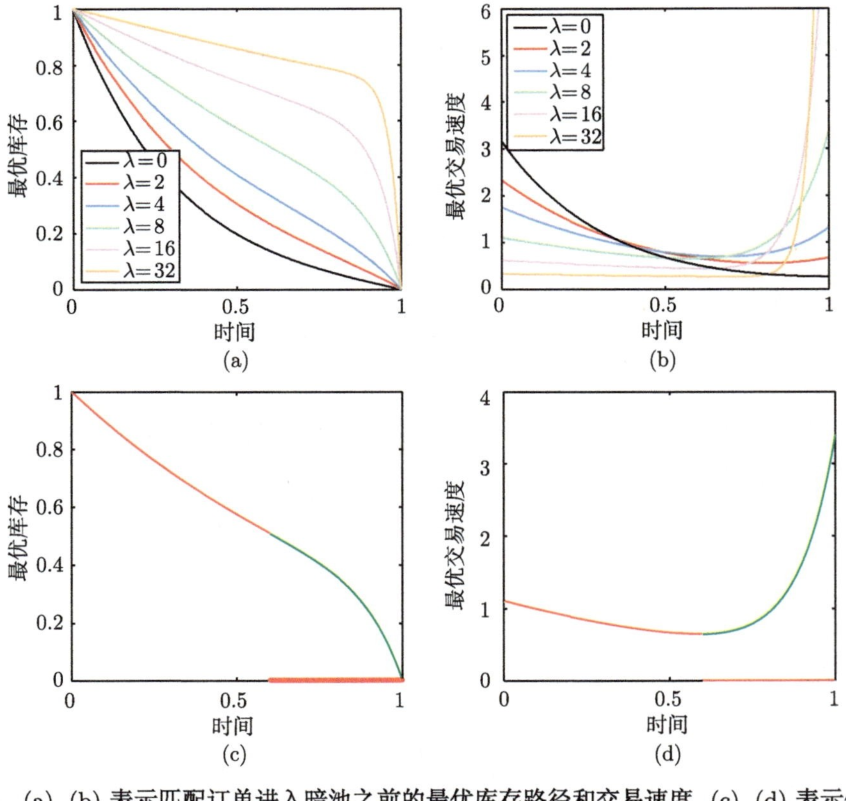

图 7.6　(a), (b) 表示匹配订单进入暗池之前的最优库存路径和交易速度. (c), (d) 表示假设匹配订单在 $t = 0.6$ 时刻到达暗池, 之后库存降至零的情况下的最优库存和交易速度

特别地, 图 7.6 (a) 和 (b) 给出了最优的库存路径和最优的交易速度, 这里假设

T 时刻的清算惩罚 $\alpha \to \infty$, 并且给出的路径在正在执行的发布于暗池中的订单之前. 其他模型参数为 $k = 0.001$, $\phi = 0.01$.

图 7.6(c) 和 (d) 展示了暗池中的订单在 $t = 0.6$ 时刻被执行并且代理商的库存降至零的情况. 由于暗池中的订单的执行是根据强度为 λ 的泊松过程来进行的, 所以发生这种情况的时间服从均值为 $1/\lambda$ 的指数分布. 因此, 当 $\lambda = 0$ 时, 暗池中没有任何执行, 清算策略与 AC 解一样. 当 $\lambda > 0$ 时, 考虑到暗池执行的可能性, 代理商开始的交易速度低于透明市场中 AC 速度, 但随着时间的推进而没有任何执行, 代理商会加快交易速度以弥补最初交易缓慢带来的损失. 有趣的是, 最优交易曲线不再是凸的 (它的凸性也改变了符号). 当 $\lambda \to \infty$ 时, 代理商不再在透明市场中进行交易, 因为暗池中的执行已经得到保证. 在这种情况下, 最优库存路径为 $Q_t^* = \mathfrak{N}\mathbb{1}_{t<T}$, 但在 T 时刻资产清算速度达到无穷大.

7.5 参考文献与选读

Laruelle, Lehalle & Pagès (2011), Buti, Rindi & Werner (2011b), Buti, Rindi & Werner (2011a), Crisafi & Macrina (2014), Iyer, Johari & Moallemi (2014), Moallemi, Saglam & Sotiropoulos (2014), Bechler & Ludkovski (2014), Cartea & Jaimungal (2014b).

7.6 习　　题

E.7.1　与 7.3 节设置相同, 但是 η 是随机的, 即

$$d\mu_t^{\pm} = -\kappa\mu_t^{\pm}\,dt + \eta\,dL_t^{\pm}, \tag{7.29}$$

其中 η 独立同分布, 且有限一阶矩. 计算最优清算速度并与 (7.20) 比较.

E.7.2　如 7.4 节设置, 在暗池中, 代理商的订单不总是位于队列的前面, 假设在其订单之前, 还有其他市场参与者的订单优先于他. 将该交易量设为随机变量, 导出透明市场中最优交易速度以及代理商发布在暗池中的股份数量.

E.7.3　如 7.4.1 小节所设置, 并且中间价满足

$$dS_t = \mu\,dt + \sigma\,dW_t,$$

其中 μ 为常数. 导出 DPE 并给出最优交易速度的拟设. 将该结果与 $\mu = 0$ 的情形进行对比.

第 8 章　限价单和市价单的最优执行

8.1 引　　言

在前两章中, 我们集中关注只依赖市价单 (MO) 的执行策略. 发送 MO 的优点之一是执行可以得到保证. 然而, 执行价格通常比中间价更差, 因为非零价差的存在以及订单可能沿订单簿游走. 实际上, 代理商也会采用限价单 (LO), 因为这里没有流动性付出费用和导致市场冲击成本, LO 被完成的价格会优于中间价, 但这不能保证匹配的订单会到达.

为了解决这些问题, 本章着眼于当代理商采用 LO (可能也采用 MO) 时的最优执行问题. 在 8.2 节和 8.3 节, 代理只允许使用 LO, 在 8.4 节, 代理商允许使用 LO 和 MO 进行交易, 在 8.5 节中, 代理商的目标是通过 LO 和 MO 来跟踪给定的计划.

在所有情况下, 当代理商发布 LO 来清算头寸时, 他会以价格为 $S_t+\delta_t$ 发布一个固定交易量的限价单 (例如, 一个 MO 的平均交易量的一定百分比或一个固定数量, 比如 10 股), 其中 S_t 为中间价. 因此, δ 是代理商向市场提供流动性所需的溢价. δ 越大, 溢价越大, 但是订单到达市场并沿限价订单簿 (LOB) 游走的概率, 以及发布的深度, 随 δ 的增大而减小. 代理商使用的策略依赖于发布和取消 LO 的速度. 在每一瞬间: 代理商会重新评估市场状况, 取消订单簿中剩下的 LO, 以最优价格发布新的 LO 等. 要做到这一点, 需要软件、硬件的支持并且连接到交易所, 以便该策略在 LOB 中没有旧的报价, 并且可以快速处理信息.

当在一个给定的深度 δ 发布时, LO 被完成的概率, 在 MO 到达的条件下, 被称为**订单填充概率** (**fill probability**), 我们用函数 $P(\delta)$ 表示. 自然地, P 一定会 (随 δ) 减少, 它全天都在变化, 并且对 LOB 的当前状态很敏感. 要看到这一点, 可以考虑图 8.1(a), 它显示了一个块状的 LOB 以及 (i) 在 $\delta=10$ 时发布的数据 (虚线); (ii) 交易量为 700 的 MO 完成的卖单深度 (深绿区域); (iii) 交易量为 1500 的 MO 完成的卖出 LO 的深度 (深色加浅绿色区域). LO 发布得越深 (即远离中间价格), MO 大到能沿 LOB 游走到该价格水平的可能性越小. 因此, LO 被完成的概率随着 δ 的增加而减小.

如果我们假设单个 MO 的交易量, 记为 V, 是平均交易量 η 的指数分布, 并且 LOB 是具有高度 A 的块形状, 即以价格 $S+\delta$ 发布数量等于常数 A 减去以最高价格水平 $S+\bar{\delta}$ 发布的数量, 则填充概率是指数的. 也就是说, 在交易量为 V 的 MO 到达的条件下, 卖出 LO 被完成的概率由下式给出

$$\mathbb{P}\,(\text{在深度 }\delta\text{ 发布的订单被完成}) = \mathbb{P}(V > A\delta) = \exp\left\{-\frac{A}{\eta}\delta\right\}. \tag{8.1}$$

原则上也可以使用幂律填充概率; 但是, 为了保持分析的一致性和独立性, 我们始终使用指数填充概率.

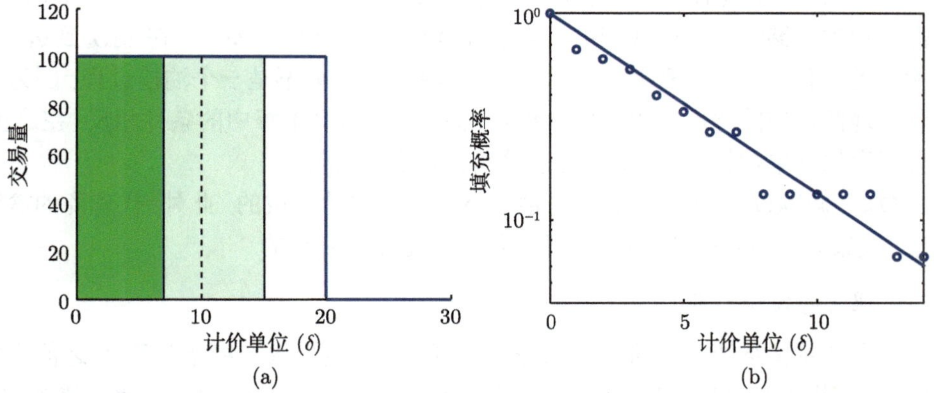

图 8.1 (a) 扁平 (或块状)LOB. (b) 2011 年 6 月 21 日 NFLX 的经验性完成概率, 时间区间为 12:55 p.m. 至 1:00 p.m., 使用 500ms 的间隔时间. 直线显示了对指数函数的拟合

8.2 只有限价单的清算

第 6 章和第 7 章考察代理商只考虑发布 MO 的最优执行问题. 在本节中, 代理商仅发布 LO, 并且问题的条件与第 6 章中的相似. 现在, 我们不仅要跟踪代理商的库存, 还要跟踪其他交易者 MO 的到达, 这些 (可能) 和代理商发布的卖出 LO 匹配. 我们在这里总结模型要素和记号:

- $\mathfrak{N}$ 代理商希望清算的股份数量;
- T 清算程序结束的最终时间;
- $S = (S_t)_{0\leqslant t\leqslant T}$ 是资产的中间价格, 其中 $S_t = S_0+\sigma W_t, \sigma > 0, W = (W_t)_{0\leqslant t\leqslant T}$ 是标准布朗运动;
- $\delta = (\delta)_{0\leqslant t\leqslant T}$ 表示代理商发布限价单的深度, 即代理商在时间 t 时以价格 $S_t + \delta_t$ 发布 LO 的深度;
- $M = (M_t)_{0\leqslant t\leqslant T}$ 对应于一个到达的市场买单数量 (来自其他交易者) 的泊松过程 (强度为 λ);
- $N^\delta = (N_t^\delta)_{0\leqslant t\leqslant T}$ 表示与代理商订单匹配的, 市场买入订单的数量相对应的 (受控的) 计数过程, 即沿卖方的订单簿游走大于或等于 $S_t + \delta_t$ 价格的 MO;
- $P(\delta) = e^{-\kappa\delta}$, 其中 $\kappa > 0$, 表示当买入 MO 到达时代理商的 LO 被完成的概率;

- $X^\delta = (X_t^\delta)_{0\leqslant t\leqslant T}$ 是代理商的现金过程并满足 SDE

$$dX_t^\delta = (S_t + \delta_t)dN_t^\delta; \tag{8.2}$$

- $Q_t^\delta = \mathfrak{N} - N_t^\delta$ 是指代理商有待清算的库存.

注意到, 当过程 N 跳时, 过程 M 也必须跳, 但是当 M 跳时, 只有当 MO 沿订单簿游走到足够大并完成代理商发布的 LO 时, N 才会跳. 此外, 在 MO 到达 (即 M 跳) 的条件下, N 以概率 $P(\delta_t) = e^{-\kappa\delta_t}$ 跳; 然而 N 不是一个泊松过程, 因为它会对代理商发布的深度做出反应. 此外, 与第 6 章和第 7 章中的条件相反, 在这里, 当代理商的订单被执行时, 他获得的价格会优于中间价.

最后, 问题设置的信息流 $\mathcal{F}$ 是由 S, N 和 M 自然生成的. 此外, 代理商的深度发布 (或策略) δ 将是 $\mathcal{F}$-可料的, 并且特别的是左连右极的.

代理商的优化问题

代理商希望从清算 $\mathfrak{N}$ 股票中最大化利润, 但是也要求在终止时间 T 之前出售大部分 (如果不是全部) 股份. 如果代理商在交易期结束时仍有库存, 他会使用 MO 清算, 这样他获得的价格比中间价更差. 正如第 6 章讨论的那样, MO 的线性冲击函数是对市场冲击的一个合理的一阶近似, 因此代理上的优化问题是寻找

$$H(x, S) = \sup_{\delta\in\mathcal{A}} \mathbb{E}[X_\tau^\delta + Q_\tau^\delta(S_\tau - \alpha Q_\tau^\delta) \mid X_{0^-}^\delta = x, S_0 = S, Q_{0^-}^\delta = \mathfrak{N}], \tag{8.3}$$

其中 $\alpha \geqslant 0$ 是清算惩罚 (线性冲击函数). 此外, 可允许集合 $\mathcal{A}$ 包含下有界的策略 δ, 停止时间

$$\tau = T \wedge \min\{t : Q_t^\delta = 0\}$$

是 T 或者库存第一次达到零的时间的最小值, 因为之后不需要更多的交易.

相应的价值函数是

$$H(t, x, S, q) = \sup_{\delta\in\mathcal{A}} \mathbb{E}_{t,x,S,q}[X_\tau^\delta + Q_\tau^\delta(S_\tau - \alpha Q_\tau^\delta)], \tag{8.4}$$

其中符号 $\mathbb{E}_{t,x,S,q}[\cdot]$ 表示在 $X_{t^-}^\delta = x, S_t = S$ 和 $Q_{t^-}^\delta = q$ 条件下的期望. 在这种情况下, 代理商没有任何紧迫性, 即不会像 6.5 节讨论的那样出现惩罚库存不为 0 的情形. 事实上, 可以加上这样的惩罚, 我们将这作为给读者的练习, 参见练习 E.8.1.

得到的 DPE

动态规划原理 (DPP) 表明价值函数满足以下动态规划方程 (DPE):

$$\begin{cases} \partial_t H + \frac{1}{2}\sigma^2\partial_{SS}H + \sup_\delta\{\lambda e^{-\kappa\delta}[H(t, x + (S+\delta), S, q-1) - H(t, x, S, q)]\} = 0, \\ H(t, x, S, 0) = x, \\ H(T, x, S, q) = x + q(S - \alpha q). \end{cases}$$

我们有一个状态变量带跳的最优交易问题, 并且得到的 DPE 是非线性偏积分微分方程 (PIDE) 而不是非线性 PDE. 下面我们详细阐述 PIDE 中的各项.

(i) 算子 ∂_{SS} 对应于驱动中间价的布朗运动的生成子;

(ii) 上确界考虑代理商控制其卖出 LO 深度的能力;

(iii) $\lambda e^{-\kappa\delta}$ 一项表示其他市场参与者的买入 MO 的到达速率, 以价格 $S+\delta$ 完成代理商发布的卖出 LO;

(iv) 相减 (跳跃) 项 $H(t,x+(S+\delta),S,q-1)-H(t,x,S,q)$ 表示当 MO 完成代理商的 LO 时, 代理商的价值函数的变化——代理商现金增加 $S+\delta$, 他的库存减少 1.

$t=T$ 时的终端条件表示代理商在该时间点之前获得的现金, 加上以每股低于中间价 $(S-\alpha q)$ 的价格清算剩余股票的价值——回想在 T 时刻他必须执行一个 MO 来完成他的交易, 作为沿订单簿游走的结果. 沿 $q=0$ 的边界条件表示代理商在该停止时间的现金, 并且由于 $q=0$, 此时没有清算价值, 并且代理商简单地以现金 x 离开.

由终端和边界条件可以拟设价值函数为

$$H(t,x,S,q)=x+qS+h(t,q), \tag{8.5}$$

对于待定的函数 $h(t,q)$. 这个假设有三项. 第一项是累计现金, 第二项表示剩余库存的账面价值, 该库存使用中间价盯市, 最后函数 $h(t,q)$ 表示在最优清算剩余股份中, 代理商现金的增加值. 把这个拟设代入上面的 DPE 后, 我们发现 $h(t,q)$ 满足非线性 ODE 的耦合系统

$$\begin{cases} \partial_t h+\sup\limits_{\delta}\{\lambda e^{-\kappa\delta}[\delta+h(t,q-1)-h(t,q)]\}=0, \\ h(t,0)=0, \\ h(T,q)=-\alpha q^2. \end{cases} \tag{8.6}$$

通过关注上确界的一阶条件, 可以在反馈形式中找到最优深度. 这可以得到

$$\begin{aligned} 0 &= \partial_\delta\{\lambda e^{-\kappa\delta}[\delta+h(t,q-1)-h(t,q)]\} \\ &= \lambda(-\kappa e^{-\kappa\delta}[\delta+h(t,q-1)-h(t,q)]+e^{-\kappa\delta}) \\ &= \lambda e^{-\kappa\delta}(-\kappa[\delta+h(t,q-1)-h(t,q)]+1), \end{aligned}$$

因此反馈控制形式中的最优策略 δ^* 由下式给出

$$\boxed{\delta^*(t,q)=\frac{1}{\kappa}+[h(t,q)-h(t,q-1)].} \tag{8.7}$$

这种形式的最优深度有一个有趣的解释. 考虑第一项 $\frac{1}{\kappa}$. 这源于优化出售一份股份的瞬时期望利润. 这利润由以价格 $(S+\delta)$ 出售一份股份的收益减去成本 S 得到, 即结果为 δ. 因此, 期望利润为 $\delta P(\delta)$, 当填充概率是 $P(\delta)=e^{-\kappa\delta}$ 时, 最大值在 $\delta^\dagger=\frac{1}{\kappa}$ 达到, 可参见 2.1.4 小节的讨论.

相减项 $h(t,q)-h(t,q-1)$ 可以被视为代理商考虑到他未来的最优行为对这个静态优化的修正. 特别地, 它代表**保留价格**, 其被定义为使得 $H(t,x+p,S,q-1)=H(t,x,S,q)$ 的价格 p, 即它是代理商需求出售资产以使其价值函数保持不变的附加财富.

我们预计 $\delta^*(t,q)$ 随 q 下降, 因为代理商的库存越多, 他需要摆脱持股就越紧迫, 因此他应该发布更接近中间价的价格. 可能当 q 足够大时, 最优深度变为负数, 控制问题的解不再具有金融意义. 我们应该求解约束问题, 其中在允许策略集合中要求 $\delta^*\geqslant 0$. 避免解决约束问题的一种天真的方法是将负深度视为代理商需要执行市场订单而不是发布限价单的指标. 解决 LO 与 MO 的最优发布的可靠方法将在 8.4 节中介绍.

将反馈控制形式中的最优深度代入式 (8.6), $h(t,q)$ 满足下述 ODE 的非线性耦合系统,

$$\partial_t h+\frac{\tilde{\lambda}}{\kappa}\exp\{-\kappa[h(t,q)-h(t,q-1)]\}=0, \tag{8.8}$$

其中 $\tilde{\lambda}=\lambda e^{-1}$ 和 (8.6) 中相同的终端条件和边界条件. 这个 ODE 系统可以通过一个变换 $h(t,q)=\frac{1}{\kappa}\log\omega(t,q)$, 写成关于 $\omega(t,q)$ 的新方程, 并对 $\omega(t,q)$ 精确求解, 在这种情况下,

$$\begin{aligned}0&=\partial_t h+\frac{\tilde{\lambda}}{\kappa}\exp\{-\kappa[h(t,q)-h(t,q-1)]\}\\&=\frac{1}{\kappa}\frac{\partial_t\omega(t,q)}{\omega(t,q)}+\frac{\tilde{\lambda}}{\kappa}\frac{\omega(t,q-1)}{\omega(t,q)},\end{aligned}$$

这表明

$$0=\partial_t\omega(t,q)+\tilde{\lambda}\omega(t,q-1), \tag{8.9}$$

现在终端和边界条件分别为

$$\omega(T,q)=e^{-\kappa\alpha q^2} \quad 和 \quad \omega(t,0)=1,$$

求解 DPE

DPE 简化的耦合 ODE 系统 (8.9) 可以显式地求解 (见练习 E.8.2), 得到表达式

$$\omega(t,q)=\sum_{n=0}^{q}\frac{\tilde{\lambda}^n}{n!}e^{-\kappa\alpha(q-n)^2}(T-t)^n. \tag{8.10}$$

这个解提供了函数 $h(t,q)$, 然后它可以代入最优深度 (8.7) 的等式中得到

$$\delta^*(t,q)=\frac{1}{\kappa}\left[1+\log\frac{\displaystyle\sum_{n=0}^{q}\frac{\tilde{\lambda}^n}{n!}e^{-\kappa\alpha(q-n)^2}(T-t)^n}{\displaystyle\sum_{n=0}^{q-1}\frac{\tilde{\lambda}^n}{n!}e^{-\kappa\alpha(q-1-n)^2}(T-t)^n}\right], \tag{8.11}$$

对 $q>0$ 成立. 对任何模型参数, 发布的最优深度是时间的递减函数, 代理商的库存函数 q 的减函数, 并且随 MO 到达速率增加而增加. 活动速度的增长行为是直观的, 因为随着市场订单到达速率的提高, 代理商愿意在订单簿中更深的位置发布订单, 使得他的填充 LO 有效的占比基本保持不变, 而如果匹配到达则可以获得更多利润.

在图 8.2 中, 最优深度显示为多个库存水平和惩罚参数 α 的时间函数. MO 以每分钟 50 股的速度到达, 代理商试图清算 $\mathfrak{N}=5$ 股——因此是平均市场交易量的 10%. 这些图显示了最优深度的几个有趣特征, 如下所述.

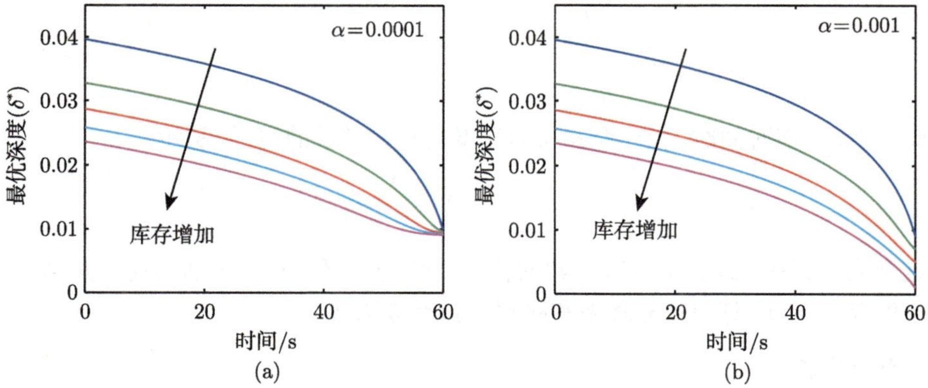

图 8.2 代理商发布 LO 的最优深度 δ^* 作为时间和当前库存的函数. 参数 $\lambda=50/\text{min}$, $\kappa=100$, 以及带有惩罚 α 的 $\mathfrak{N}=5$ 显示在每个子图中. 最低深度对应于 $q=5$ 并且最高深度对应于 $q=0$

(i) 深度关于库存是递减的. 这很自然, 就好像如果代理商的库存很多, 他愿意接受较低的溢价 δ, 以提供流动性来增加他的订单被填充的可能性. 同时, 这可以确保他可以在时间结束时完成 $\mathfrak{N}$ 股票的清算, 并且避免跨越差价 (即使用 MO) 和支付罚金. 然而, 如果库存很低, 代理商愿意坚持以换取更大的 δ, 因为在库存低的情况下, 当它跨越价差时, 终端惩罚是温和的.

(ii) 对于固定的库存水平, 深度会随着时间而减少. 再一次, 这是由于代理商在终端时间接近时变得更不愿意持有库存, 因为他们会因跨越价差而受到惩罚.

(iii) 随着惩罚参数 α 的增加, 所有的深度都会减少, 因为增加惩罚会导致交易者更快地清算他的头寸, 但价格更低. 我们指出, 如果 α 或 q 很大, 那么最优深度会变为负值. 在实际操作中, 不能在 LOB 另一侧发布 LO 来改进其最优报价, 因此, 可能需要将此解释为代理商非常希望他的 LO 被完成, 但在这里我们不允许代理商提交 MO, 我们在 8.4 节中再讨论这一点.

(iv) 随着离交易终端时间越来越远, 深度会不断增加. 原因在于代理商只会受到终端库存的惩罚, 这样当远离终端时间时, 没有动机去清算他的头寸. 如果代理商在所有时刻惩罚库存, 那么远离到期日这些策略将会渐进地是个常数. 对于这种情况, 请参见练习 E.8.4.

远离终端时间时, 即当 $\tau = T-t \gg 1$ 时, 上面对数的比值 (即 $\omega(t,q)/\omega(t,q-1)$) 是 $o((T-t)^{-1})$, 是由 $n=q-1$ 和 $n=q$ 为分子与 $n=q-1$ 为分母的比值给出. 所以我们可以写为

$$\begin{aligned}\frac{\omega(t,q)}{\omega(t,q-1)} &= \frac{\dfrac{\tilde{\lambda}^{q-1}}{(q-1)!}e^{-\kappa\alpha(q-(q-1))^2}\tau^{q-1}+\dfrac{\tilde{\lambda}^{q}}{q!}e^{-\kappa\alpha(q-q)^2}\tau^{q}}{\dfrac{\tilde{\lambda}^{q-1}}{(q-1)!}e^{-\kappa\alpha(q-1-(q-1))^2}\tau^{q-1}}+o(\tau^{-1})\\ &= e^{-\kappa\alpha}+\frac{\tilde{\lambda}}{q}\tau+o(\tau^{-1}).\end{aligned}$$

因此, 远离终端时间时, 代理商发布的深度是对数增长的, 如下所示:

$$\delta^*(t,q)=\frac{1}{\kappa}\left[1+\log\left(e^{-\kappa\alpha}+\frac{\lambda e^{-1}}{q}\tau\right)\right]+o(\tau^{-1}).$$

在这个表达式中, 最优深度对参数的依赖性变得明显: 它关于活动速度是增函数, 关于库存、时间、订单填充概率和终端惩罚是减函数.

数值实验

在本节中, 我们进行模拟研究来探索最优执行策略. 在整个过程中我们使用以下参数:

$$\begin{aligned}&T=60\text{s},\quad \lambda=50/\text{min},\quad \kappa=100\$^{-1},\quad \alpha=0.001\$/\text{share},\quad \mathfrak{N}=5,\\ &S_0=\$30.00,\quad \sigma=0.01\$\text{s}^{-1/2},\end{aligned}$$

使得代理商在此时间段内交易市场的 10%.

图 8.3 显示了中间价 ((a))、最优深度 ((b))、最终库存 ((c)) 和每股平均价格 ((d)) 的三个模拟样品路径, 计算公式为 $X_t/(\mathfrak{N}-q_t)$. 在平均每股价格子图中, TWAP 由下式给出

$$A_{\text{TWAP}}=\frac{1}{T}\int_0^T S_u du,$$

通常被用作比较目标的基准, 因此我们也将其纳入其中.

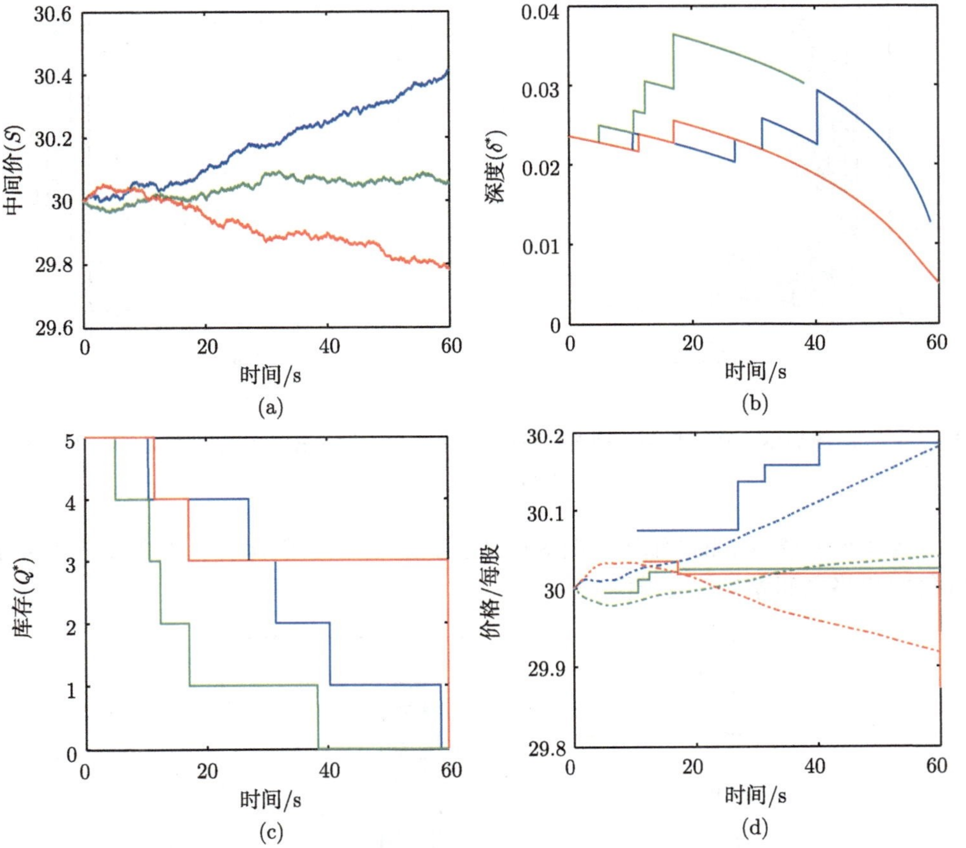

图 8.3 代理商最优策略的三个样本路径. (d) 中, 虚线表示 TWAP 曲线

(c) 显示该算法有时可以获取所有资产, 如沿着蓝色和绿色路径, 或者可能需要在间隔结束时执行 MO, 如在红色路径中那样. 当我们将该子图与显示库存路径的 (b) 结合起来时, 它说明了代理商的 LO 被完成后, 代理商如何增加发布的深度, 但是如果代理商的 LO 未完成, 他会发布接近中间价的价格. (d) 说明算法 (实线) 比 TWAP (虚线) 好. 关键的原因是, 代理商大多使用 LO 来实现其清算 $\mathfrak{N}$ 股的目标, 该股的利润超过中间价. 然而, 一些在到期前没有完全清算的路径 (例如红色路线) 会迫使代理商在交易期限结束时执行 MO. 这样做会导致他失去一些在整个战略中执行 LO 所获得的溢价 (以深度 δ 为标准).

图 8.4(a) 图显示了 10 000 个场景中执行的 MO 数量的直方图, 表明只有少量路径需要在终端时刻执行 MO. (b) 图显示了相同的 10 000 场景下代理商库存的热点图. 虚线是每个时间点的平均库存量——注意到它几乎是线性的, 并且在交易周

期结束时减少到几乎为零但不等于零.

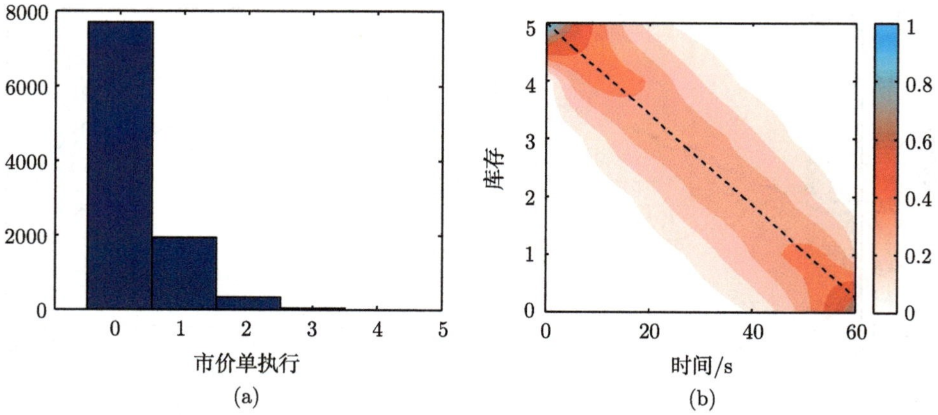

图 8.4　(a) 图显示了在交易期末尾时执行的 MO 的直方图 (来自 10 000 个场景). (b) 图显示随时间变化的库存热图

为了说明该算法的存储量, 图 8.5 显示了在 10 000 个场景中该算法与 TWAP 的每股价格之间差异的直方图.

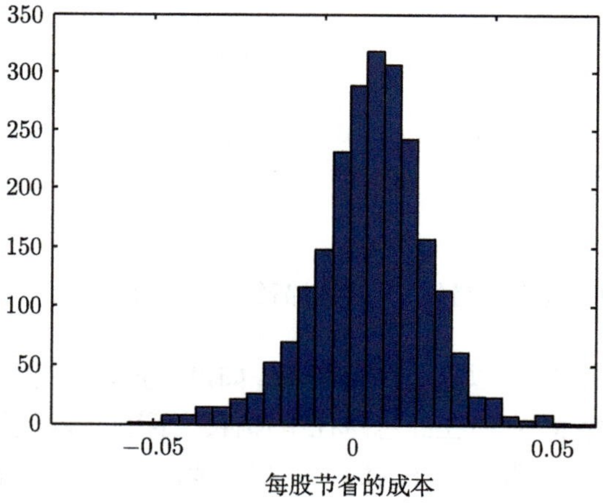

图 8.5　相对于 TWAP 每股成本节省的直方图

8.3　指数效用最大化的清算

在之前的小节中, 代理商不关心销售价值的不确定性, 所以他的目标是最大化销售 $\mathfrak{N}$ 股的预期收益. 一个更现实的设置是代理商考虑正在运行库存惩罚. 练习 E.8.4 表明, 在这种情况下, 代理商的评判准则变为

$$G^{\delta}(t,x,S,q)=\mathbb{E}_{t,x,S,q}\left[X_{\tau}^{\delta}(S_{\tau}-\alpha Q_{\tau})-\phi\int_{0}^{\tau}(Q_{s}^{\delta})^{2}ds\right],\tag{8.12}$$

与没有运行库存惩罚 (即 $\phi=0$) 的情况相比, 最优策略在早期变得更激进 (卖得更快), 在交易期的末尾不那么激进. 这使他能够控制销售总额的分配, 以及库存的清算速度. 这类似于第 6 章中所采取的方法, 代理商有一个正在运行的库存惩罚, 或紧迫性, 或约束. 然而, 一些代理商可能会希望直接惩罚他们销售的不确定性. 在这里, 我们展示了如果代理商使用指数效用作为性能度量, 他的策略与 (8.12) 表明的相同 (相差一个常数以及参数的再缩放).

为了说明这种等价性, 首先让我们考虑设定指数效用 $u(x)=-e^{-\gamma x}$ 为终端财富的期望效用的代理商. 在这种情况下, 他的性能指标是

$$H^{\delta}(t,x,S,q)=\mathbb{E}_{t,x,S,q}[-\exp\{-\gamma\left(X_{\tau}^{\delta}+Q_{\tau}^{\delta}(S_{\tau}-\alpha Q_{\tau}^{\delta})\right)\}],$$

像之前的类似处理, 他的价值函数

$$H(t,x,S,q)=\sup_{\delta\in\mathcal{A}}H^{\delta}(t,x,S,q)$$

应该满足 DPE

$$\partial_{t}H+\frac{1}{2}\sigma^{2}\partial_{SS}H+\sup_{\delta}\{\lambda e^{-\kappa\delta}[H(t,x+(S+\delta),S,q-1)-H(t,x,S,q)]\}=0,$$

终端和边界条件为

$$H(T,x,S,q)=-e^{-\gamma(x+q(S-\alpha q))}\quad 和\quad H(t,x,S,0)=-e^{\gamma x}.$$

拟设解为

$$H(T,x,S,q)=-e^{-\gamma(x+qS+h(t,q))}\tag{8.13}$$

我们把它作为一个练习, 让读者来得到 $h(t,q)$ 满足以下方程:

$$\partial_{t}h-\frac{1}{2}\sigma^{2}\gamma q^{2}+\sup_{\delta}\lambda e^{-\kappa\delta}\frac{1-e^{-\gamma[\delta+h(t,q-1)-h(t,q)]}}{\gamma}=0,\tag{8.14}$$

终端和边界条件为

$$h(T,q)=-\alpha q^{2}\quad 和\quad h(t,0)=0.$$

拟设解 (8.13) 的解释与 (8.5) 的解释类似, 特别地, 方程 (8.13) 的右边是下面三项求和得到的效用: 累计现金, 剩余库存的账面价值 (使用中间价来进行市场盯市), 以及这里函数 $h(t,q)$ 表示对代理商效用的附加价值, 这个价值来源于对剩余股份的最优清算.

如果 $\gamma \to 0$, 我们看到 h 满足 PDE

$$\partial_t h + \sup_\delta \{\lambda e^{-\kappa\delta}[\delta + h(t,q-1) - h(t,q)]\} = 0, \tag{8.15}$$

这正是上一节中, 当代理商具有线性效用时, 超额价值函数 h 满足的等式 (见 (8.6)).

回到一般情况 $\gamma > 0$, 我们从一阶条件可以得到反馈控制形式的最优深度为

$$\boxed{\delta^* = \frac{1}{\gamma}\log\left(1 + \frac{\gamma}{\kappa}\right) + [h(t,q) - h(t,q-1)].} \tag{8.16}$$

这种形式与 (8.7) 中提供的最优深度非常相似, 但略有不同. 函数 h 可能不同, 以及基线水平 κ^{-1} 被改为 $\hat{\kappa}^{-1} = \frac{1}{\gamma}\log\left(1 + \frac{\gamma}{\kappa}\right)$. 这种修改可以看作风险厌恶偏差. 事实上, 在零风险厌恶中

$$\hat{\kappa} \xrightarrow{\gamma\downarrow 0} \kappa,$$

也可以得到上一节的结果. 此外, 我们可以把贡献 $\frac{1}{\gamma}\log\left(1 + \frac{\gamma}{\kappa}\right)$ 看作源于代理商最大化其效用, 源于以价格 $(S+\delta)$ 出售和以价格 S 立即回购 (即相对于中间价格来衡量):

$$\max_\delta \{u(x+\delta)P(\delta) + u(x)(1 - P(\delta))\} = \frac{1}{\gamma}\log\left(1 + \frac{\gamma}{\kappa}\right).$$

将最优深度 (8.16) 的反馈形式代入 DPE (8.14), 我们现在发现 h 的耦合 ODE 的非线性系统为

$$\partial_t h - \frac{1}{2}\sigma^2\gamma q^2 + \frac{\hat{\lambda}}{\kappa}\exp\{-\kappa[h(t,q) - h(t,q-1)]\} = 0, \tag{8.17}$$

其中

$$\hat{\lambda} = (\kappa/(\kappa+\gamma))^{1+\kappa/\gamma}\lambda.$$

在零风险厌恶的极限下 $\hat{\lambda} \xrightarrow{\gamma\downarrow 0} e^{-1}\lambda = \tilde{\lambda}$, 再次重现了 (8.8) 中的参数. 上述 ODE 实际上与 (8.8) 结构相同, 只是它包含附加项 $-\frac{1}{2}\sigma^2\gamma q^2$. 如习题 E.8.4 所示, 当运行惩罚性能标准 (8.12) 的价值函数 G 写为 $G = x + qS + g(t,q)$ 时, g 满足耦合 ODE 系统 (其中我们在运行惩罚模型中将参数下标写为 0)

$$\partial_t g - \phi q^2 + \frac{e^{-1}\lambda_0}{\kappa_0}\exp\{-\kappa_0[g(t,q) - g(t,q-1)]\} = 0,$$

最优策略是

$$\delta_0^* = \frac{1}{\kappa_0} + g(t,q) - g(t,q-1).$$

因此, 令

$$\phi = \frac{1}{2}\sigma^2\gamma, \quad \lambda_0 = e^{+1}\hat{\lambda} \quad 和 \quad \kappa_0 = \kappa,$$

我们看到 $h(t,q)$ 和 $g(t,q)$ 重合, 并且最优策略满足关系式

$$\boxed{\delta^* = \delta_0^* + (\hat{\kappa}^{-1} - \kappa_0^{-1}).} \tag{8.18}$$

换句话说, 在模型参数重新定标的情况下, 代理商效用最大化的最优策略 (差一个常数的偏移) 与只惩罚运行库存的代理商的最优策略是一样的——通过风险业务水平的适当选择和到达率的重新调整.

除了最优策略之间的关系之外, 价值函数还可以相互写出来. 由于 $h(t,q) = g(t,q)$, 我们有

$$G(t,x,S,q) = -\frac{1}{\gamma}\log(-H(t,x,S,q)),$$

或者将价值函数写成其原始控制形式

$$\boxed{\begin{aligned} &\sup_{\delta\in\mathcal{A}} \mathbb{E}^0_{t,x,S,q}\left[X^\delta_\tau + Q^\delta_\tau(S_\tau - \alpha Q_\tau) - \phi\int_0^\tau (Q^\delta_s)^2 ds\right] \\ &= -\frac{1}{\gamma}\log\left(-\sup_{\delta\in\mathcal{A}} \mathbb{E}_{t,x,S,q}[-\exp\{-\gamma(X^\delta_\tau + Q^\delta_\tau(S_\tau - \alpha Q_\tau))\}]\right), \end{aligned}} \tag{8.19}$$

其中 $\mathbb{E}^0[\cdot]$ 表示到达率为 λ_0 的概率测度下的期望值. 价值函数之间的这种关系实际上是更一般的结果的一部分, 这些结果将指数效用函数的最优问题与带惩罚的最优问题相关联 (可参见后面几节进一步阅读).

8.4 限价单与市价单的清算

在前两节中, 代理商会考虑只发布 LO, 并且当到期日临近, 而库存接近固定时, 他会更激进地发布 LO (也就是说, 深度 δ 减少, 因此 LO 发布接近中间价). 在这里, 我们考虑代理商在发布 LO 之外也可以发布 MO 的情况. 在这种情况下, 当他远远落后于计划时, 即到期日临近, 而他仍有许多股份需要清算时, 他可能愿意执行一个 MO 以便将他的策略回到他的目标. 在这种情况下, 代理商会寻找最优控制和一系列执行 MO 的最优停止时间.

代理商的优化问题

为了使问题正式化, 我们现在需要跟踪代理商发布的 MO 以及其他交易员发布的 MO 和执行的 LO. 下面我们列出附加的随机过程, 并转移到以说明执行 MO 情况的现金过程. 所有其他的随机过程, 包括用 S 表示中间价, 用 M 表示其他交易员的 MO 和用 N 表示代理商完成的 LO, 在深度 δ 发布, 在其定义中保持不变.

- $M^a = (M^a)_{0\leqslant t\leqslant T}$ 表示代理商发布 MO 的计数过程.

• 对应代理商执行 MO 的停时的递增序列由 $\tau=\{\tau_k:k=1,\cdots,K\}$ 表示, 其中 $K\leqslant\mathfrak{N}$, 因此 $M_t^a=\sum_{k=1}^K \mathbb{1}_{\tau_k\leqslant t}$. 注意到, 代理商可能放置很少, 但永远不会多于 $\mathfrak{N}$.

• ξ 表示半价差, 即最优卖价和最优买价价差的一半.

• $X=(X_t)_{0\leqslant t\leqslant T}$ 表示代理商的现金流并符合 SDE

$$dX_t^{\tau,\delta}=(S_t+\delta_{t^-})dN_t^\delta+(S_t-\xi)dM_t^{\alpha,\tau}.$$

现金流右侧的第一个项表示完成一个 LO 获得的现金, 第二个项是指通过 MO 出售一份股份获得的现金. 注意到, 当代理商执行一个卖出 MO 时, 他会跨越价差, 这就是为什么卖出一个单位资产的收益是中间价减去半价差 (即最优买价). 此外, 我们假设 MO 的数量足够小, 不会沿 LOB 游走.

我们假设代理商不愿在整个策略中持有库存——不像 8.2 节中他希望摆脱库存仅因终端惩罚. 为了达到这个目的, 像在 6.5 节中, 更具体地说是方程 (6.20), 我们将一个紧迫性惩罚应用到他的性能指标. 因此, 他的性能指标是

$$\begin{aligned}&H^{(\tau,\delta)}(t,x,S,q)\\&=\mathbb{E}_{t,x,S,q}\left[X_T^{\tau,\delta}+Q_T^{\tau,\delta}S_T-\ell(Q_T^{\tau,\delta})-\phi\int_t^T(Q_u^{\tau,\delta})^2du\right],\end{aligned}\tag{8.20}$$

其中 $\mathbb{E}_{t,x,S,q}[\cdot]$ 表示在条件 $X_{t^-}^{\tau,\delta}=x, S_{t^-}=S, Q_{t^-}^{\tau,\delta}=q$ 下的期望值, 终端清算惩罚为

$$\ell(q)=q(\xi+\alpha q).$$

由于代理商必须跨越价差, 然后沿 LOB 游走以清算剩余的股份, 因此剩余股份的每股清算费用写成 $(S_T-\xi-\alpha Q_T)$——回顾我们假定在终止日期之前在清算策略中发送的 MO 没有沿 LOB 游走. 而且, 由于代理商可以执行 MO, 每次完成 LO 或执行 MO 时, 他的库存都会减少, 因此

$$Q_t^{\tau,\delta}=\mathfrak{N}-N_t-M_t^a.$$

容许策略集 $\mathcal{A}$ 除了以深度 δ 为下界的 $\mathcal{F}$-可料集之外还包括所有 $\mathcal{F}$-停时. 在这种情况下, 价值函数为

$$H(t,x,S,q)=\sup_{(\tau,\delta)\in\mathcal{A}}H^{(\tau,\delta)}(t,x,S,q).$$

接下来当没有混淆时, 我们忽略对 (t,x,S,q) 的依赖.

由此产生的 DPE

现在, DPP 表明价值函数应该满足拟变分不等式 (QVI), 而不是通常的非线性 PDE

$$\begin{aligned}0=\max\Bigg\{&\partial_t H+\frac{1}{2}\sigma^2\partial_{SS}H-\phi q^2\\&+\sup_{\delta}\lambda e^{-\kappa\delta}\left[H(t,x+(S+\delta),S,q-1)-H(t,x,S,q)\right];\\&\left[H(t,x+(S-\xi),S,q-1)-H(t,x,S,q)\right]\Bigg\},\end{aligned}\tag{8.21}$$

边界和终端条件为

$$\begin{aligned}H(t,x,S,0)&=x,\\H(T,x,S,q)&=x+qS-\ell(q).\end{aligned}$$

注意到, 上述最大化的第一部分与上一节只有限价单的情况相同. QVI 中的各项解释如下.

(i) 总的 max 算子表示代理商选择要么在 max 算子中取第一项时发布一个 LO(连续域), 要么执行一个 MO (停止域) 使得价值函数变化 $[H(t,x+(S-\xi),S,q-1)-H(t,x,S,q)]$——代理商的现金增加 $S-\xi$, 库存减少 1.

(ii) 在代理商发布 LO (在 max 第一项) 的连续域内:

(a) 算子 ∂_{SS} 对应于驱动中间价的布朗运动的生成元;

(b) $-\phi q^2$ 对应于运行库存惩罚的贡献;

(c) δ 上的上确界考虑了代理商控制发布深度的能力;

(d) 系数 $\lambda e^{-\kappa\delta}$ 表示以价格 $S+\delta$ 填充代理商发布 LO 的 MO 的到达率;

(e) 差项 $[H(t,x+(S+\delta),S,q-1)-H(t,x,S,q)]$ 表示当一个 MO 填充代理商发布的 LO 时价值函数的变化——代理商的现金增加 $S+\delta$, 他的库存减少 1.

如前所述, 终端和边界条件表明了价值函数 $H(t,x,S,q)=x+qS+h(t,q)$ 的拟设. 做这个代换, 我们发现 $h(t,q)$ 满足更简化的 QVI

$$\begin{aligned}&\max\{\partial_t h-\phi q^2+\sup_{\delta}\lambda e^{\kappa\delta}[\delta+h(t,q-1)-h(t,q)];\\&-\xi+h(t,q-1)-h(t,q)\}=0,\end{aligned}\tag{8.22a}$$

终端和边界条件为

$$h(T,q)=-\ell(q),\quad q=1,\cdots,\mathfrak{N},\tag{8.22b}$$

$$h(t,0)=0.\tag{8.22c}$$

关注上确界项, 通过在只有 LO 情况下得到 (8.7) 的相同计算, 反馈控制形式中的最优发布为

$$\boxed{\delta^* = \frac{1}{\kappa} + [h(t,q) - h(t,q-1)].} \tag{8.23}$$

在这种反馈控制形式中, 最优发布与没有 MO 发布相同 (参见 (8.7)), 但进入计算的函数 $h(t,q)$ 是不同的. 第一项 $\frac{1}{\kappa}$ 与前面有相同的解释: 它是发布的最优深度, 以最大化以中间价来回清算时期望的即时利润, 即最大化 $\delta P(\delta)$(回顾 $P(\delta)$ 是在一个 MO 到达时填充 LO 的条件概率). 差项是对静态优化的修正, 以说明代理商的最优交易能力.

执行 MO 的时间也有一个简单的反馈形式. 从 (8.22a), 我们看到 MO 将在时刻 τ_q 执行, 其中

$$\boxed{h(\tau_q, q-1) - h(\tau_q, q) = \xi.} \tag{8.24}$$

这可以被解释为执行 MO 可以通过半价差来增加价值函数. 将上述观察与上述最优深度的反馈形式相结合, 我们可以得到 δ^* 的一个简单下界

$$\delta^* \geqslant \frac{1}{\kappa} - \xi.$$

因此, 这清楚表明如果我们要求 $\delta > 0$ 时, 这个策略就从不会在低于中间价的情况下发布卖出 LO, 我们必须要求 $\xi < \frac{1}{\kappa}$.

在将反馈形式的最优控制代入简化的 QVI (8.22) 后, 我们发现 $h(t,q)$ 满足

$$\max\left\{\partial_t h - \phi q^2 + \frac{e^{-1}\lambda}{\kappa} e^{-\kappa[h(t,q)-h(t,q-1)]};\right.$$
$$\left. -\xi + h(t,q-1) - h(t,q)\right\} = 0. \tag{8.25}$$

在到期时, 代理被迫执行一个 MO, 并支付每股 $\xi + \alpha q$ 的成本. 然而, 代理商可以在到期前立即以每股 ξ 执行 MO. 因此, 等到 T 时刻再执行 MO 来清算剩余库存绝不是最优的. 因此, 价值函数的左边极限不等于它到期时的价值, 相反我们有

$$h(T^-, q) = -\xi + h(T^-, q-1)$$

对任意的 $q > 0$ 成立, 所以 $h(T^-, q) = -q\xi$. 这种解的左边极限与终端条件不同的特征有时被称为 face-lifting.

通过利用如下变换, 可以进一步简化 DPE

$$h(t,q) = \frac{1}{\kappa}\log\omega(t,q),$$

在一些计算之后得到以下关于 $\omega(t,q)$ 的 QVI 的耦合系统:

$$\begin{aligned}&\max\{\partial_t\omega(t,q)-\kappa\phi q^2\omega(t,q)+\tilde{\lambda}\omega(t,q-1);\\&e^{-\kappa\xi}\omega(t,q-1)-\omega(t,q)\}=0,\end{aligned}$$

其中 $\tilde{\lambda}=e^{-1}\lambda$ 以及终端和边界条件

$$\omega(T,q)=e^{-\kappa q(\xi+\alpha q)}\quad 和\quad \omega(t,0)=1,$$

其中 $q=1,\cdots,\mathfrak{N}$.

方程组的求解顺序是, 首先在知道 $q=0$ 时 $w(t,0)=1$ 条件下, 求解 $\omega(t,1)$, 得到 $q=1$ 的解, 然后代入得到 $q=2$ 的解, 等等.

求解 DPE

我们现在说明原则上可以首先解析地求解 QVI, 然后使用显式有限差分方法求解, 得到一个简单的数值实验.

构建解析解

$q=1$ 情形 让我们从考虑 $q=1$ 开始, 在这种情况下 (由于 $\omega(t,0)=1$), $\omega(t,1)$ 满足方程

$$\max\left\{\partial_t\omega(t,1)-\kappa\phi\omega(t,1)+\tilde{\lambda}\ ;\ e^{-\kappa\xi}-\omega(t,1)\right\}=0, \tag{8.26a}$$

$$\omega(T,1)=e^{-\kappa(\xi+\alpha)}. \tag{8.26b}$$

正如上面指出的那样, 在到期前立刻执行所有库存大于零的 MO 是最优的, 因此我们有 $\omega(T^-,q)=e^{-q\kappa\xi}$. 下一步, 方程 ODE

$$\partial_t g_1(t)-\kappa\phi g_1(t)+\tilde{\lambda}=0,\quad g_1(T^-)=e^{-\kappa\xi}$$

的解由下式给出

$$g_1(t)=e^{-\kappa\xi}e^{-\kappa\phi(T-t)}+\tilde{\lambda}\frac{1-e^{-\kappa\phi(T-t)}}{\kappa\phi}. \tag{8.27}$$

因此, 根据参数的相对大小, QVI 的解有两种截然不同的方式. 首先, 如果

$$\phi\leqslant\frac{\tilde{\lambda}e^{\kappa\xi}}{\kappa},$$

则对所有的 $t\in(0,T)$, $g_1(t)\geqslant e^{-\kappa\xi}$ (即连续值总是大于执行值), 因此 QVI (8.26) 的解为

$$\omega(t,1)=g_1(t)\mathbb{1}_{t<T}+e^{-\kappa(\xi+\alpha)}\mathbb{1}_{t=T},$$

除了在到期之前的瞬间执行 MO 之外都不会是最优的. 此外, 在交易期内, 最优 LO 深度 (见 (8.23)) 为

$$\delta^*(t,1) = \frac{1}{\kappa} + \frac{1}{\kappa}\log\left(e^{-\kappa\xi}e^{-\kappa\phi(T-t)} + \frac{\tilde{\lambda}}{\kappa\phi}(1 - e^{-\kappa\phi(T-t)})\right),$$

其中 $t < T$. 在这个参数区域中, 当到期日临近时, 深度变窄.

其次, 如果另一方面

$$\phi > \frac{\tilde{\lambda}e^{\kappa\xi}}{\kappa},$$

则对所有 $t \in (0,T)$, $g(t) < e^{-\kappa\xi}$ (即连续值总是小于执行值), 因此 QVI (8.26) 的解为

$$\omega(t,1) = e^{-\kappa\xi}\mathbb{1}_{t<T} + e^{-\kappa(\xi+\alpha)}\mathbb{1}_{t=T},$$

并且在所有时间点执行 MO 总是最优的, 即 $\tau_1 = 0$.

这个结果的金融解释是, 如果运行惩罚足够小, 代理商愿意发布 LO 并一直等到到期前执行 MO. 另一方面, 如果运行惩罚足够大, 立即执行一个 MO 总是最优的, 因为代理商的紧急性超过了等待可能完成 LO 的潜在收益.

$q = 2$ 的情形 这种情况下的解有很多结构, 我们必须求解方程

$$\max\{\partial_t\omega(t,2) - 4\kappa\phi\omega(t,2) + \tilde{\lambda}\omega(t,1)\ ;\ e^{-\kappa\xi}\omega(t,1) - \omega(t,2)\} = 0,$$
$$\omega(T,2) = e^{-2\kappa(\xi+2\alpha)}.$$

正如上一节提到的那样, 尽管 $\omega(t,2)$ 有一个显式的终端条件, 但最优策略会迫使代理在到期前立即执行一个单一的 MO, 这样终端条件就会被提升为 $\omega(T^-,2) = e^{-\kappa\xi}\omega(T^-,1) = e^{-2\kappa\xi}$.

在这里, 我们只考虑情况 $\phi < (\tilde{\lambda}e^{\kappa\xi})/\kappa$, 这样当 $q = 1$ 时发布 LO 是最优的, 在这种情况下, 我们必须确定时间 τ_2, 此时 QVI 的解从它的即时执行价值 $\omega(t,2) = e^{-\kappa\xi}\omega(t,1)$"剥离". 这一点是通过确保 $\omega(t,2)$ 及其导数在那时是连续的来确定的, 即

$$\omega(\tau_2^-,2) = \omega(\tau_2,2) \quad 和 \quad \partial_t\omega(\tau_2^-,2) = \partial_t\omega(\tau_2,2) = e^{-\kappa\xi}\partial_t\omega(\tau_2,1).$$

从 $\omega(t,2)$ 在连续域必须满足的方程中, 我们有

$$\begin{aligned}
0 &= \partial_t\omega(\tau_2,2) - 4\kappa\phi\omega(\tau_2,2) + \tilde{\lambda}\omega(\tau_2,1) \\
&= e^{-\kappa\xi}\partial_t\omega(\tau_2,1) - 4\kappa\phi e^{-\kappa\xi}\omega(\tau_2,1) + \tilde{\lambda}\omega(\tau_2,1) \\
&= e^{-\kappa\xi}\left(\kappa\phi\omega(\tau_2,1) - \tilde{\lambda}\right) - 4\kappa\phi e^{-\kappa\xi}\omega(\tau_2,1) + \tilde{\lambda}\omega(\tau_2,1) \qquad (从(8.26)) \\
&= [-3\kappa\phi e^{-\kappa\xi} + \tilde{\lambda}]\omega(\tau_2,1) - e^{-\kappa\xi}\tilde{\lambda},
\end{aligned}$$

其中第三个等式由 (8.26) 得到, 即在 $q=1$ 时在连续域中 ($t\in(0,T)$), 我们有 $\partial_t\omega(t,1)=\phi\omega(t,1)-\tilde{\lambda}$. 因此, 当代理商有两个单位库存时, 执行 MO 的最优时间通过求解下面方程得到

$$\omega(\tau_2,1)=e^{-\kappa\xi}\tilde{\lambda}[\tilde{\lambda}-3\kappa\phi e^{-\kappa\xi}]^{-1}. \tag{8.28}$$

由于 $\omega(t,1)=g_1(t)$, 其中 $g_1(t)$ 由 (8.27) 提供, 上式可以显式地求解 τ_2. 或者, 可以通过数值方法寻找零点得到.

再一次, 现在有两种参数体系具有不同的行为. 首先, 如果

$$\phi<\frac{\tilde{\lambda}e^{\kappa\xi}}{3\kappa},$$

那么 (8.28) 的解存在. 因此, 当代理商持有两个单位的库存时, 他在 $[0,\tau_2)$ 中发布 LO, 并在 τ_2 立即执行 MO. 在那一刻, 他会发布一个 LO 直到他的订单被执行, 或者他到达到期前的瞬间.

其次, 如果另一方面,

$$\phi\geqslant\frac{\tilde{\lambda}e^{\kappa\xi}}{3\kappa},$$

没有解存在, 并且代理商不会发布 LO, 而是如果持有两个单元的库存, 则会立即执行 MO.

这两种情况的金融直觉和之前一样: 如果运行的惩罚太高, 则没有动机发布 LO, 希望他们能够被匹配, 而代理商的目标是迅速平仓; 另一方面, 如果惩罚足够低, 他会耐心等待并且发布 LO, 直到关键时间 τ_2 时执行 MO.

在本节的其余部分中, 我们假设 $\phi<(\tilde{\lambda}e^{\kappa\xi})/3\kappa$. 给定执行 MO 的最优时间, 我们可以通过向后求解 τ_2 的连续方程来写出 $\omega(t,2)$ 的完整解. 为此, ODE

$$\partial_t g_2(t)-\kappa\phi g_2(t)+\tilde{\lambda}g_1(t)=0,\quad g_2(\tau_2)=\Upsilon,$$

其中 $\Upsilon=e^{-\kappa\xi}\omega(\tau_2,1)=e^{-2\kappa\xi}\tilde{\lambda}[\tilde{\lambda}-3\kappa\phi e^{-\kappa\xi}]^{-1}$ 的解是

$$\begin{aligned}g_2(t)=&\Upsilon e^{-4\phi(\tau_2-t)}+\tilde{\lambda}\int_t^{\tau_2}e^{-4\phi(u-t)}g_1(u)du\\=&\Upsilon e^{-4\phi(\tau_2-t)}+\tilde{\lambda}\left\{e^{-\kappa\xi}\frac{1-e^{-5\kappa\phi(\tau_2-t)}}{5\kappa\phi}\right.\\&\left.+\frac{\tilde{\lambda}}{\phi}\left(\frac{1-e^{-4\kappa\phi(\tau_2-t)}}{4\kappa\phi}-\frac{1-e^{-5\kappa\phi(\tau_2-\tau_2)}}{5\kappa\phi}\right)\right\}.\end{aligned}$$

因此, 对于 $\omega(t,2)$ 的 QVI 的解为

$$\omega(t,2) = g_2(t)\mathbb{1}_{t<\tau_2} + g_1(t)\mathbb{1}_{t>\tau_2}.$$

最后, 代理商发布 LO 的最优深度由下式给出

$$\delta^*(t,2) = \frac{1}{\kappa} + \frac{1}{\kappa}\log\frac{\omega(t,2)}{\omega(t,1)}.$$

此处概述过程可以递归应用以获得在所有库存水平执行的 MO 的最优时间以及发布的最优深度. 正如人们所理解的, 公式变得相当麻烦. 因此, 在下一节中, 我们采用数值方法并使用有限差分方法求解 QVI, 来显示最优策略的不同方面.

数值实验

在这里, 我们执行一个简单的数值实验来计算最优执行策略, 包括发布 MO 的时间和发布 LO 的深度. 在整个过程中我们使用以下参数:

$$T = 1\text{min},\quad \mathfrak{N} = 10,\quad \lambda = 50/\text{min},\quad \kappa = 100,$$
$$S_0 = \$30.00,\quad \sigma = \$0.01,\quad \xi = 0.005,\quad \alpha = 0.001,$$

代理商在此时间段内交易市场的 20%. 运行惩罚参数 ϕ 将会变化以说明其对最优执行策略的影响.

图 8.6 显示了代理商执行 MO 的最优深度以及最优时间. TWAP 计划也用于比较目标. 与之前一样, 发布 LO 的最优深度随着库存和时间的增加而减少, 当有很多的库存需要清算或者快到期时, 代理商变得更激进地发布接近中间价的 LO.

右侧子图显示执行 MO 的最优时间, 可以理解如下, 如果代理商在点的右侧的时间点上持有库存, 则他必须立即执行 MO. 在此执行时间之前, 他将在左侧子图中显示的相应深度处发布 LO. 例如, 当 $\phi = 10^{-4}$ 时, 在开始 $t = 0$ 时, 代理商将立即执行一系列的四个 MO, 将他的库存从 10 减少到 6. 然后, 他将在深度约 0.007 处发布 LO, 并缓慢向 0.005 减少直到 MO 到达并完成他的订单, 或者如果他在 $t \approx 40\text{s}$ 不匹配, 则他执行一个 MO, 将他的库存降到 5. 然后他的发布跳到 0.007 左右, 他会保持下降直到他的订单被完成, 或者他将在 $t \approx 50\text{s}$ 执行另一个 MO, 依此类推. 为了进一步了解最优策略的动态行为, 我们接下来通过运行惩罚 $\phi = 10^{-4}$ 来模拟交易策略. 图 8.7 显示了中间价、深度、库存和每股成本的三种模拟路径. 在库存路径 ((c) 图) 中, 蓝色圆点表示代理商执行 MO 的时间. 在所有情况下, 代理商立即执行四个 MO, 并且每次完成 LO 或执行 MO 时, 最优深度立即向上跳跃, 然后随时间衰减, 直到下一个 LO 到达或代理商执行 MO.

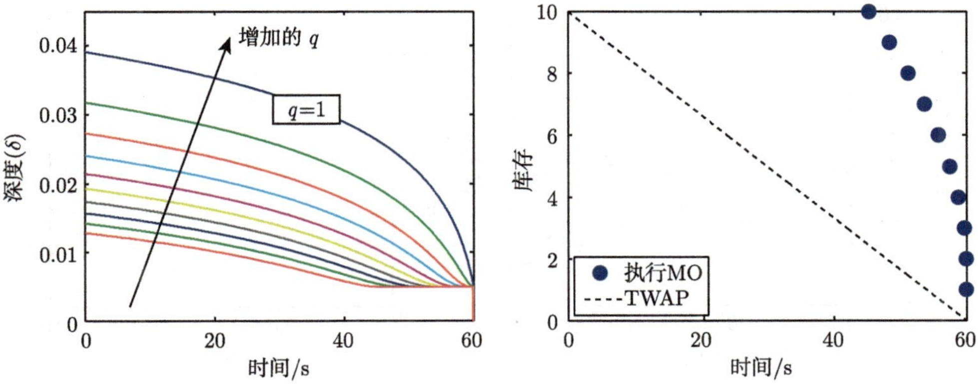

(a) $\phi=10^{-5}$

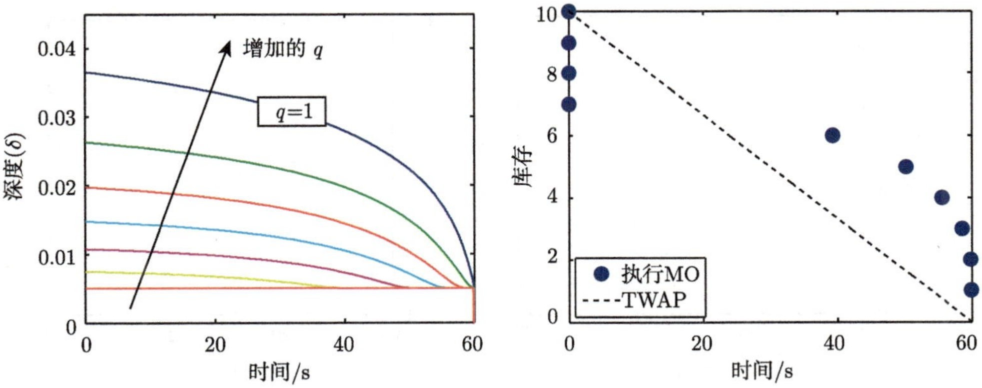

(b) $\phi=10^{-4}$

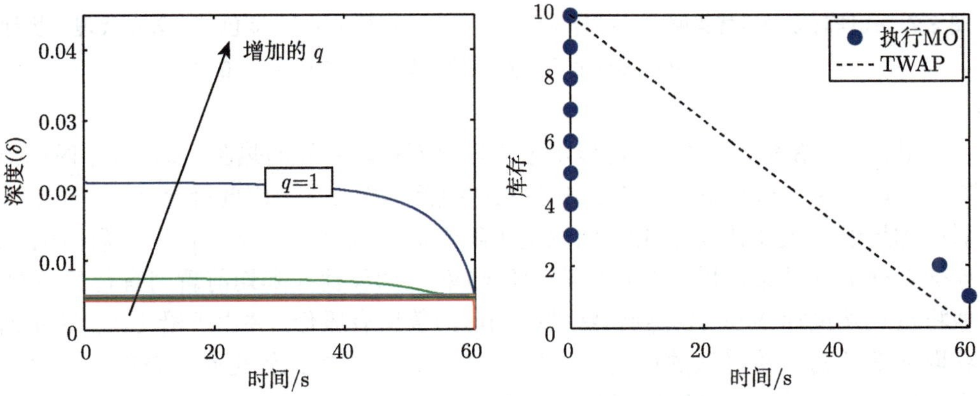

(c) $\phi=10^{-3}$

图 8.6 最优执行策略: (左侧子图) 最优深度 δ^*, 代理商发布的 LO 作为时间和当前库存的函数; (右侧子图) 如果 LO 未完成, 执行 MO 的时间

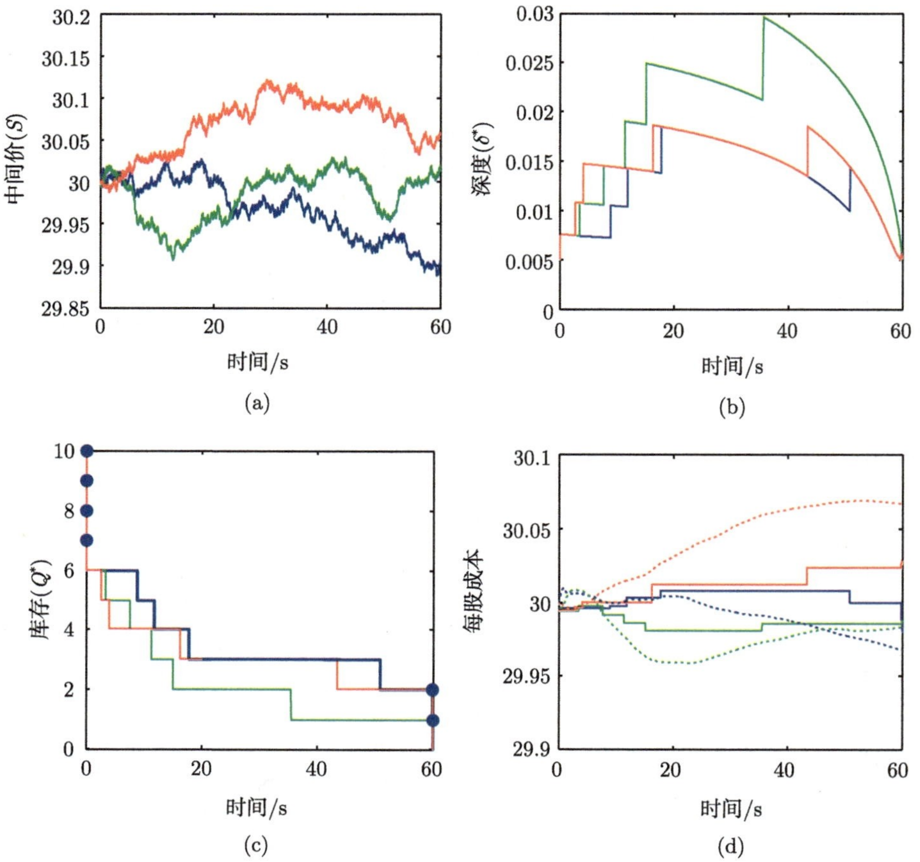

图 8.7　代理商遵循最优策略的一些样本路径. 在库存路径 (c) 中, 蓝色圆点表示代理商执行了一个 MO. 虚线表示该路径的 TWAP. 这里 $\phi = 10^{-4}$

最后, 在图 8.8(a) 中, 我们展示了代理商库存随时间的热图, 以及每个时间点的平均库存量. 代理商在所有情况下立即执行四个 MO (因此降至 $Q_0 = 6$), 然后平均地通过改变他发布 LO 的深度来缓慢清算剩余的库存. 在大多数情况下, 他会在交易期结束前以一股份或零股份结束. 如果他在到期前瞬间有任何库存, 他将按顺序执行 MO 以在到达终端时刻前清算所有股份, 并由于沿 LOB 游走而获取终端惩罚. 将算法的性能与运行惩罚 ϕ 的值进行比较也是有益的. 这个显示在图 8.8(b) 中, 其中包含相对于到达价格的收益和损失 (P&L) 的风险回报图: $R = X_T - Q_T(S_T - \xi - \alpha Q_T)$. 增加 ϕ 有两个作用: (i) 降低回报的标准偏差; (ii) 减少 P&L. P&L 的极限为 -0.005, 相当于这个实验中的半价差 ξ, 这是由大的惩罚诱导代理商通过立即执行半价差成本的 MO 来清算股份引起的.

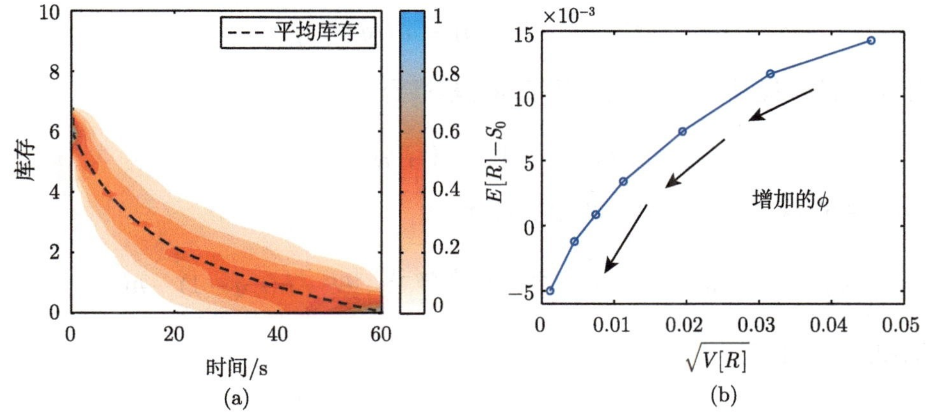

图 8.8 最优库存随时间变化的热图和风险回报曲线, 从右至左 ϕ 为 $\{5\times10^{-6}, 5\times10^{-5}, 1\times10^{-4}, 2.5\times10^{-4}, 5\times10^{-4}, 10^{-3}, 10^{-2}\}$

8.5 面向计划的带限价单与市价单的清算

在前面的节中, 我们调查了代理商的最优策略, 该代理商希望清算 $\mathfrak{N}$ 股, 并通过在其性能指标中包含运行库存惩罚项 $\phi\int_t^T(Q_u)^2du$ 来惩罚非零库存. 正如前面指出的那样, 这个惩罚项可以被解释为代理商摆脱库存的紧迫性, 或者他厌恶在任何一个时间点持有过多的库存. 或者换句话说, 代理商的执行策略是针对一个计划, 在任何时间点, 策略都应追踪零库存计划, 偏离该目标就要受到惩罚. 惩罚的轻重将取决于参数 $\phi\geqslant0$.

然而, 代理商可能会有一个特定的目标计划, 因为他的策略应作为清算计划的一部分进行跟踪. 例如, 他可能有兴趣清算股票, 但也可能跟踪追随 TWAP 的库存计划, 或者由如第 6 章中的连续交易模型所解出的一个计划.

在这里, 我们说明代理商如何实现这一目标. 为此, 令 $\mathfrak{q}_t$ 表示他希望追踪的 (确定性) 计划. 为了说明他希望以此计划为目标, 我们可以通过替换惩罚项来扩展前面小节的方法

$$\phi\int_t^T(Q_u^{\tau,\delta})^2du\rightsquigarrow\phi\int_t^T(Q_u^{\tau,\delta}-\mathfrak{q}_u)^2du.$$

做出这种替换显然惩罚偏离目标策略 $\mathfrak{q}_t$ 的策略. 他的最优行为将被修改以跟踪这个计划, 并且参数 ϕ 确定他与目标计划的匹配程度. 显然, 如果我们对所有 t 选择 $\mathfrak{q}_t=0$, 就可以得到上面讨论的运行库存惩罚.

我们将它作为练习留给读者证明, 在代理商的性能指标中进行这个替换, 但是保持拟设为 $H(t,x,S,q)=x+qS+h(t,q)$, 得到通常的最优策略

$$\delta^* = \frac{1}{\kappa} + [h(t,q) - h(t,q-1)],$$

并且 MO 的最优时间 τ_q 通过求解下面方程得到

$$h(\tau_q, q-1) - h(\tau_q, q) = \xi,$$

其中 h 满足 (8.25) 中对 QVI 的以下修改:

$$\max\left\{\partial_t h - \phi(q - \mathfrak{q}_t)^2 + \frac{e^{-1}\lambda}{\kappa} e^{-\kappa[h(t,q)-h(t,q-1)]}; -\xi + h(t,q-1) - h(t,q)\right\} = 0,$$

终端和边界条件为

$$h(T,q) = -\ell(q) \quad \text{和} \quad h(t,0) = -\phi\int_t^T \mathfrak{q}_u^2 du.$$

通过进行下列变换, QVI 可以像以前一样进行线性化处理

$$h(t,q) = \frac{1}{\kappa}\log\omega(t,q),$$

其中 $\omega(t,q)$ 满足

$$\boxed{\max\left\{(\partial_t - \kappa\phi(q-\mathfrak{q}_t)^2)\omega(t,q) + e^{-1}\lambda\omega(t,q-1); e^{-\kappa\xi}\omega(t,q-1) - \omega(t,q)\right\} = 0,} \tag{8.29}$$

终端和边界条件为

$$\omega(T,q) = e^{-\kappa\ell(q)} \quad \text{和} \quad \omega(t,0) = e^{-\kappa\phi\int_t^T \mathfrak{q}_u^2 du}.$$

数值实验

(8.29) 中的 QVI 可以按照前面小节所述的解析地求解. 然而, 在这里, 我们数值地求解, 并调查最终的策略. 为此, 我们使用模型参数

$$T = 60\text{s}, \quad \mathfrak{N} = 10, \quad \lambda = 50/\text{min}, \quad \kappa = 100,$$
$$S_0 = \$30.00, \quad \sigma = \$0.001, \quad \xi = 0.005, \quad \alpha = 0.001, \quad \phi = 10^{-3}.$$

目标计划 $\mathfrak{q}_t$ 是连续的 Almgren-Chriss (AC) 交易计划, 在 6.5 节中研究了暂时和永久性影响, 参见 (6.30), 为了方便起见, 我们在此重复目标计划的形式为

$$\mathfrak{q}_t = \frac{\zeta e^{\gamma(T-t)} - e^{-\gamma(T-t)}}{\zeta e^{\gamma T} - e^{-\gamma T}}\mathfrak{N},$$

其中

$$\gamma = \sqrt{\frac{\phi}{k}} \quad \text{和} \quad \zeta = \frac{\alpha - \frac{1}{2}b + \sqrt{k\phi}}{\alpha - \frac{1}{2}b - \sqrt{k\phi}},$$

并且运用以下参数

$$T = 60\text{s},\quad \mathfrak{N} = 10,\quad k = 0.001,\quad \phi = 10^{-5},\quad b = 0,\quad \alpha = +\infty.$$

图 8.9 显示了 ((a) 图) 代理商在每个时间点和库存水平发布的最优深度, ((b) 图) 在每个库存水平执行 MO 的最优时间, ((c) 图) 持有的 10 000 份库存随着时间的热图, ((d) 图) 他在策略中执行 MO 数量的直方图. 这里有几个典型的特征. 第一, 随着时间的推移, 发布的 LO 会更接近中间价——随着代理商耗尽时间, 他的发布更加激进以达到给定的目标. 和以前一样, 他拥有的库存越少, 他会发布得更深已获得额外的收益, 作为相对提前的交换.

第二, 当他发布 LO 处于下界 $\delta^* = \dfrac{1}{\kappa} - \xi$ 时, 他会执行一个 MO.

第三, 当计划变化很快时, 发布 MO (蓝点) 的最优时间与目标计划相当接近, 但当计划没有快速变化时, 允许有些松懈. 这个懈怠可以通过增加惩罚 ϕ 来消除.

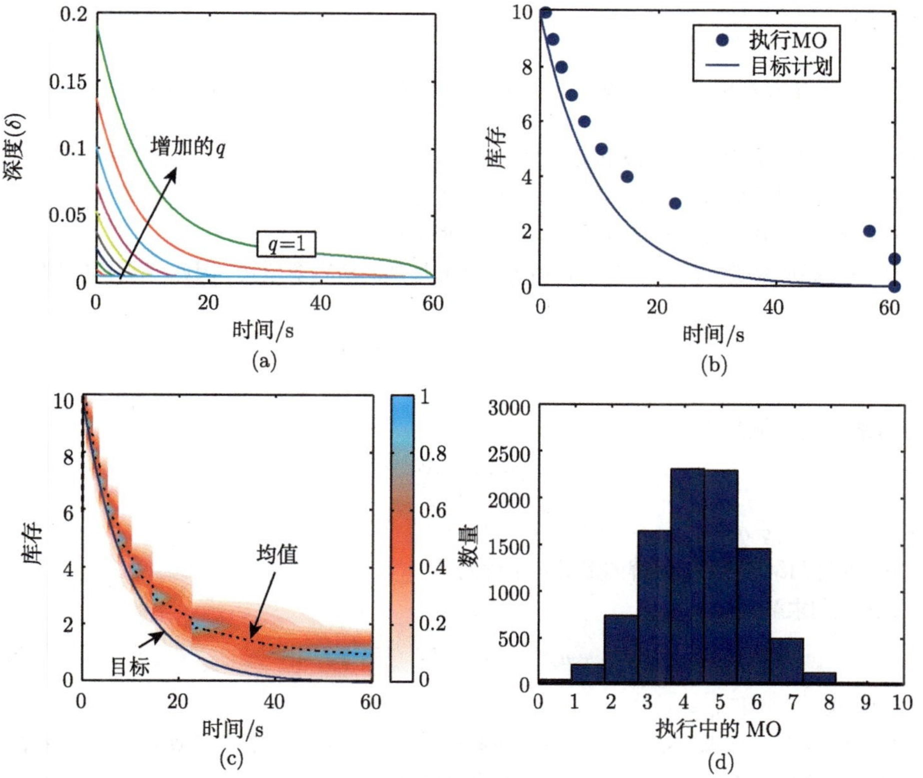

图 8.9 最优深度、执行 MO 的时间、库存热图, 以及以 AC 计划为目标的代理商执行 MO 的直方图. 蓝色的实线表示目标库存. 虚线代表策略的平均库存

在这些模拟中, 代理商在执行期间平均发布 4.36 个 MO, 这比他希望清算 $\mathfrak{N} = 10$ 的库存小得多. 这些发布大部分发生在交易的前 10s 内 (在目标快速变化的时

候). 在热图中, 每次执行 MO 所对应的停止时间处有一个向下跳跃. 最后, 大多数路径导致在到期之前持有一个单元库存.

8.6 参考文献与选读

Huitema (2013), Guilbaud & Pham (2013), Gartea, Jaimungal & Kinzebulatov (2013), Guéant, Pu & Royer (2013), Guéant, Lehalle & Fernandez Tapia (2012), (Buti & Rindi 2013), Cartea & Jaimungal (2013), Horst & Naujokat (2014).

8.7 习 题

E.8.1 使用第 8.2 节中提供的设置. 假设代理商惩罚正在运行的库存, 以使其价值函数 (8.4) 变为

$$H(t,x,S,q)=\sup_{\delta\in\mathcal{A}}\mathbb{E}_{t,x,S,q}\left[X_\tau^\delta+Q_\tau^\delta(S_\tau-\alpha Q_\tau^\delta)-\phi\int_t^\tau (Q_u^\delta)^2du\right],$$

其中 $\phi\geqslant 0$. 找到代理商发布限价卖单的最优深度.

E.8.2 通过完成以下步骤, 证明 (8.10) 确实是 (8.9) 的解.

(a) 通过 (8.9) 的显式积分计算 $q=1,2,3$ 的 $\omega(t,q)$.

(b) 注意到, 解为 $(T-t)$ 中随 q 增大而次数增加的所有多项式. 因此, 拟设可写为

$$\omega(t,q)=\sum_{n=0}^{q}a_n^{(q)}(T-t)^n,$$

并证明系数 $a_n^{(q)}$ 满足递归

$$a_n^{(q)}=\frac{\tilde{\lambda}}{n}a_{n-1}^{(q-1)}, \tag{8.30}$$

其中 $n=1,\cdots,q, q=1,2,\cdots$, $a_0^{(q)}=e^{-\kappa\alpha q^2}$.

(c) 通过归纳证明, 上述解的形式是正确的.

(d) 递归求解并且证明

$$a_n^{(q)}=\frac{\tilde{\lambda}^n}{n!}e^{-\kappa\alpha(q-n)^2}, \tag{8.31}$$

其中 $n=0,\cdots,q$ 和 $q=1,2,\cdots$.

E.8.3 在优化问题 (8.3) 中, 终端惩罚假设为 αq^2. 相反, 假设终端惩罚是一个有界且关于终端库存递增的函数 $\ell(q)$, 使得代理商的优化问题为

$$H(x,S)=\sup_{\delta\in\mathcal{A}}\mathbb{E}_{0,x,S,\mathfrak{N}}[X_\tau+Q_\tau S_\tau-\ell(Q_\tau)]. \tag{8.32}$$

(a) 推导价值函数对应的 DPE, 并使用 8.2 节所述的相同方法求解价值函数和最优交易策略.

(b) 许多市场向流动性提供者提供回扣. 这意味着每当代理商发布一个 LO 并且在被取消之前被完成, 该代理商就会收到回扣 β. 在代理商优化问题中考虑这样的回扣并确定修改后的最优发布策略.

E.8.4　假设代理商希望不仅在终端时刻, 而且还要在整个交易过程中惩罚非零的库存. 在这种情况下, 代理商会添加运行惩罚项到优化问题中并希望优化

$$G(x,S)=\sup_{\delta\in\mathcal{A}}\mathbb{E}_{0,x,S,\mathfrak{N}}\left[X_\tau+Q_\tau(S_\tau-\alpha Q_\tau)-\phi\sigma^2\int_0^\tau Q_s^2ds\right] \tag{8.33}$$

而不是 (8.3), 其中 $\phi\geqslant 0$. 当 $\phi=0$ 时, 代理商解决了老的优化问题, 但当 $\phi>0$ 时, 代理商修改他的行为以反映他对持有库存的风险偏好.

(a) 证明相应的价值函数可写为 $G(t,a,S,q)=x=qS=g(t,q)$, 其中 $g(t,q)$ 满足耦合的非线性系统的 ODE

$$\begin{cases}\partial_t g+\tilde{\lambda}\exp\{-\kappa[g(t,q)-g(t,q-1)]\}=\sigma\phi q^2,\\ g(t,0)=0,\\ g(T,g)=-\alpha q^2,\end{cases}$$

并且最优深度 δ^* 仍然以反馈形式提供

$$\delta^*(t,q)=\frac{1}{\kappa}+[g(t,q)-g(t,q-1)]. \tag{8.34}$$

(b) 通过 $g(t,q)=\dfrac{1}{\kappa}\omega(t,q)$, 求解 $\omega(t,q)$ 和最优控制 δ.

(c) 证明如果 $\phi>0$, 则 $\lim_{T\to+\infty}\delta^*(t,q)$ 对每个 q 是有限的并且与当前时间 t 无关.

第 9 章 以交易量为目标

9.1 引 言

执行算法的目标是最小化大订单的市场冲击. 正如前面章节的讨论中提到的, 把母订单 (parent order) 切割成子订单 (child order) 是大多数算法在设计时的主要原则. 子订单相对于当时市场可容纳的交易量的比值是每个子订单的市场冲击的一个不确定性来源. 为了说明这一点, 考虑执行一个子订单的过程. 如果订单很小, 那么订单不会越过限价订单簿 (LOB) 上的最佳报价, 而且几乎不会造成暂时性的市场冲击. 如果订单规模相当大, 那么它可能会走过 LOB 的好几层, 并相应收到远差于中间价的执行价格. 此外, 为了完整对订单规模和交易量的描述, 我们还要考虑是否有其他订单在同一时刻或者刚好在该子订单之前到达市场.

在短时间尺度 (秒) 下, 一个市价单 (MO) 造成的冲击受很多因素的影响, 其中的关键是其对于 LOB 上可见部分的订单规模的相对大小. 但是交易员们在 LOB 上看到的信息可能在他们的订单到达市场时发生变化. 由于 MO 的发送和执行间存在延迟, 即便是有超快速技术的交易员也面临着限价单所展示的数量和价格会发生变化的风险. 这些变化产生的原因是流动性供给的变化和流动性消耗者的活动. LO 可能会被撤销或者增加, 从而 LOB 的最佳报价和/或深度发生变化. 类似地, 其他的 MO 可能就在代理商的订单前一步到达市场, 消耗掉了 LOB 中原本的流动性. 因此, 代理商子订单的规模与 LOB 的可容纳量有关, 此时代理商所有 MO 汇总在一起, 成为市场流动性消耗方.

在长时间尺度 (分钟/小时) 下, 代理商累计发送的订单可能造成不寻常的单边压力, 以及进一步的逆向市场冲击. 理想情况下, 代理商策略可以通过设计能够掩饰订单的算法以避免市价订单流的过分倾斜. 一个可行的方法就是选择一个交易速度, 在策略执行期限里, 使得交易以市场总交易量的某个预定占比为目标.

这里提供两个策略, 目标交易股份数为下面交易量标准的某个占比:

(i) 其他参与者发送 MO 的速度;

(ii) 整个时间期限里的总交易量.

速度与总交易量相关, 这是因为总交易量是对交易速度的求和, 但是两种情形的最优执行策略可能有很大不同. 以 (i) 为目标的一个简单方法是, 观察上几秒或几分钟的总交易量, 然后在下几秒或几分钟令交易量为这个值的某个占比. 显然, 这种做法不是最优的, 因为它没有考虑到当代理商订单与其他订单合并时的市场冲击问题.

因为我们无法提前得到计划执行期限间的总交易量, 以 (ii) 为目标是很困难的. 自然地, 尽管不是最优的选择, 以上几秒交易量的某个占比进行交易也可以视为以 (ii) 为目标.

除此之外, (i) 和 (ii) 都不与在交易期限时完成收购或清算的目标完全相容, 这是因为各时段交易量某个占比的和并不一定等于代理商打算收购或清算的股份数.

以交易量相关基准为目标的交易策略在实际中被广泛应用. 最受欢迎的基准之一就是交易量加权平均价格 VWAP(volume weighted average price). 这个基准的计算方法为

$$\mathrm{VWAP}(T_1, T_2) = \frac{\displaystyle\int_{T_1}^{T_2} S_t \, dV_t}{\displaystyle\int_{T_1}^{T_2} dV_t}, \tag{9.1}$$

其中 V_t 为直到时间 t 的总交易量, S_t 为中间价, $[T_1, T_2]$ 为所得 VWAP 对应的时间区间.

鉴于很难提前知道一段时间里交易了多少股份, 以 VWAP 为目标是很具挑战性的. 投资者们之所以以 VWAP 为目标, 是想要确保在收购或清算大头寸时, 能够获得接近于市场在同一段时间内交易价格的平均价格. 一个以 VWAP 为目标的做法就是遵循策略 (i), 因为在每个瞬间都以当前交易速度的某个比例为目标保证了投资者对平均价格的追踪. 理想情况下, 如果投资者的策略使得计划期限内的目标交易股份数能够平滑地执行, 且严格遵循其他交易者交易速度的某个比例, 那么他所执行股份数的平均成本就会接近于 VWAP.

在本章中, 我们展示在完全 (部分) 清算的目标下, 如何对 (i) 和 (ii) 构建并求解代理商的清算问题——收购问题与此类似. 以 (i) 为目标的策略通常被称为交易量占比 (percentage of volume, POV), 而 (ii) 被记为累计交易量占比 (percentage of cumulative volume, POCV).

以 POV 和 POCV 为目标时, 一个重要的风险来源就是人们不能预期其他交易者的 MO 的到达时间和交易量. 这种不确定性给执行问题引入了另一个风险因素. 在图 9.1 中我们以五分钟时窗展示 2013 年第四季度每个交易日 (由 6.5 小时构成) INTC (英特尔公司) 的交易量 (买单卖单均考虑在内). (a) 图展示了数据的热图, 以及对中位数 (第二个四分位点)、第一个和第三个四分位点的估计——要注意到, 我们对 log(1 + 成交量) 作图, 因为没有存在交易, 从而为零交易量的五分钟时间段. (b) 图展示了用函数型数据分析 (functional data analysis, FDA) 的方法来处理数据的结果, 其中交易量关于 Legendre 多项式进行回归 (细线). 回归的平均值由蓝色实线画出, 代表了这一个股票行情自动收录机一天间的期望 (或平均) 交易量.

使用的数据由散点表示. 从这两张图中我们可以观察到, 尽管交易量一般为“U”-型的模式, 即在开盘和收盘时的交易量高而中间时段低一些, 但是仍有一些交易日里的交易量偏离这个日内模式.

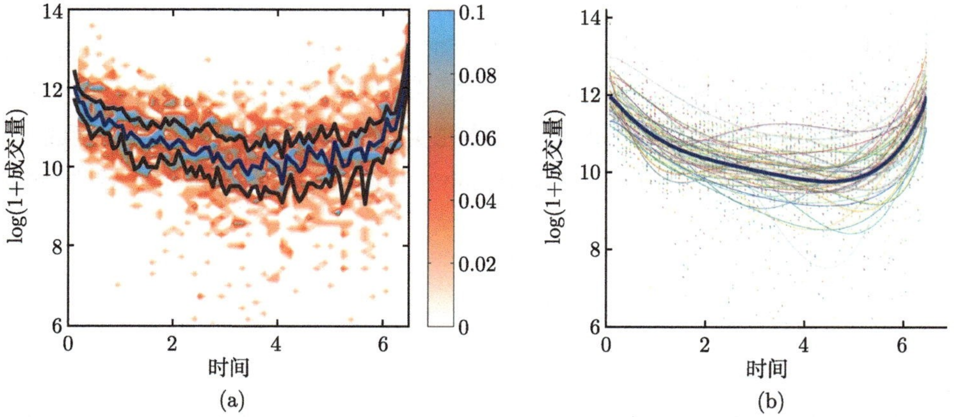

图 9.1　2013 年 10 月—11 月 INTC 每五分钟的买入卖出交易量

图 9.2 使用了与图 9.1 相同的数据, 但是它展示的是买入订单和卖出订单的交易强度. 对每个五分钟时窗, 我们计算强度 λ 作为这段时间的交易次数. 同样是考虑到没有 MO 的情况, 图中绘出了 $\log(1+\lambda)$. (a) 图展示了数据的热图以及三个四分位点. (b) 图使用了 FDA 方法处理数据, 其中强度关于 Legendre 多项式进行回归 (细线). 回归的平均值为蓝色实线, 代表了这一个股票行情自动收录机一天间的期望 (或平均) 交易强度. 数据也由散点表示. 正如期望的那样, 交易强度遵循类似图 9.1 中的交易量模式.

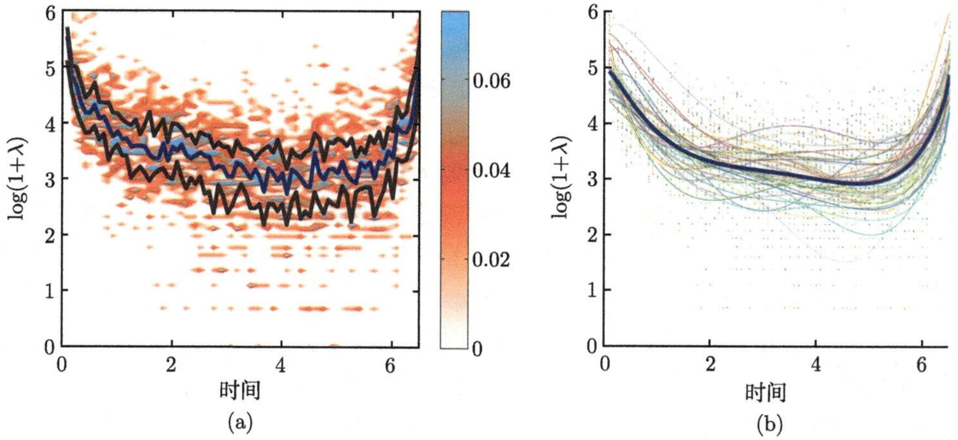

图 9.2　2013 年 10—11 月 INTC 每五分钟的买入卖出交易强度

这一章的结构安排如下: 在 9.2 节中我们展示一个代理商在使用相对市场占比的固定交易速度的策略时, 如何最优的清算股份. 模拟结果可以说明, 当以 POV 的某个比例为目标时, 平均交易价格非常接近 VWAP. 9.3 节将说明代理商策略以 POCV 为目标时如何清算股份. 在 9.4 节里, 考虑到本身和其他市场参与者的交易对中间价的永久性影响, 代理商会修改策略. 最后, 9.5 节展示了当代理商以 POV 为目标时, 如何通过指数效用管理价格风险.

9.2 以市场交易速度占比为目标

在本节中, 我们假设代理商的执行策略以其他市场参与者交易速度的某个百分比为**目标**, 并且将关注点放在只有 MO 的清算策略上. 最优收购问题作为最优清算问题的反面, 其设置非常类似. 在清算问题里, 代理商寻求最优的清算速度 ν_t 来达到全市场 (除了代理商自身) 交易速度的某个比例 ρ. 这种策略与要求交易速度最多为其他市场参与者交易速度的某个占比不一样——这一点在我们给出代理商绩效标准时可以清楚看到. 代理商的库存 Q^ν 服从 SDE

$$dQ_t^\nu = -\nu_t dt, \quad Q_0^\nu = \mathfrak{N}.$$

令 μ_t 为所有其他市场参与者用 MO 卖出股份的交易速度. 这个卖出速度可由一个小时间段所有交易股份之和除以时间段长度得到. 我们假设在计算 μ_t 时不考虑代理商本身的清算速度. 至于代理商以全部订单流的一定比例为目标的情形 (包含代理商自己), 我们留作练习题 E.9.3. 因此, 由于代理商的目标是寻求在每个时刻满足 POV 为 $\rho\mu_t$ 的最优清算速度, 这里 $0 < \rho < 1$, 他的绩效标准和价值函数可以分别写作

$$H^\nu(t,x,S,\mu,q) = \mathbb{E}_{t,x,S,\mu,q}\left[X_T^\nu + Q_T^\nu(S_T^\nu - \alpha Q_T^\nu) - \varphi\int_t^T (\nu_u - \rho\mu_u)^2\, du\right], \quad (9.2)$$

以及相应地,

$$H(t,x,S,\mu,q) = \sup_{\nu\in\mathcal{A}} H^\nu(t,x,S,\mu,q), \quad (9.3)$$

这里 X_T^ν 为终端时的现金, $\alpha \geqslant 0$ 为清算惩罚, 而 $\varphi \geqslant 0$ 为目标惩罚项参数. 在这种设定下, 相对目标的偏差造成 $\varphi\int_t^T (\nu_u - \rho\mu_u)^2\, du$ 的惩罚, 但是这个惩罚并不影响现金过程. 高的 φ 限制了策略在每个时刻对目标 $\rho\mu_t$ 的追踪, 而低的 φ 会导致清算策略对 POV 目标的追踪效果更差.

代理商的交易速度 ν_t 对资产价格有暂时性和永久性的影响. 我们这里假设这些影响关于 ν_t 是线性的, 那么

$$dS_t^\nu = -b\nu_t dt + \sigma dW_t, \qquad S_0^\nu = S, \tag{9.4a}$$

$$\hat{S}_t^\nu = S_t^\nu - k\nu_t, \qquad \hat{S}_0^\nu = \hat{S}, \tag{9.4b}$$

$$dX_t^\nu = \hat{S}_t^\nu \nu_t dt, \qquad X_0^\nu = x, \tag{9.4c}$$

其中 $b \geqslant 0, k \geqslant 0$. 在这个设置里, 假设来自其他代理商的订单流 μ_t 不会影响中间价格过程. 在 9.4 节中我们会修改这个假设, 令全体代理商的订单流都对中间价产生影响.

9.2.1　求解以交易速率为目标的动态规划方程

假设其他代理商的订单流 μ_t 是马尔可夫过程且独立于所有其他过程 (特别地, 它独立于驱动中间价的布朗运动 W_t), 并记无穷小生成元为 $\mathcal{L}^\mu$, 下面我们来求解这个代理商的控制问题 (9.3). 由动态规划原理可知, 价值函数服从下面的 DPE

$$\begin{aligned} 0 = & \left(\partial_t + \frac{1}{2}\sigma^2 \partial_{SS} + \mathcal{L}^\mu\right) H \\ & + \sup_\nu \{(S - k\nu)\nu\partial_x H - \nu\partial_q H - b\nu\partial_S H - \varphi(\nu - \rho\mu)^2\}, \end{aligned} \tag{9.5}$$

并满足终端条件 $H(T, x, S, \mu, q) = x + q(S - \alpha q)$, 其最大值点为

$$\nu^* = \frac{S\partial_x H - \partial_q H - b\partial_S H + 2\varphi\rho\mu}{2(k\partial_x H + \varphi)}. \tag{9.6}$$

为了求解 (9.5), 我们作出如下拟设

$$H(t, x, S, \mu, q) = x + qS + h(t, \mu, q), \tag{9.7}$$

上式右边的三项可以依次理解为: 清算策略的累计现金、中间价处库存按市价计值的票面价值, 以及从最优清算剩余股份得到的附加价值 $h(t, \mu, q)$.

把这个拟设代回 (9.5), 我们可以得到关于 $h(t, \mu, q)$ 的方程:

$$0 = (\partial_t + \mathcal{L}^\mu)h + \frac{1}{4(k + \varphi)}(\partial_q h + bq - 2\varphi\rho\mu)^2 - \varphi\rho^2\mu^2, \tag{9.8}$$

以及终端条件 $h(T, \mu, q) = -\alpha q^2$. 注意到终端条件和 DPE (9.8) 关于 q 最多为两阶, 我们利用下面的拟设解

$$h(t, \mu, q) = h_0(t, \mu) + qh_1(t, \mu) + q^2 h_2(t, \mu). \tag{9.9}$$

有了这个拟设解, 最优交易速度的反馈形式可以化简为

$$\nu^* = \frac{1}{k+\varphi}\left\{\left[\varphi\rho\mu - \frac{1}{2}h_1(t,\mu)\right] - \left[\frac{1}{2}b + h_2(t,\mu)\right]q\right\}.$$

进一步地, 把这个表示代回 DPE 中, 在简单处理后, 集合关于 q 的项, 并把每一项设为 0, 我们可以看到问题被化简为求解下面的耦合系统

$$0 = (\partial_t + \mathcal{L}^\mu)h_2 + \frac{\left(h_2 + \frac{1}{2}b\right)^2}{k+\varphi}, \tag{9.10a}$$

$$0 = (\partial_t + \mathcal{L}^\mu)h_1 + \frac{h_1 - 2\varphi\rho\mu}{k+\varphi}\left(h_2 + \frac{1}{2}b\right), \tag{9.10b}$$

$$0 = (\partial_t + \mathcal{L}^\mu)h_0 + \frac{1}{4(k+\varphi)}(h_1 - 2\varphi\rho\mu)^2 - \varphi\rho^2\mu^2, \tag{9.10c}$$

以及终端条件 $h_2(T,\mu) = -\alpha$ 和 $h_1(T,\mu) = h_0(T,\mu) = 0$. 每个方程实际上是一个线性 PDE, 其中的非线性源项来自其他 PDE 的解. 这些方程也以结构性的方式互相依赖, 即 h_2 与其他都独立, h_1 只显式依赖于 h_2, 而 h_0 只依赖于 h_1. 因此, 他们可以被依序求解.

注意到关于 h_2 的方程 (9.10a) 不包含与 μ 有关的源项, 且它的终端条件与 μ 无关. 因此, 方程的解也一定与 μ 无关且有下面的表示

$$h_2(t,\mu) = -\left(\frac{T-t}{k+\varphi} + \frac{1}{\alpha - \frac{1}{2}b}\right)^{-1} - \frac{1}{2}b, \tag{9.11}$$

且由于最优交易速度不依赖于 h_0, 我们不需要求解 (9.10c). 因此只剩下求解关于 $h_1(t,\mu)$ 的 PDE. 现在我们假设已经求出了解, 并解出了最优交易速度的表达式和相应的最优库存轨迹. 一旦得到了这些表达式, 我们在后续小节中会做出一些具体的模型假设以显式地求解 h_1, 并给出一般情形的一个概率表示.

那么最优交易速度可以表示为

$$\boxed{\nu_t^* = \frac{1}{k+\varphi}\left[\varphi\rho\mu_t - \frac{1}{2}h_1(t,\mu_t)\right] + \frac{Q_t^{\nu^*}}{(T-t)+\zeta},} \tag{9.12}$$

其中常数 ζ 的表达式为

$$\zeta = \frac{k+\varphi}{\alpha - \frac{1}{2}b}.$$

最优交易速度包含两项, (9.12) 右边的第二项与第 6 章中讨论的最优清算问题的策略非常相似. 打个比方, 如果在 (6.27) 中令运行库存惩罚参数 $\phi = 0$, 我们得

到 $\varphi = 0$ 时 (9.12) 右侧的第二项. 因此, 这一项可以被看作是类 TWAP 清算策略 (称之为类 TWAP 策略是因为只有 $\zeta = 0$ 是可以得到 TWAP). 而 (9.12) 右侧第一项提供了对类 TWAP 策略的交易量修正. 这一修正依赖于 POV 目标 $\rho\mu_t$ 和函数 $h_1(t,\mu)$, 后者代表了给定了动态交易量过程时最优策略的变化.

在具体给出交易速度 μ_t 的随机过程之前, 我们再考虑一些 POV 策略的基本特征. 边界条件 $h_1(T,\mu) = 0$ 表明了在临近交易期限 $(T-t) \ll 1$ 时, 最优交易策略近似于

$$\nu_t^* = \frac{\varphi\rho}{k+\varphi}\mu_t + \frac{Q_t^{\nu^*}}{(T-t)+\zeta},$$

接下来我们再看两个有趣的极限情形.

第一个, 当 $\alpha \to \infty$ 时, 代理商必须在交易结束前, 即 $\zeta \to 0$ 时执行所有股份. 对一个固定的库存水平, 方程右边第二项在 t 趋向于 T 时处于支配地位. 因此, 在交易趋向于到期时, 代理商会忽略 POV 约束, 转而使用 TWAP. 然而我们也要注意到, 库存也会随着时间变化, 因此我们不能确定在临近到期时这一项是否还会处于支配地位. 以下一旦我们可以求解 $Q_t^{\nu^*}$, 我们将可以看到 POV 约束在临近到期时的确可以被忽略.

第二个, 当 α 有限, 但 $\varphi \to \infty$ 时, 代理商会对偏离 POV 的交易给予很重的惩罚, 那么 $\zeta \to 0$ 且策略忽略类 TWAP 的项, 转而按照期望的速度 $\rho\mu_t$ 交易. 自然地, 这些极限互相矛盾因此不可交换——除非交易量精确的等于执行期限间总交易量的 ρ 百分比.

有了 (9.12) 中的最优交易速度, 我们就能够通过求解 $Q_t^{\nu^*}$ 得到最优库存的表达式了. 首先回顾 $dQ_t^{\nu^*} = -\nu_t^* dt$, 因此

$$dQ_t^{\nu^*} = -\tilde{h}_1(t,\mu_t)dt - \frac{Q_t^{\nu^*}}{(T-t)+\zeta}dt,$$

其中

$$\tilde{h}_1(t,\mu) := \frac{1}{k+\varphi}\left[\varphi\rho\mu - \frac{1}{2}h_1(t,\mu)\right].$$

上面的 ODE 可以通过引入积分因子来求解, 即首先作变形

$$\begin{aligned} Q_t^{\nu^*} &= e^{-\int_0^t ((T-s)+\zeta)^{-1}\,ds} q_t^{\nu^*} \\ &= e^{\log\frac{(T-t)+\zeta}{T+\zeta}} q_t^{\nu^*} = \frac{(T-t)+\zeta}{T+\zeta} q_t^{\nu^*}, \end{aligned}$$

再求解未知过程 $q_t^{\nu^*}$. 由直接计算可得

$$dq_t^{\nu^*} = e^{\int_0^t ((T-s)+\zeta)^{-1}\,ds}\left\{((T-t)+\zeta)^{-1} Q_t^{\nu^*} dt + dQ_t^{\nu^*}\right\}$$

$$
\begin{aligned}
&= -e^{\int_0^t ((T-s)+\zeta)^{-1}\, ds} \tilde{h}_1(t, \mu_t) dt \\
&= -\frac{T+\zeta}{(T-t)+\zeta} \tilde{h}_1(t, \mu_t) dt,
\end{aligned}
$$

从而, 有

$$
q_t^{\nu^*} - q_0 = -\int_0^t \frac{T+\zeta}{(T-s)+\zeta} \tilde{h}_1(s, \mu_s)\, ds.
$$

因此, 我们可以得到

$$
Q_t^{\nu^*} \frac{T+\zeta}{(T-t)+\zeta} - \mathfrak{N} = -\int_0^t \frac{T+\zeta}{(T-s)+\zeta} \tilde{h}_1(s, \mu_s)\, ds,
$$

最后, 有

$$
\boxed{
\begin{aligned}
Q_t^{\nu^*} &= \left(1 - \frac{t}{T+\zeta}\right) \mathfrak{N} \\
&\quad - \frac{1}{k+\varphi} \int_0^t \frac{(T-t)+\zeta}{(T-s)+\zeta} \left\{ \varphi \rho \mu_s - \frac{1}{2} h_1(s, \mu_s) \right\} ds.
\end{aligned}
}
\tag{9.13}
$$

任意时刻的最优库存包含两部分, 第一项是类 TWAP 的策略, 第二项对市场交易速度的波动进行控制. 到目前为止, 我们已经得到了最优交易速度 (9.12) 和最优库存 (9.13) 的一般性框架, 接下来我们将考虑交易量动态过程的具体形式并显式给出最优交易速度和最优库存路径.

9.2.2 随机均值回归交易速率

图 9.3 展示了对 2011 年 1 月 5 日 AAPL 从 10:00 到 10:30 交易量速度的估计. 具体做法是, 统计 30s 和 10s 时窗下的交易量, 并将尺度变换到 1 分钟. 正如图 9.3 所展示的那样, 一个合理的一阶模型是, 交易量表现为一段段 (比如几秒) 活动性的爆发, 然后衰减到零. 因此, 对于目标为短时间期限内保持某个交易速度的代理商, 我们假设卖出交易量速度 μ_t 为满足下面 SDE 的均值回归过程

$$
d\mu_t = -\kappa \mu_t dt + \eta_{1+N_{t-}} dN_t, \tag{9.14}
$$

其中 $\kappa \geqslant 0$ 为均值回归速度, N_t 为强度 λ 的齐次泊松过程, 而 $\{\eta_1, \eta_2, \cdots\}$ 为非负独立同分布随机变量, 其分布函数为 F, 有有限一阶矩, 并与 N_t 相独立. 方程 (9.14) 的解为

$$
\begin{aligned}
\mu_t &= e^{-\kappa t} \mu_0 + \int_0^t e^{-\kappa(t-u)} \eta_{1+N_{u-}} dN_u \\
&= e^{-\kappa t} \mu_0 + \sum_{m=1}^{N_t} e^{-\kappa(t-\tau_m)} \eta_m,
\end{aligned}
\tag{9.15}
$$

这里 τ_m 为泊松过程第 m 次到达的时间. 回忆图 9.2, 交易的到达遵循 U-型模式, 这一点可以通过在随机过程漂移项中引入一个确定性系数在 (9.14) 体现. 但这里出于简便起见, 我们假设交易速度总是均值回归到 0. 尽管订单流过程均值回归到 0, 它的长时间期望并不是 0. 事实上, 从 (9.15) 可以得到

$$\begin{aligned}\mathbb{E}[\mu_t] &= e^{-\kappa t}\mu_0 + \int_0^t e^{-\kappa(t-u)}\mathbb{E}[\eta_1]\lambda dt \\ &= e^{-\kappa t}\mu_0 + \frac{\lambda\mathbb{E}[\eta_1]}{\kappa}\left(1-e^{-\kappa t}\right) \xrightarrow{t\to\infty} \frac{\lambda\mathbb{E}[\eta_1]}{\kappa}.\end{aligned}$$

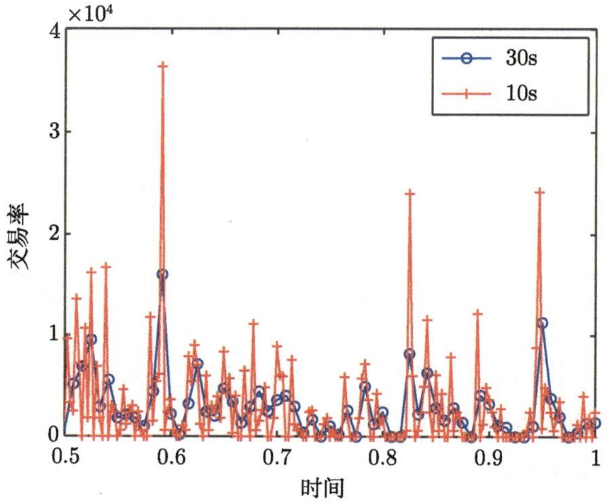

图 9.3 2011 年 1 月 5 日 10:00—10:30 AAPL 交易量速度. 使用了 30s 和 10s 的时窗

若订单流满足 (9.14), 它的无穷小生成元作用在价值函数上有

$$\mathcal{L}^{\mu}H(t,S,\mu,q) = -\kappa\mu\partial_{\mu}H + \lambda\mathbb{E}[H(t,S,\mu+\eta,q) - H(t,S,\mu,q)], \tag{9.16}$$

其中的期望是对分布函数为 F 的随机变量 η 计算.

在这个模型假设下, 我们现在可以得到方程 (9.10b) 的解 h_1. 由于这个模型为仿射型且 (9.10b) 关于 μ 为线性, 我们预期 $h_1(t,\mu)$ 关于 μ 也是线性的. 具体地说, 我们写作

$$h_1(t,\mu) = \ell_0(t) + \ell_1(t)\mu,$$

这里 $\ell_0(t)$ 和 $\ell_1(t)$ 是两个确定性函数. 终端条件 $h_1(T,\mu)=0$ 表明 $\ell_0(T)=\ell_1(T)=0$. 当生成元 (9.16) 作用在 $h_1(t,\mu)$ 上时, 我们得到

$$\mathcal{L}^{\mu}h_1(t,\mu) = -\kappa\mu\ell_1 + \psi\ell_1,$$

其中 $\psi = \lambda\mathbb{E}[\eta]$, 从而方程 (9.10b) 变成

$$0 = \left\{\partial_t \ell_0 + \frac{h_2 + \frac{1}{2}b}{k+\varphi}\ell_0 + \psi\ell_1\right\} + \left\{\partial_t \ell_1 - \kappa\ell_1 + \frac{\ell_1 - 2\varphi\rho}{k+\varphi}\left(h_2 + \frac{1}{2}b\right)\right\}\mu.$$

为了求解上面方程中的 $\ell_0(t)$ 和 $\ell_1(t)$, 注意到由于方程对所有的 μ 都成立, 因此大括号中的项必须为零. 我们首先求解第二个括号中的 ODE, 然后利用得到的 ℓ_1 的表达式求解第一个大括号的 ODE.

对于 ℓ_1, 我们要求解

$$\partial_t \ell_1 - \kappa\ell_1 + \frac{\ell_1 - 2\varphi\rho}{k+\varphi}\left(h_2 + \frac{1}{2}b\right) = 0,$$

使用积分因子技巧, 在方程两边乘以如下积分因子

$$\exp\int\left(\frac{h_2(t) + \frac{1}{2}b}{k+\varphi} - \kappa\right)\,dt = \left(\frac{T-t}{k+\varphi} + \frac{1}{\alpha - \frac{1}{2}b}\right)e^{-\kappa t},$$

简单的代数运算后, 从 t 到 T 积分, 上面的 ODE 化简为求解

$$\int_t^T d\left(\left(\frac{T-u}{k+\varphi} + \frac{1}{\alpha - \frac{1}{2}b}\right)e^{-\kappa u}\ell_1(u)\right) + \frac{2\varphi\rho}{k+\varphi}\int_t^T e^{-\kappa u}\,du = 0.$$

最后, 利用边界条件 $\ell_1(T) = 0$ 我们得到

$$\ell_1(t) = 2\varphi\rho((T-t)+\zeta)^{-1}\frac{1 - e^{-\kappa(T-t)}}{\kappa},$$

其中常数 $\zeta = (k+\varphi)\Big/\left(\alpha - \frac{1}{2}b\right)$.

类似地, 我们接下来求解令第一个大括号项为 0 得到的关于 ℓ_0 的 ODE. 首先把 ℓ_1 代入关于 ℓ_0 的方程中, 然后在 ODE 两边同乘以下面的积分因子

$$\exp\int\left(\frac{h_2 + \frac{1}{2}b}{k+\varphi}\right)\,dt = \left(\frac{T-t}{k+\varphi} + \frac{1}{\alpha - \frac{1}{2}b}\right),$$

并从 t 到 T 积分, 得到

$$\frac{1}{k+\varphi}\int_t^T d((T-u+\zeta)\ell_0(u)) + \frac{2\psi\varphi\rho}{k+\varphi}\int_t^T \frac{1 - e^{-\kappa(T-u)}}{\kappa}\,du = 0,$$

以及终端条件 $\ell_0(T)=0$. 计算积分, 得到

$$\ell_0(t)=2\varphi\rho\psi((T-t)+\zeta)^{-1}\frac{e^{-\kappa(T-t)}-1+\kappa(T-t)}{\kappa^2}.$$

最后, 把这些结果代回最优交易速度 (9.12), 我们有

$$\boxed{\nu_t^*=\frac{1}{k+\varphi}\left[\varphi\rho\mu_t-\frac{1}{2}(\ell_0(t)+\ell_1(t)\mu_t)\right]+\frac{Q_t^{\nu^*}}{(T-t)+\zeta}.} \tag{9.17}$$

9.2.3 概率表示

在本节中, 我们展示如何求解更一般情形下的最优清算策略, 这种情况下, 我们不指明交易速度 μ_t 所遵循的随机过程, 唯一的假设是它是马尔可夫过程, 且独立于中间价的布朗运动. 首先, 我们对 (9.10b) 应用 Feynman-Kac 定理, 并把 h_1 表示为

$$\begin{aligned}
&h_1(t,\mu)\\
&=-\frac{2\varphi\rho}{k+\varphi}\mathbb{E}_{t,\mu}\left[\int_t^T\exp\left\{\frac{1}{k+\varphi}\int_t^u\left(h_2(t,\mu_s)+\frac{1}{2}b\right)\,ds\right\}\left(h_2(t,\mu_u)+\frac{1}{2}b\right)\mu_u\,du\right]\\
&=\frac{2\varphi\rho}{k+\varphi}\mathbb{E}_{t,\mu}\left[\int_t^T\exp\left\{-\frac{1}{k+\varphi}\int_t^u\left(\frac{T-s}{k+\varphi}+\frac{1}{\alpha-\frac{1}{2}b}\right)^{-1}ds\right\}\right.\\
&\qquad\left.\cdot\left[\frac{T-u}{k+\varphi}+\frac{1}{\alpha-\frac{1}{2}b}\right]^{-1}\mu_u\,du\right]\\
&=\frac{2\varphi\rho}{k+\varphi}\mathbb{E}_{t,\mu}\left[\int_t^T\exp\left\{\log\left(\frac{T-s}{k+\varphi}+\frac{1}{\alpha-\frac{1}{2}b}\right)\Bigg|_{s=t}^{u}\right\}\left[\frac{T-u}{k+\varphi}+\frac{1}{\alpha-\frac{1}{2}b}\right]^{-1}\mu_u\,du\right],
\end{aligned}$$

其中 $\mathbb{E}_{t,\mu}[\cdot]$ 是条件期望 $\mathbb{E}[\cdot|\mu_t=\mu]$ 的简写.

在上面积分中, 一系列的抵消之后, 我们得到了下面的 $h_1(t,\mu)$ 的表达式:

$$\boxed{h_1(t,\mu)=2\varphi\rho\frac{\displaystyle\int_t^T\mathbb{E}[\mu_u\mid\mu_t=\mu]du}{(T-t)+\zeta}.} \tag{9.18}$$

这里常数 $\zeta=(k+\varphi)\Big/\left(\alpha-\frac{1}{2}b\right)$. 上面的积分即交易剩余期限的**期望总交易量** (expected total volume). 这是因为这就是期望交易速度 μ_t 从当前时刻到策略交易

期限到期的积分. 不仅如此, 积分项结合因子 $((T-t)+\zeta)^{-1}$ 就是对剩余期限平均期望交易速度的近似. 如果 $k=\varphi=0$ 和/或 $\alpha\to\infty$, 那么这个近似就是准确的.

利用 h_1 的这个一般形式, 代理商的最优交易速度可以被表示为

$$\boxed{\nu_t^* = \frac{\varphi\rho}{k+\varphi}\left[\mu_t - \frac{\displaystyle\int_t^T \mathbb{E}[\mu_u \mid \mathcal{F}_t^\mu]du}{(T-t)+\zeta}\right] + \frac{Q_t^{\nu^*}}{(T-t)+\zeta},} \tag{9.19}$$

其中的条件期望是相对于由 μ 生成的信息流 $\mathcal{F}_t^\mu$. 把 h_1 的一般结果代入持有的最优库存, 我们也有紧凑表示

$$\boxed{\begin{aligned} Q_t^{\nu^*} = &\left(1-\frac{t}{T+\zeta}\right)\mathfrak{N} \\ &- \frac{\varphi\rho}{k+\varphi}\int_0^t \frac{(T-t)+\zeta}{(T-s)+\zeta}\left[\mu_s - \frac{\displaystyle\int_s^T \mathbb{E}[\mu_u \mid \mathcal{F}_t^\mu]du}{(T-s)+\zeta}\right] ds. \end{aligned}} \tag{9.20}$$

为了直观地理解策略 (9.19), 我们首先指出, 代理商的绩效标准 (9.2) 包含竞争目标. 一方面策略目标是在 T 前清算 $\mathfrak{N}$ 股, 另一方面则是必须跟踪其他市场参与者交易速度的一个比例. 只有当 $\mathfrak{N}$ 精确等于执行期限 T 间总交易量的目标比例 ρ 时, 这两个目标才是相容的.

接下来, 重写最优交易速度为

$$\nu_t^* = \frac{\varphi}{k+\varphi}\rho\mu_t \tag{9.21a}$$

$$\qquad + \frac{1}{(T-t)+\zeta}\left(Q_t^{\nu^*} - \frac{\varphi\rho}{k+\varphi}\int_t^T \mathbb{E}[\mu_u \mid \mathcal{F}_t^\mu]du\right). \tag{9.21b}$$

策略 (9.21a) 的第一个元素 $\frac{\varphi}{k+\varphi}\rho\mu_t$ 代表了在权衡了 POV 目标惩罚 φ 和暂时性价格冲击 k 造成的成本之后, 实现 POV 目标必须达到的交易速度. 尽管 POV 目标是 $\rho\mu_t$, 策略的目标是一个更低的数量, 因为 $\frac{\varphi\rho}{k+\varphi}\leqslant\rho$, 且等式成立的条件是未完成指标的成本 $\varphi\to\infty$ 而 k 保持有限, 或者没有暂时性冲击 $k\downarrow 0$.

第二个元素是一个带有向下调整 (括号中第二项) 的类 TWAP 的策略 ((9.21b) 括号中第一项), 这是因为整个交易期限中这个元素以 POV 目标. 这解释了为什么类 TWAP 策略被用于剩余库存 $Q_t^{\nu^*}$ 减去期望清算的股份数, 这些股份数作为 POV 目标的一部分, 将在剩余期限由策略 (9.21a) 的第一项完成.

下面我们考虑一些极限情形来继续最优策略的讨论.

代理商所希望的保持交易速度 μ_t 的 ρ 占比的情形是在惩罚参数 $\varphi \to \infty$ 时达到的. 在这种情形下, 因为 $\zeta \xrightarrow{\varphi\to\infty} \infty$, 清算速度和库存路径变为

$$\nu_t^* \xrightarrow{\varphi\to\infty} \rho\mu_t \quad 和 \quad Q_t^{\nu^*} \xrightarrow{\varphi\to\infty} \mathfrak{N} - \rho\int_0^t \mu_s\, dt.$$

如果不考虑库存目标, 策略以 $\rho\mu_t$ 的速度清算. 显然, 正如库存路径所展示的, 策略清算的股份数可能超过或少于初始目标 $\mathfrak{N}$. 当策略到达 T 时刻时, 任何流通股, 无论短缺还是充足, 都会用处于中间价的 MO 清算, 并得到有限惩罚 αq_T^2. 在这种情形下, 代理商更倾向于处理更麻烦的运行惩罚, 因为在清算速度不是 $\rho\mu_t$ 时这个惩罚是无穷大的.

在代理商想要完全清算库存的极限情形下, 我们会得到一个有限的交易策略和有限的库存路径. 特别地, $\zeta \xrightarrow{\alpha\to\infty} 0$, 因此有

$$\nu_t^* \xrightarrow{\alpha\to\infty} \frac{\varphi\rho}{k+\varphi}\left[\mu_t - \frac{\int_t^T \mathbb{E}[\mu_u \mid \mathcal{F}_t^\mu]du}{T-t}\right] + \frac{Q_t^{\nu^*}}{T-t},$$

$$Q_t^{\nu^*} \xrightarrow{\alpha\to\infty} \left(1-\frac{t}{T}\right)\mathfrak{N} - \frac{\varphi\rho}{k+\varphi}\int_0^t \frac{T-t}{T-s}\left[\mu_s - \frac{\int_s^T \mathbb{E}[\mu_u \mid \mathcal{F}_s^\mu]du}{T-s}\right] ds.$$

假设除了要求完全清算, 代理商也很不乐意偏离 $\rho\mu_t$ 的交易速度. 随着 φ 增加, 他的目标交易速度将与要求的交易速度越来越接近; 然而, 由于存在必须完全清算的约束, 他将不能时刻满足要求的交易速度. 因此, 在 $\varphi \to \infty$ 的极限下, 在我们已经令 $\alpha \to \infty$ 之后, 价值函数将取得负任意大值, 且不是有限的. 不管怎样, 极限最优策略和最优库存路径还是有限的, 清算股份的净价值保持有限, 且是良定的. 在这种双极限情形下的最优交易速度和库存路径为

$$\lim_{\varphi\to\infty}\lim_{\alpha\to\infty} \nu_t^* = \rho\left[\mu_t - \frac{\int_t^T \mathbb{E}[\mu_u \mid \mathcal{F}_t^\mu]du}{T-t}\right] + \frac{Q_t^{\nu^*}}{T-t},$$

$$\lim_{\varphi\to\infty}\lim_{\alpha\to\infty} Q_t^{\nu^*} = \left(1-\frac{t}{T}\right)\mathfrak{N} - \rho\int_0^t \frac{T-t}{T-s}\left[\mu_s - \frac{\int_s^T \mathbb{E}[\mu_u \mid \mathcal{F}_s^\mu]du}{T-s}\right] ds.$$

有趣的是, 当其他代理商交易速度为常数时, 即当 μ_t 为常数时, POV 修正项被抵消, 代理商策略变成 TWAP.

9.2.4 模拟

在本小节中, 我们提供一些对 9.2.2 小节均值回归交易量模型最优策略的模拟. 这里重点关注双极限情形, 首先保证所有库存被清算 ($\alpha \to \infty$), 然后保证代理商想要使交易非常接近 POV ($\varphi \to \infty$). 在这种情况下, 我们有

$$\lim_{\varphi\to\infty}\lim_{\alpha\to\infty}\nu_t^* = \rho\left[\mu_t - \frac{\frac{1-e^{-\kappa(T-t)}}{\kappa}\left(\mu_t - \frac{\psi}{\kappa}\right) + (T-t)\frac{\psi}{\kappa}}{(T-t)}\right] + \frac{Q_t^{\nu^*}}{T-t},$$

其中 $\psi = \lambda\mathbb{E}[\eta]$ 且因此有长期期望交易速度 $\mathbb{E}[\mu_t] = \psi/\kappa$.

在模拟中我们使用下面的模型参数:

$$S_0 = 20, \quad \sigma = 0.5, \quad T = 1,$$

$$\mu_0 = \psi/\kappa, \quad \eta \sim \text{Exp}(10), \quad \lambda = 50, \quad \kappa = 20,$$

$$k = 0.1, \quad b = 0.1, \quad \rho = 0.05.$$

我们假设代理商试图清算完预期交易期限内到达市场交易量的 ρ 占比, 因此 $\mathfrak{N} = \rho T\psi/\kappa = 1.25$. 我们对指数分布的参数化相应为 $\mathbb{E}[\eta] = 10$.

在图 9.4 中我们展示了下面四个量各三条样本路径: 其他市场参与者交易速度 μ_t、最优交易速度 ν_t^*、最优速度和目标速度的差值 $\nu_t^* - \rho\mu_t$, 以及代理商库存 $Q_t^{\nu^*}$. 在 (c) 图中, 虚线为值为 ψ/κ 的期望交易速度, 在 (d) 图中, 虚线则表示 TWAP. 注意到 ν_t^* 和 μ_t 相关性很强. 事实上, 在图 9.5(a) 中我们展示了沿着 10 000 条样本路径, 把 ν_t^* 和 μ_t 的相关性看作时间序列, 而得到分布直方图. 平均相关性高达 0.88, 说明了交易速度对订单流速度的追踪. 然而, 图中相对于 $\rho\mu_t$ 也有偏离. 这些差别在临近交易期限时最显著, 此时代理商最关心的是把库存减小到零, 而不是使交易速度维持在其他参与者交易速度的某个比例.

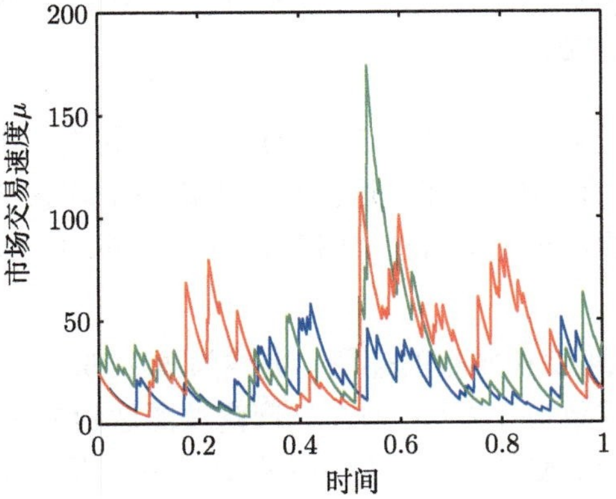

(a)

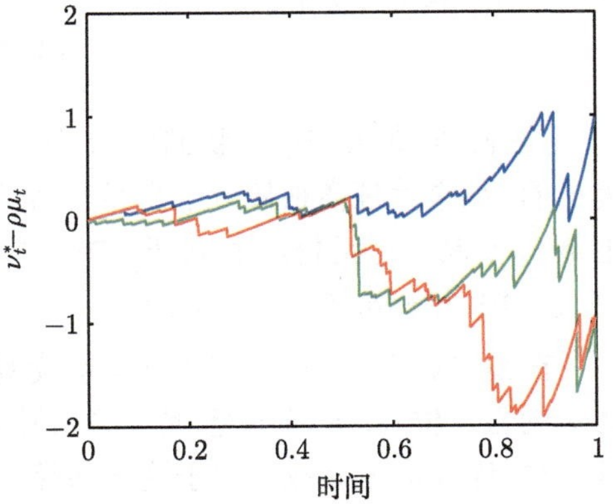

(b)

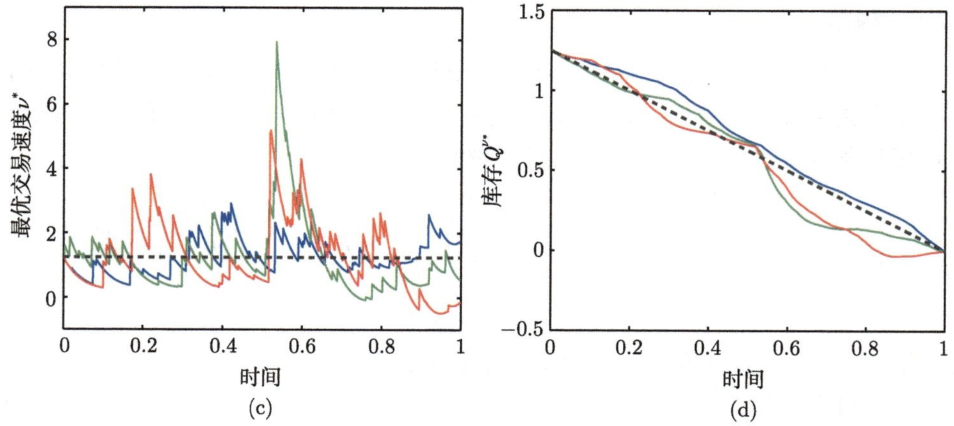

图 9.4　以下四者各自的三条样本路径: 市场交易速度、最优交易速度、最优交易速度和目标交易速度之差, 以及代理商库存

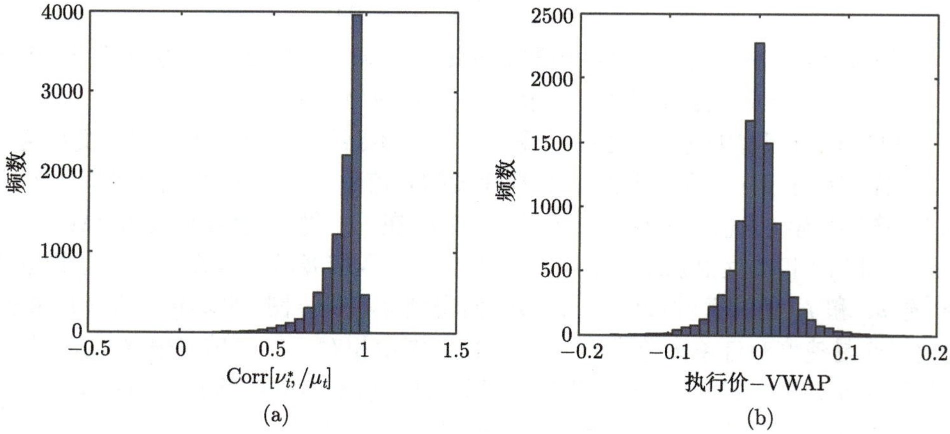

图 9.5　(a) 代理商交易速度 ν_t^* 和 μ_t 相关性的分布直方图. (b) 每股执行价和 VWAP 差值的分布直方图

此外, 在图 9.5(b) 中我们展示了每股执行价和 VWAP 间的差别. 正如引言中提过的, 如果代理商很接近于交易交易量的占比 ρ, 那么这会导致策略在平均意义上是以 VWAP 为目标. 相对于 VWAP 的偏离是对称的 (偏度为 0.06), 平均值为 -1.4×10^{-4}, 标准差为 $\pm3\times10^{-4}$.

在图 9.6 中, 我们画出了代理商交易速度和库存的热图. 虚线为 5%, 50% 和 95% 的百分位点. 有趣的是, 库存路径中位数为 TWAP, 而在代理商试图达到 POV 目标时, 库存会上偏或下偏于这条路径. 最优交易速度路径的中位数则基本是一个常数, 尽管在临近到期时路径的众数倾向于增大. 这表明相比较于 TWAP, 交易在一开始会慢一些, 之后会加速赶上.

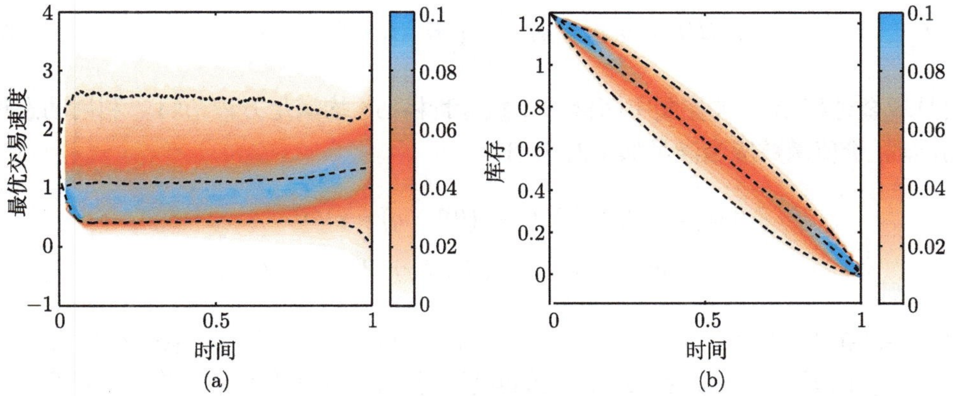

图 9.6 最优交易速度和库存的热图. 虚线展示了 5%, 50% 和 95% 的百分位点

9.3 累计交易量占比

在这一节里, 我们假设代理商执行策略以**累计**交易量的某个占比 (POCV) 为目标, 且清算策略只依赖于 MO. 这里排除掉代理商本身的交易之后, 卖单的累计交易量 V 为

$$V_t = \int_0^t \mu_u \, du,$$

其中 μ_t 仍然表示其他市场参与者的交易速度.

代理商的性能指标现在修改为

$$\begin{aligned} H^\nu(t,x,S,\mu,V,q) = \mathbb{E}_{t,x,S,\mu,V,q}\bigg[& X_T^\nu + Q_T^\nu(S_T^\nu - \alpha Q_T^\nu) \\ & - \varphi \int_t^T ((\mathfrak{N} - Q_T^\nu) - \rho V_u)^2 \, du \bigg], \end{aligned} \tag{9.22}$$

其中 $\mathfrak{N}$ 为代理商在终端日期 T 前想要清算的股份数.

运行目标惩罚 $\varphi \int_t^T ((\mathfrak{N} - Q_T^\nu) - \rho V_u)^2 \, du$ 并不是代理商遭受的金融成本. 相反, 它的目的是允许代理商寻求最优清算速度, 满足到 t 时刻清算量接近离市场总卖出量某个比例. 打个比方, 当惩罚参数 $\varphi \to \infty$ 时, 最优策略必须满足任意时刻清算股份数 $\mathfrak{N} - q_t$ 都等于 ρV_t. 以这种方式, 代理商得到一个策略使得他自己的卖出 MO 累计交易量占市场比例为 $0 < \rho < 1$. 跟上一节一样, 这种设置下代理商自身的交易量不被考虑在累计交易量之内.

像通常一样, 代理商的价值函数为

$$H(t,x,S,\mu,V,q)=\sup_{\nu\in\mathcal{A}}H^{\nu}(t,x,S,\mu,V,q),\tag{9.23}$$

而且现金过程 X^{ν}, 被控制中间价 S^{ν}, 执行价格 $\hat{S}^{\nu}$ 均满足方程 (9.4). 利用动态规划原理, 价值函数应当满足如下的 DPE

$$\begin{aligned}0=&(\partial_t+\mathcal{L}^{S,\mu,V})H-\varphi((\mathfrak{N}-q)-\rho V)^2\\&+\sup_{\nu}\{-b\nu\partial_S H+(S-k\nu)\nu\partial_x H-\nu\partial_q H\},\end{aligned}\tag{9.24}$$

以及终端条件 $H(T,x,S,y,q)=x+q(S-\alpha q)$. 这里, $\mathcal{L}^{S,\mu,V}$ 表示联合过程 $(S_t,\mu_t,V_t)_{0\leqslant t\leqslant T}$ 的无穷小生成元. 另外, 我们假设交易量交易速度为 μ_t, 并因此有总交易量 V_t 独立于资产中间价.

一阶条件为我们提供了反馈形式的最优交易速度:

$$\nu^*=\frac{1}{2k}(S\partial_x H-\partial_q H-b\partial_S H).$$

终端条件表明求解 (9.24) 需要拟设

$$H(t,x,S,\mu,V,q)=x+qS+h(t,\mu,V,q)\tag{9.25}$$

来得到下面关于 $h(t,\mu,V,q)$ 的方程:

$$0=(\partial_t+\mathcal{L}^{\mu,V})h+\frac{1}{4k}(\partial_q h+bq)^2-\varphi(\mathfrak{N}-q-\rho V)^2\tag{9.26}$$

和终端条件 $h(T)=-\alpha q^2$. 其中 $\mathcal{L}^{\mu,V}$ 表示过程 $(\mu_t,V_t)_{0\leqslant t\leqslant T}$ 的生成元, 这里我们排除了中间价是因为交易速度与之相独立.

注意到上面的非线性方程和终端条件关于 q 最多为两阶, 我们可以进一步化简这个方程: 使用下面的拟设

$$h(t,\mu,V,q)=h_0(t,\mu,V)+h_1(t,\mu,V)q+h_2(t,\mu,V)q^2,$$

并服从如下边界条件

$$h_0(T,\mu,V)=h_1(T,\mu,V)=0\quad 和\quad h_2(T,\mu,V)=-\alpha.$$

把这个拟设代回方程 (9.26), 并令方程中关于 q 阶数相同的项合起来为零, 我们得到 h_0, h_1 和 h_2 必须满足下面的耦合 PIDE 系统

$$0=(\partial_t+\mathcal{L}^{\mu,V})h_2+\frac{1}{k}\left(h_2+\frac{1}{2}b\right)^2-\varphi,\tag{9.27a}$$

$$0 = (\partial_t + \mathcal{L}^{\mu,V})h_1 + \frac{1}{k}\left(h_2 + \frac{1}{2}b\right)h_1 + 2\varphi(\mathfrak{N} - \rho V), \tag{9.27b}$$

$$0 = (\partial_t + \mathcal{L}^{\mu,V})h_0 + \frac{1}{4k}(h_1)^2 - \varphi(\mathfrak{N} - \rho V)^2. \tag{9.27c}$$

正如 9.2 节中, 上面每个方程都是一个线性 PIDE, 并包含一个关于其他 PIDE 方程解的非线性源项. 这些方程循序互相依赖, 即 h_2 与其他项无关, h_1 只显式依赖于 h_2, 而 h_0 只依赖于 h_1. 因此, 它们可以被依次求解.

现在, 注意到关于 h_2 的方程 (9.27a) 不含有关于 V 的源项, 而且终端条件也不依赖于 V, 因此方程的解也应该与 V 无关. 因此必须求解下面的 Riccati 方程

$$0 = \partial_t h_2 + \frac{1}{k}\left(h_2 + \frac{1}{2}b\right)^2 - \varphi,$$

这个方程可以显式求解, 在 (6.25) 中我们给出了求解一个类似 ODE 的详细步骤, 结果为

$$h_2(t) = \sqrt{k\varphi}\frac{1 + \zeta e^{2\xi(T-t)}}{1 - \zeta e^{2\xi(T-t)}} - \frac{1}{2}b, \tag{9.28}$$

其中

$$\xi = \sqrt{\frac{\varphi}{k}} \quad 和 \quad \zeta = \frac{\alpha - \frac{1}{2}b + \sqrt{k\varphi}}{\alpha - \frac{1}{2}b - \sqrt{k\varphi}}. \tag{9.29}$$

接下来要做的是求解 h_1, 但我们暂时推迟一下, 现在先关注在已知这些方程的解后, 最优交易速度的形式. 一旦我们有了这些表达式, 在下面的几小节中我们将作出具体的模型假设, 并求解 h_1 的显式表达式和一般情形的一个概率表达. 像之前一样, h_0 不在最优控制中出现, 因此尽管可以得到一个解析表达式, 我们并不试图求解它.

把这个结果代入上面最优清算速度的表达式中, 我们可以得到反馈形式的最优交易速度

$$\boxed{\nu_t^* = -\frac{1}{2k}\left\{h_1(t,\mu_t,V_t) + 2\left(h_2(t) + \frac{1}{2}b\right)Q_t^{\nu^*}\right\},} \tag{9.30}$$

其中 $h_1(t,\mu,V)$ 为方程 (9.27b) 的解而且 $h_2(t)$ 在 (9.28) 中给出.

因此, 最优交易速度可以被分成两项. 第二项类似 (6.27) 中 AC-型的解, 其中对 POCV 偏移量的惩罚起到了 AC-型设定中紧迫性参数的作用. 第一项调整了策略以把到当前时刻为止的交易速度和交易量考虑在内. 它的具体形式依赖于对 μ 和 V 的具体模型假设. 但是无论在什么情况下, 当 $t \to T$ 时由于终端条件 $h_1(T,\mu,V) = 0$ 的存在, 这一项的重要性都会趋于零, 而且代理商的交易会越来越像 AC 解.

回想一下, 时刻 t 时的库存 $Q_t^{\nu^*}$ 满足方程 $dQ_t^{\nu^*}=-\nu_t^* dt$, 因此

$$dQ_t^{\nu^*}=\frac{1}{2k}\left\{h_1(t,\mu_t,V_t)+2\left(h_2(t)+\frac{1}{2}b\right)Q_t^{\nu^*}\right\}dt. \tag{9.31}$$

为了显式求解这个 ODE, 我们首先把 (9.31) 与下面的积分因子相乘

$$\exp\left\{-\frac{1}{\kappa}\int\left(h_2(t)+\frac{1}{2}b\right)\,dt\right\},$$

并得到 ODE

$$d\left(e^{-\frac{1}{\kappa}\int(h_2(t)+\frac{1}{2}b)dt}Q_t^{\nu^*}\right)=e^{-\frac{1}{\kappa}\int(h_2(t)+\frac{1}{2}b)dt}\frac{1}{2k}h_1(t,\mu_t,V_t)dt. \tag{9.32}$$

利用 (9.28) 并回想 $\xi=\sqrt{\varphi/k}$, 可以显式计算积分因子中的积分项:

$$\begin{aligned}\frac{1}{\kappa}\int\left(h_2(t)+\frac{1}{2}b\right)dt&=\xi\int\frac{1+\zeta e^{2\xi(T-t)}}{1-\zeta e^{2\xi(T-t)}}dt \qquad (9.33)\\&=\xi\int\frac{e^{-2\xi(T-t)}}{e^{-2\xi(T-t)}-\zeta}dt+\xi\int\frac{\zeta e^{2\xi(T-t)}}{1-\zeta e^{2\xi(T-t)}}dt\\&=\frac{1}{2}\log\left[\left(e^{-2\xi(T-t)}-\zeta\right)\left(1-\zeta e^{2\xi(T-t)}\right)\right]\\&=\frac{1}{2}\log\left[e^{2\xi(T-t)}\left(e^{-2\xi(T-t)}-\zeta\right)^2\right]\\&=\log\left[e^{-\xi(T-t)}-\zeta e^{\xi(T-t)}\right], \qquad (9.34)\end{aligned}$$

接下来把 (9.32) 从 0 到 t 积分, 可以得到

$$\boxed{\begin{aligned}Q_t^{\nu^*}=&\frac{\zeta e^{\xi(T-t)}-e^{-\xi(T-t)}}{\zeta e^{\xi T}-e^{-\xi T}}\mathfrak{N}\\&+\frac{1}{2k}\int_0^t\frac{\zeta e^{\xi(T-t)}-e^{-\xi(T-t)}}{\zeta e^{\xi(T-u)}-e^{-\xi(T-u)}}h_1(u,\mu_u,V_u)du.\end{aligned}} \tag{9.35}$$

从这个表达式里我们可以立刻看出第一项代表了 AC-类的最优持股, 而第二项考虑了交易量的波动. 如果我们考虑一种极限情形, 即代理商惩罚所有没能完全清算库存的策略 (在 $\alpha\to+\infty$ 时有 $\zeta\to 1$), 那么

$$Q_t^{\nu^*}\xrightarrow{\alpha\to+\infty}\frac{\sinh(\xi(T-t))}{\sinh(\xi T)}\mathfrak{N}+\int_0^t\frac{\sinh(\xi(T-t))}{\sinh(\xi(T-u))}\lim_{\alpha\to\infty}\frac{1}{2k}h_1(u,\mu_u,V_u)\,du.$$

接下来我们展示交易量服从复合泊松过程时的最优清算速度和库存路径. 后面在 9.3.2 小节中我们假设交易量增量归因于服从 OU-型过程 (如 (9.14)) 的交易速度最后, 在 9.3.3 小节中我们会提供一个一般解, 不再要求交易速度或交易量的某种具体形式. 因此, 接下来的两小节为 9.3.3 小节导出的一般解的特殊情形.

9.3.1 交易量复合泊松模型

在 9.2.2 小节中, 我们通过图 9.3 考察了交易量交易速度, 图里展示了对 AAPL 在 2011 年 1 月 5 号 10:00 到 10:30 间的交易量交易速度的估计. 计算方法是统计每 30s 和 10s 的交易量并折算到 1 分钟. 正如图 9.3 中展示的, 一个合理的一阶模型是交易量表现为一些会持续一会儿 (比如几秒) 然后衰减到零的爆发. 在这一节中我们交易量建模为一个标值点过程:

$$V_t = \sum_{n=1}^{N_t} \eta_n, \tag{9.36}$$

其中 N_t 为强度 λ 的齐次泊松过程, $\{\eta_1, \eta_2, \cdots\}$ 是非负 i.i.d. 随机变量, 有分布函数 F 和有限一阶矩, 且独立于 N_t 和驱动中间价的布朗运动. 在这种情形下, 没有交易量速度过程 μ_t, 因此价值函数是关于 t, x, S, V 和 q 的函数.

在这种交易量模型下, V 的无穷小生成元作用在下面的价值函数上:

$$\mathcal{L}^V H(t,x,S,V,q) = \lambda \mathbb{E}[H(t,x,S,V+\eta,q) - H(t,x,S,V,q)], \tag{9.37}$$

其中 $\mathbb{E}$ 为关于分布为 F 的随机变量 η 的期望.

在上一节里我们导出了最优策略的一般形式 (9.30), 唯一的模型依赖项来自 $h_1(t,\mu,V)$, 而这个函数在当前假设下是关于 V 的函数. 因此, 在复合泊松模型下, 我们需要求解

$$0 = \partial_t h_1 + \lambda \mathbb{E}[h_1(t,V+\eta) - h_1(t,V)] + \frac{1}{k}\left(h_2 + \frac{1}{2}b\right) h_1 - 2\varphi(\rho\mu - \mathfrak{N}), \tag{9.38}$$

而且由于源项关于 V 为线性的, 我们作出如下拟设解

$$h_1(t,V) = \ell_0(t) + \ell_1(t)V.$$

终端条件 $h_1(T,V) = 0$ 表明 $\ell_0(T) = \ell_1(T) = 0$, 把这个关于 h_1 的拟设代回 (9.38), 方程可以化简为

$$0 = \left\{\partial_t \ell_0 + \frac{1}{k}\left(h_2 + \frac{1}{2}b\right)\ell_0 + \psi\ell_1 + 2\varphi\mathfrak{N}\right\} + \left\{\partial_t \ell_1 + \frac{1}{k}\left(h_2 + \frac{1}{2}b\right)\ell_1 + \psi\ell_1 - 2\varphi\rho\right\} V.$$

由于上面的方程必须对每一个 V 都成立, 大括号中的每一项都要为零, 相应导出了关于 ℓ_0 和 ℓ_1 的两个简单的 ODE.

我们首先求解关于 $\ell_1(t)$ 的 ODE. 像前面一样, 我们使用积分因子技巧并得到

$$d\left(\exp\left\{\frac{1}{k}\int\left(h_2 + \frac{1}{2}b\right)dt\right\}\ell_1\right) = 2\varphi\rho \exp\left\{\frac{1}{k}\int\left(h_2 + \frac{1}{2}b\right)dt\right\}dt.$$

下面使用 (9.34) 中对积分因子的显式表达式, 从 t 到 T 积分, 并利用边界条件 $\ell_1(T)=0$, 可以得到

$$\ell_1(t)=\frac{-2\varphi\rho}{\xi(\zeta e^{\xi(T-t)}-e^{-\xi(T-t)})}\left(\zeta e^{\xi(T-t)}+e^{-\xi(T-t)}-\zeta-1\right),$$

其中常数 ζ 和 ξ 的定义见 (9.29).

为了求解 $\ell_0(t)$, 我们像上面一样处理, 有

$$d\left(e^{\frac{1}{\kappa}\int\left(h_2(t)+\frac{1}{2}b\right)dt}\ell_0(t)\right)=-(2\varphi\mathfrak{N}+\psi\ell_1(t))e^{\frac{1}{\kappa}\int\left(h_2(t)+\frac{1}{2}b\right)dt}dt. \tag{9.39}$$

上面已经求解过一个类似的 ODE, 因此这里只需计算一个新出现项的积分

$$\begin{aligned}&\int_t^T e^{\frac{1}{\kappa}\int\left(h_2(u)+\frac{1}{2}b\right)du}\ell_1(u)\,du\\=&\frac{2\varphi\rho}{\xi}\int_t^T\left(\zeta e^{\xi(T-u)}+e^{-\xi(T-u)}-\zeta-1\right)\,du\\=&\frac{2\varphi\rho}{\xi^2}\left(\zeta e^{\xi(T-t)}-e^{-\xi(T-t)}-\xi(\zeta+1)(T-t)+1-z\right).\end{aligned}$$

现在把所有结果合起来, 我们得到

$$\begin{aligned}\ell_0(t)=&\frac{2\varphi\mathfrak{N}}{\xi(\zeta e^{\xi(T-t)}-e^{-\xi(T-t)})}\left(\zeta e^{\xi(T-t)}+e^{-\xi(T-t)}-\zeta-1\right)\\&-\frac{2\psi\varphi\rho}{\xi^2}\frac{\left(\zeta e^{\xi(T-t)}-e^{-\xi(T-t)}-\xi(\zeta+1)(T-t)+1-\zeta\right)}{\zeta e^{\xi(T-t)}-e^{-\xi(T-t)}}\\=&-\frac{\mathfrak{N}}{\rho}\ell_1(t)+\frac{2\psi\varphi\rho}{\xi^2}\frac{\left(\zeta e^{\xi(T-t)}-e^{-\xi(T-t)}-\xi(\zeta+1)(T-t)+1-\zeta\right)}{e^{-\xi(T-t)}-\zeta e^{\xi(T-t)}}.\end{aligned}$$

把 h_1 和 h_2 代入 (9.31) 和 (9.35) 就可以得到最优清算速度和库存路径.

9.3.2 随机均值回归交易量速度

在这一节中我们采用 9.2.2 小节中的交易量交易速度模型. 回想一下, 市场参与者中其他卖方的累计交易量为

$$V_t=\int_0^t \mu_u du, \tag{9.40}$$

而且我们假设交易速度 μ_t 为 (9.14), 为了方便起见我们在这里重复一下:

$$d\mu_t=-\kappa\mu_t dt+\eta_{1+N_{t-}}dN_t.$$

前面我们导出了最优策略的一般形式, 唯一的模型依赖项来自满足 (9.27b) 的函数 $h_1(t,\mu,V)$. 在当前模型假设下, 联合速度和交易量的无穷小生成元作用在

$h_1(t,\mu,V)$ 上的结果如下:

$$\mathcal{L}^{\mu,V}h_1(t,\mu,V)=(\mu\partial_V-\kappa\mu\partial_\mu)h_1(t,\mu,V)+\lambda\mathbb{E}[h_1(t,\mu+\eta,V)-h_1(t,\mu,V)],$$

其中的期望是关于分布 F 的随机变量 η. 由于生成元的仿射性质和终端条件 $h_1(t,\mu,V)=0$ 为常数, 我们使用仿射拟设

$$h_1(t)=\ell_0(t)+\ell_1(t)V+\ell_2(t)\mu, \tag{9.41}$$

以及终端条件 $\ell_i(T)=0$, $i=0,1,\ 2$. 因此, (9.27b) 化简为求解关于 $\ell_i(t)$ 的一组耦合 ODE

$$0=\partial_t\ell_1+\frac{1}{k}\left(h_2+\frac{1}{2}b\right)\ell_1-2\varphi\rho, \tag{9.42a}$$

$$0=\partial_t\ell_2+\left(\frac{1}{k}\left(h_2+\frac{1}{2}b\right)-\kappa\right)\ell_2+\ell_1, \tag{9.42b}$$

$$0=\partial_t\ell_0+\psi\ell_2+\frac{1}{k}\left(h_2+\frac{1}{2}b\right)\ell_0+2\varphi\mathfrak{N}, \tag{9.42c}$$

这里 h_2 由 (9.28) 给出.

为了求解 ℓ_1 我们再一次利用积分因子技巧, 把 (9.42a) 写作

$$d\left(e^{\frac{1}{k}\int\left(h_2+\frac{1}{2}b\right)dt}\ell_1\right)=2\varphi\rho e^{\frac{1}{k}\int\left(h_2+\frac{1}{2}b\right)dt}, \tag{9.43}$$

利用 (9.33), 从 t 到 T 到积分, 并利用终端条件 $\ell_1(T)=0$, 可以得到

$$\ell_1(t)=\frac{2\varphi\rho}{e^{-\xi(T-t)}-\zeta e^{\xi(T-t)}}\left(e^{-\xi(T-t)}-\zeta e^{\xi(T-t)}+\zeta-1\right), \tag{9.44}$$

其中 ζ 和 ξ 由 (9.29) 给出.

类似地, 在直接但繁琐的计算之后, 求解 (9.42b) 得到

$$\begin{aligned}\ell_2(t)=&\frac{2\varphi\rho}{\zeta e^{(\kappa+\xi)(T-t)}-e^{(\kappa-\xi)(T-t)}}\\&\times\left(\frac{e^{(\kappa-\xi)(T-t)}-1}{\kappa-\xi}+\frac{\zeta}{\kappa+\xi}\left(1-e^{(\kappa+\xi)(T-t)}\right)+\frac{1-\zeta}{\kappa}\left(1-e^{\kappa(T-t)}\right)\right).\end{aligned}$$

最后, 由于已有 $\ell_2(t)$, 我们把求解 (9.42c) 以得到 $\ell_0(t)$ 的任务留给读者.

9.3.3 概率表示

在前面两小节中, 我们分析了交易量到达速度的两种模型设定并得到了显式解析表达式. 事实上, 在一般假设下导出函数 h_1 的一般形式也是可行的. 首先, 让我们重申 h_1 所满足的方程:

$$0=(\partial_t+\mathcal{L}^{\mu,V})h_1+\frac{1}{k}\left(h_2+\frac{1}{2}b\right)h_1+2\varphi(\mathfrak{N}-\rho V),$$

终端条件为 $h_1(T,\mu,V)=0$, 且回想一下 h_2 为 (9.28) 中的确定性函数. 这是关于 h_1 的线性 PIDE, 其中 $h_2+\dfrac{1}{2}b$ 充当有效贴现率, $2\varphi(\mathfrak{N}-\rho V)$ 为势项 (或源项). 这样一个方程的一般解可由 Feynman-Kac 定理表示, 因此有

$$\begin{aligned}h_1(t,\mu,V)&=2\varphi\mathbb{E}_{t,\mu,V}\left[\int_t^T\exp\left\{\frac{1}{k}\int_t^u\left(h_2(s,\mu_s,V_s)+\frac{1}{2}b\right)\,ds\right\}(\mathfrak{N}-\rho V_u)\,du\right]\\&=2\varphi\mathbb{E}_{t,\mu,V}\left[\int_t^T\exp\left\{\sqrt{\frac{\varphi}{k}}\int_t^u\frac{1+\zeta e^{2\xi(T-s)}}{1-\zeta e^{2\xi(T-s)}}\,ds\right\}(\mathfrak{N}-\rho V_u)\,du\right].\end{aligned}$$

用 (9.34) 计算指数中的积分, 我们可以写出

$$\begin{aligned}h_1(t,\mu,V)&=2\varphi\mathbb{E}_{t,\mu,V}\left[\int_t^T\left(\frac{\zeta e^{\xi(T-u)}-e^{-\xi(T-u)}}{\zeta e^{\xi(T-t)}-e^{-\xi(T-t)}}\right)(\mathfrak{N}-\rho V_u)\,du\right]\\&=2\varphi\int_t^T g(t,u)(\mathfrak{N}-\rho\mathbb{E}_{t,\mu,V}[V_u])\,du,\end{aligned}$$

其中

$$g(t,u)=\left(\frac{\zeta e^{\xi(T-u)}-e^{-\xi(T-u)}}{\zeta e^{\xi(T-t)}-e^{-\xi(T-t)}}\right).$$

把这个表达式代入最优策略, 我们得到了以 POCV 为目标的代理商的一般表示:

$$\boxed{\begin{aligned}\nu_t^*=\xi&\left(\frac{\zeta e^{\xi(T-t)}+e^{-\xi(T-t)}}{\zeta e^{\xi(T-t)}-e^{-\xi(T-t)}}\right)Q_t^{\nu^*}\\&-\xi^2\int_t^T g(t,u)(\mathfrak{N}-\rho\mathbb{E}[V_u\mid\mathcal{F}_t^{\mu,V}])\,du.\end{aligned}}\tag{9.45}$$

而且, 把 h_1 的表达式代入最优库存 (9.35) 可以得到

$$\boxed{\begin{aligned}Q_t^{\nu^*}=&\left(\frac{\zeta e^{\xi(T-t)}-e^{-\xi(T-t)}}{\zeta e^{\xi T}-e^{-\xi T}}\right)\mathfrak{N}\\&+\xi^2\int_0^t\int_s^T g(s,u)(\mathfrak{N}-\rho\mathbb{E}\left[V_u\mid\mathcal{F}_s^{\mu,V}\right])\,duds.\end{aligned}}\tag{9.46}$$

为了直观地理解这个结果, 我们考虑代理商希望完全清算的极限情形, 即在 $\alpha\to\infty$ 时, 有 $\zeta\xrightarrow{\alpha\to\infty}1$. 这种场景下, 整个时间持有的最优库存简化为

$$\begin{aligned}Q_t^{\nu^*}\xrightarrow{\alpha\to\infty}&\frac{\sinh(\xi(T-t))}{\sinh(\xi T)}\mathfrak{N}\\&+\xi^2\int_0^t\int_s^T\frac{\sinh(\xi(T-u))}{\sinh(\xi(T-s))}(\mathfrak{N}-\rho\mathbb{E}\left[V_u\mid\mathcal{F}_s^{\mu,V}\right])\,duds.\end{aligned}$$

正如上式展示的那样, 第一项为典型 AC 策略, 而且第二项对策略相对 POCV 的偏离做了校正.

9.4 其他交易者的影响

到目前为止我们都假设其他交易者的交易量不影响中间价, 但是清算的代理商的交易却会影响. 这一点有些前后矛盾. 在这一节里, 我们假设来自所有市场参与者 (包括代理商本身) 的 MO 会对满足如下 SDE 的中间价造成一个永久性冲击

$$dS_t^\nu = b(\mu_t^+ - (\nu_t + \mu_t^-))dt + \sigma dW_t,$$

其中 $\mu_t^\pm$ 表示其他交易者发送的买入和卖出 MO 的交易速度, 而 $\nu_t > 0$ 为代理商的清算速度. 如果代理商是在收购股份, 那么他的交易速度会与 SDE 的漂移项相加, 反之相减. 另外, $b > 0$ 代表交易对中间价的永久性冲击. 像之前一样, 假设代理商的执行价格 $\hat{S}_t^\nu$ 关于他的交易速度为线性, 从而

$$\hat{S}_t^\nu = S_t^\nu - k\nu_t.$$

这里, 我们假设代理商的目标是跟踪卖出交易的交易量速度, 而且我们把跟踪以累计交易量为目标的情形留给读者, 见习题 E.9.3. 在这种情形里, 他的性能指标为

$$H^\nu(t, x, S, \boldsymbol{\mu}, q) = \mathbb{E}_{t,x,S,\boldsymbol{\mu},q}\left[X_T^\nu + Q_T^\nu(S_T^\nu - \alpha Q_T^\nu) - \varphi\int_t^T (\nu_u - \rho\mu_u^-)^2\, du\right],$$

其中 $\boldsymbol{\mu} = \{\mu^+, \mu^-\}$, 而且他的价值函数为

$$H(t, x, S, \boldsymbol{\mu}, q) = \sup_{\nu\in\mathcal{A}} H^\nu(t, x, S, \boldsymbol{\mu}, q).$$

应用动态规划原理, 得到价值函数应满足下面的 DPE

$$\begin{aligned}0 = &\left(\partial_t + \frac{1}{2}\sigma^2\partial_{SS} + \mathcal{L}^{\boldsymbol{\mu}}\right)H \\ &+ \sup_\nu\Big\{(S - k\nu)\nu\partial_x H - \nu\partial_q H \\ &+ b((\mu^+ - \mu^-) - \nu)\partial_S H - \varphi(\nu - \rho\mu^-)^2\Big\},\end{aligned} \tag{9.47}$$

其中 $\mathcal{L}^{\boldsymbol{\mu}}$ 为 $\boldsymbol{\mu}$ 的无穷小生成元. 这个 DPE 和无冲击情形 (见 (9.5)) 的唯一区别是 $b(\mu^+ - \mu^-)\partial_S H$ 一项, 它并不会直接影响在反馈形式中关于代理商交易 ν 的最优性——但是它会改变价值函数, 并因此改变 ν^* 的显式形式.

我们再次应用下面的拟设解

$$H(t, x, S, \boldsymbol{\mu}, q) = x + qS + h(t, \boldsymbol{\mu}, q),$$

其中 h 依赖于交易速度 μ^+ 和 μ^-, 终端条件为 $h(T,\boldsymbol{\mu},q) = -\alpha q^2$. 代入上面的 DPE, 我们发现 h 必须满足

$$\begin{aligned}0 =& (\partial_t + \mathcal{L}^{\boldsymbol{\mu}})h + b(\mu^+ - \mu^-)q \\ &+ \sup_{\nu}\left\{-k\nu^2 - (\partial_q h + bq)\nu - \varphi(\nu - \rho\mu^-)^2\right\}.\end{aligned} \tag{9.48}$$

求解一阶条件得到了反馈形式的最优交易速度

$$\nu^* = \frac{-(\partial_q h + bq) + 2\varphi\rho\mu^-}{2(k+\varphi)}, \tag{9.49}$$

代回 DPE, 我们发现 h 应满足下面的非线性方程:

$$0 = (\partial_t + \mathcal{L}^{\boldsymbol{\mu}})h + b(\mu^+ - \mu^-)q + \frac{1}{4(k+\varphi)}(\partial_q h + bq - 2\varphi\rho\mu^-)^2 - \varphi\rho^2(\mu^-)^2.$$

把这个方程与没有来自其他交易者的冲击的情形 (9.8) 相比较, 为简便起见这里重写一下

$$0 = (\partial_t + \mathcal{L}^{\mu})h + \frac{1}{4(k+\varphi)}(\partial_q h + bq - 2\varphi\rho\mu)^2 - \varphi\rho^2(\mu)^2,$$

我们看到主要区别就是代理商现在必须同时考虑买方和卖方交易速度, 并且增加的一项 $b(\mu^+ - \mu^-)q$ 使得代理商能察觉到任一交易方向净交易造成的资产漂移.

为了求解 h 的这个非线性方程, 我们再次观察 PDE 的仿射性质和终端条件, 引出了如下拟设

$$h(t,\boldsymbol{\mu},q) = h_0(t,\boldsymbol{\mu}) + h_1(t,\boldsymbol{\mu})q + h_2(t,\boldsymbol{\mu})q^2,$$

以及终端条件 $h_0(T,\boldsymbol{\mu}) = h_1(T,\boldsymbol{\mu}) = 0$ 和 $h_2(T,\boldsymbol{\mu}) = -\alpha$. 代入这个拟设, 把 q 的同阶项放在一起, 我们发现 h_i 满足耦合的方程组

$$0 = (\partial_t + \mathcal{L}^{\boldsymbol{\mu}})h_2 + \frac{\left(h_2 + \frac{1}{2}b\right)^2}{k+\varphi}, \tag{9.50a}$$

$$0 = (\partial_t + \mathcal{L}^{\boldsymbol{\mu}})h_1 + \frac{h_1 - 2\varphi\rho\mu^-}{k+\varphi}\left(h_2 + \frac{1}{2}b\right) + b(\mu^+ - \mu^-), \tag{9.50b}$$

$$0 = (\partial_t + \mathcal{L}^{\boldsymbol{\mu}})h_0 + \frac{1}{4(k+\varphi)}(h_1 - 2\varphi\rho\mu^-)^2 - \varphi\rho^2(\mu^-)^2. \tag{9.50c}$$

我们看到 h_2 满足 (9.50a), 与忽略其他代理商冲击时的方程相同, 而且它的解由 (9.11) 给出, 这里出于方便起见也重复写一下:

$$h_2(t,\boldsymbol{\mu}) = -\left(\frac{T-t}{k+\varphi} + \frac{1}{\alpha - \frac{1}{2}b}\right)^{-1} - \frac{1}{2}b.$$

像之前一样, 这个表达式与其他代理商的交易速度无关, 且对应于一个 TWAP-型的交易策略. 在下一节, 我们关注如何在一般假设下计算 h_1.

9.4.1 概率表示

在一般情形, 我们可以再一次应用 Feynman-Kac 公式并写出 (9.50b) 的解

$$h_t(t,\boldsymbol{\mu}) = \mathbb{E}_{t,\boldsymbol{\mu}}\left[\int_t^T e^{\int_t^s \tilde{h}_2(u,\boldsymbol{\mu}_u)du}\left\{-2\varphi\rho\tilde{h}_2(s,\boldsymbol{\mu}_s)\mu_s^- + b(\mu_s^+ - \mu_s^-)\right\}\,ds\right],$$

其中 $\tilde{h}_2(t,\boldsymbol{\mu}_t) := \dfrac{1}{k+\varphi}\left(h_2(t,\boldsymbol{\mu}_t)+\dfrac{1}{2}b\right)$. 上面的表达式可以被简化, 如果我们注意到

$$e^{\int_t^s \tilde{h}_2(u,\boldsymbol{\mu}_u)du} = \exp\left\{-\frac{1}{k+\varphi}\int_t^s\left(\frac{T-s}{k+\varphi}+\frac{1}{\alpha-\frac{1}{2}b}\right)^{-1}ds\right\} = \frac{(T-s)+\zeta}{(T-t)+\zeta},$$

其中

$$\zeta = \frac{k+\varphi}{\alpha-\frac{1}{2}b}.$$

把这个积分代入上面 h_1 的表达式, 并交换期望和积分顺序, 我们得到

$$h_t(t,\boldsymbol{\mu}) = \varphi\rho\int_t^T \frac{\mathbb{E}_{t,\boldsymbol{\mu}}[\mu_s^-]}{(T-t)+\zeta}\,ds + b\int_t^T\left(\frac{(T-s)+\zeta}{(T-t)+\zeta}\right)\mathbb{E}_{t,\boldsymbol{\mu}}[\mu_s^+ - \mu_s^-]\,ds.$$

正如上面公式所展示的, 第一项对应与代理商交易方向相同 (即卖出交易) 的单边交易, 而第二项考虑了买单和卖单的不平衡. 两项都关于交易剩余期限积分并对期望卖出/不平衡交易速度通过时间加权. 第一项计算了未来卖出速度的平均值, 而第二项给了早期的交易更大的权重——由于那些交易有更多的时间来对中间价造成冲击.

回想一下, 代理商的最优交易速度由 (9.49) 给出, 它可以根据 h_i 化简为

$$\nu_t^* = -\frac{1}{k+\varphi}\left(h_2(t,\boldsymbol{\mu}_t)+\frac{1}{2}b\right)Q_t^{\nu^*} + \frac{1}{2(k+\varphi)}(2\varphi\rho\mu_t^- - h_1(t,\boldsymbol{\mu}_t)).$$

代入上面的结果, 我们最终得到

$$\boxed{\begin{aligned}\nu_t^* =& \frac{Q_t^{\nu^*}}{(T-t)+\zeta} + \frac{\varphi}{k+\varphi}\rho\left\{\mu_t^- - \frac{\int_t^T \mathbb{E}[\mu_s^- \mid \mathcal{F}_t^{\boldsymbol{\mu}}]ds}{(T-t)+\zeta}\right\}\\ &- \frac{b}{k+\varphi}\frac{\int_t^T((T-t)+\zeta)\mathbb{E}[(\mu_s^+ - \mu_s^-)\mid\mathcal{F}_t^{\boldsymbol{\mu}}]ds}{(T-t)+\zeta}.\end{aligned}} \tag{9.51}$$

为了理解清算策略的运作, 我们看到前两项与不考虑其他交易者冲击的情形完全相同, 见 (9.19) 和随后的讨论. (9.51) 右边新的一项的作用是根据代理商对从当前到交易期限终止这段时间净订单流的期望来调整交易. 如果当前没有不平衡 ($\mu_t^+ = \mu_t^-$), 他的清算速度就跟 (9.19) 一样. 如果买入交易过剩, 他会降低交易速度等待中间价升高, 然后再清算剩余订单. 如果当前是卖单过剩, 他会出于两个原因加速交易: (i) 因为他必须符合卖方的 POV; (ii) 市场上其他卖单的行动将使得价格下跌, 如果他选择等待的话盈利会减少, 因此他会试图在现在而不是之后去清算订单的更多部分.

9.4.2　例子: 随机均值回归的交易量

一个很有帮助的做法是给出一个具体的例子, 我们来从中导出最优清算速度的简单解析表达式. 假设买入和卖出交易量的到达是互相独立的, 且满足 SDE

$$d\mu_t^{\pm} = -\kappa\mu_t^{\pm}dt + \eta_{1+N_{t-}^{\pm}}dN_t^{\pm},$$

其中 $N_t^{\pm}$ 为强度为 λ 的独立泊松过程, 而 $\{\eta_1^{\pm}, \eta_2^{\pm}, \cdots\}$ 为分布函数为 F 的独立同分布随机变量, 用于代表交易量中的跳跃, 且与 $N_t^{\pm}$ 和驱动中间价的布朗运动 W_t 相独立. 在这种设定下, 模型假定买入/卖出速度为两个独立的跳跃 Ornstein-Uhlenbeck (OU) 过程.

我们可以通过引入积分因子并令 $\mu_t^{\pm} = e^{-\kappa t}\tilde{\mu}_t^{\pm}$ 来显式地求解上面的 SDE:

$$d\tilde{\mu}_t^{\pm} = e^{\kappa t}\eta_{1+N_{t-}^{\pm}}dN_t^{\pm}.$$

因此, 我们可以把交易速度写作

$$\tilde{\mu}_s^{\pm} - \tilde{\mu}_t^{\pm} = \int_t^s e^{\kappa u}\eta_{1+N_{u-}^{\pm}}dN_u^{\pm},$$

从而对 $s > t$, 有

$$\mu_s^{\pm} = e^{-\kappa(s-t)}\mu_t^{\pm} + \int_t^s e^{-\kappa(s-u)}\eta_{1+N_{u-}^{\pm}}dN_u^{\pm}.$$

这个最优交易速度的表达式中只需要已知当前交易速度时的期望交易速度. 为了得到这个量, 我们对 $s > t$ 计算

$$\begin{aligned}
\mathbb{E}_{t,\mu}[\mu_s^{\pm}] &= e^{-\kappa(s-t)}\mu_t^{\pm} + \int_t^s e^{-\kappa(s-u)}\mathbb{E}[\eta]\lambda du \\
&= e^{-\kappa(s-t)}\mu_t^{\pm} + \frac{\lambda\mathbb{E}[\eta]}{\kappa}\left(1 - e^{-\kappa(s-t)}\right) \\
&= e^{-\kappa(s-t)}\left(\mu_t^{\pm} - \frac{\lambda\mathbb{E}[\eta]}{\kappa}\right) + \frac{\lambda\mathbb{E}[\eta]}{\kappa}.
\end{aligned}$$

接下来, 把这个结果代回最优交易速度的表达式 (9.51), 并计算其中的积分, 导出 (其中 $\tau := T - t$)

$$\nu_t^* = \frac{Q_t^{\nu^*}}{\tau+\zeta} + \frac{\varphi}{k+\varphi}\rho\left\{\mu_t^- - \frac{\int_t^T \left(e^{-\kappa(s-t)}\left(\mu_t^- - \frac{\lambda\mathbb{E}[\eta]}{\kappa}\right) + \frac{\lambda\mathbb{E}[\eta]}{\kappa}\right)ds}{\tau+\zeta}\right\}$$

$$+ \frac{b}{k+\varphi}\frac{\int_t^T ((T-s)+\zeta)e^{-\kappa(s-t)}ds}{\tau+\zeta}(\mu_t^+ - \mu_t^-)$$

$$= \frac{Q_t^{\nu^*}}{\tau+\zeta} + \frac{\varphi}{k+\varphi}\rho\left\{\mu_t^- - \frac{\frac{1-e^{-\kappa\tau}}{\kappa}\left(\mu_t^- - \frac{\lambda\mathbb{E}[\eta]}{\kappa}\right) + \frac{\lambda\mathbb{E}[\eta]}{\kappa}\tau}{\tau+\zeta}\right\}$$

$$+ \frac{b}{k+\varphi}\frac{(1-\kappa\zeta)e^{-\kappa\tau} + \kappa(\tau+\zeta) - 1}{\kappa^2(\tau+\zeta)}(\mu_t^+ - \mu_t^-).$$

9.5 效用最大化

本节中代理商的目标是最大化财富终值的期望效用, 且同时保持 POV 的目标. 设置与 9.2 节中相同, 代理商的偏好由指数效用 $U(x) = -e^{-\gamma x}$ 描述. 如果代理商忽略 POV 的目标, 他的性能指标为

$$H^\nu(t,x,S,\mu,q) = \mathbb{E}_{t,x,S,\mu,q}[-e^{-\gamma(X_T^\nu + Q_T^\nu(S_T^\nu - \alpha Q_T^\nu))}].$$

问题是如何在维持问题易处理的情况下引入一个 POV 惩罚项. 一个朴素的回答就是像之前一样简单的加上一个惩罚项, 例如考虑如下性能指标

$$H^\nu(t,x,S,\mu,q) = \mathbb{E}_{t,x,S,\mu,q}\left[-e^{-\gamma(X_T^\nu + Q_T^\nu(S_T^\nu - \alpha Q_T^\nu))} - \varphi\int_t^T (\nu_u - \rho\mu_u)^2 du\right],$$

其中 μ_t 为其他代理商的 (卖出) 交易速度, $0 < \rho < 1$ 为代理商目标的交易速度占比, 且 $\varphi \geqslant 0$ 为目标惩罚参数.

然而, 这个方法并不能得到易分析的结果. 主要原因是指数效用和线性惩罚在某种意义上不兼容, 且在这里即便是现金过程也不能解决这个问题. 作为替代, 我们考虑递归跨期加性惩罚. 格式上我们定义价值函数为如下递归的连续极限

$$H_t = \sup_\nu \mathbb{E}[H_{t+\Delta t} + \varphi\gamma H_{t+\Delta t}(\nu_t - \rho\mu_t)^2\Delta t],$$

终端条件为 $H_T = \mathbb{E}[-e^{-\gamma(X_T^\nu + Q_T^\nu(S_T^\nu - \alpha Q_T^\nu))}]$. 也可以把它看作一个随机微分效用, 详见文献 (Duffie and Epstein, 1992).

通过采取这种方式, 当代理商想要在以 POV 为目标的同时最优的清算股份时, 他的性能指标为

$$H^\nu(t,x,S,\mu,q) = \mathbb{E}_{t,S,\mu,q}\bigg[-e^{-\gamma(X_T^\nu+Q_T^\nu(S_T^\nu-\alpha Q_T^\nu))} + \varphi\gamma\int_t^T(\nu_u-\rho\mu_u)^2 H^\nu(u,X_u^\nu,S_u^\nu,\mu_u,Q_u^\nu)\,du\bigg],$$

且他的价值函数为

$$H(t,x,S,\mu,q) = \sup_{\nu\in\mathcal{A}} H^\nu(t,x,S,\mu,q).$$

注意到惩罚项在积分前为正号. 原因是 H 本身为负的, 因此这一项的确是一个惩罚. 距 POV 的偏差由当时的价值函数缩放, 因此若当时在状态空间有很多价值, 代理商将抗拒偏离 POV, 而在状态空间价值很小的时候, 如果能增加价值的话代理商乐意偏离 POV.

应用动态规划原理表明价值函数应当满足 DPE

$$\left(\partial_t+\frac{1}{2}\sigma^2\partial_{SS}+\mathcal{L}^\mu\right)H + \sup_\nu\left\{(S-k\nu)\nu\partial_x H-\nu\partial_q H-b\nu\partial_S H+\varphi\gamma(\nu-\rho\mu)^2H\right\}=0$$

和终端条件 $H(T,x,S,\mu,q)=-e^{-\gamma(x+q(S-\alpha q))}$, 且上确界在

$$\nu^* = \frac{1}{2}\frac{-S\partial_x H+\partial_q H+b\partial_S H+2\gamma\varphi\rho\mu H}{-k\partial_x H+\gamma\varphi H} \tag{9.52}$$

处取得. 终端条件的形式启发我们使用拟设解

$$H=-e^{-\gamma(x+qS+h(t,\mu,q))},$$

从而导出下面关于 $h(t,\mu,q)$ 的方程:

$$0=-\mathcal{L}^\mu\left(e^{-\gamma h}\right) + \left(\gamma\partial_t h-\frac{1}{2}\sigma^2\gamma^2q^2+\gamma\frac{(bq+\partial_q h-2\varphi\rho\mu)^2}{4(k+\varphi)}-\gamma\varphi\rho^2\mu^2\right)e^{-\gamma h}, \tag{9.53}$$

以及终端条件 $h(T,\mu,q)=-\alpha q^2$.

9.5.1　求解确定性交易量的动态规划方程

我们假设其他市场参与者卖出股份的速度是一个关于时间的确定性函数, 导数为 $d\mu(t)=g(t)dt$, 因此 $\mathcal{L}^\mu H=\partial_\mu H g(t)$. 在这种情况下, 我们可以认为代理商的目标是一个可预测的交易模式, 例如图 9.2(b) 中的蓝色实线.

因此我们把 (9.53) 写作下面的形式

$$0=(\partial_t+\mathcal{L}^\mu)h+\frac{(\partial_q h+bq-2\varphi\rho\mu)^2}{4(k+\varphi)}-\varphi\rho^2\mu^2-\frac{1}{2}\sigma^2\gamma q^2. \tag{9.54}$$

注意到 (9.54) 比起 (9.8) 只多了一项 $-\frac{1}{2}\sigma^2\gamma q^2$, 因此我们像之前一样处理并作出拟设

$$h(t,\mu,q)=h_0(t,\mu)+qh_1(t,\mu)+q^2h_2(t,\mu), \tag{9.55}$$

在直接处理并把关于 q 的项集合起来后, 我们得到了下面的耦合 PIDE 系统

$$0=(\partial_t+\mathcal{L}^\mu)h_2+\frac{\left(h_2+\frac{1}{2}b\right)^2}{k+\varphi}-\frac{1}{2}\sigma^2\gamma, \tag{9.56a}$$

$$0=(\partial_t+\mathcal{L}^\mu)h_1+\frac{h_1-2\varphi\rho\mu}{k+\varphi}\left(h_2+\frac{1}{2}b\right), \tag{9.56b}$$

$$0=(\partial_t+\mathcal{L}^\mu)h_0+\frac{1}{4(k+\varphi)}(h_1-2\varphi\rho\mu)^2-\varphi\rho^2\mu^2, \tag{9.56c}$$

以及终端条件 $h_2(T)=-\alpha$, $h_1(T)=h_0(T)=0$.

注意到关于 h_2 的方程 (9.56a) 不含依赖于 μ 的源项且它的终端条件也与 μ 无关, 因此解也必须与 μ 相独立. h_2 满足的方程为可显式求解的 Riccati 型. 我们参考 Riccati 微分方程 (6.25) 解出 h_2

$$h_2(t)=\sqrt{(k+\varphi)\xi}\,\frac{1+\zeta e^{2\omega(T-t)}}{1-\zeta e^{2\omega(T-t)}}-\frac{1}{2}b,$$

其中

$$\xi=\frac{1}{2}\sigma^2\gamma,\quad \omega=\sqrt{\frac{\xi}{k+\varphi}},\quad \zeta=\frac{\alpha-\frac{1}{2}b+\sqrt{(k+\varphi)\xi}}{\alpha-\frac{1}{2}b-\sqrt{(k+\varphi)\xi}}. \tag{9.57}$$

现在我们转向求解 PIDE

$$0=\partial_t h_1-g\partial_\mu h_1+\frac{h_1-2\varphi\rho\mu}{k+\varphi}\left(h_2+\frac{1}{2}b\right), \tag{9.58}$$

终端条件为 $h_1(T)=0$. 为了求解这个方程, 我们观察 (9.58) 中的不同部分并注意到如果给出一个关于 μ 线性的拟设解:

$$h_1(t,\mu)=\ell_0(t)+\ell_1(t)\mu, \tag{9.59}$$

那么 (9.58) 变成

$$0=\left\{\partial_t\ell_0-g\ell_1+\frac{h_2+\frac{1}{2}b}{k+\varphi}\ell_0\right\}+\left\{\partial_t\ell_1+\frac{\ell_1-2\varphi\rho}{k+\varphi}\left(h_2+\frac{1}{2}b\right)\right\}\mu. \tag{9.60}$$

由于这个方程必须对所有的 μ 都成立, 因此大括号中的项必须为零. 我们需要求解两个非耦合的 ODE:

$$0 = \partial_t \ell_0 - g\ell_1 + \frac{h_2 + \frac{1}{2}b}{k+\varphi}\ell_0, \tag{9.61}$$

$$0 = \partial_t \ell_1 + \frac{\ell_1 - 2\varphi\rho}{k+\varphi}\left(h_2 + \frac{1}{2}b\right). \tag{9.62}$$

我们首先使用积分因子技巧求解 (9.61). 类似 (9.33) 的处理,

$$\begin{aligned}\frac{1}{k+\varphi}\int\left(h_2(t)+\frac{1}{2}b\right)\,dt &= \sqrt{\frac{\xi}{k+\varphi}}\int\frac{1+\zeta e^{2\omega(T-t)}}{1-\zeta e^{2\omega(T-t)}}\,dt \\ &= \log\left[e^{-\omega(T-t)} - \zeta e^{\omega(T-t)}\right].\end{aligned}$$

现在有

$$d\left(e^{\frac{1}{k+\varphi}\int\left(h_2(t)+\frac{1}{2}b\right)\,dt}\ell_1\right) = \frac{2\varphi\rho}{k+\varphi}e^{\frac{1}{k+\varphi}\int\left(h_2(t)+\frac{1}{2}b\right)\,dt}\left(h_2(t)+\frac{1}{2}b\right)dt,$$

从 t 到 T 积分:

$$\begin{aligned}&-\left(e^{-\omega(T-t)} - \zeta e^{\omega(T-t)}\right)\ell_1(t) \\ &= 2\varphi\rho\omega\int_t^T\left(e^{-\omega(T-u)} - \zeta e^{\omega(T-u)}\right)\frac{1+\zeta e^{2\omega(T-u)}}{1-\zeta e^{2\omega(T-u)}}\,du \\ &= 2\varphi\rho\left(\zeta e^{\omega(T-t)} - e^{-\omega(T-t)} + 1 - \zeta\right), \\ \ell_1(t) &= 2\varphi\rho\frac{\zeta e^{\omega(T-t)} - e^{-\omega(T-t)} + 1 - \zeta}{\zeta e^{\omega(T-t)} - e^{-\omega(T-t)}}.\end{aligned}$$

类似地, 为了求解 ℓ_0, 我们首先写出

$$d\left(e^{\frac{1}{k+\varphi}\int\left(h_2(t)+\frac{1}{2}b\right)\,dt}\ell_0(t)\right) = e^{\frac{1}{k+\varphi}\int\left(h_2(t)+\frac{1}{2}b\right)\,dt}g(t)\ell_1(t)dt,$$

两边从 t 到 T 积分, 得到

$$\ell_0(t) = \frac{2\varphi\rho}{e^{-\omega(T-t)} - \zeta e^{\omega(T-t)}}\int_t^T g(u)\left(\zeta e^{\omega(T-u)} - e^{-\omega(T-u)} + 1 - \zeta\right)\,du. \tag{9.63}$$

最后, 最优交易速度为

$$\boxed{\nu_t^* = -\omega\frac{1+\zeta e^{2\omega(T-t)}}{1-\zeta e^{2\omega(T-t)}}Q_t^{\nu^*} + \frac{\varphi\rho - \frac{1}{2}\ell_1(t)}{k+\varphi}\mu_t - \frac{\frac{1}{2}\ell_0(t)}{k+\varphi},} \tag{9.64}$$

其中 ω, ζ 为 (9.57) 给出的常数参数.

我们看到, 在最优清算速度中的第一项是 AC-类的项, 类似于 (6.27) 中的结果. 另外三项调整了速度, 使得清算速度跟踪为 POV 的 ρ 占比.

注意到当风险厌恶参数 $\gamma \to 0$ 时, 代理商的偏好如同风险中性的代理商, 且这一 $\mathcal{L}^\mu$ 的选择对应的最优清算策略与 9.2.1 小节中的结果相同. 很容易看出, 如果我们令 $\gamma = 0$, 那么 PIDE 系统 (9.56) 和 (9.10) 是相同的, 并且 h_t 和 $h_2(t)$ 有相同的边界条件.

9.6　参考文献与选读

Konishi (2002), Bialkowski, Darolles & Fol (2008), Humphery-Jenner (2011), McCulloch & Kazakov (2012), Frei & Westray (2013), Guéant & Royer (2014), Guéant (2014), Mitchell, Bialkowski & Tompaidis (2013), Cartea & Jaimungal (2014 a).

9.7　习　　题

E.9.1　假设如同 9.2 节, 代理商的目标是清算 $\mathfrak{N}$ 股, 但是策略也会惩罚运行库存, 因此他的性能指标为

$$H^\nu(t,x,S,q) = \mathbb{E}_{t,x,S,q}\Big[X_T^\nu + Q_T^\nu(S_T^\nu - \alpha Q_T^\nu) - \varphi\int_t^T (\nu_u - \rho V_u)^2\, du - \phi\int_t^T (Q_u)^2\, du\Big].$$

(a) 说明代理商的价值函数 H 满足

$$0 = \left(\partial_t + \frac{1}{2}\sigma^2\partial_{SS} + \mathcal{L}^V\right) H - \phi q^2 + \sup_\nu\left\{(S-k\nu)\nu - \nu\partial_q H - b\nu\partial_S H - \varphi(\nu-\rho V)^2\right\},$$

并服从终端条件 $H(T,S,v,q) = q(S-\alpha q)$.

(b) 作出拟设

$$H(t,S,v,q) = qS + h_0(t,V) + qh_1(t,V) + q^2 h_2(t,V),$$

并说明问题化简为求解下面的耦合 PIDE 系统

$$0 = (\partial_t + \mathcal{L}^V)h_2 + \frac{\left(h_2 + \frac{1}{2}b\right)^2}{k+\varphi} - \phi, \tag{9.65a}$$

$$0 = (\partial_t + \mathcal{L}^V)h_1 + \frac{h_1 - 2\varphi\rho V}{k+\varphi}\left(h_2 + \frac{1}{2}b\right), \tag{9.65b}$$

$$0 = (\partial_t + \mathcal{L}^V)h_0 + \frac{1}{4(k+\varphi)}(h_1 - 2\varphi\rho V)^2 - \varphi\rho^2 V^2. \tag{9.65c}$$

(c) 假设 V_t 满足 (9.14), 求解最优交易速度并与 (9.17) 相比较.

E.9.2　一个代理商想要在时间 T 前收购 $\mathfrak{N}$ 股. 他的性能指标为

$$H^\nu(t,x,S,y,q) = \mathbb{E}_{t,x,S,y,q}\left[X_T^\nu + (\mathfrak{N} - Q_T^\nu)(S_T^\nu + \alpha(\mathfrak{N} - Q_T^\nu)) + \varphi\int_t^T (Q_u^\nu - \rho Y_u)^2 \, du\right],$$

且价值函数为

$$H(t,x,S,y,q) = \inf_{\nu \in \mathcal{A}} H^\nu(t,x,S,y,q), \tag{9.66}$$

其中 Y_t 为其他市场参与者购买的总交易量, 且已获得的库存 Q_t^ν, S_t^ν 和购置成本 X_t^ν 满足

$$\begin{aligned} dQ_t^\nu &= \nu_t dt, & Q_0^\nu &= q, \\ dS_t^\nu &= b\nu_t dt + \sigma dW_t, & S_0^\nu &= S, \\ dX_t^\nu &= (S_t^\nu + k\nu_t)\nu_t dt, & X_0^\nu &= x. \end{aligned}$$

(a) 说明价值函数满足 DPE

$$\left(\partial_t + \frac{1}{2}\sigma^2\partial_{SS} + \mathcal{L}^{y,V}\right)H + \varphi(q-\rho y)^2 + \inf_\nu\{(S+\nu k)\nu\partial_x H + b\nu\partial_S H + \nu\partial_q H\}, \tag{9.67}$$

并服从终端条件和边界条件, 其中 $\mathcal{L}^{y,V}$ 为 y 和 V 的生成元.

(b) 说明最优收购速度为

$$\nu_t^* = \frac{\mathfrak{N} - Q_t^{\nu^*}}{k}\left(h_2(t) - \frac{1}{2}b\right) + \frac{h_1(t)}{2k},$$

其中

$$h_2(t) = \sqrt{k\varphi}\frac{1+\zeta e^{2\xi(T-t)}}{1-\zeta e^{2\xi(T-t)}} - \frac{1}{2}b,$$

以及

$$\xi = \sqrt{\frac{\varphi}{k}} \quad 和 \quad \zeta = \frac{\alpha + \frac{1}{2}b + \sqrt{k\varphi}}{\alpha + \frac{1}{2}b - \sqrt{k\varphi}},$$

且 $h_1(t)$ 满足 PIDE

$$(\partial_t + \mathcal{L}^{y,V})h_1 - \frac{1}{k}\left(h_2(t) - \frac{1}{2}b\right) - 2\varphi(\mathfrak{N} - \rho y) = 0.$$

注意到如果 $\varphi = b = 0$, 那么最优收购速度为 (6.17).

E.9.3　修改 9.2 节中的最优清算问题, 使得清算速度 μ_t 考虑到代理商本身的交易. 导出最优清算速度和库存路径.

E.9.4 假设有 9.4 节的设定, 即代理商和其他交易者的交易速度会影响到中间价. 求解最优清算问题, 其中代理商以 POCV 为目标, 即他的性能指标为

$$\begin{aligned}&H^{\nu}(t,x,S,\boldsymbol{\mu},q)\\&=\mathbb{E}_{t,x,S,\boldsymbol{\mu},q}\left[X_T^{\nu}+Q_T^{\nu}(S_T^{\nu}-\alpha Q_T^{\nu})-\varphi\int_t^T\left((\mathfrak{N}-Q_u^{\nu})-\rho V_u\right)^2du\right],\end{aligned}$$

其中

$$V_t=\int_0^t\mu_u^-\,du$$

为市场卖方的总交易量.

第 10 章　做　　市

10.1　引　　言

在这一章中, 我们将对做市商 (MM) 如何利用限价单 (LO) 进行头寸交易, 从而最大化终端财富进行建模. MM 通过发布买入和卖出 LO, 为限价订单簿 (LOB) 提供流动性, 它的控制变量是 LO 被发布处的深度 (深度的估量来自中间价). 为了形式化问题, 我们列出了在本节中所使用的相关变量:

• $S = (S_t)_{0 \leqslant t \leqslant T}$ 表示中间价, 其中 $S_t = S_0 + \sigma W_t$, $\sigma > 0$, 以及 $W = (W_t)_{0 \leqslant t \leqslant T}$ 是标准布朗运动;

• $\delta^{\pm} = (\delta_t^{\pm})_{0 \leqslant t \leqslant T}$ 表示代理商发布 LO 的深度, 卖出 LO 以 $S_t + \delta_t^+$ 的价格发布, 买入 LO 以价格 $S_t - \delta_t^-$ 发布;

• $M^{\pm} = (M_t^{\pm})_{0 \leqslant t \leqslant T}$ 表示计数过程, 它对应于其他参与者 (以强度 $\lambda^{\pm}$ 到达泊松时间) 的买入 (+) 和卖出 (−) 市场订单 (MO) 的到达;

• $N^{\delta,\pm} = (N_t^{\delta,\pm})_{0 \leqslant t \leqslant T}$ 表示代理商配对的买入 (+) 和卖出 (−) LO 的受控计数过程;

• 以一个市场订单 (MO) 到达为条件, 发布的 LO 以概率 $e^{-\kappa^{\pm}\delta_t^{\pm}}$ 被配对, 其中 $\kappa^{\pm} \geqslant 0$;

• $X^{\delta} = (X_t^{\delta})_{0 \leqslant t \leqslant T}$ 表示 MM 的现金过程, 并满足 SDE

$$dX_t^{\delta} = (S_{t-} + \delta_t^+) dN_t^{\delta,+} - (S_{t-} - \delta_t^-) dN_t^{\delta,-}, \tag{10.1}$$

它解释了当一个卖出 LO 被一个买入 MO 成交时, 为什么现金会增长, 以及当一个买入 LO 被一个刚来的卖出 MO 成交时, 为什么现金会流出;

• $Q^{\delta} = (Q_t^{\delta})_{0 \leqslant t \leqslant T}$ 表示代理商的库存过程且

$$Q_t^{\delta} = N_t^{\delta,-} - N_t^{\delta,+}. \tag{10.2}$$

如 8.2 节中所讨论的, 无论过程 $N^{\delta,\pm}$ 何时跳跃, 过程 $M^{\delta,\pm}$ 也必须跳跃; 但是当 $M^{\delta,\pm}$ 跳跃时, 只有在 MO 大到足以填充代理商的 LO 时, $N^{\delta,\pm}$ 才会跳跃, 并且 $N^{\delta,\pm}$ 不是一个泊松过程. 此外, 注意到 LO 的填充率可以被写成 $\Lambda_t^{\delta,\pm} = \lambda^{\pm} e^{-\kappa^{\pm}\delta_t^{\pm}}$, 这是一个 LO 的执行速率.

为了简化记号, 在本章剩余的部分, 对于被填充的 LO、现金和库存, 我们去除了计数过程的上标 δ. 在 10.2 节, 我们讨论当 MM 不用面对逆向选择成本时的做市策略, 他的策略考虑了两点, 一是在策略的生命周期内他愿意持有库存的数量限制, 二是在策略的最后阶段清算未偿库存的代价有多高. 在 10.3 节, 代理商最大化持有现金的终端效用. 最后, 在 10.4 节, 我们介绍了 MM 面临逆向选择成本时的各种方法以及它们会如何影响做市策略.

10.2 做市策略

在这一节中, 我们假设 MM 寻求这样一种策略 $(\delta_s^{\pm})_{0\leqslant s\leqslant T}$, 它可以在终端日期 T 最大化现金. 我们也假设在时间 T, MM 用一个比中间价差的 MO 清算他的终端库存 Q_T, 来解释流动性的花费和 MO 沿 LOB 游走. 最后, MM 限制他的库存以至库存介于 $\bar{q}>0$ 和 $\underline{q}<0$ 之间 ($\bar{q}>0$ 和 $\underline{q}<0$ 均为有限的), 还包括了一个运行库存惩罚使得性能指标为

$$H^{\delta}(t,x,S,q)=\mathbb{E}_{t,x,q,S}\left[X_T+Q_T^{\delta}(S_T^{\delta}-\alpha Q_T^{\delta})-\phi\int_t^T(Q_u)^2du\right],$$

其中 $\alpha\geqslant 0$ 代表采取流动性的费用 (也就是利用一个 MO) 以及 MO 沿 LOB 游走的冲击, $\phi\geqslant 0$ 是运行库存惩罚参数. MM 的价值函数为

$$H(t,x,S,q)=\sup_{\delta^{\pm}\in\mathcal{A}}H^{\delta}(t,x,S,q), \tag{10.3}$$

其中 $\mathcal{A}$ 表示可容许策略集合, 也就是 $\mathcal{F}$-可料, 且有下界.

为了求解最优控制问题, 由动态规划原理, 价值函数满足 DPE

$$\begin{aligned}0=&\partial_t H+\frac{1}{2}\sigma^2\partial_{SS}H-\phi q^2\\&+\lambda^{+}\sup_{\delta^{+}}\left\{e^{-\kappa^{+}\delta^{+}}(H(t,x+(S+\delta^{+})),q-1,S)-H\right\}\mathbb{1}_{q>\underline{q}}\\&+\lambda^{-}\sup_{\delta^{-}}\left\{e^{-\kappa^{-}\delta^{-}}(H(t,x-(S-\delta^{-})),q+1,S)-H\right\}\mathbb{1}_{q<\bar{q}},\end{aligned} \tag{10.4}$$

其中 $\mathbb{1}$ 是示性函数, 含终端条件

$$H(T,x,S,q)=x+q(S-\alpha q). \tag{10.5}$$

回顾一下, 可容许策略集对 q_t 施加了界限, 以至于当 $q_t=\bar{q}(\underline{q})$ 时, 最优策略是发布求解 (10.4) 得到的单侧 LO, 其中正比于 $\lambda^{-}(\lambda^{+})$ 的项的缺失是由 DPE 中的示性函数 $\mathbb{1}$ 造成的. 或者, 可以将边界情况视作当 q 分别等于 $\bar{q}$ 和 $\underline{q}$ 时, 令 $\delta^{-}=+\infty$ 和 $\delta^{+}=+\infty$.

直观上, DPE 方程中的各项代表了可能被 LO 填充的 MO 的到达, 以及资产价格的扩散项 $\frac{1}{2}\sigma^2\partial_{SS}H$, 由项 ϕq^2 捕捉到的从 0 开始沿着策略的整个路径惩罚库存偏差的作用. 在 DPE 的第二行关于 δ^+ 求最大, 包含了由于 (由卖出限价单填充的) 买入市价单到达得到的项, 在这里我们看到价值函数 H 的改变是由于填充 LO 的 MO 的到达, 以至于现金增长了 $(S+\delta^+)$, 而库存减少了一个单位. 类似地, 在 DPE 的最后一行, 关于 δ^- 项求最大, 包含了由买入限价单填充的卖出市价单的类似的项.

为了求解这个 DPE, 我们使用终端条件 (10.5) 对 H 做一个拟设. 具体地, 我们写作

$$H(t,x,S,q) = x + qS + h(t,q), \tag{10.6}$$

它有一个简单的解释. 第一项是累计现金, 第二项是盯市制度下库存的订单价值 (也就是当前中间价的股份价值), 最后一项是直到最终日期之前, 来自最优做市策略的增加价值.

我们把这个拟设带入 (10.4) 得到

$$\begin{aligned}\phi q^2 = &\partial_t h(t,q) + \lambda^+ \sup_{\delta^+}\left\{e^{-\kappa^+\delta^+}(\delta^+ + h(t,q-1) - h(t,q))\right\}\mathbb{1}_{q>\underline{q}}\\ &+\lambda^- \sup_{\delta^-}\left\{e^{-\kappa^-\delta^-}(\delta^- + h(t,q+1) - h(t,q))\right\}\mathbb{1}_{q<\bar{q}},\end{aligned} \tag{10.7}$$

以及终端条件 $h(T,q) = -\alpha q^2$.

然后反馈形式中的最优深度由下式给出

$$\delta^{+,*}(t,q) = \frac{1}{\kappa^+} - h(t,q-1) + h(t,q), \quad q \neq \underline{q}, \tag{10.8a}$$

$$\delta^{-,*}(t,q) = \frac{1}{\kappa^-} - h(t,q+1) + h(t,q), \quad q \neq \bar{q}, \tag{10.8b}$$

边界情况为当 q 分别等于 $\bar{q}$ 和 $\underline{q}$ 时, $\delta^{-,*}(t,q) = +\infty$ 和 $\delta^{+,*}(t,q) = +\infty$.

为了理解反馈控制后的含义, 我们首先注意最优 $\delta^\pm$ 可以被分为两部分. 第一部分, $1/\kappa^\pm$ 是没有对库存施加任何限制略 ($\alpha = \phi = 0$ 和 $|\underline{q}| = \bar{q} = \infty$) 的 MM 的最优策略——见下面的 10.2.1 小节.

第二部分, 即 $-h(t,q-1) + h(t,q)$ 项, 它在整个时间段控制库存. 正如预期的, 如果库存很多, 那么策略就持续地发布 LO, 增加限价卖出订单被成交的概率. 此外, 通过惩罚累计库存贯穿整个交易期限, 接近 T 时的策略以及其他模型参数 (包括 ϕ), $h(t,q)$ 也利用均值回归到一个最优库存水平.

将最优控制带入 DPE 我们得到

$$\begin{aligned}\phi q^2 = &\partial_t h(t,q) + \frac{e^{-1}\lambda^+}{\kappa^+} e^{-\kappa^+(-h(t,q-1)+h(t,q))} \mathbb{1}_{q>\underline{q}} \\ &+ \frac{e^{-1}\lambda^-}{\kappa^-} e^{-\kappa^-(-h(t,q+1)+h(t,q))} \mathbb{1}_{q<\bar{q}}.\end{aligned} \tag{10.9}$$

求解 DPE

如果 LOB 两边 LO 的填充概率相同, 则有可能找到 DPE 的解析解. 在这种情况下, 如果 $\kappa = \kappa^+ = \kappa^-$, 那么有

$$h(t,q) = \frac{1}{\kappa} \log \omega(t,q),$$

堆积 $\omega(t,q)$ 成一个向量

$$\boldsymbol{\omega}(t) = [\omega(t,\bar{q}), \omega(t,\bar{q}-1), \cdots, \omega(t,\underline{q})]'.$$

现在, 令 $\mathbf{A}$ 表示 $(\bar{q} - \underline{q} + 1)$-方阵, 该方阵的行标从 $\bar{q}$ 到 $\underline{q}$, 它的元素表示为

$$\mathbf{A}_{i,q} = \begin{cases} -\phi\kappa q^2, & i = q, \\ \lambda^+ e^{-1}, & i = q-1, \\ \lambda^- e^{-1}, & i = q+1, \\ 0, & \text{其他情况}, \end{cases} \tag{10.10}$$

有终端和边界条件 $\omega(T,q) = e^{-\alpha\kappa q^2}$.

然后 (10.9) 变成

$$\partial_t \boldsymbol{\omega}(t) + \mathbf{A}\omega(t) = \mathbf{0}.$$

矩阵 ODE 的解是直截了当的, 我们最终有

$$\boxed{\boldsymbol{\omega}(t) = e^{\mathbf{A}(T-t)}\mathbf{z},} \tag{10.11}$$

其中 $\mathbf{z}$ 是 $(\bar{q} - \underline{q} + 1)$ 维向量, 每一个分量为 $z_j = e^{-\alpha\kappa j^2}$, $j = \bar{q}, \cdots, \underline{q}$.

策略的行为

图 10.1 展示了最优深度的行为, 最优深度是关于不同库存水平的时间的函数. 在例子中, MO 的到达率为 $\lambda^{\pm} = 1$ (平均每秒一个买入和一个卖出 MO), $\bar{q} = -\underline{q} = 3$, 并且在 (a) 中 $\phi = 10^{-5}$, 在 (b) 中 $\phi = 2 \times 10^{-4}$. 在 (a) 的左侧, 我们展示了最优卖出发布 δ^+, 也就是在市场买入订单的到达之上, MM 将乐于以 $S_t + \delta^+$ 的价格卖出一个单位的资产, 在 (a) 的右侧我们展示了最优买入发布 δ^-. 例如, 当策略远未

到期时, 库存接近被允许的最小值, 最优卖出发布此时离中间价最远, 因为只有在很“高”价格时, MM 才愿意进一步减少他的库存, 并且同时最优买入发布是非常接近中间价的, 因为该策略将会完成往返交易 (也就是一个买入接着一个卖出, 或者一个卖出接着一个买入), 并且将库存推至 0.

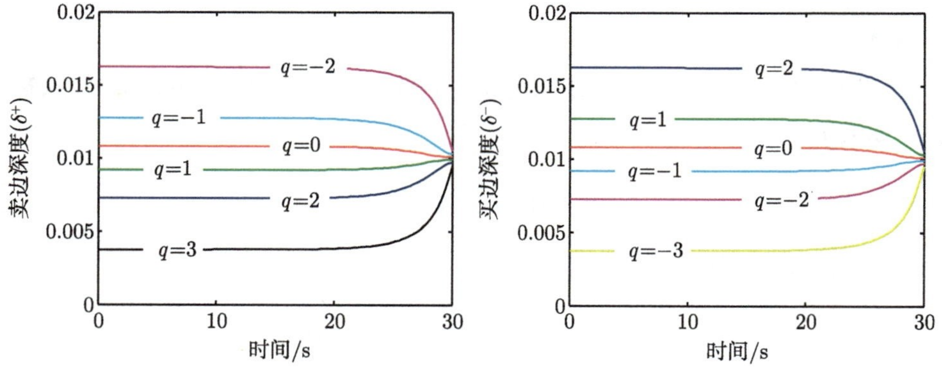

(a) $\phi=10^{-5}$

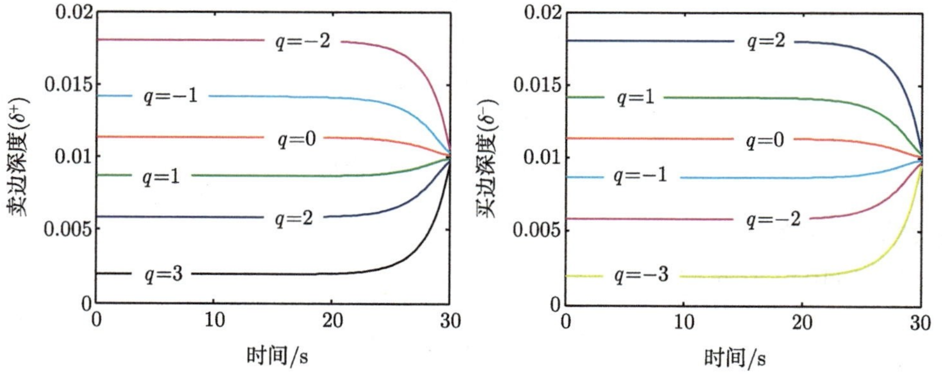

(b) $\phi=2\times10^{-4}$

图 10.1　最优深度是关于不同库存水平的时间的函数, $T=30$. 剩下的模型参数为: $\lambda^{\pm}=1, \kappa^{\pm}=100, \bar{q}=-\underline{q}=3, \alpha=0.0001, \sigma=0.01, S_0=100$

我们也观察到, 随着策略接近 T 并且 $q_t<0$ ($q_t>0$), 最优卖出 (买入) 深度 $\delta^+(\delta^-)$ 降低 (增长). 为了理解最优策略背后的含义, 注意到如果终端库存 $q_T<0$ 是在价格 $S_T-\alpha q_T$ 被清算, 那么当 α 足够低并且将瞬间到期时, 为了增加被填充的机会 (也就是卖出多个单位的资产), 在中间价附近发布这是最优的, 因为在到期之前, 这个价格不会被期望过高, 而整个头寸将会在中间价上执行——出售最后一个单位资产获取利润.

同样有趣的是, 最优策略在库存上有均值回归. 例如, 如果 $q_t=2$, 那么卖出深度会比买入深度低，即 $\delta^+ < \delta^-$，以至于策略更有可能是卖出一个单位的资产，而不是买入一个单位的资产. 在最优深度上的这种不对称性，引导库存均值回归到零. 此外，在图 10.1(b) 中，策略的运行库存惩罚更高，并且很明显 ϕ 越高，库存恢复到 0 就越快.

通过观察，库存的预期漂移是由填充订单的到达率的差异给出的，我们也看到策略 $\delta^{*\pm}(t,q)$ 引导库存的均值回归. 因此，在给出一对最优策略 $\delta^{+,*}(t,q), \delta^{-,*}(t,q)$ 下，库存的预期漂移由下式给出

$$\boxed{\begin{aligned}\mu(t,q) &\triangleq \lim_{s\downarrow t}\frac{1}{s-t}\mathbb{E}[Q_s - Q_t \mid Q_{t^-} = q] \\ &= \lambda^- e^{-\kappa^-\delta^{-,*}(t,q)} - \lambda^+ e^{-\kappa^+\delta^{+,*}(t,q)}.\end{aligned}} \tag{10.12}$$

注意到漂移 $\mu(t,q)$ 依赖于时间. 例如，很明显地对于相同的库存水平，取决于策略离终端日期的远近距离，速度将会有所不同，因为在时间 T 时，策略试图清除所有未完成的库存.

图 10.2 展示了策略恢复的最优库存水平，其中我们假设在 (10.12) 中远离 $T - t \to \infty$. 这个模型参数为 $\lambda^\pm = 1, \kappa^\pm = 100, \bar{q} = -\underline{q} = 10, \alpha = 0.0001, \sigma = 0.01, S_0 = 100$，以及在 $\phi = \{2\times10^{-3}, 10^{-3}, 5\times10^{-4}\}$ 中变化运行惩罚. 注意到我们在这里使用的这个参数集合，在离终端日期前几秒钟是足够的，以至最优发布不会受到临近 T 的影响. 在图 10.2(a) 中我们画出了 LOB 两边的填充率概率，由 $\lambda^\pm e^{-\kappa^\pm\delta^\pm(t,q),*}$ 给出. 当 $\phi = 2\times10^{-4}$ 时，蓝色的圆和蓝色的"+"字分别是卖出侧和买入侧填充率概率.

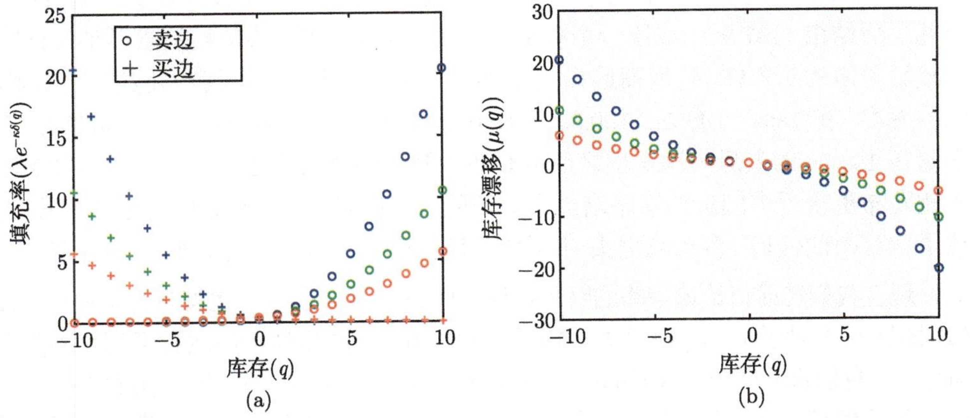

图 10.2 长期投资水平. 模型参数为: $\lambda^\pm = 1, \kappa^\pm = 100, \bar{q} = -\underline{q} = 10, \alpha = 0.0001, \sigma = 0.01, S_0 = 100, \phi = \{2\times10^{-3}, 10^{-3}, 5\times10^{-4}\}$

图 10.3 展示了模拟策略的库存和价格路径. 模型参数为 $\lambda^\pm = 1, \kappa^\pm = 100, \bar{q} =$

$-\underline{q} = 10, \phi = 2 \times 10^{-4}, \alpha = 0.0001, \sigma = 0.01, S_0 = 100$. 在 (a) 图中, 我们看到库存是如何从均值回归到 0 的, 对于这条特殊的路径, 我们看到尽管策略允许的库存的最大值和最小值被控制到 10, 但是它永远不会做空做多, 超过五个单位的资产.

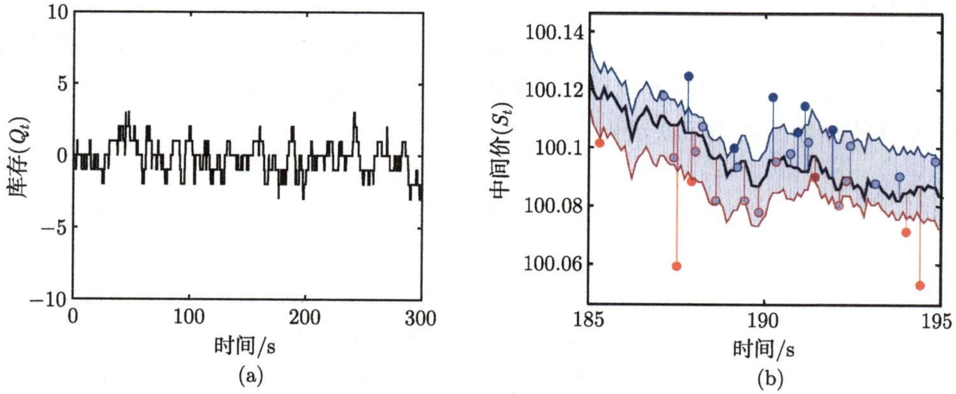

图 10.3　库存与中间价路径. 模型参数为:$\lambda^{\pm} = 1, \kappa^{\pm} = 100, \bar{q} = -\underline{q} = 10, \phi = 2 \times 10^{-4}, \alpha = 0.0001, \sigma = 0.01, S_0 = 100$

图 10.3(b) 显示了随着 MM 的买入和卖出, LO 的中间价路径的窗口. 图中的实心圆显示了即将到来的被 MM 剩余 LO 填充的 MO (红色的圆是被 MM 的买入 LO 填充的卖出 MO, 蓝色的圆是被 MM 的卖出 LO 填充的买入 MO), 灰色的圆代表被其他市场参与者填充的 MO. 中间价和 MO 的距离显示了 MO 沿 LOB 游走了多远. 在窗口的开始处, 代理商的库存是 0, 我们观察到在第一个卖出订单被填充之前 (187.8s) 该策略获取两个单位 (一个在 185.3s, 另一个在 187.5s), 然后在一会儿之后结束 (187.9s). 在第一个被填充的买入订单之后, 该策略仍然不是对称的, 比较订单簿的买入侧, 代理商选择在订单簿的卖出侧更接近中间价处发布, 以消除他的库存. 在 189s, 190.2s, 190.8s, 191.1s 和 191.9s 一连串的卖出订单被填充, 代理商在 191.9s 的最后一次卖出之后持有两种资产的空头头寸. 因此, 他在订单簿买入侧发布更接近中间价的策略增加了他解除头寸的机会. 他发布中的这些偏移, 导致了他获得的任何 (多头或空头) 库存的清除, 会一直持续到交易期限的结束.

现在我们转而讨论该策略的财务业绩. 图 10.4(a) 展示了最优策略的盈亏 (P&L), (b) 图展示了对于 $\phi = \{10^{-5}, 5 \times 10^{-5}, 10^{-3}, 10^{-2}\}$ 这几种不同运行惩罚参数的生命库存. 我们观察到当 ϕ 增加时, P&L 的分布直方图向左边移动, 因为策略不允许库存头寸偏离 0, 所以预期利润减少. 生命库存的分布直方图展示了策略持有 n 库存需要多长时间. 例如, 当 $\phi = 10^{-2}$ 时我们知道策略严重惩罚了偏离于 0 的运行库存偏差, 所以策略在库存水平 $-1, 0, 1$ 花费了大量的时间. 随着运行库存惩罚变小, 策略会在远离 0 的水平花费更多的时间.

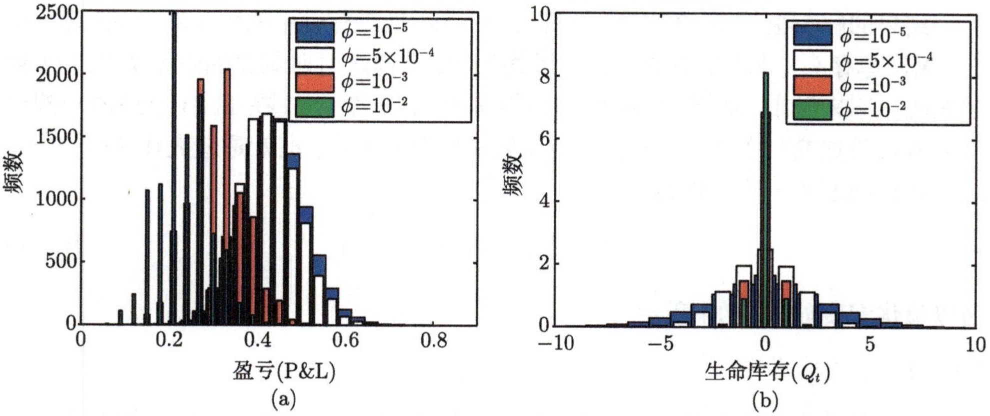

图 10.4 10000 次模拟中最优策略的 P&L 和生命库存. 剩下的模型参数为: $\lambda^{\pm}=1, \kappa^{\pm}=100, \bar{q}=-\underline{q}=10, \alpha=0.0001, \sigma=0.01, S_0=100$

10.2.1 无库存限制的做市

如果我们假设 MM 没有惩罚运行库存, 不采取终端库存惩罚, 也就是 $\phi=\alpha=0$, 以及该策略可能累计的库存数量没有限制, 也就是 $|\underline{q}|, \bar{q}\to\infty$, 那么 MM 的策略会简化为

$$\boxed{\delta^{+,*}(t,q)=\frac{1}{\kappa^{+}} \quad \text{和} \quad \delta^{-,*}(t,q)=\frac{1}{\kappa^{-}}.} \tag{10.13}$$

这个最优策略建议 MM 在 LOB 中发布, 这样就可以使得 LO 被填充的概率最大化. 为了看到这一点, 我们观察如果没有对清算终端库存惩罚 (通过假设 $\alpha=0$), 终端库存将以中间价被清除, 并且没有对偏离零库存的运行惩罚, 那么我们有拟设

$$H(t,x,q,S)=x+qS+h(t). \tag{10.14}$$

这个与上面提到的式子 (10.6) 相似, 但是这里 $h(t)$ 不依赖 q, 因为 MM 在策略的整个生命周期里都没有对库存施加任何限制, 并且能以中间价清算终端库存. 因此, 将这个假设带入 DPE

$$0=\partial_t h+\lambda^{+}\sup_{\delta^{+}}\left\{e^{-\kappa^{+}\delta^{+}}\delta^{+}\right\}+\lambda^{-}\sup_{\delta^{-}}\left\{e^{-\kappa^{-}\delta^{-}}\delta^{-}\right\}, \tag{10.15}$$

加上终端条件 $h(T)=0$, 产生 (10.13) 的结果.

此外, 我们可以证明

$$h(t)=e^{-1}\left(\frac{\lambda^{+}}{\kappa^{+}}+\frac{\lambda^{-}}{\kappa^{-}}\right)(T-t).$$

这个结果的解释很简单. 若 MM 没有惩罚库存, 也没有以中间价清算终端库存, 那么, 无论库存头寸如何, 或者如何接近终端日, 他都将时时刻刻通过最大化 LO 被填充的概率来做市. 因此, MM 的问题简化为, 有一个 MO 在 LOB 合适的一侧买价或者卖价成交的条件下, 选择 $\delta^{\pm}$ 来最大化预期深度, 也就是最大化 $\delta^{\pm}e^{-\kappa^{\pm}\delta^{\pm}}$. 这个优化问题的一阶条件为

$$e^{-\kappa^{\pm}\delta^{\pm}} - \kappa^{\pm}\delta^{\pm}e^{-\kappa^{\pm}\delta^{\pm}} = 0, \tag{10.16}$$

所以最优深度如 (10.13) 所示.

10.2.2 触发式做市

在流动性很好的市场, 大多数订单不会沿 LOB 游走, 而是仅仅以触发式买价和卖价成交发布的 LO. 为了抓住这个市场特征, 在本节, 我们将研究代理商的触发式最优发布, 即最佳出价和最佳报价. 我们始终假设价差是常数且等于 Δ. 接着, 令 $\ell_t^{\pm} \in \{0,1\}$ 表示代理商是否在 LOB 的卖出侧 (+) 或者买入侧 (−) 被发布. 这样, 代理商可能在订单簿的两边都被发布, 或者只在卖出侧, 或者只在买入侧, 又或者不发布. 他的性能指标为

$$H^{\boldsymbol{\ell}}(t,x,S,q) = \mathbb{E}_{t,x,S,q}\left[X_T^{\boldsymbol{\ell}} + Q_T^{\boldsymbol{\ell}}\left(S_T - \left(\frac{\Delta}{2} + \varphi Q_T^{\boldsymbol{\ell}}\right)\right) - \phi\int_t^T (Q_u^{\boldsymbol{\ell}})^2 du\right],$$

其中现金过程 $X_t^{\boldsymbol{\ell}}$ 满足 SDE

$$dX_t^{\boldsymbol{\ell}} = \left(S_t + \frac{\Delta}{2}\right)dN_t^{+,\boldsymbol{\ell}} - \left(S_t - \frac{\Delta}{2}\right)dN_t^{-,\boldsymbol{\ell}},$$

其中 $N_t^{\pm,\boldsymbol{\ell}}$ 表示被填充 LO 的计数过程. 我们进一步假设, 当一个匹配的 MO 到达时, 如果他在 LOB 中被发布, 他的 LO 会以概率 1 被填充. 在这种情况下, $N_t^{\pm,\boldsymbol{\ell}}$ 是强度为 $\ell_t^{\pm}\lambda^{\pm}$ 的受控重随机泊松过程. 最后, 在终端日期, 任何公开的库存头寸都用 MO 来被清算的, 每股获得的价格是最佳出价 ($Q_T > 0$) 或最佳报价 ($Q_T < 0$), 并有一个惩罚 φQ_T^2, $\varphi \geqslant 0$, 该惩罚包括市场冲击 (沿 LOB 游走) 和清算费用.

和之前一样, 可容许策略集合 $\mathcal{A}$ 是 $\mathcal{F}$-可料的, 且满足如果他的库存等于库存上限 $\bar{q}$ (下限 $\underline{q}$), 则代理商不在买入 (卖出) 侧被发布, 他的价值函数被表示为

$$H(t,x,S,q) = \sup_{\boldsymbol{\ell}\in\mathcal{A}} H^{\boldsymbol{\ell}}(t,x,S,q).$$

导出的 DPE

应用 DPP, 我们发现代理商的价值函数 H 应该满足 DPE

$$0 = \left(\partial_t + \frac{1}{2}\sigma^2\partial_{SS}\right)H - \phi q^2$$

$$+\lambda^+\max_{\ell^+\in\{0,1\}}\left\{\left(H\left(t,x+\left(S+\frac{\Delta}{2}\right)\ell^+,S,q-\ell^+\right)-H\right)\right\}\mathbb{1}_{q>\underline{q}}$$
$$+\lambda^-\max_{\ell^-\in\{0,1\}}\left\{\left(H\left(t,x-\left(S-\frac{\Delta}{2}\right)\ell^-,S,q+\ell^-\right)-H\right)\right\}\mathbb{1}_{q<\bar{q}},$$

并服从终端条件

$$H(T,x,S,q)=x+q\left(S-\left(\frac{\Delta}{2}+\varphi q\right)\right).$$

DPE 中不同项的有如下说明:

- DPE 的第一行代表了中间价的扩散部分和运行库存惩罚;
- 最大化项代表代理商对是否在 LOB 的卖出侧或者买入侧发布的控制;
- 第二行的最大化项代表了价值函数的改变, 如果代理商被发布, 是由于一个对代理商报价卖价成交的 MO 的到达;
- 第三行是关于订单薄的另一侧.

终端条件再一次暗示了如下拟设, 它分割了累计的现金、以中间价计价的盯市股份的账面价值, 以及在策略的剩余生命周期中来自最优做市的附加值:

$$H(t,x,S,q)=x+qS+h(t,q),$$

将该假设带入以上 DPE, 我们发现 h 满足

$$\begin{aligned}0=&\,\partial_t h-\phi q^2\\&+\lambda^+\max_{\ell^+\in\{0,1\}}\left\{\left(\ell^+\frac{\Delta}{2}+[h(t,q-\ell^+)-h(t,q)]\right)\right\}\mathbb{1}_{q>\underline{q}}\\&+\lambda^-\max_{\ell^-\in\{0,1\}}\left\{\left(\ell^-\frac{\Delta}{2}+[h(t,q+\ell^-)-h(t,q)]\right)\right\}\mathbb{1}_{q<\bar{q}},\end{aligned}$$

并服从终端条件

$$h(T,q)=-q\left(\frac{\Delta}{2}+\varphi q\right).$$

最优化项的形式使我们能更简洁地描述最优发布. 当 $\ell=0$ 时, 需要被最大化的两项都是 0, 因此, 代理商的最优发布可以被简洁地刻画为

$$\boxed{\begin{aligned}\ell^{+,*}(t,q)&=\mathbb{1}_{\{\frac{\Delta}{2}+[h(t,q-1)-h(t,q)]>0\}\cap\{q>\underline{q}\}},\\\ell^{-,*}(t,q)&=\mathbb{1}_{\{\frac{\Delta}{2}+[h(t,q+1)-h(t,q)]>0\}\cap\{q<\bar{q}\}}.\end{aligned}}\tag{10.17}$$

对于这个结果有这样的解释, 代理商在 LOB 合适的一侧发布 LO(通过确保他只在一个 (买价/卖价成交他的 LO 的) MO 到达, 且在价值函数上产生的改变大于 $-\dfrac{\Delta}{2}$ 时发布).

策略特征

接下来, 我们阐述一些最优解的典型特征来获取了解最优策略. 为此, 我们使用了如下的模型参数集合:

$$T = 300\text{ s},\quad \bar{q} = -\underline{q} = 20,\quad \lambda^{\pm} = \frac{50}{300},$$
$$\Delta = 0.01,\quad \phi = 0.01,\quad \sigma = 0.001.$$

注意到市场订单的到达率的选择是为了代理商的库存上/下界限平均意义上不超过市场的 20%.

图 10.5 显示了代理的最优发布是如何随时间和运行惩罚而变化的. (a) 图清楚地显示了当代理商的库存很高时, 只发布卖出 LO, 当代理商的库存很低时, 则只发布买入 LO. 当库存处于中间区域时, 他同时发布买入和卖出 LO. 这样一来, 代理商的库存被限制停留在绿色区域的一个单元之内, 一旦他的库存溢出, 他就只在订单簿的一侧发布, 因此会将库存推回至绿色区域. 因此我们看到, 尽管代理允许自己持有多头或空头的 20 个单位的资产, 但运行惩罚都会限制他的策略. 此外, 注意随着运行惩罚的增加, 代理商限制他的库存的区域会收缩, 最终成为一个点, 在这个点他只承担单个资产单位 (多头或空头), 然后立即清算它.

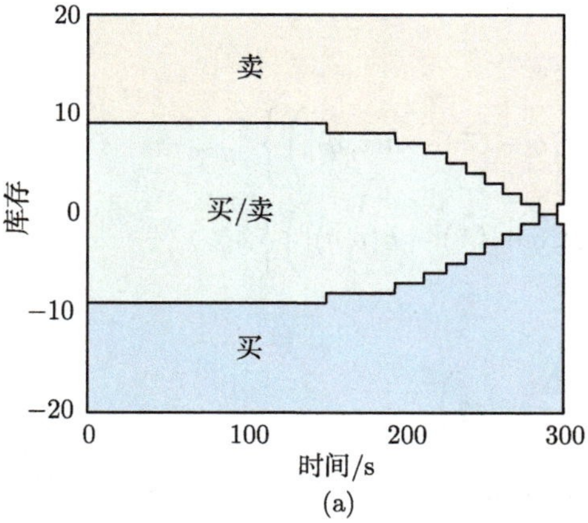

(a)

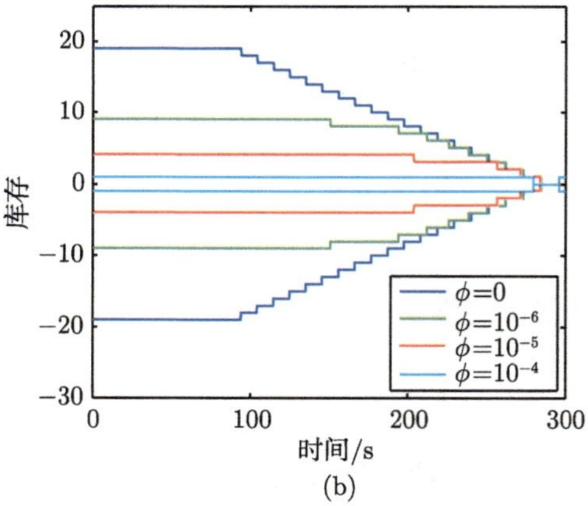

(b)

图 10.5 只触发式发布的代理商的最优策略

然后, 在 10.4.2 小节我们会看到代理商是如何修改他的策略来解释逆向选择的影响的.

10.2.3 做市的最优交易量

在前几节, 当代理商发布一个 LO 时, 则他被假定放置了一个单独的订单. 这个单独的订单可以被认为是典型的订单大小, 例如, 100 股. 然而, 代理商可能希望

优化发布的交易量. 在这种情况下, 代理商的性能指标被写为

$$H^{\boldsymbol{\ell}}(t,x,S,q)=\mathbb{E}_{t,x,S,q}\left[X_T^{\boldsymbol{\ell}}+Q_T^{\boldsymbol{\ell}}\left(S_T-\left(\frac{\Delta}{2}+\varphi Q_T^{\boldsymbol{\ell}}\right)\right)-\phi\int_t^T(Q_u^{\boldsymbol{\ell}})^2du\right],$$

并且他的现金过程 $X_t^{\boldsymbol{\ell}}$ 现在满足 SDE

$$dX_T^{\boldsymbol{\ell}}=\left(S_t+\frac{\Delta}{2}\right)\ell_t^+dN_t^{+,\boldsymbol{\ell}}-\left(S_t-\frac{\Delta}{2}\right)\ell_t^-dN_t^{-,\boldsymbol{\ell}},$$

其中 $\ell_t^\pm$ 是 $\mathcal{F}$-可料, 满足

$$\ell_t^+\in\{0,1,2,\cdots,q_{t^-}-\underline{q}\}\quad 和\quad \ell_t^-\in\{0,1,2,\cdots,\bar{q}-q_{t^-}\},$$

$N_t^{\pm,\boldsymbol{\ell}}$ 表示它被填充的 LO 的计数过程——不考虑交易量 (也就是说, 它只计算一个 MO 是否到达并填充他发布的 LO). 这个对交易量的限制确保代理商不会发布一个这样的交易量, 即如果被填充, 将会把他的库存推送至到他允许的交易范围之外. 我们进一步假设当一个匹配的 MO 到达时, 如果他在 LOB 被发布, 那么他的 LO 会以概率 $\rho(\ell)$ 被填充, 这里 ℓ 是发布的交易量. 例如 $\rho(\ell)=e^{-\kappa\ell}$ 将代表一个指数填充概率. 在这种情况, $N_t^{\pm,\boldsymbol{\ell}}$ 被强度为 $\rho(\ell_t^\pm)\lambda^\pm\mathbb{1}_{\ell_t^\pm}>0$ 的重随机泊松过程控制. 在这个公式中, 我们进一步假设如果代理商以一个给定的交易量发布, 则整个交易量都是匹配的或者完全不匹配的. 这里的方法可以概括为去考虑发布的部分填充, 这将留给读者作为练习.

和之前一样, 可容许策略集合 $\mathcal{A}$ 也会限制他, 如果他的库存等于库存限制的上 (下) 限 $\bar{q}\,(\underline{q})$, 则策略不会在 LOB 的买入 (卖出) 方被发布. 他的价值函数被表示为

$$H(t,x,S,q)=\sup_{\boldsymbol{\ell}\in\mathcal{A}}H^{\boldsymbol{\ell}}(t,x,S,q).$$

导出的 DPE

除了现在策略集合允许代理商发布多个交易量之外, 分析和之前相似. 在这种情况下, 应用 DPP, 我们发现代理商的价值函数 H 应该满足 DPE

$$\begin{aligned}0=&\left(\partial_t+\frac{1}{2}\sigma^2\partial_{SS}\right)H-\phi q^2\\&+\lambda^+\max_{\ell^+\in\{0,1,\cdots,q-\underline{q}\}}\left\{\rho(\ell^+)\left(H\left(t,x+\left(S+\frac{\Delta}{2}\right)\ell^+,S,q-\ell^+\right)-H\right)\right\}\mathbb{1}_{q>\underline{q}}\\&+\lambda^-\max_{\ell^-\in\{0,1,\cdots,\bar{q}-q\}}\left\{\rho(\ell^-)\left(H\left(t,x-\left(S-\frac{\Delta}{2}\right)\ell^-,S,q+\ell^-\right)-H\right)\right\}\mathbb{1}_{q<\bar{q}},\end{aligned}$$

并服从终端条件

$$H(T,x,S,q)=x+q\left(S-\left(\frac{\Delta}{2}+\varphi q\right)\right).$$

除了在允许交易量和现金相应的跳跃的集合上计算出的最大值之外, 当代理商没有对 LO 的交易量进行优化时, 这个非线性的 PDE 与前面得到的相同. 终端条件显示了常用的拟设 $H(t,x,S,q)=x+qS+H(t,q)$, 它分割了积累的现金、股票市场价值以中间价计价的账面价值, 以及在策略的剩余生命周期中来自最优做市的附加值. 代入至 DPE 我们发现 h 满足

$$
\begin{aligned}
0 &= \partial_t h - \phi q^2 \\
&\quad + \lambda^+ \max_{\ell^+\in\{0,1,\cdots,q-\underline{q}\}} \left\{ \rho(\ell^+) \left(\ell^+ \frac{\Delta}{2} + [h(t,q-\ell^+) - h(t,q)] \right) \right\} \mathbb{1}_{q>\underline{q}} \\
&\quad + \lambda^- \max_{\ell^-\in\{0,1,\cdots,\bar{q}-q\}} \left\{ \rho(\ell^-) \left(\ell^- \frac{\Delta}{2} + [h(t,q+\ell^-) - h(t,q)] \right) \right\} \mathbb{1}_{q<\bar{q}},
\end{aligned}
$$

服从终端条件

$$
h(T,q) = -q\left(\frac{\Delta}{2} + \varphi q\right).
$$

策略特征

图 10.6 展示了代理商使用以下模型参数的触发式最优量发布:

$$
\begin{gathered}
T = 10\ \text{s}, \quad \bar{q} = -\underline{q} = 20, \quad \lambda^\pm = 5, \\
\Delta = 0.01, \quad \varphi = 0.01, \quad \sigma = 0.001, \\
\rho(\ell) = e^{-0.01\ell}, \quad \phi = 10^{-3}.
\end{gathered}
$$

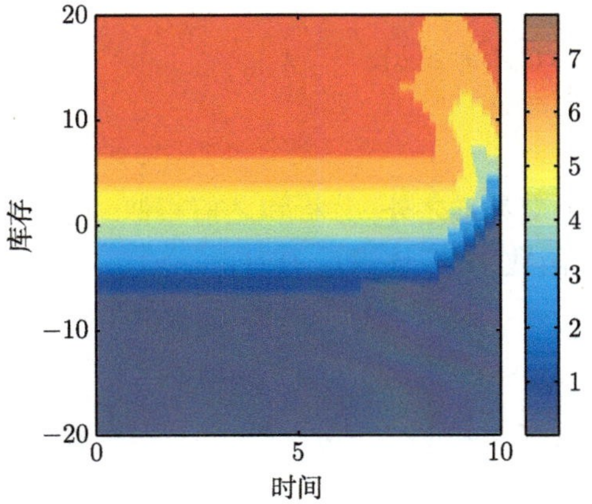

(a) 卖出量ℓ^+

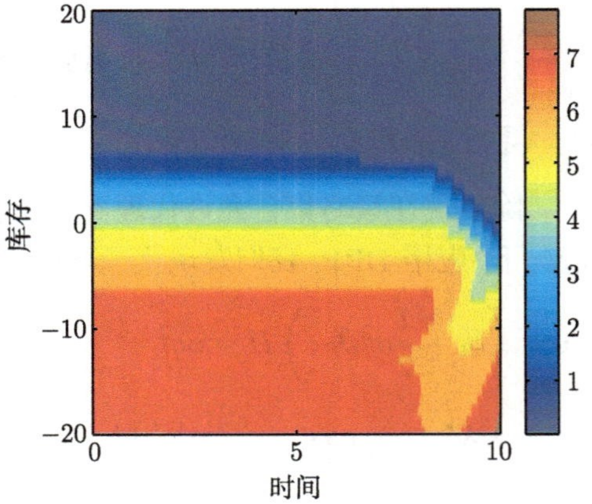

(b) 买入量ℓ^-

图 10.6 只触发式发布的代理商的最优交易量发布

请注意, 发布的卖出量随着库存增加而增加, 然而发布的买入量随着库存减少而增加. 此外, 在很大范围的区域中, 代理商只在 LOB 的一侧被发布. 图 10.7 展

示了发布在交易开始时刻的渐近最优交易量. (a) 图展示了当 $\phi = 10^{-3}$ 时的买入和卖出发布, 同时 (b) 图展示了当 ϕ 在订单簿的卖出侧变化时, 发布是如何变化的. 对于 $\phi = 10^{-3}$, 当代理商的库存等于或者低于 -7 时, 停止发布限价卖出订单, 当他的库存等于或者高于 $+7$ 时, 停止发布限价买入单. 正如图 10.7(b) 所示, 随着库存的惩罚参数 ϕ 增加, 临界水平朝着 0 库存移动, 临界水平即低于这个值, 代理商则停止发布. 当 $\phi = 0.1$ 时, 代理商将退出市场, 并不发布任何限价单.

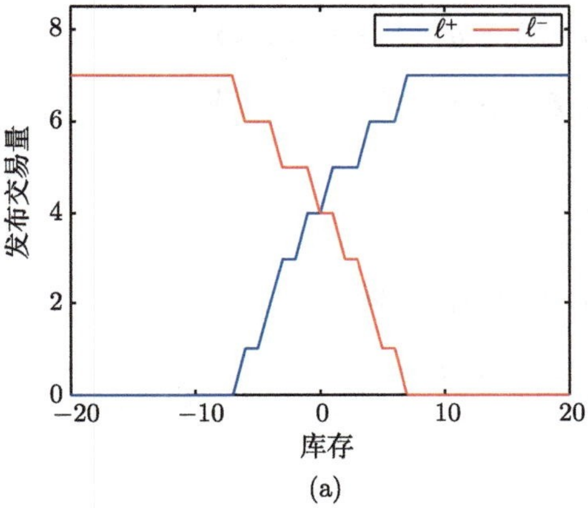

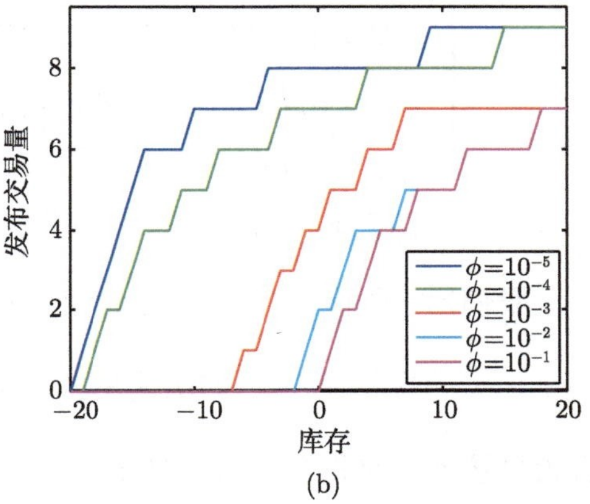

图 10.7 只触发式发布的代理商的最优交易量发布 (在 $t = 0$).(a) 图 $\phi = 10^{-3}$; (b) 图只显示 ℓ^+

有趣的是, 代理商的发布量通常不足以将他的库存恢复到零. 例如, 当 $\phi = 10^{-3}$ 并且库存为 10 时, 他将只会发布 7 个单位的卖出 LO, 一旦 LO 被填充, 那么他的库存会减少到 3. 此时, 他将会发布一个 5 个单位的卖出 LO 和一个 3 个单位的买入 LO, 无论哪个 LO 被填充, 他的库存都不会被压缩到零.

10.3 效用最大化的做市商

在 10.2 节中, 代理商对其买卖的现金价值的不确定性不关心, 反而关心最大化库存控制下的做市的预期利润. 然而, 一些代理商可能反而希望直接对他们买卖的不确定性进行惩罚. 在这里, 我们证明了如果代理商使用指数效用作为性能衡量标准, 他的策略将与 10.2 节所研究的运行惩罚所隐含的策略相同 (最多差一个常数和参数的再缩放).

为此, 假设代理商用指数效用 $u(x) = -e^{-\gamma x}$ 来设置基于终端现金期望效用的性能. 在这种情况下, 他的性能指标是

$$G^{\boldsymbol{\delta}}(t, x, S, q) = \mathbb{E}_{t,x,S,q}\left[-\exp\{-\gamma(X_T^{\boldsymbol{\delta}} + Q_T^{\boldsymbol{\delta}}(S_T - \alpha Q_T^{\boldsymbol{\delta}}))\}\right].$$

利用标准方法, 他的价值函数

$$G(t,x,S,q)=\sup_{\boldsymbol{\delta}\in\mathcal{A}}G^{\boldsymbol{\delta}}(t,x,S,q),$$

将满足 DPE

$$\begin{cases}\left(\partial_t+\frac{1}{2}\sigma^2\partial_{SS}\right)G\\ +\lambda^+\sup_{\delta^+}\left\{e^{-\kappa^+\delta^+}\left[G(t,x+(S+\delta^+),S,q-1)-G\right]\mathbb{1}_{q>\underline{q}}\right\}\\ +\lambda^-\sup_{\delta^-}\left\{e^{-\kappa^-\delta^-}\left[G(t,x-(S-\delta^-),S,q+1)-G\right]\mathbb{1}_{q<\bar{q}}\right\}=0,\\ G(t,x,S,0)=-e^{-\gamma x},\\ G(T,x,S,q)=-e^{-\gamma(x+q(S-\alpha q))}.\end{cases}$$

我们把它留作为一个练习, 让读者来证明这个拟设解

$$G(t,x,S,q)=-e^{-\gamma(x+qS+g(t,q))},$$

并得到接下来的关于 $g(t,q)$ 的方程:

$$\begin{aligned}&\partial_t g-\frac{1}{2}\sigma^2\gamma q^2+\sup_{\delta^+}\lambda^+e^{-\kappa^+\delta^+}\frac{1-e^{-\gamma\left(\delta^++g(t,q-1)-g(t,q)\right)}}{\gamma}\\&+\sup_{\delta^-}\lambda^-e^{-\kappa^-\delta^-}\frac{1-e^{-\gamma\left(\delta^-+g(t,q+1)-g(t,q)\right)}}{\gamma}=0,\end{aligned}\tag{10.18}$$

有终端和边界条件

$$g(t,0)=0\quad 和\quad g(T,q)=-\alpha q^2.$$

根据第一个条件, 我们发现在反馈控制形式中, 代理商发布的最优深度为

$$\boxed{\begin{aligned}\delta^{*,+}&=\frac{1}{\gamma}\log\left(1+\frac{\gamma}{\kappa^+}\right)+g(t,q)-g(t,q-1),\quad q>\underline{q},\\ \delta^{*,-}&=\frac{1}{\gamma}\log\left(1+\frac{\gamma}{\kappa^-}\right)+g(t,q)-g(t,q+1),\quad q<\bar{q}.\end{aligned}}\tag{10.19}$$

这种形式与上一节 (10.8) 中给出的最优深度相似, 但略有不同. g 函数可能与 h 不同, 并且基线水平 $(\kappa^\pm)^{-1}$ 被修改为 $(\hat{\kappa}^\pm)^{-1}=\frac{1}{\gamma}\log\left(1+\frac{\gamma}{\kappa^\pm}\right)$. 这个修改可以被视为一个风险厌恶偏差. 事实上, 零风险厌恶在取极限时

$$\hat{\kappa}^\pm\xrightarrow{\gamma\downarrow 0}\kappa^\pm,$$

则上一节的结果被重现了.

将这个反馈形式代入 (10.18), 我们找到一个非线性 ODE

$$\partial_t g - \frac{1}{2}\sigma^2\gamma q^2 + \frac{\hat{\lambda}^+}{\kappa^+}e^{-\kappa^+(g(t,q)-g(t,q-1))} + \frac{\hat{\lambda}^-}{\kappa^-}e^{-\kappa^-(g(t,q)-g(t,q+1))} = 0,$$

其中

$$\hat{\lambda}^\pm = \left(\kappa^\pm / \left(\kappa^\pm + \gamma\right)\right)^{1+\kappa^\pm/\gamma} \lambda^\pm.$$

在零风险厌恶的极限情况 $\hat{\lambda}^\pm \xrightarrow{\gamma\downarrow 0} e^{-1}\lambda^\pm = \tilde{\lambda}^\pm$ 中, 我们再一次重现了 (10.9) 中的参数. 实际上, 上面的 ODE 在结构上与 (10.9) 中相同. 因此, 匹配参数设置为

$$\phi = \frac{1}{2}\sigma^2\gamma, \quad \lambda_0 = e^{+1}\hat{\lambda}, \quad \kappa_0 = \kappa,$$

其中下标 0 表示参数使用的是来自 10.2 节的基本模型, 我们看到 $h(t,q)$ 和 $g(t,q)$ 将是一致的, 并且最优策略满足以下关系

$$\boxed{\delta^{\pm,*} = \delta_0^{\pm,*} + \left((\hat{\kappa}^\pm)^{-1} - (\kappa_0^\pm)^{-1}\right).} \tag{10.20}$$

换句话说, 通过对模型参数进行重新调整, 效用最大化代理商的最优策略与仅惩罚正在运行的库存的代理商的最优策略是一样的, 仅相差一个常数.

除了最优策略之间的关系, 价值函数可以为写成另一种形式. 由于 $h(t,q) = g(t,q)$, 我们有

$$H(t,x,S,q) = -\frac{1}{\gamma}\log\left(-G(t,x,S,q)\right),$$

或者把价值函数写成原始控制形式, 我们有

$$\boxed{\begin{aligned} &\sup_{\boldsymbol{\delta}\in\mathcal{A}} \mathbb{E}_{t,x,S,q}\left[X_T^{\boldsymbol{\delta}} + Q_T^{\boldsymbol{\delta}}(S_T - \alpha Q_T) - \phi\int_t^T (Q_s^{\boldsymbol{\delta}})^2 ds\right] \\ &= -\frac{1}{\gamma}\log\left(-\sup_{\boldsymbol{\delta}\in\mathcal{A}} \mathbb{E}_{t,x,S,q}[-\exp\{-\gamma(X_T^{\boldsymbol{\delta}} + Q_T^{\boldsymbol{\delta}}(S_T - \alpha Q_T))\}]\right). \end{aligned}} \tag{10.21}$$

价值函数之间的这种关系实际上是一个更普遍结果的一部分, 这个结果将优化问题分别与指数效用和惩罚联系起来 (更多参见本章的参考文献).

10.4 含逆向选择的做市

市场上充斥着各种各样的交易者, 他们以不同的理由和不同程度的信息来到市场. MM 所面临的最重要风险之一是逆向选择风险. 正如第 2 章所讨论的 (见 2.2

节和 2.3 节的例子), 当与知情的市场参与者进行交易时, MM 被暴露在价格上涨之前有卖出限价单 (LO) 被执行, 或在价格下跌之前有买入 LO 被执行的风险中. 在本节中, 我们扩展了 10.2 节中做市问题, 并介绍了如何在中间价演变中纳入逆向选择影响的两种方法. 在第一个模型中, 我们假设中间价在即将到来的市价单 (MO) 的方向上会历经跳跃. 在第二个模型中, 中间价的漂移有一个短期阿尔法的成分, 该成分受到 MO 到达的影响.

10.4.1　市价单对中间价的影响

在这里我们假设中间价演变遵循

$$dS_t = \sigma dW_t + \epsilon^+ dM_t^+ - \epsilon^- dM_t^-, \tag{10.22}$$

其中 M_t^- 和 M_t^- 是泊松过程, 强度分别是 λ^+ 和 λ^-, 它是用来统计买入 (+) 和卖出 (−) MO 数量的. 每一次一个 MO 到达, 中间价都会经历一次大小为 $\epsilon^\pm$ 的跳跃, 跳跃大小是独立同分布的, 分布函数是 $F^\pm$, 其有限一阶矩表示为 $\varepsilon^\pm = \mathbb{E}[\epsilon^\pm]$.

直观上, 在这里我们可以把中间价的演变视为两个组成部分的和. 第一个组成部分, 即 (10.22) 右端的布朗运动, 它捕获了中间价变化, 该变化是由于这些信息流会到达所有或部分市场参与者手中, 他们随后会更新他们的报价. 另外一种组成部分, 即增量为 $\epsilon^+ dM_t^+ - \epsilon^- dM_t^-$ 的跳跃过程, 它代表的是由有永久性价格冲击的 MO 的到达所引起的中间价的变化. MO 可能有时会出现在市场上有足够的流动性的时候——因此, 价格会保持不变或仅有微不足道的变化; MO 也可能会在市场上流动性不足的情况下, 或者订单由具有信息优势的交易者发布时出现, 而这些交易对价格产生了永久性冲击. 交易对中间价的冲击也可能被视为知情交易者的行为. 如果一个知情交易者买入 (卖出) 股票, 他只会在已知资产价格上涨 (下跌) 的情况下这样做. 由知情交易产生的中间价的增加 (减少), 可以被我们模型中即时且永久性的价格冲击来近似.

剩余的 MM 的设置如 10.2 节中所示, 唯一的区别是这里的中间价来自 (10.22). 为了方便, 我们重复一遍 MM 的性能指标:

$$H^\delta(t,x,S,q) = \mathbb{E}_{t,x,S,q}\left[X_T^{\boldsymbol{\delta}} + Q_T^{\boldsymbol{\delta}}(S_T - \alpha Q_T^{\boldsymbol{\delta}}) - \phi\int_t^T (Q_u^{\boldsymbol{\delta}})^2 du\right],$$

则他的价值函数为

$$H(t,x,S,q) = \sup_{\delta^\pm \in \mathcal{A}} H^{\boldsymbol{\delta}}(t,x,S,q).$$

因此 MM 的价值函数满足 DPE

$$0 = \partial_t H + \frac{1}{2}\sigma^2 \partial_{SS} H - \phi q^2$$

$$
\begin{aligned}
&+\lambda^+ \sup_{\delta^+}\Big\{e^{-\kappa^+\delta^+}\mathbb{1}_{q>\underline{q}}\mathbb{E}\left[H(t,x+(S+\delta^+),S+\epsilon^+,q-1)-H\right]\\
&+\left(1-e^{-\kappa^+\delta^+}\mathbb{1}_{q>\underline{q}}\right)\mathbb{E}\left[H(t,x,S+\epsilon^+,q)-H\right]\Big\}\\
&+\lambda^- \sup_{\delta^-}\Big\{e^{-\kappa^-\delta^-}\mathbb{1}_{q<\bar{q}}\mathbb{E}\left[H(t,x-(S-\delta^-),S-\epsilon^-,q+1)-H\right]\\
&+\left(1-e^{-\kappa^-\delta^-}\mathbb{1}_{q<\bar{q}}\right)\mathbb{E}\left[H(t,x,S-\epsilon^-,q)-H\right]\Big\},
\end{aligned}
\tag{10.23}
$$

并服从终端条件

$$
H(T,x,S,q)=x+q\,(S-\alpha q)\,,
\tag{10.24}
$$

其中期望是关于随机变量 $\epsilon^\pm$ 的 (不是关于 x, S 和 q 的), $\mathbb{1}$ 是示性函数.

直观上, HJB 方程中对于不同项的解释都与 10.2 节中的相同, 除了一点, 即当 MO 到达中间价发生上跳跃时, 价值函数的是如何变化的. 要看到这一点, 注意到对 δ^+ 取上确界这一项包含了由 (被一个限价卖出订单填充的) 市价买入订单到达导致的项. 第一项代表了价值函数中的预期变化及由随机数量 ϵ^+ 导致的中间价 S_t 跳跃, 其中预期变化是由一个填充 LO 的 MO 到达引起的. 第二项代表了一个 MO 的到达, 这样的 MO 不会达到 LO 的价格水平 (但是仍然导致了一个中间价的随机跳跃). 相似地, 对 δ^- 取下确界项包含了由限价买入订单填充的市场卖出订单的相似项.

为了求解该 DPE, 我们拟设解为

$$
H(t,x,S,q)=x+qS+h(t,q),
\tag{10.25}
$$

将它代入 DPE, 我们有

$$
\begin{aligned}
\phi q^2 = &\,\partial_t h+\lambda^+\sup_{\delta^+}\left\{e^{-\kappa^+\delta^+}\left(\delta^+-\varepsilon^+ + h_{q-1}-h_q\right)\right\}\mathbb{1}_{q>\underline{q}}\\
&+\lambda^-\sup_{\delta^-}\left\{e^{-\kappa^-\delta^-}\left(\delta^--\varepsilon^-+h_{q+1}-h_q\right)\right\}\mathbb{1}_{q<\bar{q}}\\
&+\left(\varepsilon^+\lambda^+-\varepsilon^-\lambda^-\right)q,
\end{aligned}
\tag{10.26}
$$

并服从 $h(T,q)=-\alpha q^2$, 这允许我们求解反馈形式中的最优控制:

$$
\delta^{+,*}(t,q)=\frac{1}{\kappa^+}+\varepsilon^+-h(t,q-1)+h(t,q),\quad q\neq\underline{q},
\tag{10.27a}
$$

$$
\delta^{-,*}(t,q)=\frac{1}{\kappa^-}+\varepsilon^--h(t,q+1)+h(t,q),\quad q\neq\bar{q}.
\tag{10.27b}
$$

反馈形式的最优控制的解释是与我们上述讨论十分相似的. 主要不同点是, 在这里 MO 冲击中间价并且在两种方式上影响最优控制: 一种已经体现在 (10.27) 的 $\varepsilon^\pm$ 中了, 另一个已经被编进了 $h(t,q)$ 的解中.

很明显, 通过包括以 MO 的到达为条件, 在价格上跳跃的期望, 通过发布 $\varepsilon^{\pm} = \mathbb{E}[\epsilon^{\pm}]$(远离中间价) 的 LO, MM 包含了 MO 的冲击. 在这种方式下, MM 交易员重现了由于逆向选择而导致的损失 (平均意义下).

此外, 注意到中间价跳跃也会影响到解 $h(t,q)$, 因为随着这些价格的变动, 最优策略必须考虑到未来的 MO 到达. 因此, 要注意的是, 这里得到的最优控制不是 (10.8) 所给出的控制再加上平均损失 $\varepsilon^{\pm}$ 逆向选择成本的重构, 这一点很重要. 当我们讨论下一小节中讨论的 DPE 的解时, 这一点就变得很清楚了.

求解 DPE

如果 $\kappa^+ = \kappa^- = \kappa$, 有

$$h(t,q) = \frac{1}{\kappa}\log\omega(t,q),$$

堆积 $\omega(t,q)$ 成一个向量

$$\boldsymbol{\omega}(t) = \left[\omega(t,\bar{q}), \omega(t,\bar{q}-1), \cdots, \omega(t,\underline{q})\right]'.$$

此外, 令 $\mathbf{A}$ 表示 $(\bar{q}-\underline{q}+1)$-方阵, 该方阵的行标从 $\bar{q}$ 到 $\underline{q}$, 其中元素由下式给出

$$\mathbf{A}_{i,q} = \begin{cases} q\kappa(\varepsilon^+\lambda^+ - \varepsilon^-\lambda^-) - \phi\kappa q^2, & i = q, \\ \tilde{\lambda}^+, & i = q-1, \\ \tilde{\lambda}^-, & i = q+1, \\ 0, & \text{其他}. \end{cases} \tag{10.28}$$

其中 $\tilde{\lambda}^{\pm} = \lambda^{\pm}e^{-1-\kappa\varepsilon^{\pm}}$. 然后, 把 (10.26) 中的 h 替代成 ω, 我们发现

$$\partial_t\boldsymbol{\omega}(t) + \mathbf{A}\omega(t) = 0.$$

这个矩阵 ODE 可以被很容易地求解

$$\boxed{\boldsymbol{\omega}(t) = e^{\mathbf{A}(T-t)}\mathbf{z},} \tag{10.29}$$

其中 $\mathbf{z}$ 是 $(\bar{q}-\underline{q}+1)$ 维向量, 它的每一个元素为 $z_j = e^{-\alpha\kappa j^2}$, $j = \bar{q}, \cdots, \underline{q}$. 注意到这个解和 10.2 节中导出的相似, 但是这里我们有对中间价演变上的 MO 的冲击.

假设 LOB 形状是对称的, 同时假设 MO 到达的速率和在中间价上的冲击是相同的 $(\kappa^{\pm} = \kappa, \lambda^{\pm} = \lambda, \varepsilon^{\pm} = \varepsilon)$, 这两个假设的直接结果是, MM 在买入侧买入 q 股的最优深度等于在卖出侧卖出 q 股的最优深度 $\delta^{\pm *}(t,q) = \delta^{\mp *}(t,-q)$.

策略行为

在本节中, 我们将阐述作为关于 $q, \phi, \alpha, \lambda^{\pm}, \bar{q}$ 和 $-\underline{q}$ 的函数的最优策略行为的几个方面. 在图 10.8 中, 我们展示了当 $T = 30$, $\lambda^{\pm} = 1$, $\kappa^{\pm} = 100$, $\bar{q} = -\underline{q} = 3$, $\phi = 0.02$, $\alpha = 0.0001$, $\sigma = 0.01$, $S_0 = 100$, $\varepsilon = 0.005$ 时的最优卖出和买入深度. 该图显示了当 $q = 0$ 时, 最优买入和卖出深度是相同的, 但是当库存 $q \neq 0$ 时, 最优深度不是对称的 (卖出深度与买入深度不同), 填充率倾斜导致库存的均值回归. 例如, 如果 $q = 2$, 那么最优卖出深度比最优买入深度低, 以至于与收购一个单位相比, 策略更有可能选择出售一个单位资产.

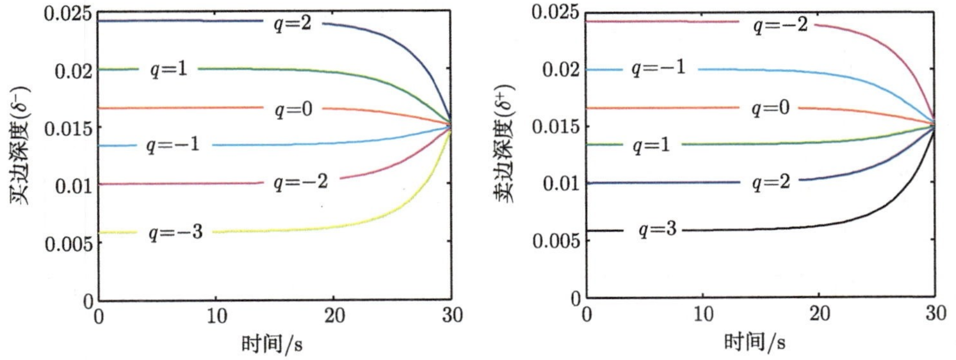

(a) (b)

图 10.8 最优深度作为时间和不同库存水平的函数, $T = 30$. 剩下的模型参数为: $\lambda^{\pm} = 1, \kappa^{\pm} = 100, \bar{q} = -\underline{q} = 3, \phi = 0.02, \alpha = 0.0001, \sigma = 0.01, S_0 = 100, \varepsilon = 0.005$

对不同级别的运行库存参数 $\phi = \{0.2, 0.1, 0.05\}$, 图 10.9(a) 进一步说明了填充率是如何倾斜的, 从而导致了最优库存水平的均值回归. 另一些模型参数是: $\lambda^+ = 2$, $\lambda^- = 1$, $\varepsilon = 0.005$, $\kappa^{\pm} = 100$, $\bar{q} = -\underline{q} = 10$, $\alpha = 0.0001$, $\sigma = 0.01, S_0 = 100$. (b) 和 (c) 说明了不同参数选择的最优库存水平都是持有正数量的股份—— 这个最优点位于库存漂移为零的位置, 因为这是策略“拉动”库存的水平.

我们详细讨论当 $\phi = 0.05$ 时的库存轨迹, 即红色圆圈. 例如, 如果 $\phi = 0.05$, 并且当前库存水平是 $q = 4$, 策略不对称地发布以至于买入 LO 比卖出 LO 更接近中间价. 这样, 库存更有可能会增加 (正库存漂移). 相似地, 如果当前库存水平是 $q = 6$, 最优策略是发布更接近中间价的卖出 LO 而不是买入 LO, 以至于库存更有可能会减少 (负库存漂移). 最优库存水平是当 $q = 5$ 时, LO 对称分布在中间价的周围的位置 (买入和卖出的填充率相同). 如果我们遵循同样的推理方法, 我们看到 $\phi = 0.1$ (绿色圆圈所描述的), 这里的最优库存水平是介于 2 个单位资产和 3 个单位资产之间; 对于 $\phi = 0.2$ (蓝色圆圈所描述的), 这里的最优库存水平是接近 1 个单位资产的.

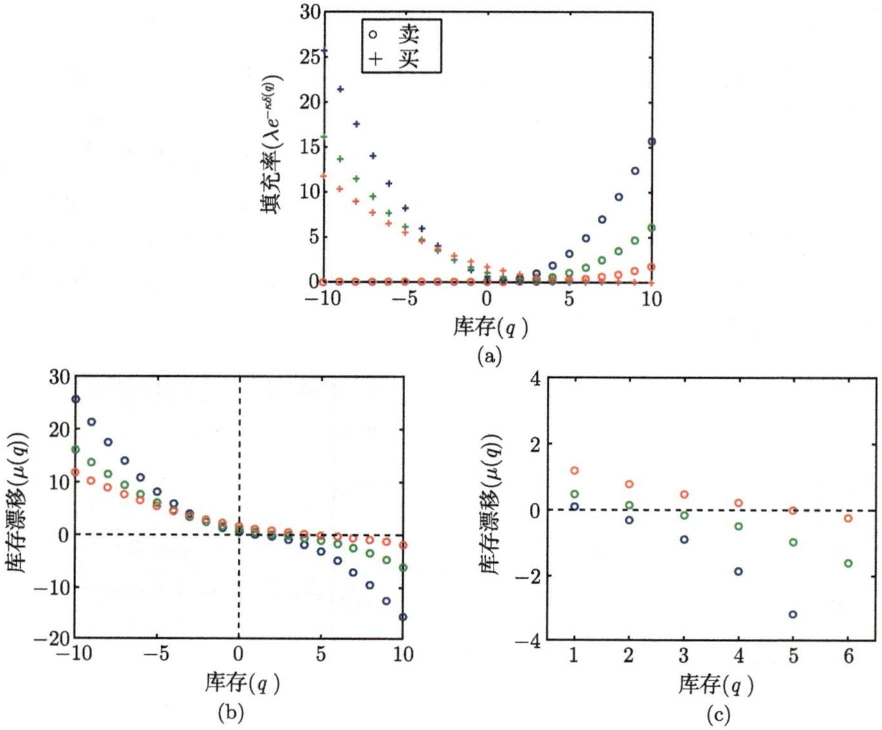

图 10.9　长期投资水平. 模型参数为: $\lambda^+ = 2, \lambda^- = 1, \varepsilon = 0.005, \kappa^{\pm} = 100, \bar{q} = -\underline{q} = 10, \phi = \{0.2, 0.1, 0.05\}, \alpha = 0.0001, \sigma = 0.01, S_0 = 100$

为了进一步理解这些结果, 更重要的是注意到最优库存水平是正的, 因为买入 MO 到达的强度是 $\lambda^+ = 2$, 同时卖出 MO 到达的强度是 $\lambda^- = 1$. 因此, 平均而言, 中间价是上升的, 因为每次一个 MO 到达中间价会历经一个跳跃 (上下波动的分布是相同的), 但由于买入 MO 到达是卖出 MO 的两倍, 所以中间价是上升的——见中间价演变 (10.22). 因此, 该发布 LO 的策略是最优的, 这样填充率就倾向于支持持有正的库存, 因为它会因为中间价的上升趋势而增值.

10.4.2　短期阿尔法与逆向选择

在这一节, 我们假设资产的中间价满足

$$dS_t = (v + \alpha_t)dt + \sigma dW_t, \tag{10.30}$$

其中的漂移是由一个长期的组成部分 v 和一个短期的组成部分 α_t (可料的零均值回归过程) 给出的. 在制定做市策略的时候, 长期的和短期的组成部分都是很重要的. 例如, 如果代理商是这样一个 MM, 他在没有看到短期组成部分 α_t 的时间尺度上进行交易, 然后他的策略将不仅是次优的, 而且比起消息灵通的交易员他将会损失更多的钱——消息灵通的交易员会瞄准那些由消息不灵通的交易员发布的 LO. 另一方面, 如果 MM 有能力观察 α_t, 那么他将会确保平均意义上他的策略不会亏本给其他交易者, 并且如我们在下面展示的, 当 α_t 不等于 0 时, 代理商将运用这些知识来执行更多的投机交易.

依赖于影响中间价的短期漂移的因素, 可以在许多方面阐述可预测漂移 α_t 的演变. 在这里我们假设 MM 是高频操作的, 并且短期 α_t 是由订单流驱动的. 因此, 我们将 α_t 建模为零均值回归过程, 它在 MO 的到达时刻由一个随机量导致跳跃. 当买入 MO 到达和卖出 MO 到达时, 短期漂移分别向上跳跃和向下跳跃. 就其本身而言, α_t 满足

$$d\alpha_t = -\zeta\alpha_t dt + \eta dW_t^\alpha + \epsilon^+_{1+M^+_{t-}} dM_t^+ - \epsilon^-_{1+M^-_{t-}} dM_t^-, \tag{10.31}$$

其中 $\{\epsilon_1^\pm, \epsilon_2^\pm, \cdots\}$ 是独立同分布的随机变量 (不依赖任何过程), 它代表在中间价的漂移上卖出/买入 MO 冲击的大小. 此外, W_t^α 表示一个与其他过程无关的布朗运动, ζ, η 是正常数, 且 MO 以一个独立常数率 $\lambda^\pm$ 到达.

现在我们提出一个做市问题, 在这个问题里, MM 只触发式发布, 正如 10.2.2 小节中我们所做的一样. 然而, 这里代理商的策略解释了短期阿尔法的影响. 为此, 令 $\ell_t^\pm \in \{0,1\}$ 表示代理商会被发布在 LOB 的卖出侧 (+) 发布还是在买入侧 (−). 他的性能指标是

$$H^{\boldsymbol{\ell}}(t,x,S,\alpha,q) = \mathbb{E}_{t,x,S,\alpha,q}\left[X_T^{\boldsymbol{\ell}} + Q_T^{\boldsymbol{\ell}}\left(S_T - \left(\frac{\Delta}{2} + \varphi Q_T^{\boldsymbol{\ell}}\right)\right) - \phi\int_t^T (Q_u^{\boldsymbol{\ell}})^2 du\right],$$

他的现金过程 $X_t^{\boldsymbol{\ell}}$ 满足 SDE

$$dX_t^{\boldsymbol{\ell}} = \left(S_t + \frac{\Delta}{2}\right) dN_t^{+,\boldsymbol{\ell}} - \left(S_t - \frac{\Delta}{2}\right) dN_t^{-,\boldsymbol{\ell}},$$

其中 $N_t^{\pm,\boldsymbol{\ell}}$ 表示他的被填充 LO 的计数过程. 我们进一步假设, 当一个匹配的 MO 到达时, 如果他的 LO 在 LOB 中被发布, 则会以概率 1 被填充. 在这种情况下, $N_t^{\pm,\boldsymbol{\ell}}$ 是强度为 $\ell_t^\pm\lambda^\pm$ 的受控重随机泊松过程. (在练习 E.10.2, 我们要求读者将这个问题泛化为解释填充概率小于 1.)

和之前一样, 可容许策略集合 $\mathcal{A}$ 是 $\mathcal{F}$-可料的, 且满足如果代理商的库存等于库存上限 $\bar{q}$ (下限 $\underline{q}$), 则他不在买入 (卖出) 侧发布, 他的价值函数被表示为

$$H(t,x,S,\alpha,q) = \sup_{\boldsymbol{\ell}\in\mathcal{A}} H^{\boldsymbol{\ell}}(t,x,S,\alpha,q).$$

导出的 DPE

应用 DPP, 我们发现代理商的价值函数 H 应该满足 DPE

$$
\begin{aligned}
0 = & \left(\partial_t + \alpha\partial_S + \frac{1}{2}\sigma^2\partial_{SS} - \zeta\alpha\partial_\alpha + \frac{1}{2}\eta^2\partial_{\alpha\alpha}\right) H - \phi q^2 \\
& + \lambda^+ \max_{\ell^+\in\{0,1\}} \left\{ \mathbb{1}_{q>\underline{q}} \mathbb{E}\left[H\left(t, x + \left(S + \frac{\Delta}{2}\ell^+\right)\ell^+, S, \alpha + \epsilon^+, q - \ell^+\right) - H \right] \right. \\
& \left. + \left(1 - \ell^+ \mathbb{1}_{q>\underline{q}}\right) \mathbb{E}\left[H\left(t, x, S, \alpha + \epsilon^+, q\right) - H\right] \right\} \\
& + \lambda^- \max_{\ell^-\in\{0,1\}} \left\{ \mathbb{1}_{q<\bar{q}} \mathbb{E}\left[H\left(t, x - \left(S - \frac{\Delta}{2}\ell^-\right)\ell^-, S, \alpha - \epsilon^-, q + \ell^-\right) - H \right] \right. \\
& \left. + \left(1 - \ell^- \mathbb{1}_{q<\bar{q}}\right) \mathbb{E}[H(t, x, S, \alpha - \epsilon^-, q + \ell^-) - H] \right\},
\end{aligned}
$$

并服从终端条件

$$
H(T, x, S, \alpha, q) = x + q\left(S - \left(\frac{\Delta}{2} + \varphi q\right)\right).
$$

这里, 期望是关于随机跳跃大小 $\epsilon^\pm$ 的. DPE 中不同项有如下说明:

• DPE 的第一行代表了漂移、中间价和短期阿尔法的扩散组成部分, 以及阿尔法的均值回归特征;

• 最大化项代表代理商控制是否触发式发布一个 LO;

• 第二行的最大化项代表了价值函数的变化 (如果代理商被发布), 是由于一个卖价成交 MO 的到达, 并且同时导致一个在短期阿尔法的跳跃;

• 第三行代表当一个 MO 到达时价值函数的变化, 但是代理商并没有发布——在这种情况下只有短期阿尔法跳跃;

• 第四行和第五行是关于订单簿的另一侧.

终端条件再一次显示了以下拟设, 它分割了累计的现金、以中间价计价的盯市股份的账面价值, 以及在策略的剩余生命周期中来自最优做市的附加值:

$$
H(t, x, S, \alpha, q) = x + qS + h(t, \alpha, q).
$$

在本节中, h 依赖时间、库存和短期阿尔法. 将拟设带入上面的 DPE, 我们发现 h 满足

$$
\begin{aligned}
0 = & \left(\partial_t - \zeta\alpha\partial_\alpha + \frac{1}{2}\eta^2\partial_{\alpha\alpha}\right) h + \alpha q - \phi q^2 \\
& + \lambda^+ \max_{\ell^+\in\{0,1\}} \left\{ \mathbb{1}_{q>\underline{q}} \mathbb{E}\left[\ell^+ \frac{\Delta}{2} + h(t, \alpha + \epsilon^+, q - \ell^+) - h(t, \alpha + \epsilon^+, q) \right] \right\}
\end{aligned}
$$

$$
\begin{aligned}
&+\lambda^-\max_{\ell^-\in\{0,1\}}\left\{\mathbb{1}_{q<\bar{q}}\mathbb{E}\left[\ell^-\frac{\Delta}{2}+h(t,\alpha-\epsilon^-,q+\ell^-)-h(t,\alpha-\epsilon^-,q)\right]\right\}\\
&+\lambda^+\mathbb{E}[h(t,\alpha+\epsilon^+,q)-h(t,\alpha,q)]\\
&+\lambda^-\mathbb{E}[h(t,\alpha-\epsilon^-,q)-h(t,\alpha,q)],
\end{aligned}
$$

并服从终端条件

$$
h(T,\alpha,q)=-q\left(\frac{\Delta}{2}+\varphi q\right).
$$

出现在以上方程第一行的 αq 这一项, 是要使这个问题的解显式地依赖于 α. 如果它没有, 那么最优发布和 h 函数将不依赖于 α, 这是由于终端条件不依赖于 α, 并且在源项中没有关于 α 的项. 然而, 正是这种对 α 的依赖使策略变得有趣, 并使它能够适应订单流到达所导致的逆向选择. 最后, 期望算子 $\mathbb{E}$ 是关于随机跳跃大小 ϵ 的.

优化项的形式使我们能更简洁地描述最优发布. 当 $\ell=0$ 时, 需要被最大化的两项都是 0, 因此, 代理商的最优发布可以被简洁地刻画为

$$
\boxed{
\begin{aligned}
\ell^{+,*}(t,q)&=\mathbb{1}_{\{\frac{\Delta}{2}+\mathbb{E}[h(t,\alpha+\epsilon^+,q-1)-h(t,\alpha+\epsilon^+,q)]>0\}\cap\{q>\underline{q}\}},\\
\ell^{-,*}(t,q)&=\mathbb{1}_{\{\frac{\Delta}{2}+\mathbb{E}[h(t,\alpha-\epsilon^-,q+1)-h(t,\alpha-\epsilon^-,q)]>0\}\cap\{q<\bar{q}\}}.
\end{aligned}
}
\tag{10.32}
$$

这些发布类似于 (10.17) 中最优发布, 那里我们研究了当代理商仅触发式发布时是如何进行交易的. 关键区别在于, 当一个 MO 到达时, 代理商知道 α 会向上/向下跳跃, 因此他会比较价值函数期望的改变, 价值函数在 $\alpha\pm\epsilon^{\pm}$ 处求值, 而不是在半价差处用 α 求值.

策略特征

为了只专注于短期阿尔法的影响, 我们设置运行惩罚 $\phi=0$, 其余的模型参数为

$$
\begin{aligned}
&T=60\ \text{s},\quad \bar{q}=-\underline{q}=20,\quad \lambda^{\pm}=0.8333,\quad \Delta=0.01,\quad \varphi=0.01,\\
&\eta=0.001,\quad \zeta=0.5,\quad \mathbb{E}[\epsilon]=0.005.
\end{aligned}
$$

$\lambda^{\pm}$ 的选择确保代理商有等于预期的交易量的 20% 的最大库存. 在这些参数下, 图 10.10 展示了最优策略作为一个时间和短期阿尔法的函数是如何表现的. 当他的库存在 (b) 的平面之下时, 代理商会发布限价买入订单, 而当他的库存在 (c) 平面之上的时候, 他就会发布限价卖出订单. 这里有许多值得注意的特性.

(i) 由于 MO 的到达率的对称性, 这个平面是另一个平面的镜像反射.

(ii) 随着到期日临近, 他的策略本质上变得与短期阿尔法无关, 反而当他的库存为正时, 诱导他卖出, 当他的库存为负时则买入. 因此, 最优策略试图以零库存结束交易期.

(iii) 远离到期日时, 最优策略变得与时间无关.

(iv) 在远离到期日的情况下, 代理商倾向于在短期阿尔法和库存接近于零的情况下对称地发布. 由于 α 增加, 他愿意接受库存, 但一直保持在两侧发布, 直到 α 变得相当大, 他只发布买入 LO. 当 α 减少时, 情况相反.

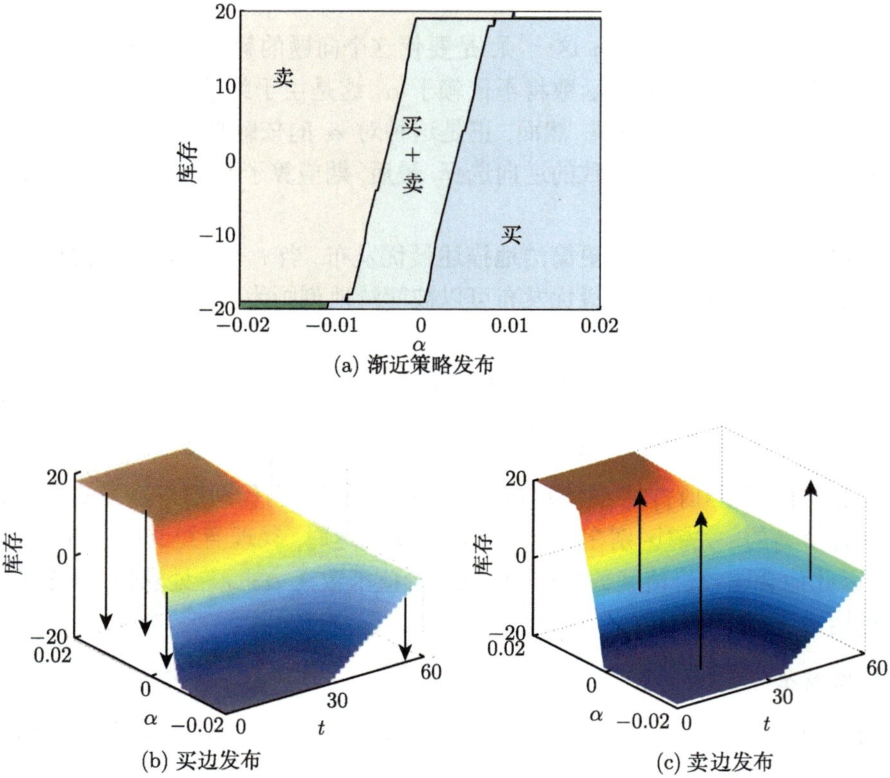

(a) 渐近策略发布

(b) 买边发布　　(c) 卖边发布

图 10.10　短期阿尔法的最优发布

接下来, 图 10.11 展示了一个代理商发布的样本路径和短期阿尔法. 在图 (a) 中, 绿色的线展示了他被发布的时间 (以及价格), 而实心红色圆代表了填充代理商订单的 MO 的到达. 在这个样本路径中, 他的发布总共改变了五次, 并且他的库存是从零开始 ($Q = 0$). 在 A 区间, 他仅在买入侧被发布, 因为 α 大到足以建议值得购买该资产. 随着时间的推移, 他进入了 B 区间, α 衰减, 他开始对称地发布. 一个买入 MO 到达并且卖价成交 (所以 $Q_t = -1$), 短期阿尔法立刻向上跳跃, 在 C 区间他将清除限价单. 一个卖出的 MO 最终到达并买价成交 (所以 $Q_t = 0$), 并立即

引起 α 的向下跳跃. 由于 D 区间中的 α 相对较小, 并且他的库存为 0, 所以他又一次对称地发布. 最终, 一个买入 MO 又一次卖价成交 (所以 $Q_t = -1$), 并且引起了 α 的向上跳跃. 在 E 区间, 他现在只在买入侧发布. 一列买入 MO 在这个区间到达引起了更多在短期阿尔法的向上跳跃; 然而, 由于他没有发布卖出 LO, 他的库存维持一手空单, 并且他一直只在买入侧发布.

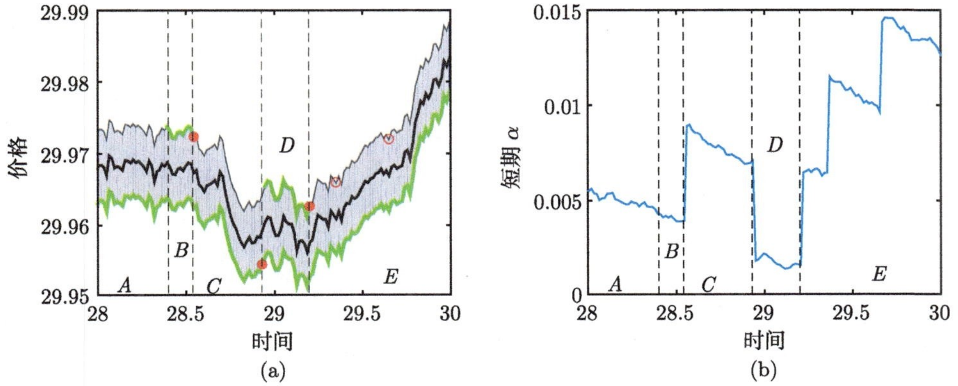

图 10.11　最优策略的样本路径. 绿线显示的是代理商被发布的时间和价格. 实心红色圆圈表示 MO 的到达, 并买价/卖价成交发布者的买单/卖单. 空心红色圆圈表示到达但不买价/卖价成交代理商的头寸的 MO. 阴影区域是买卖价差

10.5　参考文献与选读

Ho & Stoll (1981), Avellaneda & Stoikov (2008), Stoikov & Sağlam (2009), Laruelle, Lehalle & Pagès (2013), Cartea & Jaimungal (2013), Cartea, Donnelly & Jaimungal (2013), Guéant, Lehalle & Fernandez-Tapia (2013), Jaimungal & Kinzebulatov (2013), Cartea, Jaimungal & Ricci (2014), Kharroubi & Pham (2010), Guilbaud & Pham (2013), Bouchard, Dang & Lehalle (2011), Carmona & Webster (2012), Carmona & Webster (2013).

10.6　习　　题

E.10.1　考虑 10.2.2 小节中所开发的框架, 其中 MM 只触发式发布, 但是假设当一个 MO 到达时, 代理商在 LOB 被匹配的一侧被发布, 他的订单以概率 $\rho < 1$ 被填充. 导出 DPE 并且计算反馈形式下的最优策略. 应用导出的非线性 ODE 的耦合系统并展示这个策略是如何被填充概率改变的.

E.10.2　考虑 10.4.2 小节中所开发的框架, 其中 MM 服从来自活跃交易者的逆向选择, 但是假设当一个 MO 到达时, 代理商在 LOB 被匹配的一侧被发布, 他的订单以概率 $\rho < 1$ 被填充. 导出 DPE 并且计算反馈形式下的最优策略. 应用导出的非线性 ODE 的耦合系统并展示这个策略是如何被填充概率改变的.

第 11 章　配对交易和统计套利策略

11.1 引　　言

许多交易算法成功与否取决于对股票价格移动预测的质量. 预测单个股票的价格通常不如预测一个股票投资组合的准确性高. **配对交易**是一种经典的策略, 能得到两种资产的联合 (而不是单独的) 行为的最大可预测性, 配对交易中的投资组合由两种交易资产的线性组合构成. 策略的核心是两种资产的如何共同运动——其中一些统计问题早在 3.7 节中有提到. 作为一个例子, 两个资产的价差, 即价格之间的差, 显示出一个明显的模式, 并且它的偏差是暂时的. 然后, 配对交易算法从经验事实中下注而获益, 经验事实表明价差偏离趋于回复到其历史或可预测的水平. 因此, 配对交易有时被称为**统计套利**(或简称 StatArb). 它们不是真正的套利 (这是能够产生超过无风险利率的零风险的回报策略), 而是一种打赌资产价格典型行为的策略, 因此不是无风险的.

在图 11.1 中, 我们以 2013 年 11 月 1 日的 Intel (INTC) 和 Market Vectors Semiconductor ETF(SMH) 为例. (a) 图显示了 INTC 和 SMH 的中间价路径 (按平均中间价为度量), 很明显这两项资产倾向于一起向同一方向移动. 因此, 包含长期资产和短期资产的投资组合将比单个资产更稳定和更可预测. 在这种情况下, 由于

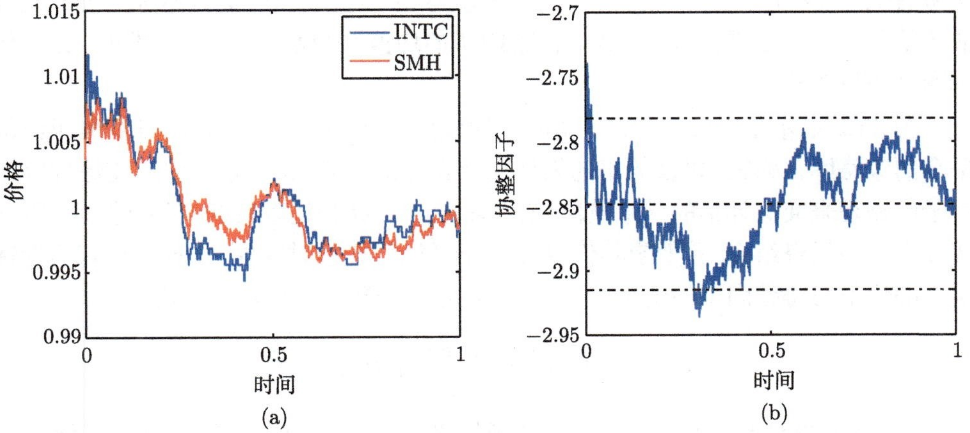

图 11.1　2013 年 11 月 1 日 INTC 和 SMH 的全天交易: (a) 中间价 (相对平均中间价); (b) 协整因子. 虚线表示平均回归水平, 点划线表示 2 个标准偏差带

资产倾向于共同向同一方向移动, 所以简单的配对交易策略是如果其价值小于阈值则购买投资组合, 并且如果其价值大于阈值则将其出售. 只要投资组合的价值关于阈值波动并回复到阈值, 该策略就会带来利润.

一个更复杂的方法是查看两种股票价格的协整因子. 图 11.1 的 (b) 图展示了协整因子 $\varepsilon_t = AS_t^{(\text{INTC})} + BS_t^{(\text{SMH})}$ 的路径, 其中 A 和 B 根据当天的数据估计为 $A \approx 0.95$ 和 $B \approx -0.63$, 可参见 3.7 节. 因此, 如果观察到的均值回归是持续的, 那么我们预计做多 0.95 股 INTC 和做空 0.63 股 SMH 股票的投资组合的价值将徘徊在均值为零的协整因子附近. 我们如何从这个投资组合的零均值回归中获利? 答案是配对交易策略, 这个策略包括在投资组合"便宜"时持续做多, 然后在投资组合的价值增加时平仓, 或者在投资组合"贵"时做空, 在投资组合的价值降低时平仓.

在本章中, 基于股票价格水平的协整因子或一族资产的漂移成分上的协整因子, 我们提出了不同的交易算法. 在 11.2 节中, 我们展示了一个朴素的方法, 这个方法在协整因子的均值回归水平周围设置特殊波段, 以便策略进入一个头寸, 当两个波段中的任何一个波段达到时, 可以进行做多和做空投资组合, 然后用另一对波段来平仓. 在 11.3 节中, 我们发展了更复杂的方法, 以确定进入和退出头寸的最佳波段, 并在 11.4 节中协整了一族资产的漂移.

11.2　特定波段

如图 11.1 所示, 从协整因子的均值回归中获利的一个简单策略是设置高于和低于均值回归水平 (为零) 的一个标准差的波段, 并且如果较低波段达到时, 购买一个单位的投资组合, 或者如果较高波段达到时, 卖出一个单位的投资组合. 一旦策略持有头寸, 无论多头还是空头, 下一步就是平仓. 为了平仓, 该策略等待投资组合的价值位于一个小的区间内, 比如协整因子的均值回归水平 1/10 标准差, 此时代理商会清算头寸.

图 11.2 显示了三张图片: 协整因子的模拟样本路径、在交易期间多次开仓和平仓的策略库存路径, 以及策略的累计现金和盯市价值. 该策略首先通过等待协整因子的路径来突破外部的一个波段. 在 $t \approx 0.3$ 时, 路径达到较低的外部波段, 所以代理商做多投资组合, 并期望其价值会上升. 然后, 在短时间内, 代理商持有的投资组合的价值与协整因子的变化一一对应. 该策略的账面价值由下式给出

$$BV_t = X_t + \beta_t\left(AS_t^{(\text{INTC})} + BS_t^{(\text{SMH})}\right),$$

其中 X_t 是策略的累计现金头寸, β_t 表示策略持有的投资组合单元, 在这种情况下假设 $\beta_t \in \{-1, 0, 1\}$.

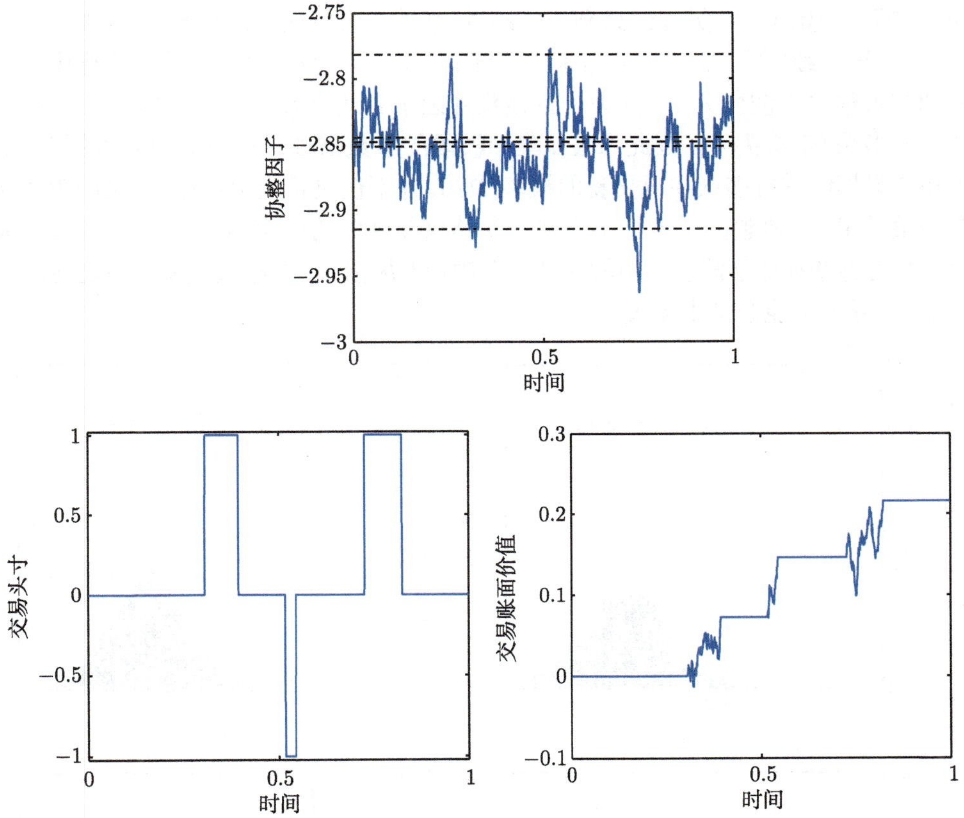

图 11.2 使用两种标准差波段策略, 协整因子、交易头寸和交易账面价值的样本路径

下一步骤是等待协整因素达到内部波段来平仓. 这发生在 $t \approx 0.4$, 策略回到持有零单位的投资组合, 并且锁定利润等于外部和内部波段的差. 接下来, 该策略等待一段时间, 在 $t \approx 0.51$ 时进入空头头寸并在 $t \approx 0.55$ 时平仓. 最后, 该策略在 $t \approx 0.73$ 时进入多头并在 $t \approx 0.83$ 时平仓. 总而言之, 对于这条模拟的路线, 该策略的利润是内部外部波段价差的三倍.

在图 11.2 的场景, 代理商以零库存结束交易期限. 这一策略并不能保证这一点, 事实上, 该策略可能已经进入多头/空头头寸, 在交易期限结束前从未回到内部波段. 这会导致策略潜在损失. 触发波段越宽, 结束库存的可能性越大. 另外, 当头寸在收盘时, 更宽的波段会有更大的利润, 随着波段尺寸的增加, 协整因子会使得更少的外部波段和内部波段转换.

图 11.3 展示了根据估计模型生成 10 000 个情景利润和亏损的 (P&L) 直方图, 计算协整因子并进行如上所述交易. 该图显示了波段对 P&L 以及夏普比率(即平均 P&L 除以 P&L 的标准偏差) 的影响. 注意到, 随着波段变宽, 夏普比率首先增

加, 但随后开始下降. 另外注意到, 在 2× 标准差时带宽最大, 其分布是多峰的. 事实上, 经过仔细研究, 所有的分布都是多峰的. 这是因为从多头/空头的平仓中获得的利润大约等于波段大小 (因为一旦该头寸因子到达该波段并在平均值附近平仓, 就进入多头/空头头寸). 因此, P&L 集中波段的整数倍处, 并且给定倍数的权重等于在交易期间进行多次往返交易的概率. P&L 并不仅仅是集中在波段, 是因为在交易期限结束前, 协整因子可能不会在交易结束前回到均衡值. 因此, 交易者必须关闭一个可能获利低于波段规模的头寸, 或者如果协整因子在结束交易期限之前离开均衡, 实际上可能会带来损失.

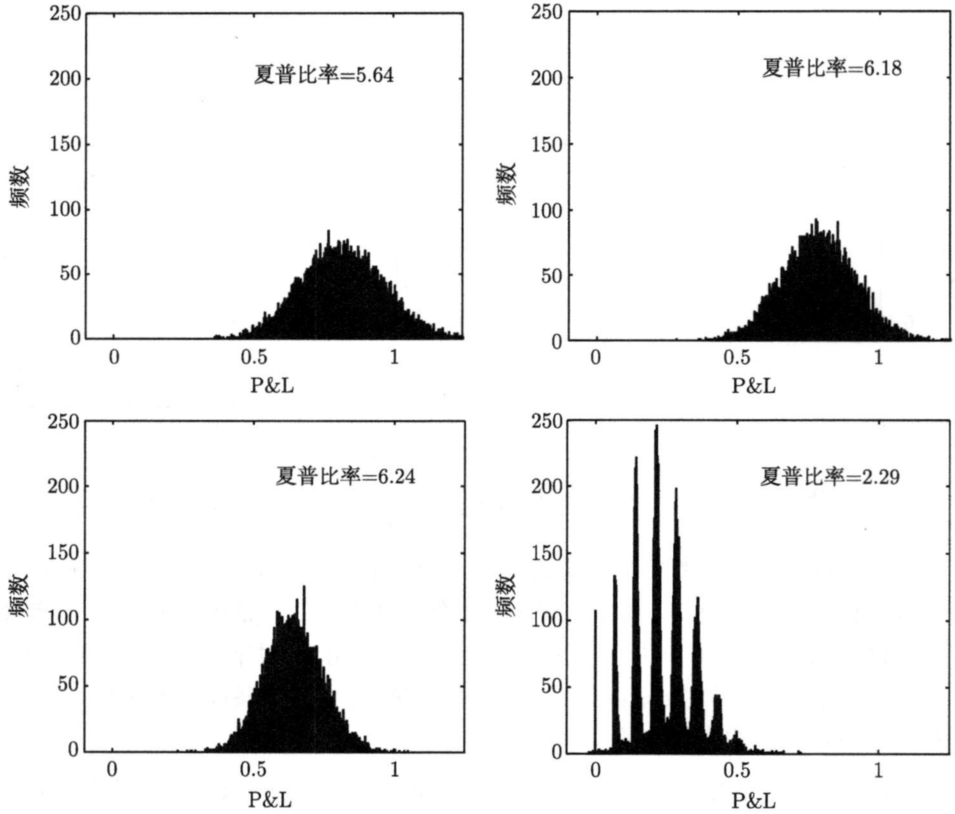

图 11.3　使用具有各种触发波段的策略, 从 10 000 个场景获得 P&L 直方图

11.3　最优波段选择

在上一节中, 我们介绍了一种非常简单但朴素的策略, 用于进入和退出协整因子资产组合中的多头/空头头寸. 在这里, 我们通过将问题转化为最优停止问题来

确定进入和退出的最优策略. 在这种情况下, 交易者将进行单个往返交易, 并且没有终端时间期限. 首先, 假设存在一个 A 股和 B 股的资产组合, 以便投资组合动态由协整因子 ε_t 给出, 我们假设

$$d\varepsilon_t = \kappa(\theta - \varepsilon_t)dt + \sigma dW_t,$$

其中 W_t 是标准的布朗运动. 系数 κ 为均值回归速率, θ 为均值回归过程水平, σ 为均值回归过程的波动率. 为了形式化这个问题, 我们首先要求解决退出多头的最佳时间然后以此作为输入, 以确定代理商何时最优地进入投资组合中的多头头寸. 代理商退出多头头寸的性能标准为

$$H_+^{(\tau)}(t,\varepsilon) = \mathbb{E}_{t,\varepsilon}\left[e^{-\rho(\tau-t)}(\varepsilon_\tau - c)\right],$$

其中 c 是退出投资组合的交易成本, $\rho > 0$ 是代理商的贴现因子 (类似于紧迫性参数, 因为增加 ρ 会将退出边界推向长期水平), $\mathbb{E}_{t,\varepsilon}[\cdot]$ 表示以 $\varepsilon_t = \varepsilon$ 为条件的期望, 相对应的价值函数是

$$H_+(t,\varepsilon) = \sup_{\tau} H_+^{(\tau)}(t,\varepsilon).$$

价值函数寻求使性能标准最大化的最佳停止时间, 因为代理商的投资组合的目标是在其价值增加时清算头寸.

接下来, 代理商进入多头头寸的性能标准由下式给出

$$G_+^{(\tau)}(t,\varepsilon) = \mathbb{E}_{t,\varepsilon}\left[e^{-\rho(\tau-t)}(H_+(\tau,\varepsilon_\tau) - \varepsilon_\tau - c)\right],$$

相对应的价值函数是

$$G_+(t,\varepsilon) = \sup_{\tau} G_+^{(\tau)}(t,\varepsilon).$$

对此的解释是代理商为投资组合支付 $\varepsilon + c$, 但是接收到具有 $H_+(\varepsilon,\tau)$ 价值的退出选项.

现在, 由于 OU 过程的平稳性, 因此性能标准和价值函数不依赖于时间. 在下面我们将去掉时间依赖性. 动态规划原理 (DPP) 意味着价值函数 H 和 G 应该满足耦合系统的变分不等式 (VI)

$$\max\{(\mathcal{L} - \rho)H_+(\varepsilon); (\varepsilon - c) - H_+(\varepsilon)\} = 0,$$
$$\max\{(\mathcal{L} - \rho)G_+(\varepsilon); (H_+(\varepsilon) - \varepsilon - c) - G_+(t,\varepsilon)\} = 0,$$

其中 $\mathcal{L}$ 是协整过程的无穷小生成元, 即

$$\mathcal{L} = \kappa(\theta - \varepsilon)\partial_\varepsilon + \frac{1}{2}\sigma^2\partial_{\varepsilon\varepsilon}.$$

11.3.1　最优退出问题

关于 H 的变分不等式与永久看涨期权的价值非常相似, 可以通过寻找 ODE 的基本解来得到

$$(\mathcal{L}-\rho)F(\varepsilon)=0, \tag{11.1}$$

我们记上式的解为 $F_{\pm}(\varepsilon)$, 以及在连续域 $(\varepsilon<\varepsilon^*)$ 中记 $H_+(\varepsilon)=AF_+(\varepsilon)+BF_-(\varepsilon)$, 在执行域 $\varepsilon>\varepsilon^*$ 中记 $H_+(\varepsilon)=(\varepsilon-c)$. 我们需要强加价值匹配和平滑的过渡条件

$$H_+(\varepsilon^*)=(\varepsilon^*-c),\quad \partial_\varepsilon H_+(\varepsilon^*)=1$$

来求解代理商平仓的最佳点 ε^*. 为此, 我们可以检查

$$F_+(\varepsilon)=\int_0^\infty u^{\frac{\rho}{\kappa}-1}e^{-\sqrt{\frac{2\kappa}{\sigma^2}}(\theta-\varepsilon)u-\frac{1}{2}u^2}du,$$
$$F_-(\varepsilon)=\int_0^\infty u^{\frac{\rho}{\kappa}-1}e^{+\sqrt{\frac{2\kappa}{\sigma^2}}(\theta-\varepsilon)u-\frac{1}{2}u^2}du$$

是 (11.1) 的解.

此外, 很容易看出 (通过积分下的微分) $F'_+(\varepsilon)>0, F''_+(\varepsilon)>0, F'_-(\varepsilon)<0, F''_-(\varepsilon)>0$, 则 F_+ 是严格正的、递增的凸函数, 而 F_- 严格正的、递减的凸函数. (作为一个侧面说明, 这些积分可以用 Whittaker 或汇合超几何函数来表示.)

价值函数 H 当 $\varepsilon\to-\infty$ 时为 0 (因为退出头寸的时间趋于无穷大时, 贴现因子会使这个策略变得没有价值), 因此我们必须有

$$H_+(\varepsilon)=AF_+(\varepsilon)\mathbb{1}_{\varepsilon<\varepsilon^*}+(\varepsilon-c)\mathbb{1}_{\varepsilon\geqslant\varepsilon^*}$$

对某个常数 A 成立, 即 $B=0$, 否则 H_+ 会爆破. 应用价值匹配和平滑的粘贴条件, 我们有

$$AF_+(\varepsilon^*)=(\varepsilon^*-c),\quad AF'_+(\varepsilon^*)=1.$$

考虑到这些方程的比率并重新排列, 退出头寸的最佳水平是下面非线性方程的唯一解

$$\boxed{(\varepsilon^*-c)F'_+(\varepsilon^*)=F_+(\varepsilon^*),} \tag{11.2}$$

并且进一步我们有 $A=\dfrac{\varepsilon^*-c}{F_+(\varepsilon^*)}$. 价值函数 H_+ 可以写成

$$H_+(\varepsilon)=\frac{F_+(\varepsilon)}{F_+(\varepsilon^*)}(\varepsilon^*-c)\mathbb{1}_{\varepsilon<\varepsilon^*}+(\varepsilon-c)\mathbb{1}_{\varepsilon\geqslant\varepsilon^*}.$$

图 11.4 显示了连续区域 (实线) 和执行区域 (虚线) 的价值函数 H 随着均值回归率 κ 和贴现率 ρ 的变化. 我们设 $\theta=0,\sigma=0.5,c=0.01$. 随着均值回复率的增

加, 最优触发水平下降, 因为协整因子被更强烈地吸引到均值回归水平. 同样, 随着贴现率 ρ 的增加, 触发水平下降, 从而将停止时间拉近, 因为未来收益折扣更大.

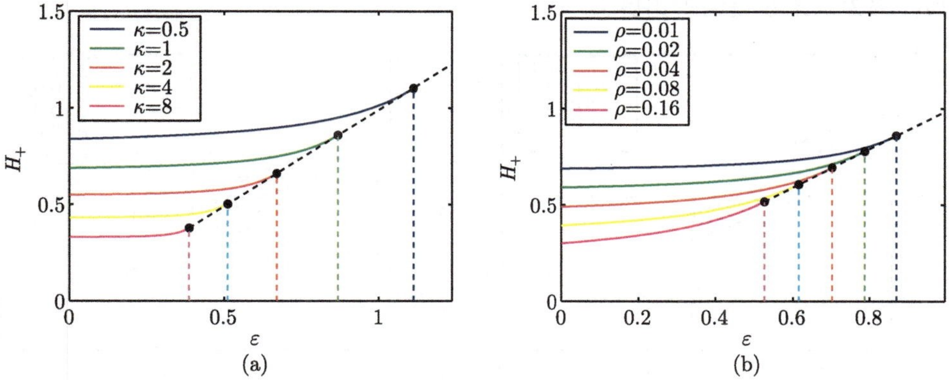

图 11.4 最佳的退出触发水平 (由黑色圆圈给出) 和相应的价值函数 H_+

11.3.2 最优进入问题

有了最佳的退出策略, 我们可以求解最佳的进入问题. 这也意味着求解永久性美式期权的价格, 尽管现在用执行价值 $H_+(\varepsilon)-\varepsilon-c$ 而不是一个简单的看涨收益. 现在, 我们预计价值函数 G_+ 关于 ε 单调下降而不是单调上升的. 原因很简单: 假设 $\varepsilon<\theta$, 即协整投资组合价值目前低于其长期水平; 随着 ε 的增加, 如果代理商进入多头头寸, 那么一旦他在最佳退出点 ε^* 处执行, 他就会从中提取更少的价值. 当 ε 趋于无穷大时, 这个值应该减少到零, 所以我们可以得到

$$G_+(\varepsilon)=DF_-(\varepsilon)\mathbb{1}_{\varepsilon>\varepsilon_*}+(H_+(\varepsilon)-\varepsilon-c)\mathbb{1}_{\varepsilon\leqslant\varepsilon_*}$$

对某个常数 D 成立. 现在, 价值匹配和平滑的过渡条件为

$$DF_-(\varepsilon_*)=H_+(\varepsilon_*)-\varepsilon_*-c,\quad DF_-'(\varepsilon_*)=H_+'(\varepsilon_*)-1,$$

或求解 D 和重新排列后, 我们有

$$\boxed{(H_+(\varepsilon_*)-\varepsilon_*-c)F'(\varepsilon_*)=(H_+'(\varepsilon_*)-1)F_-(\varepsilon_*).}\tag{11.3}$$

自然地, 我们期望 $\varepsilon_*<\varepsilon^*$. 将这些结果放在一起, 价值函数 G 可以写成

$$G_+(\varepsilon)=\frac{F_-(\varepsilon)}{F_-(\varepsilon_*)}(H_+(\varepsilon_*)-\varepsilon_*-c)\mathbb{1}_{\varepsilon>\varepsilon_*}+(H_+(\varepsilon)-\varepsilon-c)\mathbb{1}_{\varepsilon\leqslant\varepsilon_*}.$$

图 11.5 展示了连续区域 (实线) 和执行区域 (虚线) 中的价值函数 G_+ 随着均值回归率 κ 和贴现率 ρ 的变化. 我们设 $\theta=0,\sigma=0.5,c=0.01$. 随着均值回归率的增

加, 最优的触发水平增加 (并且趋向于均值回归水平), 因为协整因子对均值回归水平的吸引力更强. 同样, 随着贴现率 ρ 的增加, 触发水平会增加, 从而将停止时间拉近, 因为未来收益的折扣更大.

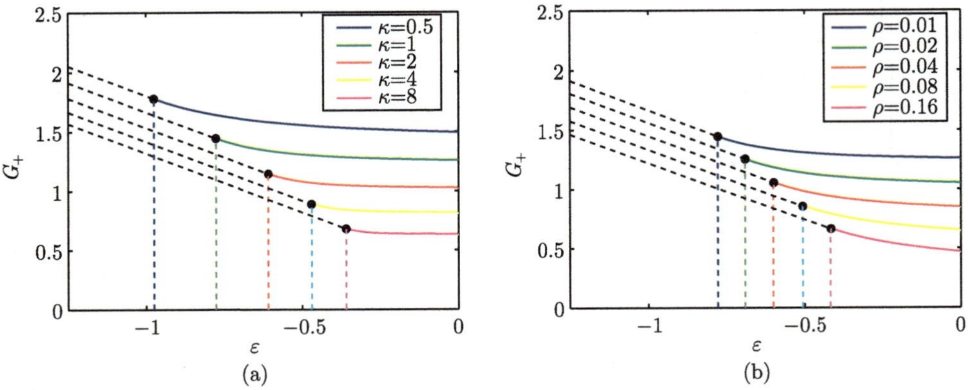

图 11.5 最佳退出触发水平 (由黑色圆圈给出) 和相应的价值函数 G_+

比较图 11.5 和图 11.4, 我们观察到即使使用相同的参数, 最优进入和退出的价格在均值回归水平附近也不是对称的. 这是一个有些令人惊讶的结果. 然而, 由于进入和退出时间是有序的, 所以贴现因子在进入点处发挥作用, 使得相对于退出点更接近均值回归水平. 例如 $\kappa = 4$ 时, 我们看到进入价约为 -0.47, 而退出价约为 0.51. 在 $\kappa = 0.5$ 时, 不对称性更大, 进入价约为 -0.97, 退出价约为 1.1.

11.3.3 双边最优进出

在前面几节中, 我们研究了一个代理商如果希望进入, 然后退出协整投资组合中的多头头寸, 他将如何表现. 这忽略了代理商可能希望进入空头头寸的可能性. 在这里, 我们采用双边策略, 考虑进入多头头寸或空头头寸的最佳时间, 以及最优的退出头寸.

退出多头或空头头寸的性能标准由下式给出

$$H_+^{(\tau)}(t,\varepsilon) = \mathbb{E}_{t,\varepsilon}\left[e^{-\rho(\tau-t)}(\varepsilon_\tau - c)\right],$$
$$H_-^{(\tau)}(t,\varepsilon) = \mathbb{E}_{t,\varepsilon}\left[e^{-\rho(\tau-t)}(-\varepsilon_\tau - c)\right],$$

相应的价值函数为

$$H_+(t,\varepsilon) = \sup_\tau H_+^{(\tau)}(t,\varepsilon),$$
$$H_-(t,\varepsilon) = \sup_\tau H_-^{(\tau)}(t,\varepsilon).$$

自然地, H^+ 与上一节中的 H^+ 一致. 因此我们只需要关注计算 H^-. 和之前一样, H^- 与时间无关, 应该满足变分不等式

$$\max\{(\mathcal{L}-\rho)H_-(\varepsilon);(-\varepsilon-c)-H_-(\varepsilon)\}=0.$$

显然, 由于这是从空头头寸退出的价值, 因此代理商的价值函数必关于 ε 减少, 并且在 $\varepsilon\to\infty$ 时为零. 因此, 我们有

$$H_-(\varepsilon)=AF_-(\varepsilon)\mathbb{1}_{\varepsilon>\varepsilon_-^*}-(\varepsilon+c)\mathbb{1}_{\varepsilon\leqslant\varepsilon_-^*},$$

其中 ε_-^* 是代理商退出头寸的触发水平, 应用价值匹配和平滑的粘贴条件, 我们有

$$AF_-(\varepsilon_-^*)=-(\varepsilon_-^*+c)\quad\text{和}\quad AF_-'(\varepsilon_-^*)=-1,$$

并考虑这些方程的比率并重新排列, 退出头寸的最优水平是非线性方程的唯一解

$$\boxed{(\varepsilon_-^*+c)F_-'(\varepsilon_-^*)=F_-(\varepsilon_-^*).}\tag{11.4}$$

总的来说, 价值函数 $H_\pm$ 可以写成

$$\begin{aligned}H_+(\varepsilon)&=\frac{F_+(\varepsilon)}{F_+(\varepsilon_+^*)}(\varepsilon_+^*-c)\mathbb{1}_{\varepsilon<\varepsilon_+^*}+(\varepsilon-c)\mathbb{1}_{\varepsilon\geqslant\varepsilon_+^*},\\H_-(\varepsilon)&=-\frac{F_-(\varepsilon)}{F_-(\varepsilon_-^*)}(\varepsilon_-^*+c)\mathbb{1}_{\varepsilon>\varepsilon_-^*}-(\varepsilon+c)\mathbb{1}_{\varepsilon\leqslant\varepsilon_-^*}.\end{aligned}$$

然后, 代理商的进入问题的性能标准 $G^{(\tau)}(t,\varepsilon)$ 可写为

$$\begin{aligned}G^{(\tau)}(t,\varepsilon)=\mathbb{E}_{t,\varepsilon}[&e^{-\rho(\tau_+-t)}(H_+(\tau_+,\varepsilon_{\tau_+})-\varepsilon_{\tau_+}-c)\mathbb{1}_{\min(\tau_+,\tau_-)=\tau_+}\\&+e^{-\rho(\tau_--t)}(H_-(\tau_-,\varepsilon_{\tau_-})+\varepsilon_{\tau_-}-c)\mathbb{1}_{\min(\tau_+,\tau_-)=\tau_-}].\end{aligned}$$

对应的变分不等式为

$$\max\{(\mathcal{L}-\rho)G(\varepsilon);(H_+(\varepsilon)-\varepsilon-c)-G(t,\varepsilon);(H_-(\varepsilon)+\varepsilon-c)-G(t,\varepsilon)\}=0.$$

现在有对应于进入多头或空头头寸的两个触发点 $\varepsilon_{*\pm}$. 在这种情况下, 在连续域中, 函数 G 将是 $F_\pm$ 的线性组合, 因此

$$G(\varepsilon)=(AF_+(\varepsilon)+BF_-(\varepsilon))\mathbb{1}_{\varepsilon\in(\varepsilon_{*+},\varepsilon_{*-})}+(H_+(\varepsilon)-\varepsilon-c)\mathbb{1}_{\varepsilon\leqslant\varepsilon_{*+}}+(H_-(\varepsilon)+\varepsilon-c)\mathbb{1}_{\varepsilon\geqslant\varepsilon_{*-}}.$$

常数 A 和 B 将通过两个触发点的价值匹配和平滑粘贴条件来确定. 这样我们得到

$$\begin{aligned}AF_+(\varepsilon_{*+})+BF_-(\varepsilon_{*+})&=H_+(\varepsilon_{*+})-\varepsilon_{*+}-c,\\AF_+'(\varepsilon_{*+})+BF_-'(\varepsilon_{*+})&=H_+'(\varepsilon_{*+})-1,\\AF_+(\varepsilon_{*-})+BF_-(\varepsilon_{*-})&=H_-(\varepsilon_{*-})+\varepsilon_{*-}-c,\end{aligned}$$

$$AF'_+(\varepsilon_{*-}) + BF'_-(\varepsilon_{*-}) = H'_-(\varepsilon_{*-}) + 1.$$

我们可以根据价值匹配条件 (第一个和第三个方程) 的 $\varepsilon_{*\pm}$ 来求解 A 和 B:

$$A = \frac{(H_+(\varepsilon_{*+}) - \varepsilon_{*+} - c)F_-(\varepsilon_{*-}) - (H_-(\varepsilon_{*-}) + \varepsilon_{*-} - c)F_-(\varepsilon_{*+})}{F_+(\varepsilon_{*+})F_-(\varepsilon_{*-}) - F_+(\varepsilon_{*-})F_-(\varepsilon_{*+})},$$

$$B = \frac{(H_+(\varepsilon_{*+}) - \varepsilon_{*+} - c)F_+(\varepsilon_{*-}) - (H_-(\varepsilon_{*-}) + \varepsilon_{*-} - c)F_+(\varepsilon_{*+})}{F_-(\varepsilon_{*+})F_+(\varepsilon_{*-}) - F_-(\varepsilon_{*-})F_+(\varepsilon_{*+})},$$

并且将这些表达式代换回来以确定平滑粘贴条件的根 (第二个和第四个方程式) $\varepsilon_{*\pm}$. 为了求解触发点, 使用从上一部分单边交易结果作为 $\varepsilon_{*\pm}$ 的初始起始点 $\varepsilon^0_{*\pm}$ 是合理的, 即 $\varepsilon^0_{*+} \sim \varepsilon_*$ 和 $\varepsilon^0_{*-} \sim -\varepsilon_*$.

在图 11.6 中, 我们展示了在下述情况下得到的价值函数

$$\rho = 0.01, \quad \sigma = 0.5, \quad \theta = 1, \quad c = 0.01,$$

我们允许均值回归率 κ 变化. 有几点需要注意. 首先, H_+ 和 H_- 的行为完全不同. 其次, 最优退出点并不是对称的. 最后, 最优进入点实际上等于相反投资组合对应的最优退出点: 例如, 多头投资的最优进入点等于空头头寸的最优退出点. 表 11.1 更清楚地说明了这一点.

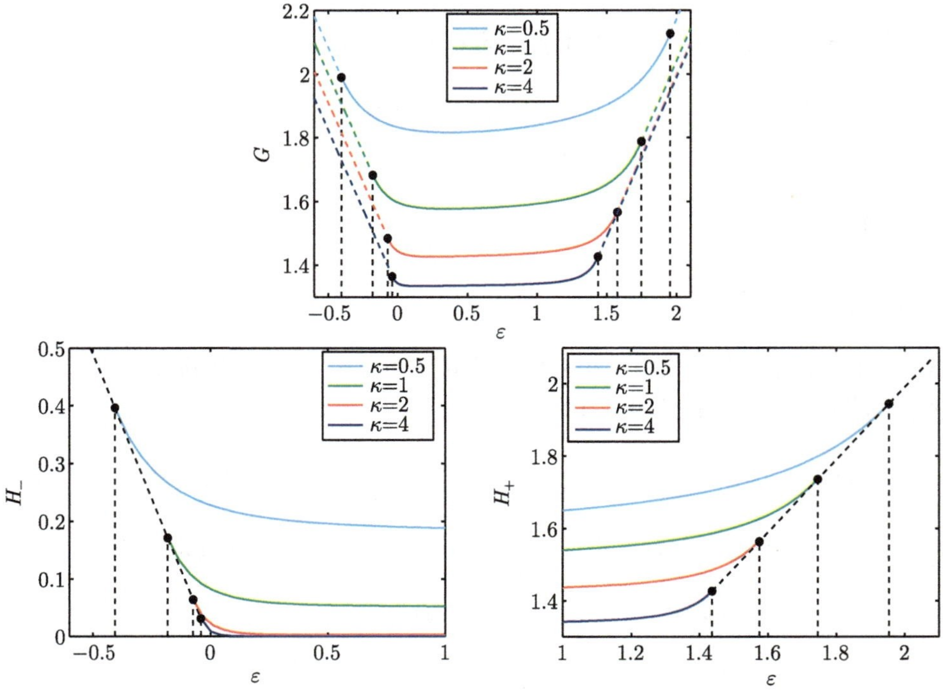

图 11.6　进入–退出问题的最优进入触发水平和相应的价值函数

表 11.1

κ	退出触发		进入触发	
	$\varepsilon*_+$(多)	ε^*_-(空)	ε_{*+}(多)	ε_{*-}(空)
0.5	1.9537	−0.4060	−0.4060	1.9537
1.0	1.7460	−0.1815	−0.1815	1.7460
2.0	1.5744	−0.0740	−0.0740	1.5744
4.0	1.4367	−0.0410	−0.0410	1.4367

11.4 带短期阿尔法的协整对数价格

利用资产间的结构依赖关系, 设计交易算法的另一种方法是协整资产集合的漂移, 而不是价格本身.

11.4.1 模型的建立

假设我们有一组风险资产, 其价格向量 $\boldsymbol{Y} = (Y_t^1, \cdots, Y_t^n)_{0\leqslant t\leqslant T}$ 满足耦合的 SDE 系统

$$\frac{dY_t^k}{Y_t^k} = \delta_k \alpha_t \, dt + \sum_{i=1}^{n} \sigma_{ki} \, dW_t^i, \tag{11.5}$$

其中

$$\alpha_t = a_0 + \sum_{i=1}^{n} a_i \log Y_t^i,$$

$\boldsymbol{W} = (W_t^1, \cdots, W_t^n)_{0\leqslant t\leqslant T}$ 是相互独立的布朗运动向量. 观察上面扩散项, 易知资产 i, j 的瞬时协方差 $\left(\text{大致理解为 } \mathbb{C}\left[\dfrac{dY_t^i}{Y_t^i}, \dfrac{dY_t^j}{Y_t^j} \;\middle|\; \mathcal{F}_t\right]\right)$ 为

$$\Omega_{ij} = \sum_{k=1}^{n} \sigma_{ik}\sigma_{kj}.$$

因此, 矩阵 $\boldsymbol{\sigma}$ (元素为 σ_{ij}) 是瞬时协方差矩阵 $\boldsymbol{\Omega}$ 的 Cholesky 分解, 即 $\boldsymbol{\Omega} = \boldsymbol{\sigma}\boldsymbol{\sigma}'$. 这里假设没有多余的自由度, 于是 $\boldsymbol{\sigma}$ 可逆. 此外, 下面我们将 α_t 视为协整因子. 首先, 注意到当 $\alpha_t = 0$ 时, 所有的资产仅仅是漂移为零的相关几何布朗运动, 因此是鞅. 然而, α_t 通常非零, 表示鞅行为的短期偏差, 也可以看作短期阿尔法分量——参见 10.4.2 小节.

我们证明 α_t 实际上是均值回归过程, 说明将其称为协整因子是有道理的. 首先注意到对数价格满足 SDE

$$d\log Y_t^k = \left(\delta_k \alpha_t - \frac{1}{2}\Omega_{kk}\right) dt + \sum_{i=1}^{n} \sigma_{ki} \, dW_t^i.$$

然后如下计算 α_t 的微分:

$$
\begin{aligned}
d\alpha_t &= d\left(a_0 + \sum_{k=1}^{n} a_k \log Y_t^k\right) \\
&= \sum_{k=1}^{n} a_k(\delta_k \alpha_t - \frac{1}{2}\Omega_{kk})\, dt + \sum_{k=1}^{n} a_k \sum_{i=1}^{n} \sigma_{ki}\, dW_t^i,
\end{aligned}
$$

因此

$$
\boxed{d\alpha_t = \kappa(\theta - \alpha_t)\, dt + \boldsymbol{a}'\boldsymbol{\sigma}\, d\boldsymbol{W}_t.} \tag{11.6}
$$

这里, $\boldsymbol{a}'$ 表示列向量 $\boldsymbol{a}$ 的转置, 其中

$$
\begin{aligned}
\boldsymbol{a} &= (a_1, \cdots, a_n)', \\
\kappa &= -\sum_{k=1}^{n} a_k \delta_k = -\boldsymbol{\delta}'\boldsymbol{a}, \\
\theta &= \frac{\displaystyle\sum_{k=1}^{n} a_k \Omega_{kk}}{\displaystyle 2\sum_{k=1}^{n} a_k \delta_k} = \frac{1}{2}\frac{\mathrm{Tr}(\boldsymbol{A\Omega})}{\boldsymbol{\delta}'\boldsymbol{a}}.
\end{aligned}
$$

$\mathrm{Tr}(\cdot)$ 表示括号中矩阵的迹 (即对角元素之和), $\boldsymbol{A} = \mathrm{diag}(\boldsymbol{a})$ 是对角元为 $\boldsymbol{a}$ 的对角矩阵. 为了确保模型确实描述了一个均值–回归过程，而不是一个均值–回退过程, 假设 $\boldsymbol{\delta}'\boldsymbol{a} < 0$.

从上面的 SDE 可以看出, α 均值回归速度依赖于 α 对每种资产的不同冲击程度 (通过 $\boldsymbol{\delta}$), 以及对数资产价格对 α 本身的冲击强度 (通过 $\boldsymbol{a}$). 均值回归水平 θ 依赖于波动率与每个分量对资产漂移的冲击的比值.

将 α_t 的表达式直接代入 $\log Y_t$ 的 SDE 中, 可以得到模型的另一种表示. 此时有

$$
d\log(Y_t^k) = \left[\delta_k \left(a_0 + \sum_{i=1}^{n} a_i \log(Y_t^i)\right) - \frac{1}{2}\Omega_{kk}\right] dt + \sum_{i=1}^{n} \sigma_{ki} dW_t^i
$$

于是如果令 $\boldsymbol{Z}_t = \log \boldsymbol{Y}_k$, 这里 log 表示按分量作用, 则有

$$
d\boldsymbol{Z}_t = (\boldsymbol{c} - \boldsymbol{B}\boldsymbol{Z}_t)\, dt + \boldsymbol{\sigma}\, d\boldsymbol{W}_t,
$$

其中

$$
\boldsymbol{B} = -\begin{pmatrix} \delta_1 a_1 & \delta_1 a_2 & \cdots & \delta_1 a_n \\ \vdots & \vdots & & \vdots \\ \delta_n a_1 & \delta_n a_2 & \cdots & \delta_n a_n \end{pmatrix}, \quad \boldsymbol{c} = \begin{pmatrix} \delta_1 a_0 - \frac{1}{2}\Omega_{11} \\ \vdots \\ \delta_n a_0 - \frac{1}{2}\Omega_{nn} \end{pmatrix}.
$$

在这种表示下, 我们可以直接看出对数价格是向量自回归模型 (VAR). 尽管这种表示从某种意义上来看更加紧凑, 但在下一节求解代理商控制问题时, 短期阿尔法版本会是一个更好的选择. 注意到, $\boldsymbol{B}$ 是奇异的, 并且由于模型引入了单一的协整因子, $\boldsymbol{B}$ 只有一个正的特征值. 如果我们有 $m \leqslant n$ 个协整因子, 那么将有 m 个正的特征值.

不同于之前交易的价格冲击模型研究 (见第 6 章和第 7 章), 这里假设交易没有冲击, 而是去优化代理商对预期财富的效用. 于是, 令 $\boldsymbol{\pi} = (\pi_t^0, \pi_t^1, \cdots, \pi_t^n)_{0\leqslant t\leqslant T}$ 表示用于投资无风险资产 π_t^0 以及风险资产 $(\pi_t^1, \cdots, \pi_t^n)$ 的美元价值, 记 $X^{\boldsymbol{\pi}} = (X_t^{\boldsymbol{\pi}})_{0\leqslant t\leqslant T}$ 为代理商 (被控制的) 财富过程. 按照这个约定, 代理商持有的资产 k 的单位数为 $m_t^k = \pi_t^k / Y_t^k$. 因此, 财富过程可表示为

$$X_t^{\boldsymbol{\pi}} = \sum_{k=0}^{n} \pi_t^k = \sum_{k=0}^{n} m_t^k Y_t^k,$$

进而

$$\begin{aligned} dX_t^{\boldsymbol{\pi}} &= \sum_{k=0}^{n} d(m_t^k Y_t^k) = \sum_{k=0}^{n} m_t^k \, dY_t^k = \sum_{k=1}^{n} \pi_t^k \frac{dY_t^k}{Y_t^k} \\ &= \sum_{k=1}^{n} \pi_t^k \left\{ \delta_k \alpha_t \, dt + \sum_{i=1}^{n} \sigma_{ki} \, dW_t^i \right\} = (\boldsymbol{\pi}_t' \boldsymbol{\delta}) \alpha_t \, dt + \boldsymbol{\pi}_t' \boldsymbol{\sigma} \, d\boldsymbol{W}_t, \end{aligned}$$

其中第二个等式来自通常的自筹资金约束——这可以理解为短时间内头寸不变时, 每种资产价值的改变所引起的财富过程的改变. 第三个等式成立应假设时间期限足够短, 以保证利率为零 (因此 $dY_t^0 = 0$), 但又不能低于模型所需要的时间期限. (可以引入一个确定的贴现因子, 有兴趣的读者可以尝试.) 最后一个等式只是把分量形式写成向量/矩阵形式.

为了建立下面的 DPE, 我们需要过程 X 和 $\boldsymbol{y}$ 的二次变分以及交叉项变分. 首先, 易知

$$d[Y^i, Y^j]_t = \sum_{k,l=1}^{n} Y_t^i Y_t^j \sigma_{ki} \sigma_{lj} \, d[W^i, W^j]_t = \sum_{k=1}^{n} Y_t^i Y_t^j \sigma_{ki} \sigma_{lk} \, dt = (\boldsymbol{y}_t' \boldsymbol{\Omega} \boldsymbol{y}_t)_{ij} \, dt,$$

其中 $(\boldsymbol{y}_t' \boldsymbol{\Omega} \boldsymbol{y}_t)_{ij}$ 表示括号中矩阵的第 ij 个分量. 其次

$$d[X^{\boldsymbol{\pi}}, X^{\boldsymbol{\pi}}]_t = \sum_{i,j,k,l=1}^{n} \pi_t^k \pi_t^l \sigma_{ki} \sigma_{lj} \, d[W^i, W^j]_t = \sum_{i,k,l=1}^{n} \pi_t^k \pi_t^l \sigma_{ki} \sigma_{li} \, dt = \boldsymbol{\pi}_t' \boldsymbol{\Omega} \boldsymbol{\pi}_t \, dt.$$

最后

$$d[X^{\boldsymbol{\pi}}, Y^k]_t = \sum_{i,j,l=1}^{n} \pi_t^l \sigma_{li} \sigma_{kj} Y_t^k \, d[W^i, W^j]_t = \sum_{j,l=1}^{n} \pi_t^l \sigma_{lj} \sigma_{kj} Y_t^k \, dt = (\boldsymbol{\pi}_t' \boldsymbol{\Omega} \boldsymbol{y}_t)_k,$$

其中 $(\boldsymbol{\pi}_t'\boldsymbol{\Omega}\boldsymbol{y}_t)_k$ 表示括号中向量的第 k 个分量.

11.4.2 代理商最优问题

接下来, 代理商并非优化交易速度, 而是直接优化其资产的美元价值, 并且具有指数效用 $u(x)=-e^{-\gamma x}$. 其性能指标为

$$H^{\boldsymbol{\pi}}(t,x,\boldsymbol{y})=\mathbb{E}_{t,x,\boldsymbol{y}}[-\exp(-\gamma X_T^{\boldsymbol{\pi}})],$$

其中 $\mathbb{E}_{t,x,\boldsymbol{y}}[\cdot]$ 表示基于 $X_t^{\boldsymbol{\pi}}=x,\boldsymbol{y}_t=\boldsymbol{y}$ 的条件期望. 代理商价值函数与之前一样

$$H(t,x,\boldsymbol{y})=\sup_{\boldsymbol{\pi}\in\mathcal{A}}H^{\boldsymbol{\pi}}(t,x,\boldsymbol{y}),$$

容许策略集 $\mathcal{A}$ 满足

$$\mathbb{E}\left[\sum_{k=0}^{n}\int_0^T(\pi_u^k)^2\,du\right]<\infty.$$

或者, 我们可以直接强加 $\boldsymbol{\pi}$ 每个分量均有界的条件.

利用 DPP 可得 DPE

$$\begin{aligned}&\partial_t H+\alpha\boldsymbol{\delta}'\boldsymbol{\mathcal{D}}_y H+\frac{1}{2}\boldsymbol{\mathcal{D}}_{yy}^{\boldsymbol{\Omega}}H\\&+\sup_{\pi}\left\{(\boldsymbol{\pi}'\boldsymbol{\delta})\alpha\partial_x H+\frac{1}{2}(\boldsymbol{\pi}_t'\boldsymbol{\Omega}\boldsymbol{\pi})\partial_{xx}H+\boldsymbol{\pi}'\Omega\boldsymbol{\mathcal{D}}_{xy}H\right\}=0,\end{aligned}$$

满足 $H(T,x,\boldsymbol{y})=-e^{-\gamma x}$, 其中 $\alpha=a_0+\boldsymbol{a}'\log\boldsymbol{y}$ (log 表示按分量作用) 表示协整过程的状态, 并且为了美观, 线性微分算子记为

$$\begin{aligned}\boldsymbol{\mathcal{D}}_y H&=(y^1\partial_{y^1}H,\cdots,y^n\partial_{y^n}H)',\\\boldsymbol{\mathcal{D}}_{yy}^{\boldsymbol{\Omega}}&=\sum_{i,j=1}^{n}y^i\Omega_{ij}y^j\partial_{y^iy^j}H,\\\boldsymbol{\mathcal{D}}_{xy}&=(y^1\partial_{xy^1}H,\cdots,y^n\partial_{xy^n}H)'.\end{aligned}$$

接下来将导出反馈形式的最优投资. 对此我们主要关注上确界这一项并对矩阵配方. 具体地说, 假设 $\partial_{xx}H\neq 0$, 则

$$\begin{aligned}\mathcal{M}&=(\boldsymbol{\pi}'\boldsymbol{\delta})\alpha\partial_x H+(\boldsymbol{\pi}_t'\boldsymbol{\Omega}\boldsymbol{\pi})\partial_{xx}H+\boldsymbol{\pi}'\boldsymbol{\Omega}\boldsymbol{\mathcal{D}}_{xy}H\\&=\frac{1}{2}\partial_{xx}H\left\{(\boldsymbol{\pi}_t'\boldsymbol{\Omega}\boldsymbol{\pi})+2\boldsymbol{\pi}'\frac{(\boldsymbol{\delta}\alpha\partial_x H+\boldsymbol{\Omega}\boldsymbol{\mathcal{D}}_{xy}H)}{\partial_{xx}H}\right\}\\&=\frac{1}{2}\partial_{xx}H\left\{(\boldsymbol{\pi}_t+\boldsymbol{\Omega}^{-1}\boldsymbol{\mathcal{L}}H)'\boldsymbol{\Omega}(\boldsymbol{\pi}_t+\boldsymbol{\Omega}^{-1}\boldsymbol{\mathcal{L}}H)-\frac{\boldsymbol{\mathcal{L}}'H\boldsymbol{\Omega}^{-1}\boldsymbol{\mathcal{L}}H}{(\partial_{xx}H)^2}\right\},\end{aligned}$$

其中向量值线性算子 $\boldsymbol{\mathcal{L}}$ 作用于 H 上为

$$\boldsymbol{\mathcal{L}}H = \boldsymbol{\delta}\alpha\partial_x H + \boldsymbol{\Omega}\boldsymbol{\mathcal{D}}_{xy}H,$$

这里我们利用了 $\boldsymbol{\Omega}$ 的对称性 (因为 $\boldsymbol{\Omega}$ 是协方差矩阵), 进而 $(\boldsymbol{\Omega}^{-1})' = (\boldsymbol{\Omega}')^{-1} = \boldsymbol{\Omega}^{-1}$. 根据上面的表达式立即可得反馈形式的最优投资为

$$\boxed{\boldsymbol{\pi}^* = -\frac{\boldsymbol{\Omega}^{-1}\boldsymbol{\delta}\alpha\partial_x H + \boldsymbol{\mathcal{D}}_{xy}H}{\partial_{xx}H}.} \tag{11.7}$$

从上述矩阵配方知, 最大值这一项为

$$\mathcal{M} = -\frac{1}{2}\frac{\boldsymbol{\mathcal{L}}'H\boldsymbol{\Omega}^{-1}\boldsymbol{\mathcal{L}}H}{\partial_{xx}H},$$

再代回 DPE, 我们可以得到价值函数的非线性 PDE

$$\boxed{\partial_t H + \alpha\boldsymbol{\delta}'\boldsymbol{\mathcal{D}}_y H + \frac{1}{2}\boldsymbol{\mathcal{D}}_{yy}^{\boldsymbol{\Omega}}H - \frac{\boldsymbol{\mathcal{L}}'H\boldsymbol{\Omega}^{-1}\boldsymbol{\mathcal{L}}H}{2\partial_{xx}H} = 0.} \tag{11.8}$$

11.4.3 DPE 求解

经典 Merton 问题中, 资产价格为几何布朗运动, 指数效用的价值函数形式为 $-e^{-\gamma(x+h(t))}$, 其中 h 是关于时间 t 的确定函数. 在这里, 由于协整因子的存在, 价值函数应该也依赖于价格状态变量的组合 (等于协整因子), 因此对于满足终端条件 $h(T,\alpha)=0$ 的函数 $h(t,\alpha)$, 其中 $\alpha = a_0 + \sum_{i=1}^n a_i \log y^i$, 我们将价值函数写为

$$H(t,x,\boldsymbol{y}) = -\exp\left\{-\gamma\left(x + h(t,a_0) + \sum_{i=1}^n a_i \log y^i\right)\right\}.$$

注意到对 y^k 微分只作用于 h 上, 具体地

$$\partial_{y^k}h(t,\alpha) = \frac{a_k}{y^k}\partial_\alpha h(t,\alpha),$$

于是

$$\begin{aligned}
\partial_{y^k}e^{-\gamma h(t,\alpha)} &= -\gamma\frac{a_k}{y^k}\partial_\alpha h(t,\alpha)e^{-\gamma h(t,\alpha)}, \\
\partial_{y^j y^k}h(t,\alpha) &= -\gamma\partial_{y^j}\left(\frac{a_k}{y^k}\partial_\alpha h(t,\alpha)e^{-\gamma h(t,\alpha)}\right).
\end{aligned}$$

因此, 当 $j \neq k$ 时

$$\partial_{y^j y^k}e^{-\gamma h(t,\alpha)} = -\gamma\frac{a_k}{y^k}\frac{a_j}{y^j}\partial_\alpha\left(\partial_\alpha h(t,\alpha)e^{-\gamma h(t,\alpha)}\right)$$

$$= -\gamma \frac{a_k}{y^k}\frac{a_j}{y^j}\big(\partial_{\alpha\alpha}h(t,\alpha) - \gamma(\partial_\alpha h(t,\alpha))^2\big)e^{-\gamma h(t,\alpha)},$$

当 $j=k$ 时

$$\begin{aligned}\partial_{y^j y^j} e^{-\gamma h(t,\alpha)} &= -\gamma\Big(- \frac{a_k}{(y^k)^2}\partial_\alpha h(t,\alpha)e^{-\gamma h(t,\alpha)} + \frac{a_k^2}{(y^k)^2}\partial_\alpha\big(\partial_\alpha h(t,\alpha)e^{-\gamma h(t,\alpha)}\big)\Big)\\ &= -\gamma\frac{a_k}{(y^k)^2}\big(- \partial_\alpha h(t,\alpha) + a_k(\partial_{\alpha\alpha}h(t,\alpha) - \gamma(\partial_\alpha h(t,\alpha))^2)\big)e^{-\gamma h(t,\alpha)}.\end{aligned}$$

将两个结果整合

$$\begin{aligned}\partial_{y^j y^k} e^{-\gamma h(t,\alpha)} =& -\gamma\frac{a_k}{y^k}\frac{a_j}{y^j}\big(\partial_{\alpha\alpha}h(t,\alpha) - \gamma(\partial_\alpha h(t,\alpha))^2\big)e^{-\gamma h(t,\alpha)}\\ &+ \delta_{jk}\gamma\frac{a_k}{(y^k)^2}\partial_\alpha h(t,\alpha)e^{-\gamma h(t,\alpha)},\end{aligned}$$

其中 δ_{jk} 为 Kronecker delta, 即当 $j=k$ 时为 1, 其余为 0.

有了上述结果, 非线性 PDE (11.8) 中的线性微分算子可写成:

$$\begin{aligned}\boldsymbol{\mathcal{D}}_y H &= (-\gamma H)\boldsymbol{a}\partial_\alpha h,\\ \boldsymbol{\mathcal{D}}_{yy}^{\boldsymbol{\Omega}} &= (-\gamma H)\sum_{i,j=1}^{n}\Omega_{ij}a_i a_j(\partial_{\alpha\alpha}h - \gamma(\partial_\alpha h)^2) + (\gamma H)\sum_{j=1}^{n}a_j\Omega_{jj}\partial_\alpha h\\ &= -(\gamma H)(\boldsymbol{a}'\boldsymbol{\Omega}\boldsymbol{a})(\partial_{\alpha\alpha}h - \gamma(\partial_\alpha h)^2) + (\gamma H)\mathrm{Tr}(\boldsymbol{A\Omega})\partial_\alpha h,\end{aligned}$$

前面已经提过 $\mathrm{Tr}(\cdot)$ 表示矩阵的迹 (即对角元素之和), $\boldsymbol{A} = \mathrm{diag}(\boldsymbol{a})$ 表示以向量 $\boldsymbol{a}$ 为对角元的对角矩阵. 此外

$$\begin{aligned}\boldsymbol{\mathcal{D}}_{xy} H &= (\gamma^2 H)\boldsymbol{a}\partial_\alpha h,\\ \boldsymbol{\mathcal{L}} H &= (-\gamma H)\boldsymbol{\delta}\alpha + (\gamma^2 H)\boldsymbol{\Omega a}\partial_\alpha h.\end{aligned}$$

将上述表达式代入 PDE (11.8), 我们有

$$\begin{aligned}0 =& (-\gamma H)\partial_t h + (-\gamma H)(\boldsymbol{\delta}'\boldsymbol{a})\alpha\partial_\alpha h\\ &+ \frac{1}{2}\big((-\gamma H)(\boldsymbol{a}'\boldsymbol{\Omega}\boldsymbol{a})(\partial_{\alpha\alpha}h - \gamma(\partial_\alpha h)^2) + (\gamma H)\mathrm{Tr}(\boldsymbol{A\Omega})\partial_\alpha h\big)\\ &- \frac{1}{2}\frac{\big((-\gamma H)\boldsymbol{\delta}\alpha + (\gamma^2 H)\boldsymbol{\Omega a}\partial_\alpha h\big)'\boldsymbol{\Omega}^{-1}\big((-\gamma H)\boldsymbol{\delta}\alpha + (\gamma^2 H)\boldsymbol{\Omega a}\partial_\alpha h\big)}{\gamma^2 H}.\end{aligned}$$

此时, 有三项重要的简化. 首先, 消去所有项中的 $-\gamma H$ 可得

$$\begin{aligned}0 =& \partial_t h + (\boldsymbol{\delta}'\boldsymbol{a})\alpha\partial_\alpha h\\ &+\frac{1}{2}\big((\boldsymbol{a}'\boldsymbol{\Omega}\boldsymbol{a})(\partial_{\alpha\alpha}h - \gamma(\partial_\alpha h)^2) - \mathrm{Tr}(\boldsymbol{A\Omega})\partial_\alpha h\big)\\ &+\frac{1}{2\gamma}(\boldsymbol{\delta}\alpha - \gamma\boldsymbol{\Omega a}\partial_\alpha h)'\boldsymbol{\Omega}^{-1}(\boldsymbol{\delta}\alpha - \gamma\boldsymbol{\Omega a}\partial_\alpha h).\end{aligned}\tag{11.9}$$

然后, 将第三行展开

$$\begin{aligned}&(\boldsymbol{\delta}\alpha-\gamma\boldsymbol{\Omega}\boldsymbol{a}\partial_\alpha h)'\boldsymbol{\Omega}^{-1}(\boldsymbol{\delta}\alpha-\gamma\boldsymbol{\Omega}\boldsymbol{a}\partial_\alpha h)\\&=\boldsymbol{\delta}'\boldsymbol{\Omega}^{-1}\boldsymbol{\delta}\alpha^2-2\gamma\boldsymbol{\delta}'\boldsymbol{a}\alpha\partial_\alpha h+\gamma^2\boldsymbol{a}'\boldsymbol{\Omega}\boldsymbol{a}(\partial_\alpha h)^2,\end{aligned}$$

因此代入上一表达式可得两项重要的消去:

(i) 展开式中包含 $(\partial_\alpha h)^2$ 的非线性项与 (11.9) 中相应项相互抵消;

(ii) (11.9) 第一行中包含 $\boldsymbol{\delta}'\boldsymbol{a}\alpha\partial_\alpha h$ 的项与上述展开式中相应项相互抵消.

整理可得, h 满足简单的线性 PDE:

$$\boxed{\partial_t h-\frac{1}{2}\mathrm{Tr}(\boldsymbol{A}\boldsymbol{\Omega})\partial_\alpha h+\frac{1}{2}(\boldsymbol{a}'\boldsymbol{\Omega}\boldsymbol{a})\partial_{\alpha\alpha}h+\frac{\boldsymbol{\delta}'\boldsymbol{\Omega}\boldsymbol{\delta}}{2\gamma}\alpha^2=0,}\tag{11.10}$$

以及终端条件 $h(T,\alpha)=0$.

回到资产最优投资 (11.7), 将价值函数的拟设 $H=-\exp\{-\gamma(x+h(t,\alpha))\}$ 代入可得

$$\begin{aligned}\boldsymbol{\pi}^*&=-\frac{-\gamma H(\boldsymbol{\Omega}^{-1}\boldsymbol{\delta})\alpha+(\gamma^2H)\boldsymbol{a}\partial_\alpha h}{\gamma^2H}\\&=-\frac{-(\boldsymbol{\Omega}^{-1}\boldsymbol{\delta})\alpha+\gamma\boldsymbol{a}\partial_\alpha h}{\gamma}\\&=\frac{1}{\gamma}(\boldsymbol{\Omega}^{-1}\boldsymbol{\delta})\alpha-\boldsymbol{a}\partial_\alpha h.\end{aligned}\tag{11.11}$$

回忆经典 Merton 问题的最优投资为 $\frac{1}{\gamma}\boldsymbol{\Omega}^{-1}(\boldsymbol{\nu}-r)$, 其中 r 是无风险利率, (在经典 Merton 问题中) $\boldsymbol{\nu}$ 是驱动资产价格的高斯布朗运动漂移. 上述表达式的第一项非常相似, 因为在这里 $r=0$, 资产漂移为 $\boldsymbol{\delta}\alpha_t$, 然而漂移是随机的, 因此不能直接套用 Merton 问题. 最优投资问题关于协整因子尺度化. 此外, 最优投资问题是 Merton 解的一个扰动 (第二项视为扰动项). 在接下来的几节中, 我们将看到这对投资策略的具体影响.

首先, 根据 (11.10), 可以看出 h 的解关于 α 必须是二次的. 实际上, 我们在下一节构造了 $h(t,\alpha)$ 的显式概率表示, 并且利用风险中性概率测度来刻画价值函数, 该测度具有显式的二次依赖性. 假设 h 关于 α 是二次的, 那么每种资产 $\boldsymbol{\pi}^*$ 的最优美元投资关于 α 是线性的. 因此, 代理商最多以线性方式对协整因子作出反应, 但投资规模将随时间而变化.

概率解释

PDE (11.10) 具有有趣的概率解释. 首先, 考虑由风险 $\boldsymbol{\lambda}_t$ 的市场价格向量引起的概率测度变化, 通过 Radon-Nikodym 导数引入了一个新的测度 $\mathbb{P}^*$

$$\frac{d\mathbb{P}^*}{d\mathbb{P}} = \exp\left\{-\frac{1}{2}\int_0^T \|\boldsymbol{\lambda}_s\|^2\,ds - \int_0^T \boldsymbol{\lambda}_s'\,d\boldsymbol{W}_s\right\}.$$

Girsanov 定理说明随机过程

$$\boldsymbol{W}_t^* = -\int_0^t \boldsymbol{\lambda}_s\,ds + \boldsymbol{W}_t$$

是独立的 $\mathbb{P}^*$-布朗运动. 选取 $\boldsymbol{\lambda}_t$ 使得被交易资产 $\boldsymbol{Y}_t$ 的漂移成为鞅. 也就是找测度变换以得到风险中性测度. 最后, 重写 SDE

$$\begin{aligned} dY_t^k &= \delta_k Y_t^k \alpha_t\,dt + \sum_{i=1}^n \sigma_{ki} Y_t^k\,dW_t^i \\ &= \left(\delta_k \alpha_t + \sum_{i=1}^n \sigma_{ki}\lambda_t^i\right) Y_t^k\,dt + \sum_{i=1}^n \sigma_{ki} Y_t^k\,dW_t^{*i}. \end{aligned}$$

鞅条件要求

$$\sum_{i=1}^n \sigma_{ki}\lambda_t^i = -\delta_k \alpha_t, k = 1, \cdots, n \Leftrightarrow \boldsymbol{\sigma}\boldsymbol{\lambda}_t = -\boldsymbol{\delta}\alpha_t.$$

因此, 根据假设 $\boldsymbol{\sigma}$ 是可逆的, 于是有

$$\boxed{\boldsymbol{\lambda}_t = -\boldsymbol{\sigma}^{-1}\boldsymbol{\delta}\alpha_t.} \tag{11.12}$$

至此, 我们已经找到了概率测度 $\mathbb{P}^*$ 使得被交易资产成为鞅. 也就是说, 我们找到了风险中性测度. 接下来, 我们要问协整因子关于风险中性布朗运动的演变是什么. 因此, 根据 (11.6) 有

$$\begin{aligned} d\alpha_t &= \left(-\frac{1}{2}\mathrm{Tr}(\boldsymbol{A\Omega}) + (\boldsymbol{a}'\boldsymbol{\delta})\alpha_t\right) dt + \boldsymbol{a}'\boldsymbol{\sigma}\,d\boldsymbol{W}_t \\ &= \left(-\frac{1}{2}\mathrm{Tr}(\boldsymbol{A\Omega}) + (\boldsymbol{a}'\boldsymbol{\delta})\alpha_t\right) dt + \boldsymbol{a}'\boldsymbol{\sigma}(\boldsymbol{\lambda}_t\,dt + d\boldsymbol{W}_t^*) \\ &= \left(-\frac{1}{2}\mathrm{Tr}(\boldsymbol{A\Omega}) + (\boldsymbol{a}'\boldsymbol{\delta})\alpha_t + \boldsymbol{a}'\boldsymbol{\sigma}\boldsymbol{\lambda}_t\right) dt + \boldsymbol{a}'\boldsymbol{\sigma}\,d\boldsymbol{W}_t^*, \end{aligned}$$

使得

$$\boxed{d\alpha_t = -\frac{1}{2}\mathrm{Tr}(\boldsymbol{A\Omega})\,dt + \boldsymbol{a}'\boldsymbol{\sigma}\,d\boldsymbol{W}_t^*.} \tag{11.13}$$

最后一个等式来自 (11.12). 令人惊奇的是, 尽管 α_t 在现实世界 $\mathbb{P}$ 测度下是均值回归的, 但在风险中性测度 $\mathbb{P}^*$ 下它是布朗运动.

回到 PDE (11.10), 可将其写成如下形式

$$(\partial_t + \mathcal{L}^{*,\alpha})h + \frac{\boldsymbol{\delta}'\boldsymbol{\Omega}\boldsymbol{\delta}}{2\gamma}\alpha^2 = 0,$$

并满足 $h(T,\alpha)=0$, 其中 $\mathcal{L}^{*,\alpha}$ 表示关于 α_t 的 $\mathbb{P}^*$-无穷小生成元, 因此, 利用 Feyman-kac 公式, $h(t,\alpha)$ 可表示为如下期望:

$$\boxed{h(t,\alpha) = \mathbb{E}^*_{t,\alpha}\left[\frac{\boldsymbol{\delta}'\boldsymbol{\Omega}\boldsymbol{\delta}}{2\gamma}\int_t^T \alpha_s^2\, ds\right],} \tag{11.14}$$

其中 $\mathbb{E}^*_{t,\alpha}$ 表示 $\alpha_t=\alpha$ 时的 $\mathbb{P}^*$-期望. 将上式代回价值函数有

$$\boxed{\sup_{\boldsymbol{\pi}\in\mathcal{A}} \mathbb{E}_{t,x,\boldsymbol{y}}[-\exp(-\gamma X_T^{\boldsymbol{\pi}})] = -\exp\left(-\gamma x - \frac{1}{2}\boldsymbol{\delta}'\boldsymbol{\Omega}\boldsymbol{\delta}\mathbb{E}^*_{t,x,\boldsymbol{y}}\left[\int_t^T \alpha_s^2\, ds\right]\right).} \tag{11.15}$$

α_t^2 积分后的未来期望决定了对协整资产集合进行交易的增量价值. 这一贡献的强度随着波动率 (通过 $\boldsymbol{\Omega}$) 以及 α 对每种资产的强度 (通过 $\boldsymbol{\delta}$) 增加而增加.

最优投资策略的显式构造

根据前一节的表述, 可以构造 $h(t,\alpha)$ 的显式公式. 特别地, 我们有

$$\begin{aligned} h(t,\alpha) &= \mathbb{E}^*_{t,\alpha}\left[\frac{\boldsymbol{\delta}'\boldsymbol{\Omega}\boldsymbol{\delta}}{2\gamma}\int_t^T \alpha_s^2\, ds\right] \\ &= \frac{\boldsymbol{\delta}'\boldsymbol{\Omega}\boldsymbol{\delta}}{2\gamma}\mathbb{E}^*\left[\int_t^T \left(\alpha - \frac{1}{2}\mathrm{Tr}(\boldsymbol{A}\boldsymbol{\Omega})(s-t) + \sqrt{\boldsymbol{a}'\boldsymbol{\Omega}\boldsymbol{a}}(B_s^* - B_t^*)\right)^2 ds\right], \end{aligned}$$

这里我们引入了过程 $B_t^* = \frac{1}{\sqrt{\boldsymbol{a}'\boldsymbol{\Omega}\boldsymbol{a}}}\boldsymbol{a}'\boldsymbol{\sigma}W_t^*$, 这是一个标准布朗运动. 因此

$$\begin{aligned} h(t,\alpha) &= \frac{\boldsymbol{\delta}'\boldsymbol{\Omega}\boldsymbol{\delta}}{2\gamma}\mathbb{E}^*\left[\int_t^T \left\{\left(\alpha - \frac{1}{2}\mathrm{Tr}(\boldsymbol{A}\boldsymbol{\Omega})(s-t)\right)^2\right.\right. \\ &\quad + 2\left(\alpha - \frac{1}{2}\mathrm{Tr}(\boldsymbol{A}\boldsymbol{\Omega})(s-t)\right)\sqrt{\boldsymbol{a}'\boldsymbol{\Omega}\boldsymbol{a}}(B_s^* - B_t^*) \\ &\quad \left.\left. + (\boldsymbol{a}'\boldsymbol{\Omega}\boldsymbol{a})(B_s^* - B_t^*)^2\right\} ds\right] \\ &= \frac{\boldsymbol{\delta}'\boldsymbol{\Omega}\boldsymbol{\delta}}{2\gamma}\left\{-\frac{2}{3\mathrm{Tr}(\boldsymbol{A}\boldsymbol{\Omega})}\left[\left(\alpha - \frac{1}{2}\mathrm{Tr}(\boldsymbol{A}\boldsymbol{\Omega})\tau\right)^3 - \alpha^3\right] + \frac{1}{2}(\boldsymbol{a}'\boldsymbol{\Omega}\boldsymbol{a})\tau^2\right\}, \end{aligned}$$

其中 $\tau = T-t$. 第四个等式是根据 Fubini 交换积分与求期望次序得到的, 第三个等式的第二项为零, 第三个等式的第三项利用了 $\mathbb{E}^*[(B_s^* - B_t^*)^2] = (s-t)$.

总而言之, $h(t,\alpha)$ 关于 α 是二次的. 因此, (11.11) 的最优投资的显式形式为

$$\begin{aligned}\pi^* &= \frac{1}{\gamma}\left\{(\boldsymbol{\Omega}^{-1}\boldsymbol{\delta})\alpha + \frac{\boldsymbol{\delta}'\boldsymbol{\Omega}\boldsymbol{\delta}}{\mathrm{Tr}(\boldsymbol{A}\boldsymbol{\Omega})}\left[\left(\alpha - \frac{1}{2}\mathrm{Tr}(\boldsymbol{A}\boldsymbol{\Omega})\tau\right)^2 - \alpha^2\right]\boldsymbol{a}\right\} \\ &= \frac{1}{\gamma}\left\{(\boldsymbol{\Omega}^{-1}\boldsymbol{\delta})\alpha + \frac{\boldsymbol{\delta}'\boldsymbol{\Omega}\boldsymbol{\delta}}{\mathrm{Tr}(\boldsymbol{A}\boldsymbol{\Omega})}\left[\frac{1}{2}\mathrm{Tr}(\boldsymbol{A}\boldsymbol{\Omega})\tau\alpha + \frac{1}{4}\big(\mathrm{Tr}(\boldsymbol{A}\boldsymbol{\Omega})\big)^2\tau^2\right]\boldsymbol{a}\right\},\end{aligned}$$

因此

$$\boxed{\pi^* = \frac{1}{\gamma}\left\{(\boldsymbol{\Omega}^{-1}\boldsymbol{\delta})\alpha + (\boldsymbol{\delta}'\boldsymbol{\Omega}\boldsymbol{\delta})\left[\frac{1}{2}\tau\alpha + \frac{1}{4}\mathrm{Tr}(\boldsymbol{A}\boldsymbol{\Omega})\tau^2\right]\boldsymbol{a}\right\}}. \tag{11.16}$$

提醒一下, 第一项是希望从经典 Merton 问题中得到的, 因为 $\boldsymbol{\delta}\alpha$ 是资产的漂移. 第二项与 $\boldsymbol{a}$ 成正比, 表示由于协整而导致的修正. 正如上面的表达式所示, 随着终端日期的临近, “Merton” 投资组合的扰动衰减. 也就是说, 当交易接近尾声时, 代理商忽略了短期阿尔法效应.

11.4.4　数值实验

本节将展示该策略应用于三资产问题的情形. 为此, 选取如下建模参数:

$$\boldsymbol{\delta} = (1\ 1\ 0)', \quad \boldsymbol{a} = (-1\ 0\ 1)', \quad a_0 = 0,$$

以及

$$\boldsymbol{\sigma} = \begin{pmatrix} 0.2000 & 0 & 0 \\ 0.0375 & 0.1452 & 0 \\ 0.0250 & 0.0039 & 0.0967 \end{pmatrix} \Rightarrow \boldsymbol{\Omega} = \begin{pmatrix} 0.04 & 0.0075 & 0.005 \\ 0.0075 & 0.0225 & 0.0015 \\ 0.005 & 0.0015 & 0.01 \end{pmatrix}.$$

根据 $\boldsymbol{\Omega}$ 的对角元素可知三种资产的波动率为 $\{2\%, 1.5\%, 1\%\}$, 并且相应的相关矩阵 $\boldsymbol{\rho}$ 为

$$\boldsymbol{\rho} = \begin{pmatrix} 1.00 & 0.25 & 0.25 \\ 0.25 & 1.00 & 0.10 \\ 0.25 & 0.10 & 1.00 \end{pmatrix}.$$

最后, 资产价格水平起点为

$$Y_t^1 = 11.10, \quad Y_t^2 = 12.00, \quad Y_t^3 = 11.00.$$

协整向量 $\boldsymbol{a}$ 的特殊选择意味着只有第一个和第三个资产对协整因子有贡献. 然而, 强度项 $\boldsymbol{\delta}$ 意味着只有第一和第二资产的漂移受到该因子的影响.

图 11.7 展示了资产价格、协整因子、最优策略以及代理商财富过程的样本路径. 图 11.8 给出了 P&L 的直方图.

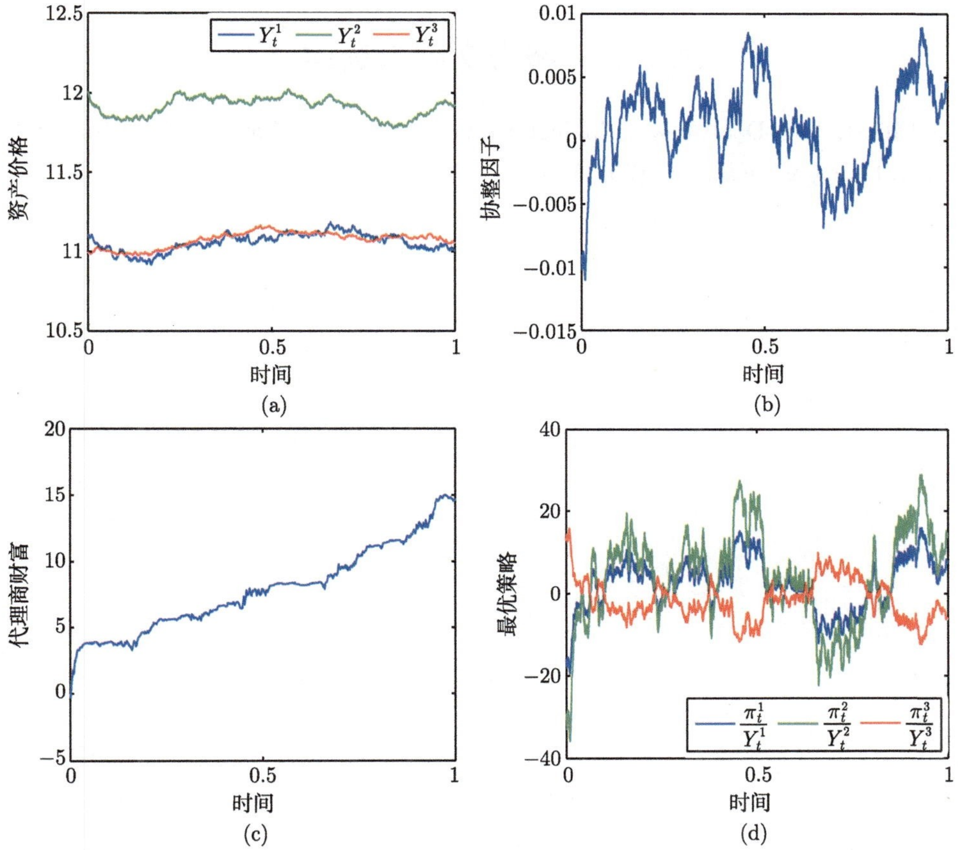

图 11.7 协整资产价格及其相应最优策略的样本路径

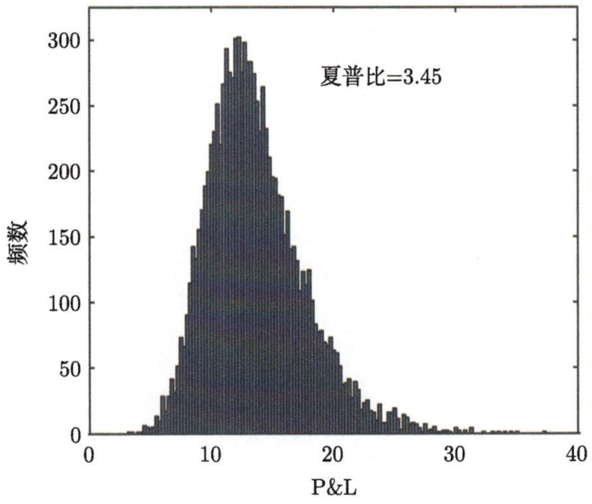

图 11.8 P&L 最优配对交易的直方图

11.5　参考文献与选读

Elliott, Van Der Hoek & Malcolm (2005), Tourin & Yan (2013), Leung & Li (2014), Leung & Ludkovski (2011).

第12章 订单不平衡

12.1 引　言

在之前的许多章节中, 代理商依靠三个关键要素作出交易决定: (i) 中间价; (ii) 市价单 (MO) 的到达情况; (iii) 代理商的库存. 在一些情况下, 这些状态变量是通过如订单流 (例如, 7.3 节和第 9 章), 10.4.2 小节的短期阿尔法, 第 11 章的协整价格, 这些可观察量补充的. 在这一章, 我们探究另一个重要的状态变量的作用: 报价交易量订单不平衡 (或者简单地说订单不平衡). 这是对某一资产上的买卖双方压力对比的一种度量, 如我们将会看到的那样, 这将蕴含对 MO 的到达率和未来价格波动的方向和大小, 有可预测的能力. 因此, 在设计交易算法时, 这是一个重要的考虑因素.

这一章将被按以下所述组织: 在 12.2 节我们定义了订单不平衡, 并且用 NASDAQ 数据展示了在日内级别上它是如何演化的. 这一节也引入了关于订单不平衡、MO 的到达、价格跳跃的三个马尔可夫链模型, 并对模型的参数进行了最大似然估计. 12.3 节使用函数型数据分析简要讨论了订单不平衡所表现的日间特征. 最终, 12.4.1 小节在仅使用限价单 (LO), 并在订单不平衡存在的情况下提供了最优清算问题的分析.

12.2 日内特征

我们定义 t 时刻的限价订单不平衡 ρ_t 为所报价成交量不平衡与总报价成交量之比, 即

$$\rho_t = \frac{V_t^b - V_t^a}{V_t^b + V_t^a},$$

其中 V_t^b 表示发布在 LOB 买边的 LO 交易量, V_t^a 表示发布在 LOB 卖边的 LO 交易量. 为了简单起见, 从现在起, 我们将 LO 失衡称为订单不平衡. 可以通过仅查看触发式发布量 (最佳的两个价格), 或 LOB 的最佳 n 水平价格, 或在中间价的 n 个计价单位内发布的交易量来计算交易量. 所有这些都是可行的措施, 由代理商来决定在特定情况下哪个最好. 一些研究表明, 预测能力与模型复杂性之间的最佳平衡点是仅使用触发式发布量. 为了简单起见, 我们仅使用这些信息进行估计, 尽管模型中几乎没有任何内容规定这种限制.

图 12.1 显示了根据 2013 年 11 月 1 日事件数据 (NASDAQ 交易所) 计算的 Oracle 公司 (ORCL) 的订单不平衡量, 每毫秒采样并在 100ms 上作平均, 如上所述, 仅使用触发式发布量. (b) 和 (c) 显示从上午 10 点和上午 10 点 15 分开始的两分钟时间段的不平衡, 以及 5 个不平衡状态, 这些不平衡状态被选择为沿点 $\rho_t \in \{-1, -0.6, -0.2, 0.2, 0.6, 1\}$ 平均分割. (a) 显示了整天的订单不平衡以及全天订单不平衡的显著涨落. 当不平衡被放入分箱时, 其波动率会有所缓解. 图 12.2 显示了 MO 到达的一些属性. (a) 图显示了当订单不平衡处于特定状态时, 买入/卖出/总计的 MO 的百分比——例如, 当买入 MO 到达时, 40.1% 的时间订单不平衡处在状态 4. (b) 图显示了 MO 的到达率 (每秒), 通过根据在某个状态中订单不平衡所花费的时间来归一化到达该状态的 MO 的数量. 看起来, 买入 MO 偏向于在订单不平衡高的时候到来, 类似地, 当订单不平衡为负时, 卖出 MO 更频繁地到达. 总体到达率作为订单不平衡的函数呈 U-型图案, 表明当 LOB 买边较重 (ρ 接近 1) 或卖边较重 (ρ 接近 −1) 时, MO 往往更频繁地到达. 我们将在本章后面更深入地探讨这些特征.

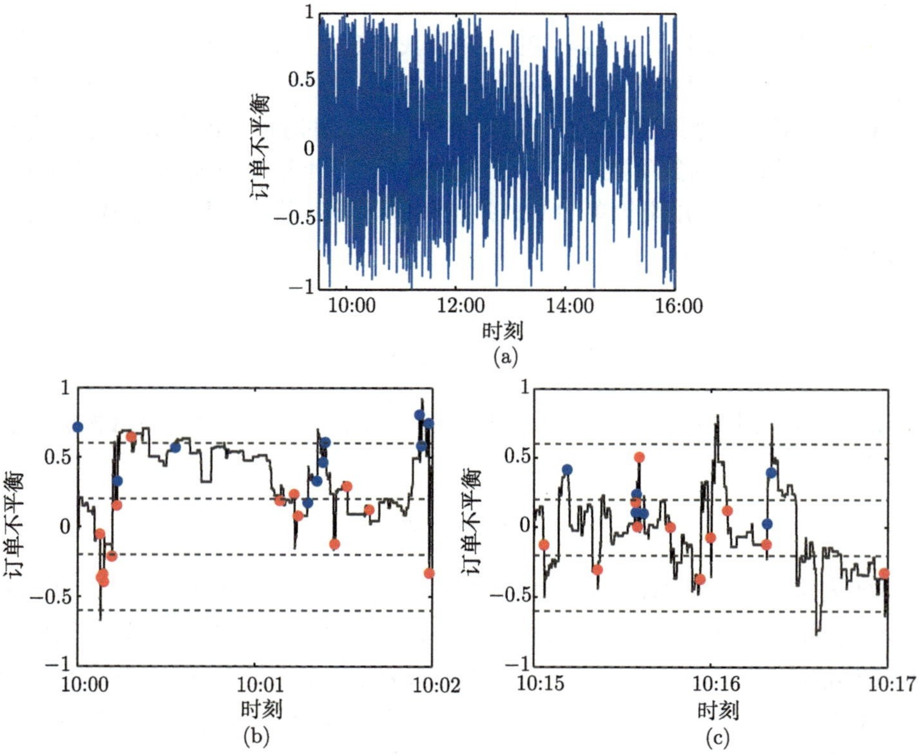

图 12.1　2013 年 11 月 1 日 ORCL 的订单不平衡. (b) 和 (c) 中蓝 (红) 点展示了时间和买 (卖) MO 的不平衡

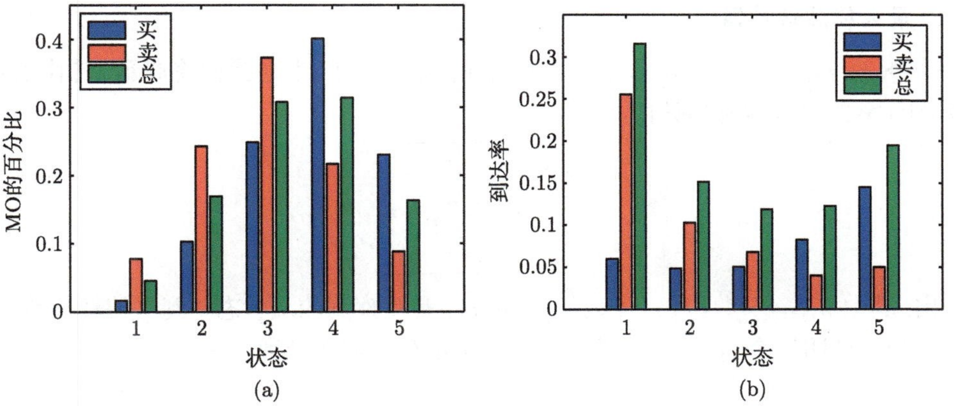

图 12.2 在不平衡各状态条件下, 2013 年 11 月 1 号的 ORCL 的 MO 到达

图 12.3 显示了 2000 滞后以内 (等于 200s) 的自相关函数 (ACF), 以及在接下来的 n 个区间内不平衡和价格变化 (以发生价格变化为条件) 之间的相关性. 如图 12.3 所示, 在订单不平衡中存在大量的自相关. 此外, 订单不平衡与价格变动正相关. 随着滞后的增加, 这种相关自然不那么重要.

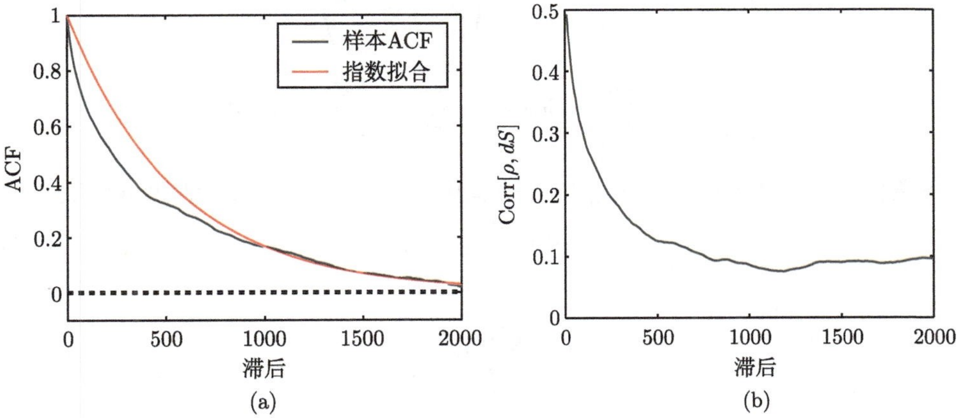

图 12.3 2013 年 11 月 1 号 ORCL 的不平衡的自相关 (图 (a)) 以及订单不平衡和价格变化相关关系

12.2.1 一个马尔可夫链模型

我们为订单不平衡提供简单的马尔可夫链模型, 并展示如何根据市场数据进行校准. 令 $Z_t \in \{1, \cdots, K\}$ 表示在时间 t 观察到的订单不平衡状态, 此处取离散 $t \in \{1, 2, \cdots, T\}$. 我们假设订单不平衡由具有转移矩阵 $\boldsymbol{A}$ 的马尔可夫链描述.

最大似然估计器

令 $z_1, z_2, \cdots, z_T$ 记作马尔可夫链 Z 的观察序列. 下面我们将展示, 转移矩阵 $\boldsymbol{A}$ 的元素的最大似然估计由

$$\boxed{\hat{A}_{ij} = \frac{n_{ij}}{\sum_{j=1}^{K} n_{ij}}}, \tag{12.1}$$

给出. 其中 $n_{ij} = \sum_{t=2}^{T} \mathbb{1}_{\{Z_{t-1}=i, Z_t=j\}}$, 即 n_{ij} 是观察到的从状态 i 到 j 的转移数目.

为了证明这个结果, 我们首先写出观察序列的似然函数 L

$$L = A_{Z_1,Z_2} \times A_{Z_2,Z_3} \times \cdots \times A_{Z_{T-1},Z_T} = \prod_{i,j=1}^{K} A_{ij}^{n_{ij}}.$$

第二个等号由合并相似项得到. 接下来, 注意到转移矩阵是有限制的, 使 $A_{ij} \geqslant 0$, 每一行的和为 1, 即对 $i = 1, \cdots, K$, $\sum_{j=1}^{K} A_{ij} = 1$. 接下来在总和约束 (正性约束将自动成立) 下, 我们最大化 L, 或者等价地, 最大化对数似然值 $(\log L)$. 最后, 我们引入拉格朗日乘子 $\gamma_1, \cdots, \gamma_K$, 并旨在最大化

$$\begin{aligned} f(\boldsymbol{A}, \boldsymbol{\gamma}) &= \log L + \sum_{i=1}^{K} \gamma_i \left(\sum_{j=1}^{K} A_{ij} - 1 \right) \\ &= \sum_{i,j=1}^{K} n_{ij} \log A_{ij} + \sum_{i=1}^{K} \gamma_i \left(\sum_{j=1}^{K} A_{ij} - 1 \right). \end{aligned}$$

一阶条件 $\partial_{A_{ij}} f(\boldsymbol{A}, \boldsymbol{\gamma}) = 0$ 和 $\partial_{\gamma_i} f(\boldsymbol{A}, \boldsymbol{\gamma}) = 0$ 表明 $\boldsymbol{A}$ 的最大似然估计 $\hat{\boldsymbol{A}}$ 满足

$$0 = \frac{n_{ij}}{\hat{A}_{ij}} + \gamma_i, \tag{12.2a}$$

$$0 = \sum_{j=1}^{K} \hat{A}_{ij} - 1. \tag{12.2b}$$

从 (12.2a), 我们可以用 n_{ij} 和 $\hat{A}_{ij}$ 写出拉格朗日乘子

$$\gamma_i = -\frac{n_{ij}}{\hat{A}_{ij}}. \tag{12.3}$$

接下来, 把 $\hat{A}_{ij}$ 乘以 (12.2a), 再对 j 从 1 到 K 求和, 可得到

$$0 = \sum_{j=1}^{K} n_{ij} + \gamma_i \sum_{j=1}^{K} \hat{A}_{ij} = \sum_{j=1}^{K} n_{ij} + \gamma_i = \sum_{j=1}^{K} n_{ij} - \frac{n_{ij}}{\hat{A}_{ij}},$$

其中第二个等号由限制条件 (12.2b) 可写出 $\sum_{j=1}^{K} \hat{A}_{ij} = 1$, 对于第三个等号我们可以使用 (12.3) 来消去拉格朗日乘子. 求解 $\hat{A}_{ij}$ 可得 (12.1).

数据估计

我们使用 2013 年 11 月 1 日的 ORCL 的数据来进行模型估计, 这里每毫秒测量一次订单不平衡 (触发式交易量), 并在过去的 100ms 内平均. 然后, 我们将订单不平衡分为 5 个等距分布的状态, 并为转移矩阵找到以下估计量

$$\hat{\boldsymbol{A}} = \begin{pmatrix} 0.946 & 0.050 & 0.003 & 0.000 & 0.000 \\ 0.006 & 0.973 & 0.020 & 0.001 & 0.000 \\ 0.000 & 0.009 & 0.979 & 0.012 & 0.000 \\ 0.000 & 0.000 & 0.013 & 0.980 & 0.008 \\ 0.000 & 0.000 & 0.001 & 0.023 & 0.976 \end{pmatrix}. \tag{12.4}$$

估计的转移概率表明, 该链只会在相邻两状态之间移动. 此外, 轻微重买的状态 4 似乎是“最贴合的”, 因为留在那里的可能性最高. 在中性 (3) 和轻微重买 (4) 状态之间, 似乎也有来回转变的倾向——因为 $\hat{\boldsymbol{A}}_{34} > \hat{\boldsymbol{A}}_{32}, \hat{\boldsymbol{A}}_{43} > \hat{\boldsymbol{A}}_{45}$.

从离散时间到连续时间马尔可夫链模型

在 12.2 节中, 我们关注了订单不平衡的离散时间马尔可夫模型. 然而, 当为算法交易开发随机模型时, 利用连续时间马尔可夫模型证明更有用, 因为我们正在使用连续时间随机控制工具. 事实上, 从离散时间模型到连续时间模型有一个简单的转换. 首先回想一下, 具有 $Z_t \in \{1, \cdots, K\}$ 的连续时间马尔可夫模型 $Z = \{Z_t\}_{0 \leqslant t \leqslant T}$ 具有生成矩阵 $\boldsymbol{B}$, 其生成转移概率

$$\mathbb{P}(Z_t = j \mid Z_s = i) = [\exp\{\boldsymbol{B}(t-s)\}]_{ij}, \quad t \geqslant s,$$

这里的指数是矩阵指数, 并且 $[\cdot]_{ij}$ 记作括号中矩阵 ij^{th} 元素. 并且回顾生成矩阵必须满足条件

$$B_{ij} \geqslant 0, \quad \forall i \neq j \quad 且 \quad \sum_{i=1}^{K} B_{ij} = 0,$$

即对角元素等于非对角元素和的相反数. 对角元素的绝对值代表流出此状态的概率.

连续时间模型能由离散时间模型估计, 具体可通过匹配在前一节所述的离散设定的估计转移概率. 特别地, 我们设定

$$\exp\{\hat{\boldsymbol{B}}\Delta T\} = \hat{\boldsymbol{A}} \Rightarrow \hat{\boldsymbol{B}} = \frac{1}{\Delta T} \log \hat{\boldsymbol{A}}.$$

在上面, 对数指的是矩阵对数, 并且 ΔT 是离散马尔可夫链的观察量之间的时间. 在下一节, 我们将展示一个更加正式的、同时考虑 MO 到达的方法来估计.

对我们上小节估计的 100 ms 转移率矩阵 (见 (12.4)), 相应的生成矩阵是

$$\hat{\boldsymbol{B}} = \begin{pmatrix} -0.553 & 0.521 & 0.030 & 0.002 & 0.000 \\ 0.068 & -0.279 & 0.205 & 0.005 & 0.001 \\ 0.001 & 0.089 & -0.219 & 0.128 & 0.001 \\ 0.000 & 0.002 & 0.128 & -0.209 & 0.078 \\ 0.000 & 0.001 & 0.008 & 0.235 & -0.244 \end{pmatrix}. \tag{12.5}$$

着眼于对角线元素, 其表示的是转移出相应状态的转换率的总和的负一倍, 我们看到, 这个链条倾向于从重卖的状态流向稍重买的状态, 一旦到了那里, 它就倾向于回到中立状态.

联合市价单建模

我们扩展 12.2 节上部分连续时间马尔可夫模型来包含 MO 到达模型. 我们也注意连续时间估计有一个重要的缺陷——离散时间模型由 100ms 窗口的平均订单不平衡估计, 因此一个建立在此估计的连续时间限制可能不能很好地解释交叠时间窗口的相互依存关系.

为了强调这个问题, 我们假设在给定的状态 k, 市场买卖单的到达之间是独立的, 并且到达时间按强度分别为 λ_k^+ 和 λ_k^- 独立泊松过程描述. 即市场买 (卖) 单计数过程 $M^\pm = \{M^\pm\}_{0\leqslant t\leqslant T}$ 是活跃率为 $\Lambda_t^\pm = \lambda_{Z_t}^\pm$ 的重随机泊松过程, 其中 $\lambda_1^\pm, \lambda_2^\pm, \cdots, \lambda_K^\pm$ 记作各种不同状态的活跃率. 另外, 订单不平衡将会在各种事件中观察到, 且事件到达间隔时间会有很重要作用.

参考图 12.4, 令 $\tau_1, \tau_2, \cdots, \tau_N$ 记作状态间的转移时间, 即连续时间马尔可夫链 Z 改变的时间 (生成矩阵记作 $\boldsymbol{B}$). 我们令时间间隔 $[\tau_r, \tau_{r+1})$ 为第 r 个时期 ($r = 1, \cdots, N$), 并且以 $\tau_{N+1} = T$ 作为观察时间期限. 接下来, 令 $\{b_{r,1}, b_{r,2}, \cdots, b_{r,m_r}\}$ 和 $\{s_{r,1}, s_{r,2}, \cdots, s_{r,m_r}\}$ 相应地记作在 r 期限内买卖单的到达时间. 接下来, 因为在一个期限内到达的买卖单是 i.i.d., 第 r 个期限内的似然函数是

$$\begin{aligned} L_r = & \underbrace{\lambda_{Z_{\tau_r}}^+ e^{-\lambda_{Z_{\tau_r}}^+ (b_{r,1}-b_{r,0})} \times \cdots \times \lambda_{Z_{\tau_r}}^+ e^{-\lambda_{Z_{\tau_r}}^+ (b_{r,m_r}-b_{r,m_r-1})}}_{\text{买单到达}} \\ & \times \underbrace{e^{-\lambda_{Z_{\tau_r}}^+ (\tau_{r+1}-b_{r,m_r})}}_{\text{无更多买单}} \\ & \times \underbrace{\lambda_{Z_{\tau_r}}^- e^{-\lambda_{Z_{\tau_r}}^- (s_{r,1}-s_{0,1})} \times \cdots \times \lambda_{Z_{\tau_r}}^- e^{-\lambda_{Z_{\tau_r}}^- (s_{r,n_r}-s_{r,n_r-1})}}_{\text{卖单到达}} \\ & \times \underbrace{e^{-\lambda_{Z_{\tau_r}}^- (\tau_{r+1}-s_{r,n_r})}}_{\text{无更多卖单}} \end{aligned}$$

$$= \left(\lambda^{+}_{Z_{\tau_r}}\right)^{M_r^+} e^{-\lambda^{+}_{Z_{\tau_r}}(\tau_{r+1}-\tau_r)} \times \left(\lambda^{-}_{Z_{\tau_r}}\right)^{M_r^-} e^{-\lambda^{-}_{Z_{\tau_r}}(\tau_{r+1}-\tau_r)}.$$

这里我们为了记号方便, 令 $b_{r,0} = s_{r,0} = \tau_r$. 对于第一个等号, 第一 (二) 行代表了买 (卖) 单序列的似然. 每一行形如 $\lambda^{\pm}_{Z_{\tau_r}} e^{-\lambda^{\pm}_{Z_{\tau_r}}(t_{r,l}-t_{r,l-1})}$ 的从第一项到倒数第二项, 代表了上一个订单到达后下一个订单到达时间为 t_r 的生存函数. 而每行的最后一项代表了在上一买 (卖) 单到来和马尔可夫链状态发生转换间没有事件发生的概率. 第二个等号通过重新排列各项和令 $M_r^{\pm}$ 记作在 r^{th} 个期限买卖单到达总数得到.

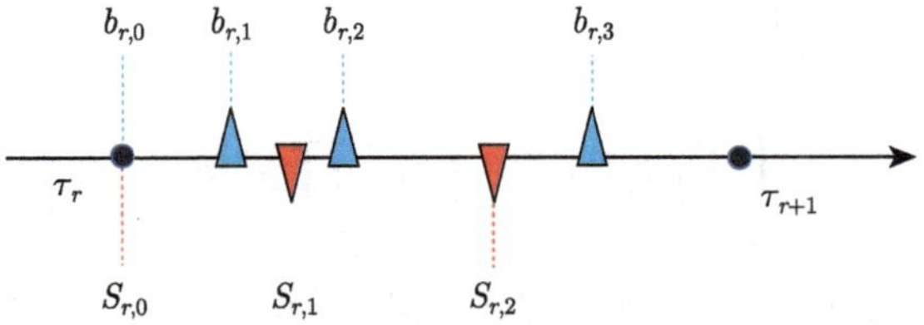

图 12.4 关于计算时期内似然函数的事件时间轴快照

整体的似然函数可由该样本结束前的各个时期的似然函数和在上一状态变化发生后, 订单转移概率和到达率的积连乘. 即

$$\begin{aligned} L =& L_0 \times [e^{\boldsymbol{B}\tau_1}]_{Z_{\tau_0} Z_{\tau_1}} \times [\boldsymbol{B}]_{Z_{\tau_0} Z_{\tau_1}} \\ & \times \cdots \times L_{N-1} \times [e^{\boldsymbol{B}(\tau_N - \tau_{N-1})}]_{Z_{\tau_{N-1}} Z_{\tau_N}} \times [\boldsymbol{B}]_{Z_{\tau_{N-1}} Z_{\tau_N}}. \end{aligned}$$

回顾 $\tau_0 = 0$ 且 $\tau_{N+1} = T$ 是上个状态变化后上个 (买或卖)MO 的时间. 我们事实上排除了最后状态变化的数据来避免一些会使最大化分析困难的一些审查数据的问题 (尽管这个仍然经得起数值方法的检验). 接下来, 回顾一个连续时间马尔可夫链生成矩阵行的和为零, 且非对角元素非负. 因此, 我们记生成矩阵 $\boldsymbol{B}$ 为

$$\boldsymbol{B} = \begin{pmatrix} -\Lambda_1 & \lambda_{12} & \lambda_{13} & \cdots & \lambda_{1K} \\ \lambda_{21} & -\Lambda_2 & \lambda_{23} & \cdots & \lambda_{2K} \\ \lambda_{31} & \lambda_{32} & -\Lambda_3 & \cdots & \lambda_{3K} \\ \vdots & \vdots & \vdots & & \vdots \\ \lambda_{K1} & \lambda_{K2} & \lambda_{K3} & \cdots & -\Lambda_K \end{pmatrix},$$

其中 $\Lambda_i := \sum_{j\neq i}^{K} \lambda_{ij}$ 代表从状态 i 整体的流出率. 在链转移出状态 i 的时间 τ_i 的存活概率由

$$\mathbb{P}(\tau_i > t \mid Z_s = i) = e^{-\Lambda_i(t-s)}, \quad s \leqslant t$$

给出. 并且关于转移发生条件概率, 以以下概率

$$[\boldsymbol{P}]_{ij} = \frac{\lambda_{ij}}{\Lambda_i}, \quad i \neq j,$$

链会从状态 i 到状态 j 转换.

使用这种对转移概率的代表方法, 以及展开以上的似然函数, 我们有

$$L=\prod_{n=1}^{N}\left\{\left(\lambda_{Z_{\tau_{n-1}}}^{+}\right)^{M_{n-1}^{+}}e^{-\lambda_{Z_{\tau_{n-1}}}^{+}(\tau_n-\tau_{n-1})}\left(\lambda_{Z_{\tau_{n-1}}}^{-}\right)^{M_{n-1}^{-}}e^{-\lambda_{Z_{\tau_{n-1}}}^{-}(\tau_n-\tau_{n-1})}\right.$$
$$\left.\times\Lambda_{Z_{\tau_{n-1}}}e^{-\Lambda_{Z_{\tau_{n-1}}}(\tau_n-\tau_{n-1})}[\boldsymbol{P}]_{Z_{\tau_{n-1}}Z_{\tau_n}}\right\}.$$

接下来, 我们通过合并相似项和相似转换重新排列项, 得到

$$L=\left(\prod_{i=1}^{K}(\lambda_i^{+})^{\hat{M}_i{}^{+}}e^{-\lambda_i^{+}\Delta\tau_i}\times(\lambda_i^{-})^{\hat{M}_i{}^{-}}e^{-\lambda_i^{-}\Delta\tau_i}\right)$$
$$\times\left(\prod_{i,j=1}^{K}([\boldsymbol{P}]_{ij})^{n_{ij}}\right)\times\left(\prod_{i=1}^{K}\Lambda_i^{n_i}e^{-\Lambda_i\Delta\tau_i}\right).$$

这里, $\hat{M}_i^{\pm}$ 记作当链在状态 i 时市价买 (卖) 单数量, $\Delta\tau_i$ 记作马尔可夫链在状态 i 所花的所有时间, 并且 n_{ij} 记作链从状态 i 到状态 j 的时间数目. 因为时间 $\tau_1,\tau_2,\cdots,\tau_N$ 由定义是马尔可夫链转换状态的时间点, 我们一定会有 $n_{ii}=0$, 并且因此 $[\boldsymbol{P}]_{ii}=0$.

最终, 我们在参数 $\lambda_i^{\pm},\boldsymbol{P},\Lambda_i$ 上最优化似然函数. 每个最优化能被独立地执行, 并且沿着前子节的大纲线走. 这里, 我们简单地记录模型参数的 MLE 估计最终结果:

$$\boxed{\hat{\lambda}_i^{\pm}=\frac{\hat{M}_i^{\pm}}{\Delta\tau_i},\quad \hat{\Lambda}_i=\frac{\sum\limits_{j\neq i}n_{ij}}{\Delta\tau_i},\quad [\hat{\boldsymbol{P}}]_{ij}=\frac{n_{ij}}{\sum\limits_{j\neq i}n_{ij}},}\tag{12.6}$$

由此我们可以得到生成矩阵非对角元素的 MLE 估计是

$$\hat{\lambda}^{+}=\begin{pmatrix}0.074\\0.042\\0.037\\0.074\\0.216\end{pmatrix},\quad \hat{\lambda}^{-}=\begin{pmatrix}0.856\\0.123\\0.048\\0.027\\0.025\end{pmatrix},$$

$$\hat{\boldsymbol{B}}=\begin{pmatrix}-3.34&2.34&0.59&0.28&0.13\\0.31&-0.93&0.54&0.01&0.07\\0.01&0.26&-0.58&0.30&0.02\\0.03&0.01&0.29&-0.56&0.23\\0.03&0.03&0.09&0.74&-0.88\end{pmatrix}.\tag{12.7}$$

对比估计 (12.7) 和估计 (12.5), 我们可以看见总体概率上有一点区别. 这个区别是由于 (12.5) 是用前 100ms 的平均订单不平衡估计的, 而 (12.7) 是由即时订单不平衡估计的. 然而, 链有一样的移向轻微重买状态 4 的趋势. 这个估计的到达率展示了当天卖出 MO 一个清楚的偏置, 伴随着一个整体卖出到达率 1.079 每秒, 对比于整体的买入 MO 到达率 0.444 每秒. 有趣的是, 尽管整天都是重卖的, 假如我们在一个重买状态 (4 或 5) 条件下, 买入 MO 的到达率显著地比卖出 MO 要高. 这个观察提示了订单不平衡对于订单流来说是一个好的预测指标.

12.2.2 价格跳跃建模

到此为止, 我们考虑的是订单不平衡如何影响 MO 到达率. 一个重要并且有趣的相关问题是, 在已知买卖 MO 到达率和订单不平衡状态先于特定 MO 时, 如何决定价格变化的分布. 为了回答这个问题, 像之前一节一样, 我们在把订单不平衡状态分成以 $\left\{-1,-\frac{3}{5},-\frac{1}{5},\frac{1}{5},\frac{3}{5},+1\right\}$ 为节点的 5 等块, 我们记录每个 MO 的时间, 并计算紧接的 1 秒的中间价变化. 相应状态和不平衡 ρ 可由下式给出

$$Z=\begin{cases}-2, & \rho\in\left[-1,-\frac{3}{5}\right), & \text{重卖}, \\ -1, & \rho\in\left[-\frac{3}{5},-\frac{1}{5}\right), & \text{偏卖}, \\ 0, & \rho\in\left[-\frac{1}{5},+\frac{1}{5}\right), & \text{中性}, \\ 1 & \rho\in\left[+\frac{1}{5},+\frac{3}{5}\right), & \text{偏买}, \\ 2 & \rho\in\left[+\frac{3}{5},+1\right], & \text{重买},\end{cases}$$

表 12.1 展示了在订单不平衡各状态的价格变化分布.

表 12.1 在 2013 年 11 月 1 日 (开盘价为 \$33.72) 对各种订单不平衡状态条件下价格变化的分布. 重卖状态 $Z=-2$, 偏卖 $Z=-1$, 中性 $Z=0$, 偏买 $Z=1$, 重买 $Z=2$

		市价买单				
	λ^+	$Z=-2$	$Z=-1$	$Z=0$	$Z=+1$	$Z=+2$
		0.074	0.042	0.037	0.075	0.216
ΔS	−300	—	—	—	—	—
	−0.02	—	—	—	—	—
	−0.01	—	0.05	0.01	0.01	—
	0.00	1.00	0.86	0.77	0.78	0.70
	0.01	—	0.09	0.21	0.20	0.28
	0.02	—	—	—	—	0.02
	0.03	—	—	—	—	—

续表

市价卖单						
	λ^-	$Z=-2$	$Z=-1$	$Z=0$	$Z=+1$	$Z=+2$
		0.856	0.123	0.048	0.027	0.025
ΔS	−300	—	—	—	0.01	0.03
	−0.02	0.01	—	0.01	0.02	0.01
	−0.01	0.21	0.36	0.36	0.28	0.21
	0.00	0.79	0.64	0.63	0.69	0.75
	0.01	—	—	—	—	—
	0.02	—	—	—	—	—
	0.03	—	—	—	—	—

12.3 日间特征

在前一节中, 我们重点讨论了订单不平衡的日内特征. 在交易环境中, 一个对日间特征的理解可以帮助增加和调整日内模型, 以反映历史的整体行为. 为了看到这些日常的影响, 图 12.5 显示了 Oracle 公司 (ORCL) 在整个 2013 年事件数据中的订单不平衡. 我们将订单不平衡放置到从 −1 到 +1 的 10 个相等的箱中, 以一个订单不平衡箱为条件, 同时计算出买入和卖出 MO 的到达率. 这些估计都显示

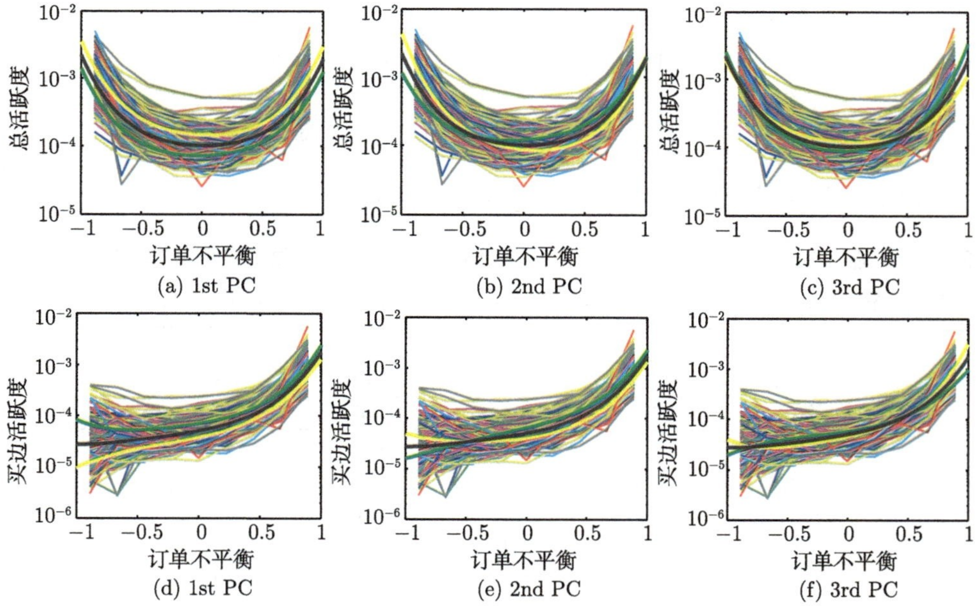

图 12.5　使用 2013 年数据的 ORCL 的订单不平衡展示了前三个函数式主成分

在了 (a)—(c) 中. 在 (d)—(f) 中, 我们只展示了买入 MO 的到达率. 加粗的黑线、绿线和黄线是平均曲线, 这些曲线来自一个使用 Legendre 多项式得到的函数回归, 并且加/减一个标准差展示了前三个函数型主成分的影响 (我们不详细讨论如何在这里获得函数型主成分).

然而, 用函数型数据分析 (FDA) 技术来得到平均曲线是有用的. FDA 认为一系列观察是对来自一个函数空间随机抽取的实现, 但是离散的观察 (在这个例子中是在订单不平衡箱中) 是有误差的. 每一个新的观测集合都是来自这个函数空间的一个新的随机抽取. 在前文中, 我们将交易活跃度 $\boldsymbol{\mu}(\rho)$ 视为来自一个函数空间的样本, 由下式给出

$$\boldsymbol{\mu}(\rho) = \sum_{n=1}^{N} \boldsymbol{\alpha}_n P_n(\rho), \quad \rho \in [0,1],$$

其中 $P_n(x)$ 是从 0 到 N 阶的 (标准化的) Legendre 多项式, $\boldsymbol{\alpha}_n$ 被视为概率空间 $(\Omega, \mathbb{P}, \mathcal{F})$ 上的随机变量. 观察到的给定某天的不平衡活跃度 $\mu_t(\rho)$ 被视为随机变量 $\boldsymbol{\alpha}_n$ 的一个样本实现. 在这种意义下, 我们看到 $\boldsymbol{\mu}$ 实际上是一个随机场, 虽然它是被 ρ 连续参数化的, 但它是通过 N 个随机系数 $\boldsymbol{\alpha}_n$ 投影到一个有限维空间上的.

在每个交易日的最后时段, 我们将这个活跃度作为不平衡函数 (使用每个箱的中间部分) 回归到 Legendre 多项式, 并且确定这天中的一个实现 $\hat{\boldsymbol{\alpha}} \in \{\boldsymbol{\alpha}_n : n = 1, \cdots, N\}$ 的估计

$$\hat{\boldsymbol{\alpha}}_t = \arg\min_{\boldsymbol{\alpha}} \sum_{m=1}^{M} \left(\left(\sum_{n=1}^{N} \alpha_n P_n(\rho_m) \right) - \mu_{t,m} \right)^2 .$$

这里, $\mu_{t,m}$ 表示在 t 天时, 不平衡箱中的样本活动, ρ_m 表示状态 m 中的不平衡. 用这种方式, 我们获得一个覆盖全年的系数 $\boldsymbol{\alpha}_n$ 的时间序列.

平均曲线通过计算每日估计的平均值的得到: $\bar{\alpha}_k = \frac{1}{T} \sum_{t=1}^{T} \hat{\boldsymbol{\alpha}}_{k,t}$, 将平均值代入 (12.3) 得到平均曲线

$$\bar{\mu}(\rho) = \sum_{n=1}^{N} \bar{\alpha}_k P_n(\rho), \quad \rho \in [0,1].$$

还有很多其他有用的目标可以用 FDA 来计算, 比如函数型主成分, 根据迄今为止观察到的情况, 对曲线形状分布的估计等等. 有关 FDA 提供的这类工具和其他工具的讨论, 请感兴趣的读者参考文献 (Ramsay and Silverman, 2010).

12.4 最优清算

在这一节中，我们将分析如何在最优的清算问题中合并订单流信息. 回顾在最优清算问题中，代理商的目标是在交易结束时清算所有股票. 在本节中，我们提出一个这样的问题，代理商只使用 LO 做出决定，并且被允许在 LO 簿 (LOB) 中任意深度 δ 发布他的订单. 特别地，我们使用与 8.2 节相同的方法来提出代理商的优化问题.

如 8.2 节，代理商在距离中间价 $S=(S_t)_{0\leqslant t\leqslant T}$ 有 $\delta=(\delta_t)_{0\leqslant t\leqslant T}$ 深度的地方发布 LO. 像这样，代理商的受控现金过程 $X^d=(X_t^\delta)_{0\leqslant t\leqslant T}$ 满足 SDE

$$dX_t^\delta=(S_t+\delta_t)dN_t^\delta,$$

其中 $N^\delta=(N_t^\delta)_{0\leqslant t\leqslant T}$ 是受控计数过程，其计算代理商被填充的 LO 个数，这些 LO 是在时间 t 以深度 δ_t 发布的——假设是 $\mathcal{F}$-可料的. 为了保持框架的简单性，我们假设，代理商订单以 $\Lambda_t^{+,\delta}=e^{-\kappa\delta_t}\lambda_t^+$ 的速率被填充，其中 $\lambda^\pm=(\lambda_t^\pm)_{0\leqslant t\leqslant T}$ 代表来自其他代理商的买入 (卖出) MO 的到达率. 在这种方法中，代理商在订单簿中越深的位置发布，他的订单被填充的可能性就越小. 更具体地说，在一个 MO 到达的条件下，当他发布深度为 δ_t 时，他的订单被填充的概率是 $e^{-\kappa\delta_t}$. 我们进一步令 $M^\pm=(M_t^\pm)_{0\leqslant t\leqslant T}$ 表示代理商的买入 (卖出) MO 的计数过程，该过程强度为 $\lambda^\pm$.

现在，我们通过建立一个模型，将之前所描述的经验观察结合起来，详细说来就是我们共同建立了 MO 的到达率、价格走势和订单不平衡的模型. 最终，当订单不平衡接近 +1 时，它应该有向上偏差的跳跃，当订单不平衡接近 −1 时，中间价过程应该有向下偏差的跳跃，当订单不平衡接近 0 时，它应该有对称的跳跃.

此外，MO 的到达率也应以类似的方式存在偏差. 为了这个目的，我们使用马尔可夫链 $Z=(Z_t)_{0\leqslant t\leqslant T}$ 来代表订单不平衡状态，其中 $Z_t\in\{-1,0,+1\}$ 分别代表重卖出、中立和重买入状态——可以结合更精细的状态，但框架基本上是一样的. 我们令 G 表示订单不平衡状态的生成元，记 $\lambda_t^\pm=\lambda^\pm(Z_t)$，这里有些许记号滥用. 此外，令 $\{\varepsilon_{0,k}^+,\varepsilon_{1,k}^+,\cdots\}$ 表示服从分布函数 F_k^+ 的独立同分布随机变量，$\{\varepsilon_{0,k}^-,\varepsilon_{1,k}^-,\cdots\}$ 表示服从分布函数 F_k^- 的独立同分布随机变量，$k=-1,0,1$，所有随机变量也是相互独立的. 当 MO 到达并且订单不平衡处于状态 k 时 (例如表 12.1)，随机变量将会在中间价产生跳跃.

对 MO 用强度为 $\lambda^\pm$ 的计数过程 $M^\pm$，马尔可夫链驱动订单不平衡状态 Z，以及一列关于中间价跳跃 $\varepsilon_{(\cdot)}^\pm$ 独立同分布的随机变量，我们现在可以提出一个由订单不平衡驱动的中间价候选模型:

$$dS_t=\varepsilon_{M_{t^-}^+,Z_{t^-}}dM_t^+-\varepsilon_{M_{t^-}^-,Z_{t^-}}dM_t^-.$$

随机变量 $\varepsilon^{\pm}_{(\cdot)}$ 从属于相应过程的左极限——这是一种技术条件, 以确保对补偿计数过程的随机积分仍然是鞅, 这也是为什么我们令随机变量 $\varepsilon^{\pm}_{(\cdot)}$ 的索引由 0 开始而不是由 1 开始. 从直观上看, 上面的模型指明, 一旦 MO 到达, 中间价格就会立刻跳跃, 并且订单的到达率和跳跃的分布都是状态依赖的.

上面的模型还缺少了一个成分, 那就是我们观察到的 MO 到达之间的价格变化. 因此, 我们修改上面的模型, 使其包含外源跳跃, 该跳跃是由 LOB 中添加和删除造成的.

$$dS_t = \varepsilon_{M^+_{t-},Z_{t-}}\, dM^+_t - \varepsilon_{M^-_{t-},Z_{t-}}\, dM^-_t + \eta_{J^+_{t-},Z_{t-}}\, dJ^+_t - \eta_{J^-_{t-},Z_{t-}}\, dJ^-_t .$$

这里, 对 $k = -1, 0, 1$, $\{\eta^+_{0,k}, \eta^+_{1,k}, \cdots\}$ 表示服从分布函数 L^+_k 的独立同分布随机变量, $\{\eta^-_{0,k}, \eta^-_{1,k}, \cdots\}$ 表示服从分布函数 L^-_k 的独立同分布随机变量, 所有随机变量也是相互独立的. 在 MO 到达之间, 随机变量会在中间价产生跳跃, 这是由于其他代理商在 LOB 中发布或者删除订单造成的, 并且这些变化在原则上可以依赖于订单不平衡状态. 例如, 当订单不平衡是重买入时, 代理商可能从 LOB 的卖出方收回订单, 将其放在买入方, 这导致了关于中间价格的普遍上涨压力. 订单的重洗通常发生在比 MO 本身更高的频率上.

12.4.1 最优问题

到目前为止, 我们已经详细说明了订单不平衡、MO 到达和中间价移动的联合模型. 在此, 我们提出并解决了代理商的在一些模型假设下的优化问题. 首先, 代理商持续交易直到停时

$$\tau = T \wedge \min\{t : Q^\delta_t = 0\},$$

也就是说, T 的最小值或者库存达到 0 的首时, 因为这样就没有必要再进行交易了. 代理商的性能指标基本上与第 6 章中的一致, 由下式给出

$$H^\delta(t, x, S, z, q) = \mathbb{E}_{t,x,S,z,q}\left[X^\delta_\tau + Q^\delta_\tau(S_\tau - \alpha Q^\delta_\tau) - \phi\int_t^\tau (Q^\tau_s)^2\, ds\right], \tag{12.8}$$

其中, 记号 $\mathbb{E}_{t,x,S,z,q}[\cdot]$ 代表 $X^\delta_{t-} = x, S_{t-} = S, Z_{t-} = z, Q^\delta_{t-} = q$ 的条件期望. 通常, 在可容许策略集 $\mathcal{A}$ 中, 他的价值函数即最大化这一性能标准的函数, 被认为是 $\mathcal{F}$-可料过程, 并且下有界, 因此

$$H(t, x, S, z, q) = \sup_{\delta\in\mathcal{A}} H^\delta(t, x, S, z, q).$$

应用动态规划原理, 我们期许价值函数满足动态规划方程 (用 $(t,\cdot)$ 来表示 (t, x, S, z, q)):

$$\phi q^2 = \partial_t H + \lambda^+(z)\sup_\delta\left\{e^{-\kappa\delta}\mathbb{E}[H(t, x + (S+\delta), S + \varepsilon^+_{0,z}, z, q-1) - H(t,\cdot)]\right.$$

$$
\begin{aligned}
&+(1-e^{-\kappa\delta})\mathbb{E}[H(t,x,S+\varepsilon_{0,z}^{+},z,q)-H(t,\cdot)]\}\\
&+\lambda^{-}(z)\mathbb{E}[H(t,x,S-\varepsilon_{0,z}^{-},z,q)-H(t,\cdot)]\\
&+\eta^{+}(z)\mathbb{E}[H(t,x,S+\eta_{0,z}^{+},z,q)-H(t,\cdot)]\\
&+\eta^{-}(z)\mathbb{E}[H(t,x,S-\eta_{0,z}^{-},z,q)-H(t,\cdot)]\\
&+\sum_{k=-1,0,1}G_{z,k}[H(t,x,S,k,q)-H(t,\cdot)],
\end{aligned}
$$

其中期望关于是随机变量 $\varepsilon_{0,z}^{\pm}$ 和 $\eta_{0,z}^{\pm}$ 的期望、边界和终端条件为

$$
H(t,x,S,z,0)=x \quad \text{和} \quad H(T,x,S,z,q)=x+q(S-\alpha q).
$$

下面是方程中每一项的解释:

(i) 第一行的左边包含代理商来自持有库存不为零的运行惩罚.

(ii) 考虑代理商控制发布 LO 深度的能力的上确界.

(iii) $\lambda^{+}(z)e^{-\kappa\delta}$ 这一项代表 MO 的到达率, 这里的 MO 是指填充代理商在价格 $S+\delta$ 发布的 LO 的 MO.

(iv) 第一行的期望代表买入 MO 到达时价值函数的预期变化, 这里的买入 MO 是填充了代理商发布的 MO. 代理商的财富增长 $S+\delta$, 他的库存减少 1, 且中间价跳跃.

(v) $\lambda^{+}(z)(1-e^{-\kappa\delta})$ 这一项代表买入 MO 的到达率, 这里的 MO 是没有填充代理商发布的 LO, 但仍然导致在中间价跳跃的 MO.

(vi) 第二行的期望代表买入 MO 到达时价值函数的预期变化, 这里的买入 MO 是指的没有填充代理商发布的 LO, 但造成在中间价跳跃的 MO.

(vii) 第三行的期望代表卖出 MO 到达时且中间价跳跃时价值函数的预期变化.

(viii) 第四行和第五行的期望代表价值函数的预期变化, 当 LOB 中的发布和删除 (即在 MO 到达之间) 造成中间价跳跃时.

(ix) 最后一行代表订单不平衡状态改变时价值函数的变化.

正如多次看到的, 终端和边界条件隐含了暗示了拟设

$$
H(t,x,S,z,0)=x+qS+h(t,z,q),\quad h(T,z,q)=-\alpha q^{2},\quad h(t,z,0)=0,
$$

所以 $x+qS$ 这一项是代理商库存和现金的账簿价值, h 代表最优交易产生的超额价值. 当代入拟设, 我们发现 h 满足 PDE 的耦合系统

$$
\begin{aligned}
0=&\partial_t h(t,z,q)+\mu(z)q-\phi q^{2}\\
&+\sup_{\delta}\left\{\lambda^{+}(z)e^{-\kappa\delta}(\delta+h(t,z,q-1)-h(t,z,q))\right\}
\end{aligned}
$$

$$+\sum_{k=-1,0,1} G_{z,k}[h(t,k,q)-h(t,z,q)], \tag{12.9}$$

其中

$$\mu(z)=\lambda^+(z)\mathbb{E}[\varepsilon_{0,z}^+]-\lambda^-(z)\mathbb{E}[\varepsilon_{0,z}^-]+\eta^+(z)\mathbb{E}[\eta_{0,z}^+]-\eta^-\mathbb{E}[\eta_{0,z}^-]$$

是当订单不平衡处于状态 z 时的预期中间价漂移. 这一方程的前两行与无状态改变时的清算问题在形式上是相同的, 且中间价是一个漂移布朗运动. 第三行代表订单不平衡状态之间的跳跃. 令人惊讶的是, 这个相当丰富的模型简化了一些直观的东西.

一阶条件为我们提供了最优深度

$$\boxed{\delta^*(t,q,z)=\frac{1}{\kappa}-\Delta h(t,z,q),}$$

其中

$$\Delta h(t,z,q)=h(t,z,q)-h(t,z,q-1),$$

当代入这个反馈形式到前面的方程, 我们发现 h 满足以下方程

$$\begin{aligned}0=&\ \partial_t h(t,z,q)+\mu(z)q-\phi q^2+\lambda^+(z)\frac{1}{\kappa}e^{-\kappa(\frac{1}{\kappa}-\Delta h(t,z,q))}\\&+\sum_{k=-1,0,1} G_{z,k}[h(t,k,q)-h(t,z,q)].\end{aligned} \tag{12.10}$$

上述非线性 ODE 的耦合系统似乎没有一个简单的解析解, 其必须诉诸数值格式, 例如有限差分.

上面的最优深度可能变成负的. 负深度的一个解释是他代表 MO 的执行. 这种解释纯粹是启发式的, 并没有在模型中解释. 为了正确地考虑执行 MO, 我们将会提出一系列停时问题, 类似于在 8.4 节中我们所做的. 另一种解释是提出一个有约束的最优问题, 并将可容许集合 $\mathcal{A}$ 修改为负 $\mathcal{F}$-可料过程. 由此产生的 DPE 将在优化集上得到修改, 因此 (12.9) 变成

$$\begin{aligned}0=&\ \partial_t h(t,z,q)+\mu(z)q-\phi q^2\\&+\sup_{\delta\geqslant 0}\left\{\lambda^+(z)e^{-\kappa\delta}(\delta+h(t,z,q-1)-h(t,z,q))\right\}\\&+\sum_{k=-1,0,1} G_{z,k}[h(t,k,q)-h(t,z,q)].\end{aligned}$$

因此, 最优深度被改为

$$\boxed{\delta^*(t,q,z) = \max\left(\frac{1}{\kappa} - \Delta h(t,z,q); 0\right)}. \tag{12.11}$$

当代入反馈控制到 DPE 中, 我们有

$$\begin{aligned}0 = &\partial_t h + \mu(z)q - \phi q^2 \\ &+\lambda^+(z)\left\{\Delta h(t,q,z)\mathbb{1}_{\Delta h(t,q,z)\geqslant\frac{1}{\kappa}} + \frac{e^{-\kappa(\frac{1}{\kappa}-\Delta h(t,z,q))}}{\kappa}\mathbb{1}_{\Delta h(t,q,z)<\frac{1}{\kappa}}\right\} \\ &+\sum_{k=-1,0,1} G_{z,k}[h(t,k,q) - h(t,z,q)].\end{aligned} \tag{12.12}$$

模拟

在本节中, 我们使用表 12.1 和 (12.7) 中提供的估计参数进行模拟. 为简单起见, 我们不考虑在 MO 事件之间的 LOB 移动. 注意到在 (12.7) 中, 马尔可夫链的不变性分布和生成矩阵是

$$[0.0196 \quad 0.1548 \quad 0.3577 \quad 0.3534 \quad 0.1160],$$

从表 12.1 中我们发现, 买入 MO 的不变到达是每秒 0.0727. 在下面的实验中, 我们使用 $T = 300\text{s}$ 和 $\mathfrak{N} = 4$, 这样交易员就可以清算大约 20% 的买入 MO 流——这潜在地提升了他发布的卖出 LO. 最后, 我们使用以下剩余参数:

$$S_0 = 33.61, \quad \alpha = 0.01, \quad \kappa = 100, \quad \phi = 10^{-5}.$$

我们用数值方法求解出关于 h 的约束方程 (12.12), 然后计算 (12.11) 中的最优深度 δ^*. 图 12.6(a) 展示了重卖出 (实线) 和重买入 (虚线) 状态作为时间和库存函数

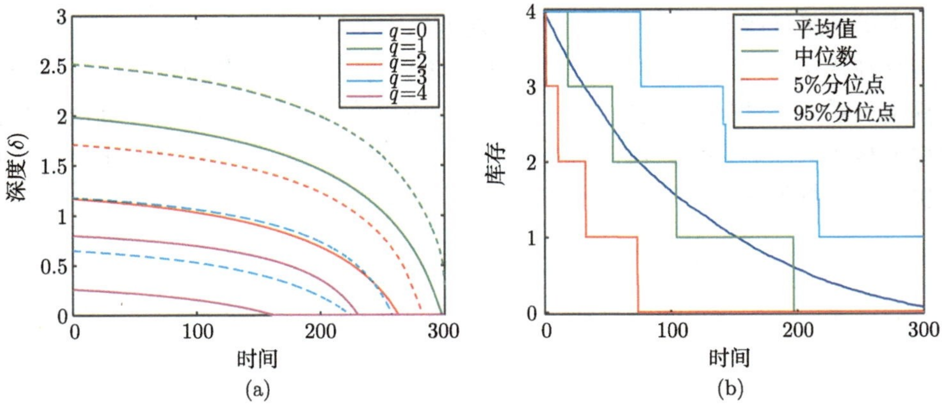

图 12.6　(a) 作为时间和库存的函数, 为重卖出 (实线) 和重买入 (虚线) 状态提供的最优深度. (b) 在 1 万次模拟中, 平均值、中位数、5% 和 95% 分位的库存量

的最佳深度. 在重买入状态中, 代理商在 LOB 中更深的位置发布, 以捕获价格在该状态中预期上升趋势, 从而避免被逆向选择. 类似地, 在重卖出状态中, 由于代理商预计价格会有向下的压力, 而且宁愿抓住当前的价格, 也不愿等待价格下跌, 所以代理商会在接近中间价发布. 此外, 当代理商清算头寸时, 他在 LOB 更深的地方发布. 图 12.6(b) 展示了当代理商遵循最优策略时, 平均值、中位数、5% 和 95% 分位的库存路径.

为了更好地理解策略的行为, 在图 12.7 中, 我们展示了策略的一条样本路径. (a) 显示了中间价路径 (黑线) 和最优报价 (绿线), 最优报价对 (d) 中所显示的状态的变化做出反应, 这个反应通过观察 (c) 中显示的最优深度看得更清楚. 在这个例子中, 深度和相应的发布报价对代理商剩余库存作出反应, 这个剩余库存和平均库存路径展示在 (b) 中. 在 (a) 中, 我们还展示了市场卖出订单的到达 (空心红圆圈) 和市场买入订单 (蓝色的圆圈), 前者自然不会与代理商的发布报价匹配, 如果特定的订单买价成交了代理商的报价, 后者则会被买价成交的订单填充.

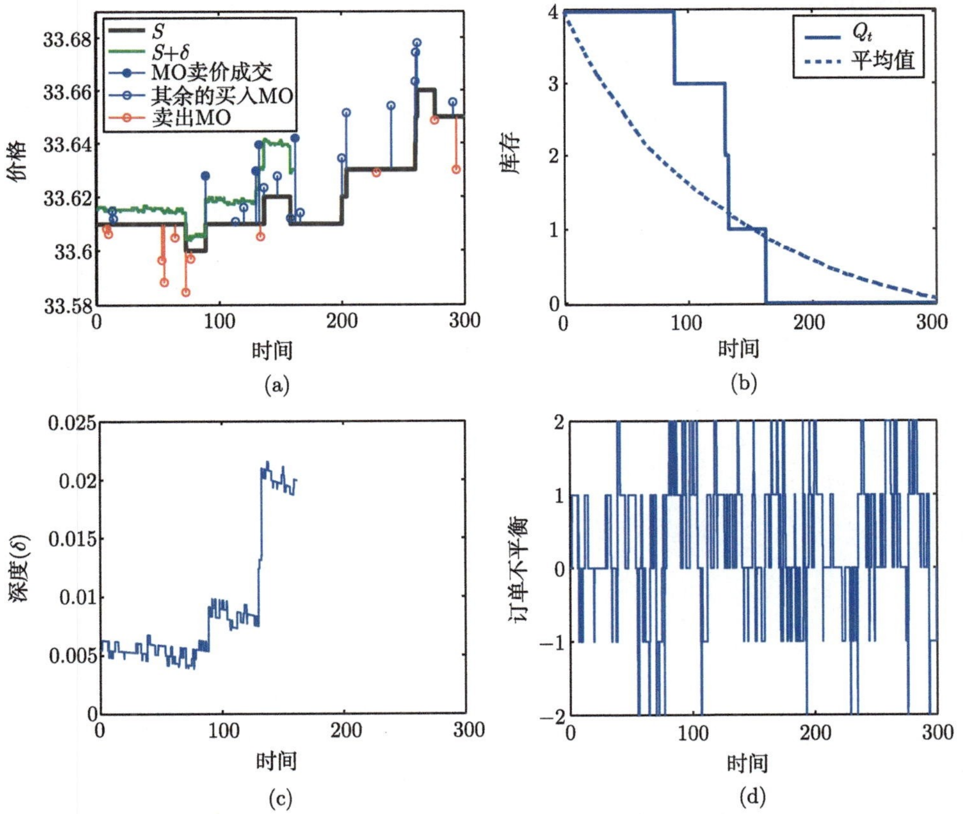

图 12.7 最优策略的样本路径显示了价格、市场买入和卖出到达, 库存路径, 最优深度和订单不平衡状态

12.5 参考文献与选读

Bechler & Ludkovski (2014), Lipton, Pesavento & Sotiropoulos (2013), Cebiroglu & Horst (2015), 2heng, Moulines & Abergel (2012).

12.6 习 题

E.12.1 修改 12.4.1 小节中所开发的配置, 以便在下列情况下使用 LO 进行最优清算:

(a) 代理商仅最优执行 MO;

(b) 代理商最优执行 MO, 并最优决定放置 LO 的深度;

(c) 代理商仅触发式最优放置 LO;

(d) 代理商仅触发式最优放置 LO, 并且决定执行 MO 的最优时间.

E.12.2 扩展 12.4.1 小节的分析到这样一种情况, 代理商是一个做市商, 并决定是否发布买入和卖出 LO.

附录 A 金融随机分析

本章简要概述了扩散和跳跃过程的随机分析. 关于这部分内容的详细介绍可以参考附录末尾的参考书目和其他阅读材料. 但这里, 我们的重点在于提出并解决本书第三部分中出现的算法交易问题的主要工具和结果. 在所有章节中, 我们研究一个由 $(\Omega, \mathcal{F}, \{\mathcal{F}_t\}_{0\leqslant t\leqslant T}, \mathbb{P})$ 表示的**滤过的概率空间**(也称为**随机基**), 其中:

- Ω 表示所有可能发生的事件;
- $\mathcal{F}$ 表示所有可测事件的集合;
- $\{\mathcal{F}_t\}_{0\leqslant t\leqslant T}$(每一个都在 $\mathcal{F}$ 中) 表示滤子——一组 σ-代数, 在 $\mathcal{F}_s \subseteq \mathcal{F}_t, \forall 0 \leqslant s < t \leqslant T$ 的意义下互相包含.

进一步假设通常条件成立与滤过的概率空间完备:

- 概率空间 $(\Omega, \mathcal{F}, \mathbb{P})$ 是完备的——零测集的子集是可测的, 测度为零; 更准确地, $\forall \omega \in \mathcal{F}$ 满足 $\mathbb{P}(\omega) = 0$, 并且 $\forall \omega' \subset \omega$, 相应有 $\omega' \in \mathcal{F}$ 及 $\mathbb{P}(\omega') = 0$.
- 每个 $\mathcal{F}_t$ 包含 $\mathcal{F}$ 的零测集.
- 滤子右连续, 即 $\mathcal{F}_{t+} = \cap_{s>t}\mathcal{F}_s = \mathcal{F}_t$.

满足上述条件可以构造 cádlág 随机过程, 即右连左极 (RCLL).

A.1 扩 散 过 程

在本节将研究非常重要的随机过程，这类随机过程被称为布朗运动或维纳过程.

A.1.1 布朗运动

定义 A.1 标准布朗运动 $W{=}(W_t)_{0\leqslant t\leqslant T}$ 是在完备概率空间 $(\Omega, \mathcal{F}, \{\mathcal{F}_t\}_{0\leqslant t\leqslant T}, \mathbb{P})$ 上定义的随机过程, 其中滤子是由 W 自然生成的, 满足以下性质:

(i) $W_0 = 0$, a.s.;

(ii) W 具有**独立增量**: $\forall\, 0 = t_0 \leqslant t_1 \leqslant t_2 \cdots \leqslant t_{n-1} \leqslant t_n = T$, 增量 $W_{t_{k+1}} - W_{t_k}$ 是相互独立的随机变量, $\forall k = 0, \cdots, n-1$;

(iii) W 具有**平稳增量**: $\forall\, 0 \leqslant t < t+h \leqslant T$, 增量 $W_{t+h} - W_t$ (是一个随机变量) 的分布与 t 无关;

(iv) 随机变量 W_t 服从均值为 0 方差为 t 的**正态分布**, 即 $W_t \sim \mathcal{N}(0, t)$;

(v) 函数 $t \mapsto W_t$ **几乎处处连续**.

上述 (ii)—(iv) 给出的布朗运动的边缘分布是否与 (v) 中连续性条件一致还有待讨论. 这个条件是必要的, 因为如果在指数时间 τ 修正布朗运动并使其等于零, 那么边缘性质保持不变, 但它不能满足连续性要求. 事实上, Paul Lévy 证明了 (Jacod and Shiryaev, 1987) 这两者并不矛盾, 这样的过程也确实存在.

A.1.2　随机积分

布朗运动的随机积分可以通过 Itô 积分展示. 令 $\Pi_1, \Pi_2, \cdots$ 表示无穷个越来越精细的区间 $[0,T]$ 划分的序列, 于是每个 Π_k 表示 $0 = t_0^{(k)} < t_1^{(k)} < t_2^{(k)} < \cdots < t_{n^{(k)}}^{(k)} = T$ 的递增序列, k 趋于无穷时 L^∞ 范数

$$\|\Pi_k\| = \max_{m=1,\cdots,n^{(k)}} \left(t_m^{(k)} - t_{m-1}^{(k)}\right)$$

趋于零.

定义 A.2　$\mathcal{F}_t$ 适应随机过程 $g = (g_0)_{0\leqslant t\leqslant T}\mathbb{P}$ 方可积, 即 $\mathbb{E}\left[\int_0^T g_s^2\, ds\right] < +\infty$, 通常简单地称为平方可积或 L^2, 它的 **Itô 积分**定义如下:

$$I_t = \int_0^t g_s\, dW_s = \lim_{\|\Pi_k\|\to 0} \sum_{m=1}^{n_k} g_{t_{m-1}}\left(W_{t_m} - W_{t_{m-1}}\right). \tag{A.1}$$

在上述定义中, 函数 g 在区间 $[t_{m-1}, t_m)$ 左端点取值. 这有它相应的金融解释: 在区间开始建立头寸 $g_{t_{(m-1)}}$, 布朗增量 $(W_{t_m} - W_{t_{m-1}})$ 表示在这一时间间隔内头寸保持不变时, 资产价值的增加. 这就是 Itô 积分在数理金融文献中无处不在的原因.① 严格地说, 应该引入简单函数的 Itô 积分, 即分段定义的函数: $H_t(\omega) = \sum_k h_k(\omega)\mathbb{1}_{t\in[t_k,t_{k+1}]}$, 其中 $h_k \in \mathcal{F}_{t_k}$, 证明任一 $g \in L^2$ 都可以用一系列这样的函数来近似, 最后取序列的 Itô 积分的极限值作为 g 的 Itô 积分值. 详见文献 (Øksendal, 2010). Itô 等距同构是本书中非常重要的工具之一.

定理 A.3　Itô等距　如果 $g \in L^2$, 即 g 是 $\mathcal{F}_t$ 适应的并且 $\mathbb{E}\left[\int_0^T g_s^2\, ds\right] < +\infty$, 那么

$$\mathbb{E}\left[\left(\int_0^T g_s\, dW_s\right)^2\right] = \mathbb{E}\left[\int_0^T g_s^2\, ds\right].$$

随机积分 (A.1) 称为 Itô 过程, 尽管布朗运动处处不可微, 但通常还是将其写成微分形式

$$dI_t = g_t\, dW_t,$$

① 还有其他一些计算随机积分的方法, 比如 Stratonovich 积分, 它常常用于物理学中的量子场论中, 但 g 在区间中点取值.

虽然没有积分的表达式 dW_t 是没有意义的. 然而, 这种表达形式简洁并且计算更直观. Itô 过程的更一般形式是

$$I_t = \int_0^t \mu_s \, ds + \int_0^t \sigma_s \, dW_s,$$

其中 μ, σ 是 $\mathcal{F}_t$ 适应的并且满足一定的可积性要求. 第一项应该被解释为黎曼积分, 第二项被解释为 Itô 积分. 通常简写为

$$dI_t = \mu_t \, dt + \sigma_t \, dW_t. \tag{A.2}$$

当 $\mu_t = \mu(t, I_t)$ 和 $\sigma_t = \sigma(t, I_t)$ 时, 尽管存在扩散噪声, 上面的方程形式上是微分方程, 称为随机微分方程 (SDE). 不是所有的 SDE 都存在解, 解有两种意义, 强解和弱解. 强解是指满足 (A.2) 的随机过程, 其中 I_t 是由布朗运动 $(W_t)_{0\leqslant t\leqslant T}$ 显式给出的, 即强解适应于滤子. 弱解的求解需要找出布朗运动 $\widetilde{W}_t$ 对应的滤子 $\mathcal{H}_t$, 解 I_t 满足将 (A.2) 中 W 换为 $\widetilde{W}$ 的方程. 这里只关注 SDE 的强解.

Itô 积分的另一个有趣特性是, 它们实际上是鞅.

定理 A.4 Itô积分是鞅 随机积分

$$I_t = \int_0^t g_s \, dW_s$$

是一个鞅.

直观来看, 对于 g 的任一给定简单过程逼近 $\mathfrak{g}^{(n)}$, Itô 积分为 $\mathfrak{I}_t^{(n)} = \sum_k \mathfrak{g}_{t_{k-1}}^{(n)}(W_{t_k} - W_{t_{k-1}})$, 因此

$$\begin{aligned}
\mathbb{E}[\mathfrak{I}_t^{(n)}] &= \sum_k \mathbb{E}[\mathfrak{g}_{t_{k-1}}^{(n)}(W_{t_k} - W_{t_{k-1}})] \\
&= \sum_k \mathbb{E}[\mathbb{E}[\mathfrak{g}_{t_{k-1}}^{(n)}(W_{t_k} - W_{t_{k-1}}) \mid \mathcal{F}_{t_{k-1}}]] \\
&= \sum_k \mathbb{E}[\mathfrak{g}_{t_{k-1}}^{(n)}\mathbb{E}[(W_{t_k} - W_{t_{k-1}}) \mid \mathcal{F}_{t_{k-1}}]] = 0.
\end{aligned}$$

第三个等式成立是因为 $\mathfrak{g}_{t_{k-1}}^{(n)}$ 是 $\mathcal{F}_{t_{k-1}}$ 可测的, 并且布朗运动增量的期望值为零. 可以进一步形式化地证明积分增量均值为零, 而不仅仅是简单的过程逼近, 剩下来要做的是证明 Itô 积分是一个严格的鞅, 而不仅仅是一个局部鞅. 最后这部分内容成立是因为 $g \in L^2$.

下面来看 Itô 公式, 有了它可以将 Itô 过程 (也就是满足含布朗噪声项的 SDE 的随机过程) 变换为其他 Itô 过程, 更确切地说, 它可以进一步确定变换后过程所满足的 SDE.

定理 A.5　Itô公式　$\boldsymbol{W}_t$ 表示 n-维独立布朗运动的 (列) 向量, 并假设 m-维 (列) 向量值过程 X_t 满足 SDE:

$$d\boldsymbol{X}_t = \boldsymbol{\mu}(t, \boldsymbol{X}_t)\, dt + \boldsymbol{\sigma}(t, \boldsymbol{X}_t)\, d\boldsymbol{W}_t, \tag{A.3}$$

其中 $\boldsymbol{\mu}(t, \boldsymbol{X}_t)$ 表示 m-维漂移 (列) 向量, $\boldsymbol{\sigma}(t, \boldsymbol{X}_t)$ 为 $m \times n$ 的波动率矩阵. 接下来, 引入一个新的随机过程 $Y_t = f(t, \boldsymbol{X}_t)$, 其中 $f(t, \boldsymbol{x})$ 关于每个 $x^{(i)}$ 二次可微, 交叉项导数存在, 并且 f 关于 t 一阶可微. 于是 Y_t 是一个 Itô 过程并满足 SDE

$$\begin{aligned} dY_t = &\left(\partial_t f(t, \boldsymbol{X}_t) + \boldsymbol{\mu}(t, \boldsymbol{X}_t)' \boldsymbol{D} f(t, \boldsymbol{X}_t) + \frac{1}{2} \mathrm{Tr}\ \sigma(t, \boldsymbol{X}_t) \sigma(t, \boldsymbol{X}_t)' \boldsymbol{D}^2 f(t, \boldsymbol{X}_t)\right) dt \\ &+ \boldsymbol{D} f(t, \boldsymbol{X}_t)' \sigma(t, \boldsymbol{X}_t)\, d\boldsymbol{W}_t, \end{aligned}$$

其中对任意向量或矩阵 $\boldsymbol{A}$, $\boldsymbol{A}'$ 表示其转置, $\boldsymbol{D} f(t, \boldsymbol{X}_t)$ 表示 m-维一阶导数 (列) 向量, 即 $(\boldsymbol{D} f(t, \boldsymbol{X}_t))_j = \partial_{x^j} f(t, \boldsymbol{X}_t)$, $\boldsymbol{D}^2 f(t, \boldsymbol{X}_t)$ 表示 $m \times n$ 的二阶交叉项导数矩阵, 即 $(\boldsymbol{D} f(t, \boldsymbol{X}_t))_{jk} = \partial_{x^j x^k} f(t, \boldsymbol{X}_t)$.

定义 A.6　无穷小生成元($\mathcal{L}$), 有时也简称为生成元, 由过程 X_t 的 $\mathcal{L}_t$ 表示, 按以下方式作用于二次可微函数:

$$\mathcal{L}_t f(x) = \lim_{h \downarrow 0} \frac{\mathbb{E}[f(X_{t+h}) \mid X_t = x] - f(x)}{h}.$$

无穷小生成元是函数导数在随机过程中的推广. 根据定理 A.5 中的 Itô 公式, 可以看出满足 (A.3) 的 Itô 过程对应的无穷小生成元为

$$\mathcal{L}_t f(\boldsymbol{x}) = \boldsymbol{\mu}(t, \boldsymbol{x})' \boldsymbol{D} f(\boldsymbol{x}) + \frac{1}{2} \mathbf{Tr} \sigma(t, \boldsymbol{x}) \sigma(t, \boldsymbol{x})' \boldsymbol{D}^2 f(\boldsymbol{x}).$$

A.2 跳 过 程

跳过程的基本组成是**计数过程**, 更具体地说是**泊松过程**.

定义 A.7　强度为 λ 的**泊松过程** $N = (N_t)_{0 \leqslant t \leqslant T} \in \mathbb{Z}_+$ 是指满足以下性质的随机过程:

(i) $N_0 = 0$, a.s.;

(ii) $N_t - N_0$ 服从参数为 λt 的泊松分布, 即

$$\mathbb{P}(N_t - N_0 = n) = e^{-\lambda t} \frac{(\lambda t)^n}{n!};$$

(iii) 具有独立增量, 因此当 $(s, t) \cap (u, v) = \varnothing$ 时, $N_t - N_s (t > s)$ 与 $N_v - N_u (v > u)$ 相互独立;

(iv) 具有平稳增量, 于是 $N_{s+t} - N_s \overset{d}{=} N_t, \forall s, t \geqslant 0$.

该定义的一个简单推论是, N 的跳跃之间的时间是独立的, 并且是指数分布的. 而且满足 $\mathbb{E}[N_t] = \lambda t$, 因此有下面的命题.

命题 A.8 补偿泊松过程 $\hat{N} = \{\hat{N}_t\}_{0\leqslant t\leqslant T}$ 是一个鞅, 其中 $\hat{N}_t = N_t - \lambda t$.

与布朗运动一样, 我们可以定义补偿泊松过程的随机积分, 从而得到鞅. 为此, 令 g 表示 $\mathcal{F}_t$ 适应过程, 其中 $\mathcal{F}_t$ 是由泊松过程 N 生成的自然滤子.

定义 A.9 g 关于补偿泊松过程 $\hat{N}$ 的随机积分 $Y = \{Y_t\}_{0\leqslant t\leqslant T}$ 定义如下:

$$Y_t = \int_0^t g_{s-}\, d\hat{N}_s = \sum_{k=1}^{N_t} g_{\tau_k^-} - \int_0^t g_s \lambda\, ds, \tag{A.4}$$

其中 $\{\tau_1, \tau_2, \cdots\}$ 表示 N 跳跃的时刻集合.

注意, 求和项中 g 并不是在 N 跳跃时刻取值, 而取值于其左极限. 这是随机积分成为鞅所需满足的技术条件. 如果 g 在 N 跳跃时刻取值, 很容易找到积分不是鞅的例子. 上述积分还可取为

$$Y_t = \int_0^t g_{s-}\, d\hat{N}_s = \sum_{0\leqslant s\leqslant t}^{N_t} g_{s-}\Delta N_s - \int_0^t g_s \lambda\, ds, \tag{A.5}$$

相应记号

$$\Delta N_s = N_s - N_{s-}$$

表示 N 在时刻 s 跳跃大小, 在这里取值为 0 或 1.

定理 A.10 泊松过程的 Itô公式 假设 Y 由 (A.5) 给出, 并且令 $Z = \{Z_t\}_{0\leqslant t\leqslant T}$, $Z_t = f(t, Y_t)$, 而 f 是关于 t 一阶可微的函数, 于是

$$\begin{aligned}
dZ_t =& (\partial_t f(t, Y_t) - \lambda g_t \partial_y f(t, Y_t))\, dt \\
&+ [f(t, Y_{t-} + g_{t-}) - f(t, Y_{t-})]\, dN_t \\
=& \{\partial_t f(t, Y_t) + \lambda([f(t, Y_{t-} + g_{t-}) - f(t, Y_{t-})] - g_t \partial_y f(t, Y_t))\}\, dt \\
&+ [f(t, Y_{t-} + g_{t-}) - f(t, Y_{t-})]\, d\hat{N}_t.
\end{aligned} \tag{A.6}$$

公式解释如下: 第二项反映了 $\hat{N}$ 跳跃时 Z 的变化, 第一项表示漂移修正.

从以上内容可以看出, (A.5) 中过程 Y 的生成元 $\mathcal{L}_t^Y$ 作用如下:

$$\mathcal{L}_t^Y f(y) = \lambda([f(y + g_t) - f(y)] - g_t \partial_y f(y)).$$

上述框架可以推广为同时包含扩散和跳跃的情形, 为此, 考虑两项随机积分的和

$$Y_t = \int_0^t f_s\, ds + \int_0^t g_s\, dW_s + \int_0^t h_{s-}\, d\hat{N}_s, \tag{A.7}$$

其中 f,g,h 均是 $\mathcal{F}_t$ 适应过程, $\mathcal{F}$ 是由扩散过程 W 以及泊松过程 N (假设互相独立) 共同生成的自然滤子. 每项积分都有其各自的定义, 即第一项是黎曼积分, 第二项与 (A.1) 一样, 第三项与 (A.5) 相对应. 这种情形下, Itô 公式很自然地可以进行推广.

定理 A.11　带单跳及扩散的 Itô公式　Y 由 (A.7) 给出, 令 $Z=\{Z_t\}_{0\leqslant t\leqslant T}$, $Z_t=\ell(t,Y_t)$, ℓ 是关于 t 一阶可微, 关于 y 二次可微的函数. 于是有

$$\begin{aligned}dZ_t=&\left(\partial_t+f_t\partial_y+\frac{1}{2}g_t^2\partial_{yy}-\lambda h_t\partial_y\right)\ell(t,Y_t)\,dt\\&+[\ell(t,Y_{t^-}+h_{t^-})-\ell(t,Y_{t^-})]\,dN_t\\=&\left\{\left(\partial_t+f_t\partial_y+\frac{1}{2}g_t^2\partial_{yy}\right)\ell(t,Y_t)\right.\\&\left.+\lambda([\ell(t,Y_{t^-}+h_{t^-})-\ell(t,Y_{t-})]-h_t\partial_y\ell(t,Y_t))\right\}dt\\&+[\ell(t,Y_{t^-}+h_{t^-})-\ell(t,Y_{t-})]\,d\hat{N}_t.\end{aligned}\tag{A.8}$$

同样地, (A.7) 中过程 Y 的生成元 $\mathcal{L}_t^Y$ 作用如下

$$\mathcal{L}_t^Y\ell(y)=f_t\partial_y\ell(y)+\frac{1}{2}g_t^2\partial_{yy}\ell(y)+\lambda([\ell(y+h_t)-\ell(y)]-h_t\partial_y\ell(y)).$$

本节要提出的最后推广是**复合泊松过程**. 复合泊松过程 $J=\{J_t\}_{0\leqslant t\leqslant T}$ 是由泊松过程 N (强度为 λ) 以及一些独立同分布变量 $\{\varepsilon_1,\varepsilon_2,\cdots\}$ 集合所构成的, 这些变量的分布函数为 $F(\mathbb{E}[\varepsilon]<+\infty,\varepsilon\sim F)$, 复合泊松过程表示为

$$J_t=\sum_{k=1}^{N_t}\varepsilon_i,\quad t\geqslant 0.$$

也就是说, 该过程在泊松过程到达时发生跳跃, 并且每次跳跃的大小由分布函数 F 独立地刻画.

命题 A.12　补偿复合泊松过程　$\hat{J}=\{\hat{J}_t\}_{0\leqslant t\leqslant T}$ 是一个鞅, 其中 $\hat{J}_t=J_t-\mathbb{E}[\varepsilon]\lambda t$.

类似于泊松情况, 同样地, 我们也可以定义关于复合泊松过程的随机积分.

定义 A.13　$\mathcal{F}$ 表示由 $\hat{J}$ 生成的自然滤子. 补偿复合泊松过程 $\hat{J}$ 中 $\mathcal{F}$-适应过程 g 的随机积分 $Y=\{Y_t\}_{0\leqslant t\leqslant T}$ 定义为

$$\begin{aligned}Y_t=\int_0^t g_{s^-}\,d\hat{J}_s=&\sum_{s\leqslant t}g_{s^-}\Delta J_s-\int_0^t g_s\lambda\mathbb{E}[\varepsilon]\,ds\\=&\sum_{s\leqslant t}g_{s^-}\varepsilon_{N_s}\Delta N_s-\int_0^t g_s\lambda\mathbb{E}[\varepsilon]\,ds,\end{aligned}\tag{A.9}$$

与前面一样, $\Delta J_t=J_t-J_{t^-}$ 表示 J 在时刻 t 跳跃大小.

在下一个推广中，通过引入三个 $\mathcal{F}$- 适应随机过程 f, g, h，将得到类似于 (A.7) 的随机积分之和，其中 $\mathcal{F}$ 是由相互独立的布朗运动 W 和 $\hat{J}$ 生成的自然滤子，随机积分 Y 定义如下：

$$Y_t = \int_0^t f_s\, ds + \int_0^t g_s\, dW_s + \int_0^t h_{s-}\, d\hat{J}_s, \tag{A.10}$$

其中每项积分有相应含义.

定理 A.14　跳跃–扩散的 Itô公式　假设 Y 由 (A.10) 给出. 此外，令 $Z = \{Z_t\}_{0\leqslant t\leqslant T}$, $Z_t = \ell(t, Y_t)$, ℓ 是关于 t 一阶可微，关于 y 二次可微的函数，于是有

$$\begin{aligned}
dZ_t =& \left(\partial_t + f_t\partial_y + \frac{1}{2}g_t^2\partial_{yy} - \lambda\mathbb{E}[\varepsilon]h_t\partial_y\right)\ell(t, Y_t)\, dt \\
&+[\ell(t, Y_{t-} + \varepsilon_{N_t}h_{t-}) - \ell(t, Y_{t-})]\, dN_t \\
=& \left\{ \left(\partial_t + f_t\partial_y + \frac{1}{2}g_t^2\partial_{yy}\right)\ell(t, Y_t) \right. \\
&\left. +\lambda\big(\mathbb{E}[\ell(t, Y_{t-} + \varepsilon_{N_t}h_{t-}) - \ell(t, Y_{t-})] - \mathbb{E}[\varepsilon]h_t\partial_y\ell(t, Y_t)\big) \right\} dt \\
&+[\ell(t, Y_{t-} + \varepsilon_{N_t}h_{t-}) - \ell(t, Y_{t-})]\, d\hat{N}_t.
\end{aligned} \tag{A.11}$$

对于 (A.10) 中过程 Y，相应最小生成元的作用为

$$\begin{aligned}
\mathcal{L}_t^Y \ell(y) =& f_t\partial_y\ell(y) + \frac{1}{2}g_t^2\partial_{yy}\ell(y) \\
&+ \lambda\big(\mathbb{E}[\ell(t, y + \varepsilon h_t) - \ell(t, y)] - \mathbb{E}[\varepsilon]h_t\partial_y\ell(t, Y_t)\big).
\end{aligned}$$

A.3　重随机泊松过程

这里考虑的是具有随机强度的跳跃过程的推广. 定义这些过程的一个简单方法是扩大过滤. 假设我们有一个计数过程 N，我们希望其强度过程 $\lambda = \{\lambda_t\}_{0\leqslant t\leqslant T}$ 是“随机”的. 定义这样一个对象的一种方法是提供计算事件在 t 时刻到达并给出 s 时刻所掌握的信息的概率的方式，即定义 $\mathbb{P}(N_t - N_s = n \mid \mathcal{F}_s)$，其中 $\mathcal{F}$ 是由 (N, λ) 生成的自然滤子. 如果有相应的计算方法，原则上也可以计算出所有其他感兴趣的量. **重随机泊松过程**也称为 **Cox** 过程，具有以下特性：

$$\mathbb{P}\big(N_t - N_s = n \mid \mathcal{F}_s \vee \sigma(\{\lambda_u\}_{s\leqslant u\leqslant t})\big) = \exp\left\{-\int_s^t \lambda_u\, du\right\}\frac{\left(\int_s^t \lambda_u\, du\right)^n}{n!}, \tag{A.12a}$$

于是

$$\mathbb{P}(N_t - N_s = 0 \mid \mathcal{F}_s) = \mathbb{E}\left[\exp\left\{-\int_s^t \lambda_u\, du\right\}\frac{\left(\int_s^t \lambda_u\, du\right)^n}{n!} \,\middle|\, \mathcal{F}_s\right]. \tag{A.12b}$$

这里, $\sigma(\{\lambda_u\}_{s\leqslant u\leqslant t})$ 表示强度过程 λ 在时间间隔 $[s,t]$ 内生成的最小 σ-代数, 连接运算 $\mathcal{F}_1\vee\mathcal{F}_2$ ($\mathcal{F}_1,\mathcal{F}_2$ 是两个 σ-代数) 表示从每个单独的 σ-代数取可测集的并所生成的最粗 σ-代数. 简单地说, 在上述情况下, $\mathcal{F}_s\vee\sigma(\{\lambda_u\}_{s\leqslant u\leqslant t})$ 代表观察 (N,λ) 直到 s 时刻包含的信息, 以及直到 t 时刻关于 λ 的整个路径的信息, 但是不包括区间 $(s,t]$ 内 N 过程的信息. 因此, 根据 (A.12a) 可知, 重随机泊松过程是已知强度的有条件 (以 $\sigma(\{\lambda_u\}_{s\leqslant u\leqslant t})$ 为条件) 非齐次泊松过程.

强度过程原则上可以由独立扩散过程、独立跳跃过程、这些过程的组合, 甚至是计数过程本身 (在这种情况下该过程被称为 Hawkes 过程) 来驱动. 下面是强度过程 λ 的几个例子, 其中 W 是一个独立的布朗运动, J 是一个独立的具有非负跳跃的复合泊松过程 (强度为 λ_J, 每个跳跃独立同分布, 即 $\varepsilon\sim F$):

$$d\lambda_t=\kappa(\theta-\lambda_t)\,dt+\eta\sqrt{\lambda_t}\,dW_t,\qquad \text{Feller 过程},\tag{A.13a}$$

$$d\lambda_t=-\kappa\lambda_t+\gamma\,dJ_t,\qquad \text{Ornstein-Uhlenbeck 过程},\tag{A.13b}$$

$$d\lambda_t=\kappa(\theta-\lambda_t)\,dt+\eta\sqrt{\lambda_t}\,dW_t+\gamma\,dJ_t,\qquad \text{跳跃–扩散},\tag{A.13c}$$

$$\lambda_t=\int_0^t g(t-s)\,dN_s,\qquad \text{Hawkes 过程},\tag{A.13d}$$

前三个过程都呈现均值回归现象. 第一个和第三个过程的均值回归到 θ, 而第二个均值回归到 0. 然而, 因为跳跃的存在, 均值回归水平并不反映长期的行为. 因此, 应该根据其相应补偿版本重写 SDE.

命题 A.15　**补偿重随机泊松过程** $\hat{N}=\{\hat{N}_t\}_{0\leqslant t\leqslant T}$ **是一个鞅, 其中** $\hat{N}_t=N_t-\int_0^t\lambda\,ds$.

根据相应补偿版本将 OU (A.13b) 以及跳跃–扩散 (A.13c) 修改为

$$d\lambda_t=\kappa\left(\frac{\gamma\lambda_J}{\kappa}\mathbb{E}[\varepsilon]-\lambda_t\right)dt+\gamma\,d\hat{J}_t,\qquad \text{OU 过程},\tag{A.14a}$$

$$d\lambda_t=\kappa\left(\theta+\frac{\gamma\lambda_J}{\kappa}\mathbb{E}[\varepsilon]-\lambda_t\right)dt+\eta\sqrt{\lambda_t}\,dW_t+\gamma\,d\hat{J}_t,\qquad \text{跳跃–扩散}.\tag{A.14b}$$

从表达式可以看出, 预期的平均强度 (长期来看) 分别是 $\frac{\gamma\lambda_J}{\kappa}\mathbb{E}[\varepsilon]$ 以及 $\theta+\frac{\gamma\lambda_J}{\kappa}\mathbb{E}[\varepsilon]$. 也就是说, 预期的长时间强度是均值回归水平加跳跃修正项 $\frac{\gamma\lambda_J}{\kappa}\mathbb{E}[\varepsilon]$.

定义 A.16　*g 关于补偿重随机泊松过程 $\hat{N}$ 的随机积分 $Y=\{Y_t\}_{0\leqslant t\leqslant T}$ 定义为*

$$Y_t=\int_0^t g_{s-}\,d\hat{N}_s=\sum_{k=1}^{N_t}g_{\tau_k^-}-\int_0^t g_s\lambda_s\,ds,\tag{A.15}$$

$\{\tau_1,\tau_2,\cdots\}$ 为 N 跳跃时刻集合.

这个定义完全类似于简单泊松过程的定义 A.9. 唯一的区别在于补偿, 现在它本身就是一个随机过程.

定理 A.17 单个重随机泊松过程的 Itô 公式 *N 是强度为 λ 的重随机泊松过程, 强度 λ 满足 SDE*

$$d\lambda_t = \mu_t \, dt + \sigma_t \, dW_t + \eta_{t-} \, d\hat{J}_t, \tag{A.16}$$

其中 W, J 是相互独立的布朗运动和复合泊松过程 (强度为 λ_J, 独立同分布跳跃 $\varepsilon \sim F$, 相应计数过程为 M), 并且独立于 N, 并且 μ, σ 与 η 适应于由 N, W 和 J 生成的自然滤子. 此外, 令 $Z = \{Z_t\}_{0 \leqslant t \leqslant T}$, 其中 $Z_t = \ell(t, N_t, \lambda_t)$, ℓ 是关于 t 一阶可微, 关于 λ 二次可微的函数. 于是有

$$\begin{aligned} dZ_t &= \left(\partial_t + (\mu_t - \lambda_G \mathbb{E}[\varepsilon])\partial_\lambda + \frac{1}{2}\sigma_t^2 \partial_{\lambda\lambda} - \lambda_t \partial_n\right)\ell(t, N_t, \lambda_t) \, dt \\ &\quad + [\ell(t, N_{t-}, \lambda_{t-} + \varepsilon_{M_t}) - \ell(t, N_{t-}, \lambda_{t-})] \, dM_t \\ &\quad + [\ell(t, N_{t-} + 1, \lambda_{t-}) - \ell(t, N_{t-}, \lambda_{t-})] \, dN_t \qquad \text{(A.17)} \\ &= \left\{ \left(\partial_t + \mu_t \partial_\lambda + \frac{1}{2}\sigma_t^2 \partial_{\lambda\lambda}\right)\ell(t, N_t, \lambda_t) \right. \\ &\quad + \lambda_G([\ell(t, N_{t-}, \lambda_{t-} + \varepsilon_{M_t}) - \ell(t, N_{t-}, \lambda_{t-})] - \mathbb{E}[\varepsilon]\partial_\lambda \ell(t, N_{t-}, \lambda_{t-})) \\ &\quad \left. + \lambda([\ell(t, N_{t-} + 1, \lambda_{t-}) - \ell(t, N_{t-}, \lambda_{t-})] - \partial_n \ell(t, N_{t-}, \lambda_{t-})) \right\} dt \\ &\quad + [\ell(t, N_{t-}, \lambda_{t-} + \varepsilon_{M_t}) - \ell(t, N_{t-}, \lambda_{t-})] \, d\widehat{M}_t \\ &\quad + [\ell(t, N_{t-} + 1, \lambda_{t-}) - \ell(t, N_{t-}, \lambda_{t-})] \, d\widehat{N}_t. \end{aligned} \tag{A.18}$$

由此可见, N 的强度为 λ 且满足 (A.16) 的联合过程 (N, λ) 中的生成元作用如下:

$$\begin{aligned} \mathcal{L}_t^{N,\lambda} \ell(n, \lambda) &= \mu_t \partial_\lambda \ell(n, \lambda) + \frac{1}{2}\sigma_t^2 \partial_{\lambda\lambda} \ell(n, \lambda) \\ &\quad + \lambda_G \Big(\mathbb{E}[\ell(n, \lambda + \varepsilon) - \ell(n, \lambda)] - \mathbb{E}[\varepsilon]\partial_\lambda \ell(n, \lambda) \Big) \\ &\quad + \lambda \Big(\mathbb{E}[\ell(n, \lambda) - \ell(n, \lambda)] - \partial_n \ell(n, \lambda) \Big). \end{aligned}$$

重随机泊松过程可以进一步推广到重随机复合泊松过程的情况, 其中跳跃到达时间与重随机泊松过程的到达时间一致.

A.4 Feynman-Kac 与偏微分方程

某些线性偏微分方程与随机过程, 特别是随机微分方程紧密相关. 最简单的例

子就是热方程:

$$\begin{cases} \partial_t h(t,x) + \frac{1}{2}\partial_{xx} h(t,x) = 0, \\ h(T,x) = H(x), \end{cases} \tag{A.19}$$

其中 $H \in L^1$, 即 $\mathbb{E}[|H(X_T)|] < +\infty$, 其中 $X = \{X_T\}_{0\leqslant t\leqslant T}$ 是布朗运动. 乍一看, 似乎与随机过程或 SDE 没有任何联系. 进一步探讨, 假设在概率空间 $(\Omega, \mathbb{P}, \mathcal{F} = \{\mathcal{F}_t\}_{0\leqslant t\leqslant T})$ 中引入了一个布朗运动 X ($\mathcal{F}$ 是由 X 生成的自然滤子), 并定义随机过程

$$f_t = \mathbb{E}[H(X_T) \mid \mathcal{F}_t].$$

与 PDE 建立联系的关键点在于这样的一个随机过程是个鞅, 因为 (i) 对 $s \leqslant t \leqslant T$ 有

$$\mathbb{E}[f_t \mid \mathcal{F}_s] = \mathbb{E}[\mathbb{E}[H(X_T) \mid \mathcal{F}_t] \mid \mathcal{F}_s] = \mathbb{E}[H(X_T) \mid \mathcal{F}_s] = f_s,$$

其中第二个等号遵循迭代期望法则 (因为 $\mathcal{F}_s$ 是比 $\mathcal{F}_t$ 更粗糙的 σ-代数), (ii)

$$\mathbb{E}[|f_t|] = \mathbb{E}\big[\big|\mathbb{E}[H(X_T) \mid \mathcal{F}_t]\big|\big] \leqslant \mathbb{E}[\mathbb{E}[\big|H(X_T)\big| \mid \mathcal{F}_t]] < +\infty,$$

第一个不等式是由 Jensen 不等式得出的, 最后一个来自于 $H \in L^1$ 的假设. 然后, 注意到, 过程 f_t 实际上是 X 的马尔可夫过程, 因为

$$\begin{aligned} f_t &= \mathbb{E}[H(X_T) \mid \mathcal{F}_t] = \mathbb{E}[H((X_T - X_t) + X_t) \mid \mathcal{F}_t] \\ &= \mathbb{E}\big[H\big(\sqrt{T-t}Z + X_t\big) \mid \mathcal{F}_t\big] = g(t, X_t), \end{aligned}$$

其中 $g(t,x)$ 是某种函数, 第三个等式成立是因为 $(X_T - X_t)$ 与 X_t 相互独立, Z 是独立于 X_t 的标准正态随机变量. 如果进一步假设 g 足够光滑, 那么利用 Itô 引理可得 (对于任意 $h > 0$)

$$g(t+h, X_{t+h}) - g(t, X_t) = \int_t^{t+h} \left\{\partial_t g(s, X_s) + \frac{1}{2}\partial_{xx} g(s, X_s)\right\} ds + \int_t^{t+h} \partial_x g(s, X_s)\, dX_s.$$

由于 g 是一个鞅, 进一步有

$$\begin{aligned} 0 &= \mathbb{E}_{t,x}[g(t+h, X_{t+h}) - g(t, X_t)] \\ &= \mathbb{E}_{t,x}\left[\int_t^{t+h} \left\{\partial_t g(s, X_s) + \frac{1}{2}\partial_{xx} g(s, X_s)\right\} ds + \int_t^{t+h} \partial_x g(s, X_s)\, dX_s\right] \\ &= \mathbb{E}_{t,x}\left[\int_t^{t+h} \left\{\partial_t g(s, X_s) + \frac{1}{2}\partial_{xx} g(s, X_s)\right\} ds\right]. \end{aligned}$$

然后, 除以 h, 令 $h \downarrow 0$, 利用微积分基本定理有

$$0 = \lim_{h\downarrow 0} \frac{1}{h}\mathbb{E}_{t,x}\left[\int_t^{t+h} \left\{\partial_x g(s, X_s) + \frac{1}{2}\partial_{xx} g(s, X_s)\right\} ds\right]$$

$$= \partial_t g(t,x) + \frac{1}{2}\partial_{xx} g(t,x),$$

并由 g 的定义知 $g(T,x) = H(x)$. 因此, $g(t,x)$ 满足 PDE (A.19). 这一系列的论证是一个更普遍结果的特例.

定理 A.18 Feynman-Kac X 表示 Itô 过程, 满足 SDE

$$dX_t = \mu(t, X_t)\,dt + \sigma(t, X_t)\,dW_t,$$

其中 W 为布朗运动. 定义函数

$$f(t,x) = \mathbb{E}_{t,x}\left[\int_t^T e^{-\int_t^s \gamma(u,X_u)\,du} g(s,X_s)\,ds + e^{-\int_t^T \gamma(u,X_u)\,du} h(X_T)\right],$$

并且满足 $\mathbb{E}[|h(X_T)|] < +\infty$, $\mathbb{E}\left[\int_0^T |g(s,X_s)|\,ds\right] < +\infty$, $\int_0^T \gamma(t,X_t)\,dt$ 几乎处处有下界. 于是 $f(t,x)$ 满足 PDE

$$\begin{cases} \partial_t f(t,x) + \mathcal{L}_t^X f(t,x) + g(t,x) f(t,x) = \gamma(t,x) f(t,x), \\ f(T,x) = h(x), \end{cases} \tag{A.20}$$

其中 $\mathcal{L}_t^X$ 表示 X 的无穷小生成元, 即

$$\mathcal{L}_t^X f = \mu(t,x)\partial_x f + \frac{1}{2}\sigma^2(t,x)\partial_{xx} f.$$

A.5 参考文献与选读

Baxter & Rennie (1996), Jacod & Shiryaev (1987), Shreve (2005), Øksendal (2010), Shreve (2013), Steele (2010).

参考文献

Abergel, Frédéric, Jean-Philippe Bouchaud, Thierry Foucault, Charles-Albert Lehalle & Mathieu Rosenbaum (2012), *Market Microstructure: Confronting many Viewpoints*, John Wiley & Sons.

Abergel, Frédéric, Marouane Anane, Anirban Chakraborti, Aymen Jedidi & Ioane Muni Toke (2015), *Limit Order Books*, Available at http://fiquant.mas.ecp.fr/limit-order-books.

Abramowitz, 1VIilton & Irene A. Stegun (1972), *Handbook of Mathematical Functions with Formulas, Graphs and Mathematical Tables*, 10th ed., National Bureau of Standards Applied Mathematics Series, Vol. 55.

Aït-Sahalia, Yacine, Per A. Mykland & Lan Zhang (2005), 'How often to sample a continuous-time process in the presence of market microstructure noise', *Review of Financial Studies* **18**(2), 351-416.

Alfonsi, Aurélien, Alexander Schied & Alla Slynko (2012), 'Order book resilience, price manipulation, and the positive portfolio problem', *SIAM Journal on Financial Mathematics* **3**(1), 511-533.

Alfonsi, Aurélien, Antje Fruth & Alexander Schied (2010), 'Optimal execution strategies in limit order books with general shape functions', *Quantitative Finance* **10**(2), 143-157.

Almgren, Robert (2003), 'Optimal execution with nonlinear impact functions and trading-enhanced risk', *Applied Mathematical Finance* **10**(1), 1-18.

Almgren, Robert (2010), *Execution Costs*, John Wiley & Sons.

Almgren, Robert (2013), 'Execution strategies in fixed income markets', *High Frequency Trading; New Realities for Trades, Markets and Regulators*, Easley, D., M. López de Prado, and M. O'Hara (editors), Risk Books.

Almgren, Robert, Chee Thum, Emmanuel Hauptmann & Hong Li (2005), 'Direct estimation of equity market impact', Risk **18**, 5752.

Almgren, Robert & Neil Chriss (2000), 'Optimal execution of portfolio transactions', *Journal of Risk* **3**, 5-39.

Andersen, Torben C. & Oleg Bondarenko (2014), 'Reflecting on the VPIN dispute', *Journal of Financial Markets* **17**, 53-64.

Avellaneda, Marco & Sasha Stoikov (2008), 'High-frequency trading in a limit order book', *Quantitative Finance* **8**, 217-224.

Bandi, Federico M. & Jeffrey R. Russell (2008), 'Microstructure noise, realized variance, and optimal sampling', *The Review of Economic Studies* **75**(2), 339-369.

Bandi, Federico M. & Roberto Renò (2012), 'Time-varying leverage effects', *Journal of Econometrics* **169**(1), 94-113.

Barndorff-Nielsen, Ole E. & Neil Shephard (2004), 'Power and bipower variation with stochastic volatility and jumps', *Journal of Financial Econometrics* **2**(1), 1-37.

Barndorff-Nielsen, Ole E. & Neil Shephard (2006a), 'Econometrics of testing for jumps in financial economics using bipower variation', *Journal of Financial Econometrics* **4**(1), 1-30.

Barndorff-Nielsen, Ole E. & Neil Shephard (2006b), 'Econometrics of testing for jumps in financial economics using bipower variation', *Journal of Financial Econometrics* **4**(1), 1-30.

Bauwens, Luc & Nikolaus Hautsch (2006), 'Stochastic conditional intensity processes', *Journal of Financial Econometrics* **4**(3), 450-493.

Bauwens, Luc & Nikolaus Hautsch (2009), *Modelling Financial High Frequency Data using Point Processes*, Springer.

Baxter, Martin & Andrew Rennie (1996), *Financial Calculus: An Introduction to Derivative Pricing*, Cambridge University Press.

Bayraktar, Erhan & Michael Ludkovski (2011), 'Optimal trade execution in illiquid markets', *Mathematical Finance* **21**(4), 681-701.

Bayraktar, Erhan & Michael Ludkovski (2012), 'Liquidation in limit order books with controlled intensity', *Mathematical Finance* **24**(4), 627-650.

Bechler, Kyle & Mike Ludkovski (2014), 'Optimal execution with dynamic order flow imbalance', *arXiv preprint arXiv:1409.2618*.

Bertsekas, Dimitri P. & Steven E. Shreve (1978), *Stochastic Optimal Control*, Vol. 139 of *Mathematics in Science and Engineering*, Academic Press, New York.

Bertsimas, Dimitris & Andrew W. Lo (1998), 'Optimal control of execution costs', *Journal of Financial Markets* **1**(1), 1-50.

Biais, Bruno, Christophe Bisiere & Chester Spatt (2010), 'Imperfect competition in financial markets: An empirical study of Island and Nasdaq', *Management Science* **56**(12), 2237-2250.

Biais, Bruno, Larry Glosten & Chester Spatt (2005), 'Market microstructure: A survey of microfoundations, empirical results, and policy implications', *Journal of Financial Markets* **8**(2), 217-264.

Bialkowski, Jedrzej, Serge Darolles & Gaëlle Le Fol (2008), 'Improving VWAP strategies: A dynamic volume approach', *Journal of Banking & Finance* **32**(9), 1709-1722.

Boehmer, Ekkehart, Kingsley Y. L. Fong & Juan (Julie) Wu (2012), 'International evidence on algorithmic trading', SSRN http://ssrn.com/abstract=2022034.

Boehmer, Ekkehart, Kingsley Y.L. Fong & Juan Julie Wu (2014), International evidence on algorithmic trading, *in* 'AFA 2013 San Diego Meetings Paper'.

Bouchard, Bruno, Ngoc-Minh Dang & Charles-Albert Lehalle (2011), 'Optimal control of trading algorithms: A general impulse control approach', *SIAM Journal on Financial Mathematics* **2**, 404-438.

Brogaard, Jonathan, Terrence Hendershott & Ryan Riordan (2014), 'High-frequency trading and price discovery', *Review of Financial Studies*, DOI: 10.1093/rfs/hhu032.

Buti, Sabrina & Barbara Rindi (2013), 'Undisclosed orders and optimal submission strategies in a limit order market', *Journal of Financial Economics* **109**(3), 797-812.

Buti, Sabrina, Barbara Rindi & Ingrid M. Werner (2011*a*), 'Dark pool trading strategies', *Available at http://ssrn.com/abstract=15711416.*

Buti, Sabrina, Barbara Rindi & Ingrid M Werner (2011*b*), 'Diving into dark pools', *Available at http://ssrn. com/abstract=1630499.*

Cameron, A. Colin & Pravin K. Trivedi (2005), *Microeconometrics: Methods and Applications*, Cambridge University Press.

Carmona, Rene & Kevin Webster (2012), 'High frequency market making', *arXiv preprint arXiv:1210.5781.*

Carmona, Rene & Kevin Webster (2013), 'The self-financing equation in high frequency markets', *sarXiv preprint arXiv:1312.2302.*

Cartea, Álvaro (2013), 'Derivatives pricing with marked point processes using tick-by-tick data', *Quantitative Finance* **13**(1), 111-123.

Cartea, Álvaro & Dimitrios Karyampas (2012), 'Assessing the performance of different volatility estimators: A Monte Carlo analysis', *Applied Mathematical Finance* **19**(6), 535-552.

Cartea, Álvaro & Dimitrios Karyampas (2014), 'The relationship between the volatility of returns and the number of jumps in financial markets'. Forthcoming in *Econometric Reviews.*

Cartea, Álvaro & José Penalva (2012), 'Where is the value in high frequency trading?', *The Quarterly Journal of Finance* **13**(1), 1-46.

Cartea, Álvaro, Ryan Donnelly & Sebastian Jaimungal (2013), 'Algorithmic trading with model uncertainty', *SSRN: http://ssrn.com/abstract=2310645.*

Cartea, Álvaro & Sebastian Jaimungal (2013), 'Risk metrics and fine tuning of high frequency trading strategies'. Forthcoming in *Mathematical Finance,* DOI: 10.1111 /mafi. 12023.

Cartea, Álvaro & Sebastian Jaimungal (2013), 'Optimal execution with limit and market orders', *SSRN eLibrary, http://ssrn.corrc/abstract=2397805.*

Cartea, Álvaro & Sebastian Jaimungal (2014*a*), 'A closed-form execution strategy to target VWAP', *Available at SSRN 2542314.*

Cartea, Álvaro & Sebastian Jaimungal (2014*b*), 'Incorporating order-flow into optimal execution', *Available at SSRN 2557457.*

Cartea, Álvaro, Sebastian Jaimungal & Damir Kinzebulatov (2013), 'Algorithmic trading with learning', *SSRN eLibrary, http://ssrn.com/abstract=2373196.*

Cartea, Álvaro, Sebastian Jaimungal & Jason Ricci (2014), 'Buy low, sell high: A high frequency trading perspective', *SIAM Journal on Financial Mathematics* **5**(1), 415-444.

Cartea, Álvaro & Thilo Meyer-Brandis (2010), 'How duration between trades of underlying securities affects option prices', *Review of Finance* **14**(4), 749-785.

Cebiroglu, Gökhan & Ulrich Horst (2015), 'Optimal order display in limit order markets with liquidity competition', *Available at SSRN http://ssrn.com/abstract=2549739.*

CFTC & SEC (2010), Findings regarding the market events of May 6, 2010, Report, SEC.

Chaboud, Alain, Erik Hjalmarsson, Clara Vega & Ben Chiquoine (2009), 'Rise of the Machines: Algorithmic Trading in the Foreign Exchange Market', *SSRN eLibrary.*

Chang, Fwu-Ranq (2004), *Stochastic Optimization in Continuous Time,* Cambridge University Press.

Clauset, Aaron, Cosma Rohilla Shalizi & Mark E.J. Newman (2009), 'Power-law distributions in empirical data', *SIAM review* **51**(4), 661-703.

Cohen, Samuel N. & Lukasz Szpruch (2012), 'A limit order book model for latency arbitrage', *Mathematics and Financial Economics* **6**(3), 211-227.

Colliard, Jean-Edouard & Thierry Foucault (2012), 'Trading fees and efficiency in limit order markets', *Review of Financial Studies* **25**(11), 3389-3421.

Cont, Rama, Arseniy Kukanov & Sasha Stoikov (2013), 'The price impact of order book events'. Forthcoming in *Journal of Financial Econometrics*, DOI: 10.1093/jjfinec/nbt003.

Corsi, Fulvio (2009), 'A simple approximate long-memory model of realized volatility', *Journal of Financial Econometrics* **7**(2), 174-196.

Corsi, Fulvio, Davide Pirino & Roberto Renò (2010), 'Threshold bipower variation and the impact of jumps on volatility forecasting', *Journal of Econometrics* **159**(2), 276-288.

Corsi, Fulvio & Roberto Renò (2012), 'Discrete-time volatility forecasting with persistent leverage effect and the link with continuous-time volatility modeling', *Journal of Business & Economic Statistics* **30**(3), 368-380.

Crisafi, M. Alessandra & Andrea Macrina (2014), 'Optimal execution in lit and dark pools', *arXiv preprint arXiv:l405. 2023.*

Curato, Gianbiagio, Jim Gatheral & Fabrizio Lillo (2014), 'Optimal execution with nonlinear transient market impact', *Available at SSRN 2539240.*

Cvitanic, Jaksa & Andrei A. Kirilenko (2010), 'High Frequency Traders and Asset Prices', *SSRN eLibrary.*

de Jong, Frank & Barbara Rindi (2009), The *Microstructure of Financial Markets*, 1st ed., Cambridge University Press.

Ding, Shengwei, John Hanna & Terrence Hendershott (2014), 'How slow is the NBBO? a comparison with direct exchange feeds', *Financial Review* **49**(2), 313-332.

Duffle, Darrell & Larry G. Epstein (1992), 'Asset pricing with stochastic differential utility', *The Review of Financial Studies* **5**(3), 411-436.

Easley, David, Marcos M. López de Prado & Maureen O'Hara (2012), 'Flow toxicity and liquidity in a high-frequency world', *Review of Financial Studies* **25**(5), 1457-1493.

Easley, David & Maureen O'Hara (1992), 'Time and the process of security price adjustment', *The Journal of Finance* **47**(2), 577-605.

Easley, David, Robert F. Engle, Maureen O'Hara & Liuren Wu (2008), 'Time-varying arrival rates of informed and uninformed trades', *Journal of Financial Econometrics* **6**(2), 171.

Elliott, Robert J., John Van Der Hoek & William P. Malcolm (2005), 'Pairs trading', *Quantitative Finance* **5**(3), 271-276.

Engle, Robert F. (2000), 'The econometrics of ultra-high-frequency data', *Econometrica* **68**(1), 1-22.

Fama, Eugene F. (1970), 'Efficient capital markets: A review of theory and empirical work', *The Journal of Finance* **25**(2), 383-417.

Farmer, J. Doyne, Austin Gerig, Fabrizio Lillo & Henri Waelbroeck (2013), 'How efficiency shapes market impact', *Quantitative Finance* **13**(11), 1743-1758.

Fleming, Wendell H. & Halil Mete Soner (2006), *Controlled Markov Processes and Viscosity Solutions,* Springer.

Foucault, Thierry & Albert J. Menkveld (2008), 'Competition for order flow and smart order routing systems', *The Journal of Finance* **63**(1), 119-158.

Foucault, Thierry, Ohad Kadan & Eugene Kandel (2013), 'Liquidity cycles and make/take fees in electronic markets', *The Journal of Finance* **68**(1), 299-341.

Foucault, Thierry, Ohad Kadan & Eugene Kandel (2005), 'Limit order book as a market for liquidity', *Review of Financial Studies* **18**(4), 1171-1217.

Frei, Christoph & Nicholas Westray (2013), 'Optimal execution of a VWAP order: a stochastic control approach'. Forthcoming in *Matherrcatical Finance,* DOI: 10.1111/ mafi.12048.

Gatheral, Jim (2010), 'No-dynamic-arbitrage and market impact', *Quantitative Finance* **10** (7), 749-759.

Gatheral, Jim & Alexander Schied (2013), 'Dynamical models of market impact and algorithms for order execution', *Handbook on Systemic Risk,* Jean-Pierre Fouque, Joseph A. Langsam (editors), Cambridge University Press, 579-599.

Gatheral, Jim, Alexander Schied & Alla Slynko (2012), 'Transient linear price impact and fredholm integral equations', *Mathematical Finance* **22**(3), 445-474.

Gerig, Austin (2008), 'A theory for market impact: How order flow affects stock price', *arXiv preprint arXiv:0804.3818.*

Gerig, Austin (2012), 'High-frequency trading synchronizes prices in financial markets', *arXiv preprint arXiv:1211.1919.*

Gerig, Austin & David Michayluk (2010), 'Automated liquidity provision and the demise of traditional market making', *arXiv preprint arXiv:1007.2352.*

Glosten, Lawrence R. & Paul R. Milgrom (1985), 'Bid, ask and transaction prices in a specialist market with heterogeneously informed traders', *Journal of Financial Economics* **14**(1), 71-100.

Gould, IVIartin D., Mason A. Porter, Stacy Williams, Mark McDonald, Daniel J. Fenn & Sam D. Howison (2013), 'Limit order books', *Quantitative Finance* **13**(11), 1709-1742.

Graewe, Paulwin, Ulrich Horst & Eric Séré (2013), 'Smooth solutions to portfolio liquidation problems under price-sensitive market impact', *arXiv:1309.0474.*

Graewe, Paulwin, Ulrich Horst & Jinniao Qiu (2013), 'A non-Markovian liquidation problem and backward SPDEs with singular terminal conditions', *arXiv:1309.0461.*

Greene, William H. (2011), *Economcetric Analysis*, Pearson Education.

Grossman, Sanford J. (1976), 'On the efficiency of competitive stock markets where trades have diverse information', *The Journal of Finance* **31**(2), 573-585.

Grossman, Sanford J. (1977), 'The existence of futures markets, noisy rational expectations and informational externalities', *The Review of Economic Studies,* **44**, 431-449.

Grossman, Sanford J. (1978), 'Further results on the informational efficiency of competitive stock markets', *Journal of Economic Theory* **18**(1), 81-101.

Grossman, Sanford J. & Joseph E. Stiglitz (1976), 'Information and competitive price systems', *The American Economic Review* **66**, 246-253.

Grossman, Sanford J. & Merton H. Miller (1988), 'Liquidity and market structure', *The Journal of Finance* **43**(3), 617-37.

Guéant, Olivier (2014), 'Execution and block trade pricing with optimal constant rate of participation', *Journal of Mathematical Finance* **4**, 255-264.

Guéant, Olivier & Charles-Albert Lehalle (2013), 'General intensity shapes in optimal liquidation'. Forthcoming in *Mathematical Finance,* DOI: 10.1111/mafi.12052.

Guéant, Olivier, Charles-Albert Lehalle & Joaquin Fernandez Tapia (2012), 'Optimal portfolio liquidation with limit orders', *SIAM Journal on Financial Mathematics* **3**(1), 740-764.

Guéant, Olivier, Charles-Albert Lehalle & Joaquin Fernandez-Tapia (2013), 'Dealing with the inventory risk: a solution to the market making problem', *Mathematics and Financial Economics* **7**(4), 477-507.

Guéant, Olivier, Jiang Pu & Guillaume Royer (2013), 'Accelerated share repurchase: pricing and execution strategy', *arXiv, http://arxiv. org/abs/1312.5617.*

Guéant, Oliver & Guillaume Royer (2014), 'VWAP execution and guaranteed VWAP',

SIAM Journal on Financial Mathematics **5**(1), 445-471.

Guilbaud, Fabien & Huyen Pham (2013), 'Optimal high-frequency trading with limit and market orders', *Quantitative Finance* **13**(1), 79-94.

Guo, Xin, Adrien De Larrard & Zhao Ruan (2013), 'Optimal placement in a limit order book', *Preprint.*

Hagströmer, Björn & Lars L. Norden (2013), 'The diversity of high-frequency traders', *Journal of Financial Markets,* **16**(4), 741-770.

Hall, Anthony D. & Nikolaus Hautsch (2007), 'Modelling the buy and sell intensity in a limit order book market', *Journal of Financial Markets* **10**(3), 249-286.

Hansen, Peter R & Asger Lunde (2006), 'Realized variance and market microstructure noise', *Journal of Business & Economic Statistics* **24**(2), 127-161.

Hasbrouck, Joel (1991), 'Measuring the information content of stock trades', *The Journal of Finance* **46**(1), 179-207.

Hasbrouck, Joel (1993), 'Assessing the quality of a security market: A new approach to transaction-cost measurement', *Review of Financial Studies* **6**(1), 191-212.

Hasbrouck, Joel (1995), 'One security, many markets: Determining the contributions to price discovery', *The Journal of Finance* **50**(4), 1175-1199.

Hasbrouck, Joel (2013), 'High frequency quoting: Short-term volatility in bids and offers', *SSRN eLibrary.*

Hasbrouck, Joel & Gideon Saar (2013), 'Low-latency trading', *Journal of Financial Markets* **16**(4), 646-679.

Hendershott, Terrence, Charles M. Jones & Albert J. Menkveld (2011), 'Does algorithmic trading improve liquidity?', *The Journal of Finance* **66**(1), 1-33.

Hendershott, Terrence & Ryan Riordan (2013), 'Algorithmic trading and the market for liquidity', *Journal of Financial and Quantitative Analysis* **48**(04), 1001-1024.

Hirschey, Nicholas (2013), 'Do high-frequency traders anticipate buying and selling pressure?', *SSRN eLibrary, Working paper.*

Ho, Thomas & Hans R. Stoll (1981), 'Optimal dealer pricing under transactions and return uncertainty', *Journal of Financial Economics* **9**, 47-73.

Hoffmann, Peter (2014), 'A dynamic limit order market with fast and slow traders', *Journal of Financial Economics* **113**(1), 156-169.

Horst, Ulrich & Felix Naujokat (2014), 'When to cross the spread? trading in two-sided limit order books', *SIAM Journal on Financial Mathematics* **5**(1), 278-315.

Huitema, Robert (2013), 'Optimal portfolio execution using market and limit orders', *SSRN eLibrary, http://ssrn.com/abstract=1977553.*

Humphery-Jenner, Mark L. (2011), 'Optimal VWAP trading under noisy conditions', *Journal of Banking & Finance* **35**(9), 2319-2329.

Iyer, Krishnamurthy, Ramesh Johari & Ciamac C. Moallemi (2014), 'Welfare analysis of dark pools', *Available at http://moallemi.com/ciamac/papers.*

Jacod, Jean & Albert N. Shiryaev (1987), *Limit Theorems for Stochastic Processes,* Springer.

Jaimungal, Sebastian & Damir Kinzebulatov (2013), 'Optimal Execution with a Price Limner', *SSRN eLibrary, http://ssrn.com/abstract=2199889.*

Jaimungal, Sebastian & Mojtaba Nourian (2015), 'Mean-field game strategies for a major-minor agent optimal execution problem', *Available at SSRN: http//ssrn.com/abstract =2578733.*

Jarrow, Robert & Hao Li (2013), 'Abnormal profit opportunities and the informational advantage of high frequency trading', *The Quarterly Journal of Finance* **3**(02), 1350012.

Kharroubi, Idris & Huyen Pham (2010), 'Optimal portfolio liquidation with execution cost and risk', *SIAM Jowrnal on Financial Mathematics* **1**(1), 897-931.

Konishi, Hizuru (2002), 'Optimal slice of a VWAP trade', *Journal of Financial Markets* **5**(2), 197-221.

Kyle, Albert S. (1985), 'Continuous auctions and insider trading', *Econometrica* **53**, 1315-1335.

Kyle, Albert S. (1989), 'Informed speculation with imperfect competition', *The Review of Economic Studies* **56**(3), 317-355.

Large, Jeremy (2007), 'Measuring the resiliency of an electronic limit order book', *Journal of Financial Markets* **10**(1), 1-25.

Laruelle, Sophie, Charles-Albert Lehalle & Gilles Pagès (2011), 'Optimal split of orders across liquidity pools: a stochastic algorithm approach', *BIANl Journal on Financial Mathematics* **2**(1), 1042-1076.

Laruelle, Sophie, Charles-Albert Lehalle & Gilles Pagès (2013), 'Optimal posting price of limit orders: learning by trading', *Mathematics and Financial Economics* 7(3), 359-403.

Lehalle, Charles-Albert (2009), 'The impact of liquidity fragmentation on optimal trading', *Trading* **2009**(1), 80-87.

Leung, Tim & Mike Ludkovski (2011), 'Optimal timing to purchase options', *SIAM Journal on Financial Mathematics* **2**(1), 768-793.

Leung, Tim & Xin Li (2014), 'Optimal mean reversion trading with transaction costs & stop-loss exit', *International Journal of Theoretical & Applied Finance* **18**(3), 1550020.

Li, Tianhui Michael & Robert Almgren (2014), 'Option hedging with smooth market impact', preprint, NYU.

Lipton, Alexander, Umberto Pesavento & Michael G. Sotiropoulos (2013), 'Trade arrival dynamics and quote imbalance in a limit order book', *arXiv:1312.0514.*

Lorenz, Julian & Robert Almgren (2011), 'Mean-variance optimal adaptive execution', *Apylied Mathematical Finance* **18**(5), 395-422.

Martínet, Miguel A., Belén Nieto, Gonzalo Rubio & Mikel Tapia (2005), 'Asset pricing and systematic liquidity risk: An empirical investigation of the Spanish stock market', *International Review of Economics & Finance* **14**(1), 81-103.

Martinet, Victor Hugo & Ioanid Rosu (2013), 'High frequency traders, news and volatility', *SSRN eLibrary, Working paper.*

Martinet, Victor Hugo & Ioanid Rosu (2014), 'Fast and slow informed trading', *SSRN eLibrary, Working paper.*

McCulloch, James & Vlad Kazakov (2012), 'Mean variance optimal VWAP trading', *SSRN eLibtrary, http://ssrn.com/abstract=1803858.*

Menkveld, Albert J. (2013), 'High frequency trading and the new market makers', *Journal of Financial Markets* **16**(4), 712-740.

Merton, Robert (1971), 'Optimum consumption and portfolio rules in a continuous-time model', *Journal of Economic Theory* **3**, 373-413.

Merton, Robert(1992), *Continnoas-Time Finance*, Wiley-Blackwell.

Mitchell, Daniel, Jedrzej Pawel Bialkowski & Stathis Tompaidis (2013), 'Optimal VWAP tracking', *SSRN eLibtrary, http://ssrn.com/abstract=2333916.*

Moallemi, Ciamac C. & Mehmet Saglam (2013), 'The cost of latency in high-frequency trading', *Operations Research* **61**(5), 1070-1086.

Moallemi, Ciamac C., Mehmet Saglam & Michael Sotiropoulos (2014), 'Short-term predictability and price impact', *Available at SSRN 2463952.*

Moro, Esteban, Javier Vicente, Luis G. Moyano, Austin Gerig, J. Doyne Farmer, Gabriella Vaglica, Fabrizio Lillo & Rosario N. Mantegna (2009), 'Market impact and trading profile of hidden orders in stock markets', *Physical Review E* **80**(6), 066102.

Mykland, Per A. & Lan Zhang (2012), 'The econometrics of high frequency data'. In Statistical Methods for Stochastic Differential Equations, Mathieu Kessler, Alexander Lindner and Michael Sorensen (editors), CRC Press, 109-190.

Obizhaeva, Anna A. & Jiang Wang (2013), 'Optimal trading strategy and supply/demand dynamics', *Journal of Financial Markets* **16**(1), 1-32.

O'Hara, Maureen (1995), *Market Microstructure Theory*, 1st edn, Blackwell Publishers, Cambridge, Mass.

O'Hara, Maureen, Chen Yao & Mao Ye (2014), 'What's not there: odd lots and market data', *The Journal of Finance* **69**(5), 2199-2236.

Øksendal, Bernt (2010), *Stochastic Differential Equations: An Introduction with Applicanons*, 6th ed., Springer.

Øksendal, Bernt & Agues Sulem (2007), *Applied Stochastic Control of Jump Diffusions*, 2nd ed., Springer.

Pascual, Roberto & David Veredas (2009), 'What pieces of limit order book information matter in explaining order choice by patient and impatient traders?', *Quantitative Finance* **9**(5), 527-545.

Pham, Huyen (2010), *Continuous-time Stochastic Control and Optimization with Financial Applications, Springer.*

Ramsay, James & Bernard W. Silverman (2010), *Functional Data Analysis, Springer.*

Riordan, Ryan & Andreas Storkenmaier (2012), 'Latency, liquidity and price discovery', *Journal of Financial Markets* **15**(4), 416-437.

Roll, Richard (1984), 'A simple implicit measure of the effective bid-ask spread in an efficient market', *The Journal of Finance* **39**(4), 1127-1139.

Rosu, Ioanid (2009), 'A dynamic model of the limit order book', *Review of Financial Studies* **22**(11), 4601-4641.

Schied, Alexander (2013), 'Robust strategies for optimal order execution in the *Almgren-Chriss framework', Applied Mathematical Finance* **20**(3), 264-286.

Schied, Alexander & Torsten Schoneborn (2009), 'Risk aversion and the dynamics of optimal liquidation strategies in illiquid markets', *Finance and Stochastics* **13**(2), 181-204.

SEC (2010), Concept release on equity market structure, Concept Release No. 34-61358; File No. 57-02-10, SEC. 17 CFR Part 242.

SEC (2013*a*), Alternative trading systems: Description of ATS trading in national market system stocks, Technical report, SEC-DERA Memorandum.

SEC (2013*b*), Release no. 34-71057; file no. sr-chx-2013-21, Technical report, Securities and Exchage Commission.

Shreve, Steven E. (2005), *Stochastic Calculus for Finance I: the Binorn,ial Asset Pricing Model,* Springer.

Shreve, Steven E. (2013), *Stochastic Calculus for Finance II: Continuous-Time Models,* Springer.

Steele, J. Michael (2010), *Stochastic Calculus and Financial Applications*, Springer.

Stoikov, Sasha & Mehmet Sağlam (2009), 'Option market making under inventory risk', *Review of Derivatives Research* **12**(1), 55-79.

Tourin, Agnés & Raphael Yan (2013), 'Dynamic pairs trading using the stochastic control approach', *Journal of Economic Dynamics and Control* **37**(10), 1972-1981.

Touzi, Nizar (2013), *Optimal Stochastic Control, Stochastic Target Problems, and Backward SDE*, Vol. 29 of *Fields Institute Monographs*, Springer.

Vayanos, Dimitri & Jiang Wang (2009), Liquidity and asset prices: A unified framework, Technical report, National Bureau of Economic Research.

Vives, Xavier (1996), 'Social learning and rational expectations', *European Economic Review* **40**(3), 589-601.

Yong, Jiongmin & Xun Yu Zhou (1999), *Stochastic controls: Hamiltonian systems and HJB equations*, Springer.

Zheng, Ban, Eric Moulines & Frédéric Abergel (2012), 'Price jump prediction in limit order book', *Available at http//ssrn.com/abstract=2026454.*

术语表

按比例分配规则匹配算法　交易所使用的一种算法，可以确定列队的限价单之间如何分摊进入市价单所需数量. 共享规则根据以最优价格提供的每个限价单股份的相对数量按比例分配市价单. 8

暗池　“…… 允许投资者以未定价的订单购买和出售证券, 这些订单在特定时间以特定价格与另一市场的需求撮合 ……”. 160

报价价差　出价和报价之间的区别, 代表了即时性的潜在成本: 价格的差异, 从一个被动的订单到最好的价格, 而不是在任何时候积极地执行一个 MO (因此 “忽略差价”). 14

被托管　也称为托管, 意味着代理商的交易系统实际位于电子交易所, 并与交易所的匹配引擎直接相连. 44

订单流　指执行买入量和卖出量的差. 38

订单填充概率　在市场买/卖单到达的情况下, 通过买入/卖出 MO, 限价单以价格 δ (来自中间价) 完成的概率. 168

对冲基金　是追求比其他类型的基金, 如共同基金, 更激进的投资策略的基金. 这些基金对监管和透明度的要求较少, 而且仅适用于合格投资者的投资工具. 5

封闭式基金　一个有固定股数的共同基金. 这些通常是在初始阶段发布一次, 通过首次公开发行. 收购不可赎回的共同股份, 即投资者不能将其卖回基金. 它的股票, 如 ETF 的股票, 不断上市交易. 4

共同基金　一组证券设法满足特定的投资目标. 共同基金可能会提供积极的资产管理或被动的指数跟踪. 共同基金有两种主要类型: 封闭式基金和开放式基金. 4

股票换手率　一个时期内交易的股票数量除以已发行股票的数量. 这用作衡量一只股票的流动性——更高的交易量意味着更高的流动性. 37

基本面交易者　是直接使用交易资产的投资者. 6

价半差　最佳报价 (买价或卖价) 与中间价之间的距离, 有时也被称为中间报价. 30

价格冲击　交易对价格的影响, 无论它们是暂时的 (例如, 沿 LOB 游走), 还是永久的 (例如, 通过对价格施加向上的压力). 23

价格时间优先级匹配算法　由交易所使用来确定哪些常规限价单将针对进入的 MO 执行的一种算法. 该算法确定, 市价单将根据限价单的发布时间以最佳价格执行，并以最佳价格从最早的第一个开始. 7

开放式基金　是每日可变数量股票的共同基金. 投资经理可以创建股票以满足新投资者的需求, 或者在投资者寻求赎回时销毁. 这个过程每天发生一次，在市场收盘后，在基金的净资产 (净资产值，NAV) 的价值确定后. 4

配对交易 一种交易策略, 通过线性组合投注, 通常按照可预测的轨迹空头一项资产中的股份数量和多头另一项资产中的股票数量. 如果由两种资产组成的投资组合偏离其历史水平或预测的水平, 则该策略将投注于投资组合的交易返回到其预期水平. 255

普通股 最简单的形式是对公司拥有所有权的凭证, 赋予所有者有权获得公司利润的对等份额，英文为 common stock 或者 ordinary shares. 3

扫架订单(国际扫架订单) 国际扫架订单是美国的一种特殊订单类型, 它允许发送方以不同的价格执行针对所有市场的订单, 同时绕过 RegNMS 订单保护规则. 76

生存函数 也称为可靠性函数 $S(x)$. 它是一个随机变量超过一确定水平的概率, 即 $S(x) = \mathcal{P}\{X > x\}$. 83

市场深度 指在 LOB 的不同级别上发布的交易量, 一个兴旺的市场有大量的发布量, 一个惨淡的市场几乎没有发布的成交量. 70

市场有效性假设 有关资产价格的所有信息均反映在其当前价格中的假说. 因此, 回报应该是相互独立的. 37

市价单 激进的订单, 从 LOB 获取流动性并获得当前可用的最优价格. 7

托管 见被托管. 9

微观价格 该价格按照出价和要价的加权平均数计算, 其中出价的权重是要价的交易量和出价和要价的总交易量的比, 而要价的权重是出价. 15

稳健 OLS 调整 OLS 以减少异常值对参数估计值的任何不适当影响. 即使分布不正常, 也可以用它来准确估计模型. 38

限价单 为限价订单簿提供流动性的被动订单, 并收到价格保证, 但不保证执行. 7

限价订单簿 见 LOB. 7

修复力 在订单流不平衡事件发生后, 引用补充恢复到原来的水平的速度, 例如在沿 LOB 游走的 MO. 63

延迟 向市场发送消息和由交易所接收和处理消息之间的延迟. 有时交易所确认接受所花费的时间也被考虑在内. 44

沿 LOB 游走 这是一个大型进入的市价单和队列中的限价单以越来越差的价格执行的过程. 8

已发行股份数 股东持有的股份数量. 不包括已授权但尚未发行的股份，或发行但由发行公司持有/买回的股份. 37

隐藏订单 在 LOB 中发布的限价订单, 但对市场参与者是不可见的. 一些市场也允许冰山订单, 限价订单只在 LOB 中占总数量的一小部分. 64

优先股 是公司承诺支付持有人固定收入 (利息) 但不包括决定权的合同. 4

有效价差 价格与中间价格的实际价格差异. 63

债券 公司承诺支付持有人固定收入 (利息), 但不包括决定权的合同. 4

最小价格单位 资产变动的最小价格. 美国股票大多数为最小价格单位为一分，而在欧洲, 因股票的价格而不同. 其他工具 (期货, 商品等) 具有不同的最小单位. 13

CBOE 芝加哥期权交易所交换——美国在股票、指数和 ETF 期权上最大期权交易所. 37

DPE 动态规划方程. 89

DPP　动态规划原理. 89

ETF　设法满足特定的投资目标的证券投资组合. ETF 中的股票交易作为证券交易所的证券. 通常 ETF 是跟踪指数的被动基金. 4

HJB　Hamilton-Jacobi-Bellman. 89

ITCH　不是一个首字母缩写词. 它是市场数据反馈行业标准协议的名称. 34

LOB　限价订单簿. 收集当前可用的买卖订单, 其可用价格和可用量. 7

OLS　一般最小二乘法——线性回归分析的标准方法. 它最小化观测值与拟合值差的平方和. 38

POCV　累计交易量百分比. 这指的是一种执行交易策略, 该策略的目标是在预先指定的执行范围内对某一资产的总交易量的固定百分比. 195

POV　交易量的百分比. 这指的是一个执行交易策略, 该策略在一个时间段内买入/卖出一项资产的固定比例. 195

R-平方　(调整后的) R 方 (或确定系数) 是评价模型拟合数据的好坏程度，其值在 0 (最低) 和 1 (最高) 之间. 39

VIX　波动率指数——有 CBOE 发布代表市场预期未来波动性的指数. 它是 S&P500 指数中一组短期期权的加权平均值. 37

VWAP　交易量加权平均价格. 它是在给定时间范围内以交易量加权平均价格计算的基准. 195

$\mathcal{A}_{t;T}$　区间 $[t;T]$ 上的一个容许策略集合. 90

$\mathcal{F}$　滤子. 295

$\mathcal{L}$　过程的无穷小生成元. 259

$\mathbb{P}$　现实世界概率测度. 271

Ω　事件集. 295

索 引